JN329741

FINE WINE シリーズ

A Regional and Village Guide to the Best Wines and Their Producers

トスカーナ

極上のワイン・醸造家の
地域別ガイド

ニコラス・ベルフレージ 著

水口　晃 監修

序文 ヒュー・ジョンソン
写真 ジョン・ワイアンド
翻訳 佐藤 志緒

イタリアワインの本質に迫る——水口　晃

　「サンジョヴェーゼ」という素敵な切り口で、著者はイタリアワインの本質に肉薄している。公認されている葡萄品種だけで438種もあり、フランスのそれとは似て非なるヒエラルキー無き原産地保護（D.O.P.）システム等々、イタリアワインに知的好奇心を抱く初心者にとって乗り越えるべき障壁は厚く高い。俯瞰しようと思うと余計に迷宮入りしてしまう。

　しかし本書ではそんな憂慮は無用である。愛好家からプロまでワインの経験値を問わず、魅惑的なワイン探訪の旅に浸ることができるだろう。著者は「サンジョヴェーゼこそ中部イタリア赤ワイン用黒葡萄のオーセンティックな存在である」という、真にオーセンティックでイタリアワインに対する真摯な姿勢を貫いている。著者のイタリアワインに対する情熱と愛着の証であろう。

　幸いにも本書で紹介されている銘柄の多くが現在日本で入手可能であり、現地に着かずとも本書を片手に、飲みながら楽しむ贅沢を享受できる。銘柄も大切であるが、造り手を知ることこそイタリアワインを身近な存在にする早道である。

　ぜひ、本書を足掛かりに無限のイタリアワインの世界に足を踏み込んでいただきたい。

　なお、本書で紹介されているエピソードやデータは著者の実地取材に基づいている。日本での通説と異なると思われる記述も一部にあったが、原著を尊重しそのままとした。

目　次

イタリアワインの本質に迫る　水口 晃 2
序文　ヒュー・ジョンソン 4
まえがき 5

序　説

1　歴史・文化・市場：ワイン大地の復興(ルネサンス) 6
2　地理・地質・気候：サンジョヴェーゼ地帯のテロワール 16
3　葡萄品種：ジュピターの血によって 24
4　葡萄栽培：伝統と革新 34
5　ワインづくり：ブレンド、トレンド、技術 44
6　規制と戦略：DOCからスーパー・タスカンまで 54

最上のつくり手と彼らのワイン

7　キアンティ・クラッシコ 58
8　フィレンツェ東部・西部 134
9　トスカーナの海岸地方 164
10　モンタルチーノ 198
11　モンテプルチャーノ 250
12　サン・ジミニャーノ 274
13　ウンブリア 280
14　ロマーニャ 290
15　マルケ 300

ワインを味わう

16　ヴィンテージ：2008〜1990 308
17　ワインと料理：新たな展望 312
18　上位10選×10一覧表：極上ワイン100選 314

用語解説 316
索　引 317
　※ワインの銘柄で引く場合は、こちらをご参照ください。

序　文

ヒュー・ジョンソン

　良いワインが自らを他の平凡なワインから峻別させるのは、気取った見せかけではなく、「会話」によってである―そう、それは、飲み手達がどうしても話したくなり、話し出しては興奮させられ、そして私はときには思うのだが、ワイン自身もそれに参加する会話。

　この考えは超現実主義的すぎるだろうか？　真に根源的で、揺るぎない本物のワインに出会ったとき、読者はそのボトルと会話を始めていないだろうか？　いまデカンターを2度目にテーブルに置いたところだ。あなたはその色を愛で、今は少し後景に退いた新オークの香りと、それに代わって刻々と広がっていく熟したブラックカラントの甘い香りについて語っている。するとヨードの刺激的な強い香りがそれをさえぎる。それは海からの声で、いま浜辺に車を止め、ドアを開けたばかりのときのようにはっきりと聞こえてくる。「ジロンド川が見えますか？」とワインが囁きかけてくる。「白い石ころで覆われた灰色の長い斜面が見えるでしょ。私はラトゥール。私たち姉妹に受け継がれてきたラトゥール家の甘い鉄の味は忘れられないはず。しばらく私を舌の上で転がして。その間に私の秘密をすべてお話しします。私を生み出した葡萄樹たち、8月にほんの少ししか会えなかった陽光、そして摘果の日まで続いた9月の灼熱の日々。強さが無くなったって？　そう、確かに歳を取ったわ。でもそのぶん心は豊かになり雄弁になったわ。私の弱みを握った気でいるの？　でも私は今まで以上に自分らしさを確立しているわ」。

　聴く耳を持っている人には聞こえるはずだ。世界のワインの大半はフランスの漫画、サン・パロール（言葉のない漫画）のようなものだが、良いワインは、美しい肢体とみなぎる気迫を持った―トラックを走っているときも、厩舎で休んでいるときでさえも―サラブレッドのようなものだ。不釣り合いなほどに多くの言葉と、当然多くのお金が彼らの上に注がれるが、それは彼らがいつも先頭を走っているからだ。目標なしに何を熱望するというのか。熱望はけっして無益なものではなく、われわれにさらに多くのサラブレッドを、さらに多くの会話を、そしてわれわれを誘惑する、さらに多くの官能的な声をもたらしてきたし、これからも、もたらし続ける。

　今からほんの2、30年ほど前、ワインの世界はいくつかの孤峰をのぞいて平坦なものだった。もちろん深い裂け目もあれば、奈落さえもあったが、われわれはそれを避けるために最善を尽くした。ここで、当時としては無謀に思えた熱望を抱き、崖をよじ登るようにして標高の高い場所に葡萄苗を植えた少数の開拓者について言及する必要があるだろうか？　彼らは最初語るべきものをほとんど持たないワインから始めたが、苦境に耐えた者たちは新しい文法と新しい語彙を獲得し、その声は会話に加わり、やがて世界的な言語となっていった。

　もちろんすでにそのスタイルを確立していた者たちの間でも、絶えざる変化があった。彼らの言語は独自の文学世界を築いていたが、そこでも新しい傑作が次々と生み出された。ワイン世界の古典的地域というものは、すべてが発見されつくし、すべてが語りつくされ、あらゆる手段が取りつくされた、すでにそんな枯渇した場所ではない。最も優れた転換・変化が起り得るところなのである。そして大地と人の技が融合して生み出される精妙の極みを追究するために最大の努力を払うことが経済的に報われる場所である。

　ボルドーとブルゴーニュでは、何世紀にも渡って微調整が行われてきたし、今後もその伝統が途切れることはまずないだろう。対照的なのがトスカーナである。ここのワイン文化は太古の昔から受け継がれてきたにもかかわらず、つい最近までほとんど進展が見られなかった。進展があっても、突発的で不規則なものだったのだ。まず、メディチ家によって食事と共にワインを楽しむ風習が広まった。15世紀には「キアンティ」というワイン（白ワインだった可能性もある）の銘柄が公式の記録に登場した。18世紀には、英国貴族によってトスカーナ・ワイン（特に甘いモスカート）が認められた。そして19世紀、フィレンツェが新生イタリア王国の首都となったごくわずかな期間、そのステータスに見合うワインづくりが急速に進められたのだ。

　「貴族所有の広大な領地」「そこで働く小作人たち」の他にもうひとつ、ワインの品質向上に欠かせない要素がある。「羽振りのいい中産階級」、あるいは「確立された輸出市場」のどちらかだ。ところが、トスカーナは1960年代まで、このどちらの要素もほとんど持っていなかった。そう、トスカーナ・ワインの復興――「革命」よりも適切な表現だろう――が起きたのは、ここ40年ほどのことなのだ。このルネサンスの立役者たちは今も活躍中であり、彼らが生み出したアイデアはさらに発展中である。国内消費用の素朴なワインの産地から、世界で最も有名な赤ワインの産地へと見事生まれ変わったトスカーナ。常に探究・実験を忘れず、世界のワインの基準を押し上げ続けているトスカーナは、まさに「旧世界の中の新世界」なのだ。

まえがき

ニコラス・ベルフレージ

この本の構成は、トスカーナ料理のそれに似ているかもしれない。1番目のパート（1～6章）はアンティパスト（前菜）。ここでは、トスカーナおよび中央イタリアのワインの歴史と一般的背景をざっと振り返り、さらに、それらの地域の地理・葡萄栽培・ワインづくりを総括する。まさにボリューム感たっぷりの、下手をすると、胃もたれを起こしそうな前菜と言えるだろう。2番目のパートはプリモ・ピアット（1番目のお皿。トスカーナの昼食ではメイン料理となる）。ここでは、最上のつくり手と彼らのワインを地区別に紹介し、なかでも極上のワインを星で評価する。3番目のパートはセカンド・ピアット（2番目のお皿。プリモ堪能後のため、やや期待外れに終わることも多い主菜）。ここでは「年代別ヴィンテージ」および「ワインと料理」について言及している。さらに、最後を締めくくるドルチェ（甘いデザート）のパートでは、私がカテゴリ別に選んだ「極上ワイン100選」を紹介している。

だが、ここでひとつだけ注意しておかなければならない。トスカーナ料理とは異なり、この本のパートは順番にこだわる必要はない。好きなときに、好きなパートを楽しむことができる。1番目のパートを読み切ってからでないと次に進んではいけない、などということはない（ただし、この順番で読めば、章ごとにより有益な情報が得られることは確かだ）。2番目のパートでも、つくり手たちのプロフィールを必ずしも順番どおりに読む必要はない（ただし、そうすれば栽培地域・地区ごとの理解がいっそう深まるはずだ）。もちろん3番目のパートも同様で、読む順番にこだわる必要はない。

この本におけるセレクションは、すべて私の主観的評価によるものである。ただし、イタリア・ワインのスペシャリストとしての四半世紀に及ぶ経験から、できるだけ客観的な視点でよいものを厳選することを心がけたつもりだ。独善的にならないよう、ワインに対する思想・アプローチが私自身とは異なる生産者も、この本では取り上げるようにした。ただ時間とスペースに限りがあるため、当然この本に名前が載ってもおかしくない生産者たち、快く取材に協力してくれた生産者たちを全員掲載できなかったことが非常に残念でならない。すでに顔見知りの生産者たち、あるいは面識のある生産者たちも改めて訪問し、取材を試みた。だが、たとえば中央イタリアのようにおびただしい数のワイナリーがある地域の場合、すべてを回ることが不可能だったのが遺憾である。とはいえ、代表的な地域はほぼ全部訪れ、生産者たちに会い、彼らのワインをすべて味わう取材姿勢は貫いた。この本にリストアップしたのは、品質といい、価格といい、それ自体が持つ魅力といい、この「FINE WINE」というシリーズの定義にふさわしいものばかりだと自負している。

むろん、イタリア・ワインの買い付け・小売り・輸入・仲介を生業にする者として、私自身が多少なりとも関わってきた生産者たちを掲載した点を批判する向きもあるだろう。だが、その点に関して謝罪をするつもりはない。常々あちこちで説明しているとおり、そういう商業的活動が、私のさらなる興味や調査意欲をかきたて、ライターとしての活動を助けてくれているからだ。そう、率直に言えば、本書に登場するのは過去、現在、未来を通じて、私の知己と言うべき人々だ。なぜかと問われれば、こう答えるしかない。「私は彼らを信頼しているからだ」と。逆に言えば、こういった信頼を感じられなければ、彼らとは取引していなかっただろう。それでもなお、私はライターとしての視点で、可能な限り客観的な目で彼らを評価したつもりである。100％達成できていないかもしれないが、常にそういう姿勢だけは忘れないよう心がけている。

それでは、この本の完成に「サルーテ（乾杯）」！
あるいは、こう言うべきかもしれない。

この本を「ブォナッペティート」！

明日をともに生きるチーム：ウィル、ゲイブ、サッシャへ

SENÇA PAVRA OGNVOM FRANCO CAMINI·
ELAVORADO SEMINI CIASCVNO·
MENTRE CHE TAL COMVNO
MANTERRA QVESTA DONNA I SIGNORIA
CHEL ALEVATA AREI OGNI BALIA·

1　歴史・文化・市場

ワイン大地の復興(ルネサンス)

私がはじめて興味を抱いた1970年代半ば、イタリア・ワインは「上等」、ましてや「極上」という言葉とは無縁なものように思えた。過剰生産、未熟な葡萄、一貫性のない味、酸化、たまに感じる酸っぱさ——その他にも、様々な欠点があったからだ。それらの大半は（すべてではない）うずたかく積まれて安売りされるか、あるいは、世界のどこかに輸出され、二流のイタリアン・レストランの平凡な料理のお伴として消費されるか、どちらかの運命をたどるほかなかったのである。

今思えば、当時のワイン・スノッブたちのグループ（実際こういうものは存在した。なかには非常に鼻持ちならないものもあった）は、イタリア・ワインを認識すらしていなかったようだ。とはいえ、本気を出していなかったにもかかわらず、イタリア・ワインが一時期（数世紀に渡ったことはないにせよ）栄光を勝ち取ったこともある。つまり、世界の中でもとりわけイタリア人——かつては「ローマ人」として有名だった——が、フランス、ドイツ、スペイン、ポルトガルの人々にワインの何たるかを教えた時期もあったのだ。

かつて古代ギリシャ人に「エノトリーア・テルス（ワイン大地）」と呼ばれた国、イタリア。その歴史、地理、情熱、高い芸術性を考えれば、たとえ大きな穴に落ち込んでいようと、この国に少なくともそこから再び台頭し、世界を魅了する可能性があったのは自明のことと言えるだろう。ここで言う「世界」に、最もうるさいワイン・スノッブたち——等級にこだわるボルドーの生産者たち、シャンパーニュの指導者たち、さらにイギリスの同業者たち——が含まれていることは言うまでもない。実は、その種のボルドー、シャンパーニュの人々に嫌気がさし、私はイギリス・ワインを扱う仕事を探す傍ら、イタリア・ワインの専門知識を身につけようと決心した。そうすれば、ボルドー、シャンパーニュの牙城を崩せるのではないかと考えたからだ。これは、ひとえに家族から受け継いだ反骨精神の賜物と言えるだろう。

だが、それはまた別の話である。ここでは長所も短所も含めて、イタリア・ワイン（特に中央部）にまつわる歴史を振り返ってみたい。これを読めば、イタリア・ワインが70年代のワイン・スノッブたちに軽蔑されるようになった理由も、もっともに思えたその理由が基本的に間違いだったこともわかっていただけるだろう。

宗教儀式から貴族の葡萄栽培へ

イタリアの葡萄品種研究の第一人者アントニオ・カロ教授は、著書『Dei Vitigni Italici』でこう述べている。「イタリア半島に葡萄樹がもたらされたのは紀元前9世紀以前で、エトルリア人の手によるものと思われる」[1] さらに、教授はこの「エトルリア人」がおそらくフェニキア人であり（この考えに異を唱えている学派もある）、彼らは宗教儀式に用いる貴重な飲み物をつくるために、葡萄発酵の技術を学んでいたのだろうと示唆している。現にトスカーナ州エルバ島では、フェニキア時代のものと推定されるワイン用陶器が発掘されているのだ。そんないにしえの時代から、イタリア中央部の人々にとって、ワインと葡萄はまさに不可欠なもの——日々の生活の質を高め、儀式の中で重要な役割を果たすもの——だったのである。7世紀に興ったイスラム勢力によって、禁酒法が適用された東部とは非常に対照的と言えるだろう。エトルリア、ローマ、キリストと時代は移り変わっても、中央部のワイン文化は一度も途切れることなく、現代まで脈々と受け継がれているのだ。

確かな証拠もある。たとえばローマ時代のワイン製造者コルメラは、ワインの個性や品質を決めるのに、葡萄の見た目・形・品種が重要であることにすでに気づいていた。ローマ帝国崩壊後も、イタリアの統治者たちはワインの秘密に魅了され続けていく。その端的な証拠が、東ゴート王テオドリックの側近カッシオドルスが遺した記述である（彼の最大の功績は、ヴェローナの有名ワイン、レチョートの製造法を赤・白ともに書き遺したことだ。驚くべきことに、その記述は現代の葡萄栽培法とほとんど変わらない）。いわゆる「暗黒時代」に良質なワインを保護したのは修道僧たちである。それは、彼らにとって、ワインが数少ない慰めの一つだったからにほかならない。この修道僧たちにより、ワインは次第にイタリア中央部および北部の裕

左：アンブロージョ・ロレンツェッティの絵画「Allegory of Good Government」（1348年）に描かれた、細部まで手入れの行き届いた葡萄畑

ワイン大地の復興(ルネサンス)

福な町々に広められていった。カロ教授はこれを「ブルジョワの葡萄栽培」と名づけ、さらにその後は城に居住する者たちによる「貴族の葡萄栽培」が続いたとしている。ただし、ワインの大半が農夫によって生産されていたことは言うまでもない（彼らは食事のお伴として、水よりも衛生的に安全なワインを好んだ）。そして富裕層にとって、その中でも傑出したワインのつくり手を探し出すことはさほど難しいことではなかったのである。

ルネサンス時代の証拠

世界初のワイン評論家はピエール・デ・クレシェンツィと言ってよいだろう。彼は著書『ruralium Commodorum』（1303年刊）の中で、アルバーナ、トレッビアーノのように今でも栽培に用いられている葡萄品種をすでに特定しているのだ。カロ教授によれば、ここから300年に及ぶルネサンス時代に、良質ワイン栽培法に関する理解が飛躍的に高まることになった。ワインに関する様々な書物が刊行され、生産レベルが上がり、常に質のいいワインづくりが可能になったためだ。特にこの時代、ワインは地代支払いなどのお金代わり、ひいては健康促進の薬代わりにすら用いられていたという説もある。もちろん、今となっては、こ

れが事実かどうか確かめる術はない。数多く現存する、この時代の宝とも言うべき芸術作品とは異なり、当時のワインの質を証明する手がかりは何も残されていないからだ。せいぜい私たちにできるのは、数少ない文献から当時のワインの情報を拾い集めることくらいしかない。

だがよく考えれば、これは少しも驚くべきことではない。ルネサンス期のフィレンツェのように、芸術に対する受容性が歴史的に高まった時代、資産家たちが自らの食事にも可能な限り良質な素材を取り入れようとしたことは想像に難くない。たとえば15世紀の哲学者マルシリオ・フィチーノは、食事の席には必ず上質なワインを求めたという。それはおそらく、文化的な友人らとの討論会（「饗宴」と言われることもある）のためだったに違いない。そのフィチーノの死（1499年）から100年後、アンドレア・バッチは著書『De Naturali Vinorum Historia』の中で特定地域の良質ワインの銘柄を数十ほどあげ、南部の高品質な葡萄品種（グレチ、ヴェルナッチェ、アリアーニチなど）についても言及している。さらにバッチは、クリストフォロ・ランディーノ（フィチーノと同時代に生きた人文主義者）が著したダンテの『神曲』の注釈書の中の、こんな一節を引用している。「キアンティの丘陵地は、常にすばらしいワインを生み出す肥沃な土地である」さらに、バッチ自身もフィレンツェおよびキアンティ丘陵地帯のワインについて「どの地区も適切な葡萄栽培・生産を行っていて称賛に値する」と絶賛し、あらゆる種類のワインの中でも特に「サン・カッシアーノの丘の赤がすばらしい」、「モンタルチーノの葡萄畑からは鮮やかな赤色で、こくのある味の、最も厳選されたワインが生まれる」と記している。多くの場合、これらの良質ワインは「その贈り物に彼らの目が留まるのを当て込んで」ローマの権力者たち（主にヴァティカン関係者）に贈られたようだ。実際、この時代を代表するもう一人のワイン専門家サンテ・ランチェリオ（ローマ教皇の食料番）は、パウルス3世（在位1534～49年）に「フランス・ワインはフランス人の気分高揚には適しているかもしれないが、

上：ミケランジェロとダヴィンチを庇護し、ルネサンス期のフィレンツェ文化を高めたロレンツォ・デ・メディチ（1449～92年）
右：モンタルチーノをはじめとするトスカーナの景色の大部分は、ルネサンス時代からほとんど変わっていない

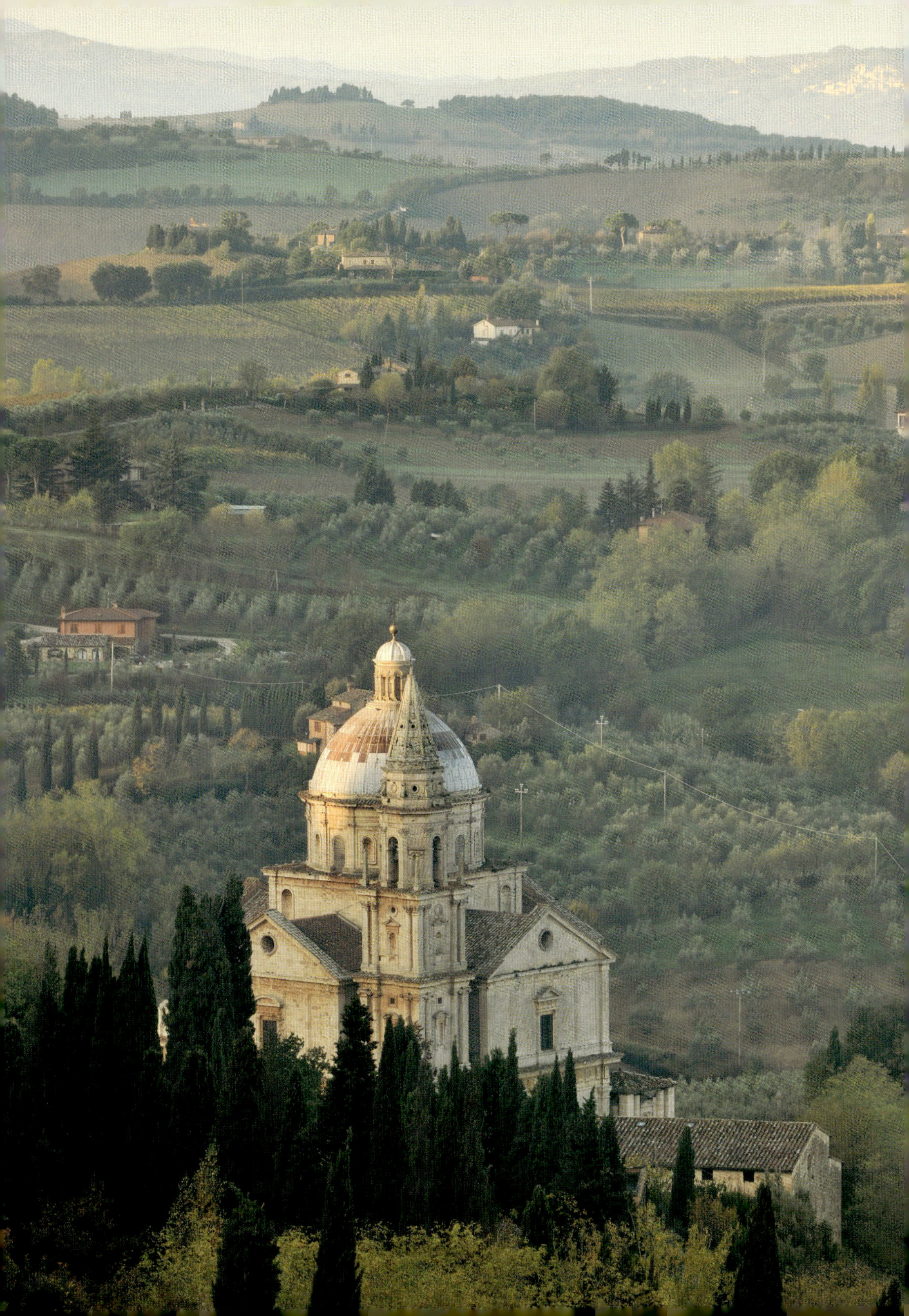

ワイン大地の復興(ルネサンス)

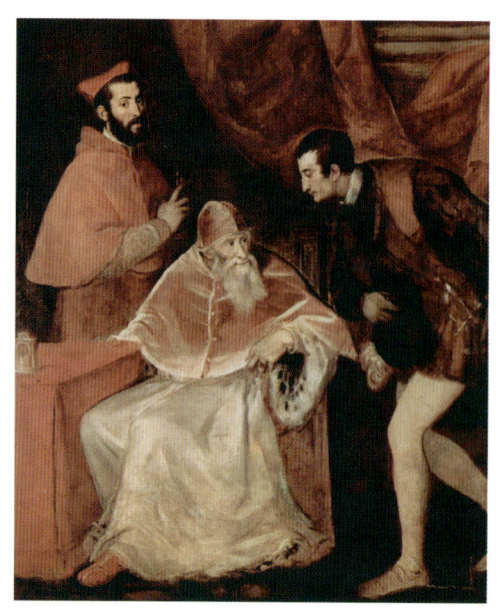

上:トスカーナ・ワインのすばらしさを認めていたローマ教皇パウルス3世と2人の孫息子たちの肖像(1546年、ティツィアーノ作)。

ローマではこの種のワインを『紳士のワイン』とは言わない」と報告している。

18世紀および19世紀:質から量へ

第一級──それも世界一かもしれない──と絶賛されたトスカーナ・ワインの品質を保護する目的で、1716年、トスカーナ大公コジモ3世は葡萄の栽培地域を4カ所に限定するという法令を下した。このとき選ばれたのがカルミニャーノ、ポミーノ、キアンティ、ヴァルダルノである。奇しくもこの少し前に、画家バルトロメオ・ビンビは葡萄をモチーフとして、生物の種を維持して減らさない重要性を表現した作品を発表している。この作品(パラティーナ美術館所有)には、今でもトスカーナの葡萄畑で見られる種も含まれている。類似の作品としては、葡萄の他に桃やレモンも含めた様々な果実をモチーフにした絵画が、ポッジョ・ア・カイアーノにあるメディチ家別荘にも飾られている。

18世紀にフィレンツェの農業学会(Accademia dei Georgofili)で発表された2つの論文から、トスカーナ・ワインが輸出にも適していると考えられていたことがうかがえる。1つは対外貿易の活性化・成功を説いたウバルド・モンテラティーチの論文、もう1つは輸出を背景としてワインの保護を説いたアダモ・ファブローニの論文である。

18世紀の後半、イタリア各地域でワイン研究が盛んになり、19世紀には葡萄栽培に関する調査が熱心に実施されるようになった。だがワインの一般化は通俗化も引き起こし、質の低下の一因となってしまったのだ。そのうえ、イギリスが「フランス、ポルトガル、スペインのワインを地中海沿岸および諸島から輸送する(シチリア島のマルサーラ酒も含む)」という効率化を図ったため、生産者たちにとってイタリアのテーブル・ワインは輸出品としての魅力を失い、主に国内の巨大市場を満たす低価格商品としてしかとらえられなくなってしまった。早くも1773年には、トスカーナの学者・医師ヴィラフランキが、ワイン生産者たちは「質よりも量という思い違いをしている」と警告している。もう1人、フランセスコ・ローリーもこうコメントしている。「(農夫たちは)より大量生産が可能な品種しか育てようとせず、ワインに高い品質をもたらす品種はほとんど栽培していない」

とはいえ、トスカーナの葡萄の品種数が一気に激減してしまったわけではない。19世紀、フィレンツェだけでも150もの品種が存在していたとされる。今日でさえ、ある地域では、似たような品種間の掛け合わせでも非常に個性の強い子孫が生まれる例が数多く報告されている。そういった品種に関する調査は様々な関連機関で実施されており、実際に興味深い結果が現れている(あるいは現れつつある)ケースもある(詳細はあとの章で)。

フィロキセラと混作

現代イタリアの葡萄栽培について書こうとすると、いつも少しうんざりした気分になってしまう。19世紀後半から20世紀半ばまでの苦境の時代について、また繰り返さなければいけないからだ。だが完全を期すためにも、これは絶対に避けられない作業と言えよう。

歴史・文化・市場

上：1716年、葡萄の栽培地域を4カ所（キアンティを含む）に限定するという法令を下したトスカーナ大公コジモ3世

1800年代末期、イタリア・ワインは三重苦に見舞われることになった。ウドンコ病、ベト病、フィロキセラである。この3つすべてがヴィニフェラ種にとって有害であることは言うまでもない。しかも、これらは外部からヨーロッパ大陸に持ち込まれ、既存の問題（昆虫・寄生虫・動物・悪天候による問題）を拡大してしまったのだ。最初の2つは、葡萄畑全体を壊滅させるカビ病である。最後の1つは——今日ではよく知られているように——葡萄樹の根を食害し、ヨーロッパ中の樹を枯死させるほどの破壊力を持っている害虫だ。その容赦

ない破壊力は、つい最近、事実上ヨーロッパのニレの木をほぼ壊滅状態に追い込んだ、ニレ立ち枯れ病を媒介するキクイムシに似ている。良質なワイン市場を確立していた国の人々（フランス、ポルトガル、スペイン、ドイツの人々。前述のとおり、これは英国のおかげである）は、農薬散布や補木の接ぎ木によって死の流れを断ち切り、なんとかこの難局を乗り切ることができた。だが、それ以外の被害国の人々は絶望の淵に立たされることになってしまった。そして、この状態は特に20世紀（それも1960～70年代まで）のイタリア・ワインに顕著に見られたのだ。

しかも、イタリア経済は悲惨なまでに落ち込んでいた。2度の世界大戦に関与しても経済状態は好転するどころか、さらなるインフレが蔓延していったのだ。このような状況では、国内市場に良質なワインが出回るわけもなく、ましてや対外市場の基盤が育つわけもない。

だが恐らく、イタリアの良質なワイン生産を1960年代まで妨げていた一番の原因は、「折半小作制（メッツァドリーア）」という農業政策であろう。これは「領主と小作農がその収穫物を折半する」という政策で、1950年代にようやく廃止された（ただし、そのあともずっと受け継がれたケースもある）。ワインはすでに国民の生活必需品だったため、ワインの形にさえ仕上げれば、いや、少なくとも葡萄を大量生産すれば、それだけで小作人たちの実入りもよくなったのである。

このような環境のもと、小作農の多くは（全員ではないが）自給自足農業（販売目的の作物よりもむしろ、自分の家族を養うための作物を中心にした農業）を実践することになった。すべての農作業を1～2haの土地で行わなければならなかったため、葡萄栽培を専門に行うことなど問題外だったのだ。イタリアのこの種の農業形態は「混作（coltura promiscua）」と呼ばれた。1970年代まで「葡萄栽培に特化した地域は、ファエンツァ（ロマーニャ州）付近の丘陵地帯、キアンティ地区の上部、モンタルチーノ地域だけ」だったのである。*2

では、その限られたスペースにどんな農作物が植えられていたのか——そのすべてをリストアップするのは不可能だが、その中に様々な果物（リンゴ、梨、チェリー、そしてもちろんオリーブ）、野菜（トマト、多種多

11

ワイン大地の復興(ルネサンス)

様なビーンズ、葉菜、アーティチョーク、玉ねぎ、ニンニク)、ハーブ、豆類が含まれていたのは間違いない。さらに重要なことに、そこには穀類(小麦、トウモロコシ、大麦)、また家畜(ニワトリ、ホロホロ鳥、アヒル、カモ、ハト、ウサギ、野ウサギ、ブタ)に与える飼料、それに同じ家畜でも牧草地で飼育されている大型のもの(ヒツジ、ヤギ、ウシなど)用の飼料さえも含まれていた。もちろん、猟犬やネズミ退治用に飼われていたネコ用の飼料も含まれていたことは言うまでもない。

葡萄樹に関して言えば、その当時から——今日も多くのケースで見られるように——垂直の支柱(大抵の場合、何らかの木)で支える栽培法がとられていた。これは、古代エトルリア人が実践していた方法である(実際、「エトルリア・モデル」として知られている)。ただし、当時の小作農に限って言えば、矮小化したポプラの樹を支柱にするやり方(今日でもまだ見られる方法)のみを採用していたわけではない。支柱である木に葡萄樹を自然に這い登らせ、枝分かれをいくつもさせ(それも何メートルにも及ぶ)、大量の果実を付けさせたのだ。つまり、1ha当たりの植栽密度が限られているはずの葡萄樹が(葡萄樹は横並び一列の密集した状態で栽培されるが、剪定のために、その列と列の間隔を大幅に開けておく必要がある)、何kgものたわわな実を付けさせられた状態で、他の様々な農作物と土壌栄養を奪い合わなければならない過酷な環境に置かれていたのだ。こんな環境では、渋くて未熟な葡萄しかできない。おまけに、その味をごまかそうとして、年代物の大樽(輸入もののオーク樽ではなく、国内で調達した栗樽)に入れ、何年もかけて熟成しようとしてしまった。そんなことをすれば最低でも酸化、最悪の場合は酢化を招いてしまうことは言うまでもない。こんなワインを「飲みたい」と思うのは、自給自足の生産者およびその家族しかいないだろう。ましてや「お金を払ってでも飲みたい」と思う人などいるわけがない。

大失敗(フィアスコ)から徐々に回復

折半小作制(メッツァドリーア)の影響は非常に根深く、奇跡の回復劇はそう急速に起きたわけではない。自らの土地を再び取り戻した地主たちの多くは、葡萄栽培のスペシャリストになろうとした。だが何世紀もの間、その土地に足を踏み入れることすらなかった彼らに葡萄栽培がうまくできるわけがない。結局、畑を荒らすことになった彼らに残されたのは、アグロノモ(葡萄畑の専門家)かエノロゴ(醸造の専門家)、あるいはその中間的アドバイザーを雇う道しかなかった(ただし、それだけの資金の余裕があればの話だが)。さらにそうできたとしても、彼らは種苗業者のすすめに従い、大量生産可能なクローンを植えるしかなかった。その理由は2つある。1つは、当時は今ほど良質のクローンのよさが理解されていなかったこと、もう1つは種苗業者が「質より量」を求める市場に迎合してしまっていたことだ。

クローン以外の選択肢として残されていたのは、マッサル選抜(畑に実際に植えられている葡萄樹から最良の樹を選び、穂木として台木に繋ぐ方法)だ。ただし、これはよい方法だが、実践には相当な時間と忍耐力が要る。まず最良の樹を見きわめ、それからフィロキセラ抵抗性の台木(アメリカ原生の葡萄品種)に穂木として接木し、収穫可能になるまでひたすら待ち続けなければいけないのだ。

ともかく、市場は最高級品質のワインなど求めてはいなかった。だからこそ、そのニーズに応えるために、ある程度の量を生産し続けることが必要だったのだ。20世紀半ば、典型的なトスカーナの赤ワインおよび白ワインは絵のように美しいフィアスコ瓶(わら包みのフラスコ瓶)に入れられ、これでもかという低価格で販売されていた。本当のことを言えば、最良のワインの多くはボルドー型ボトルに入れられ、色も地味な茶色だった。だが国内消費者の間で最も売れていたのは、その対極にある量り売りワイン(大容量ボトル、ガラス製の大瓶、あるいは樽入りのもの)だったのだ。この「質より量」という危機的状況は、1980年代に入るまで続くことになった。*3

イタリア・ワインの品質が確実にアップしたのは、いくつかの要素が相互作用したからである。それらの要素が引き金となり、ここ数十年に渡り、イタリア・ワインは右肩上がりの成長を続けることになったのだ。

右:折半小作制(メッツァドリーア)のもと、葡萄と共にオリーブなどの農作物が混作され、トスカーナ・ワインの暗黒時代をもたらした

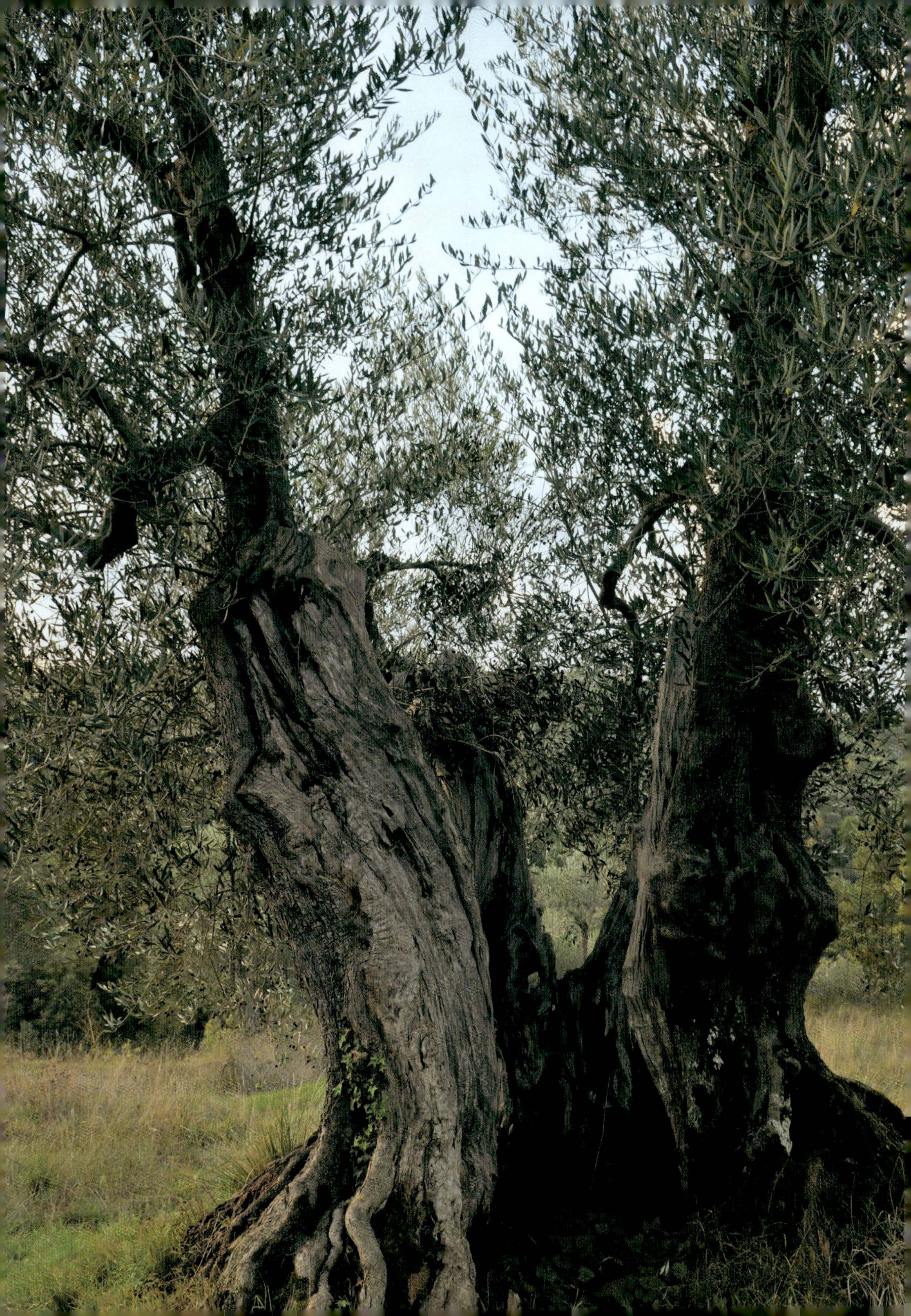

VENDITA VINO E OLIO
WINE AND OIL FOR SALE
WEIN UND ÖL ZU VERKAUFEN

VINO OLIO
GENERI
ALIMENTARI

ENOTECA

CANTINA

BALSAMERIA

KEYS ARE AVAILABLE ... OTECA. THANK YOU.

折半小作制の廃止や専門的な葡萄栽培法の導入以外にも、イタリア・ワインによい影響をもたらした要素はいくつかある。まずはフランスACOシステムに倣い、1963年に定められたDOC（畑の境界や最大収穫量を規制したイタリアのワイン法）だ。さらにワイン製造技術（技術装置も含めて）の飛躍的な向上や、ワインの質を決定づける葡萄品種の改良もまた、イタリア・ワイン躍進の大きな要因と言えるだろう。

最も有名な要因は、葡萄栽培とワインづくりに携わる人々の心境の変化である。半世紀ほど前は自分の商品を恥じてすらいたイタリア人が、今では自らの仕事に誇りを持ち、ワイン生産国として世界を牽引する運命を信じるようになったのだ。

食文化とグローバリゼーション

よくも悪くも、イタリア中央部において、ワインは常に食文化の中心と見なされてきた。ごく最近まで「ワインなしの食事」など考えられなかったほどだ（この土地の人々はこう考える。「朝食は"食事"ではない。"目覚めたことに対する罰"だ。だから正午になり、ワインと共に昼食が食べられるようになるまで、この生き地獄を我慢しよう」）。そう、彼らにとって、ワインはパンと同じく「なくてはならないもの」なのだ。だがその一方で、この地域では食事時以外にワインを飲むことはまずない。それが、基本的にアルコールはそれだけで消費する（せいぜい軽食を合わせる程度）北欧諸国とは大きく異なる点と言えるだろう。イタリア人は食事と調和するワインを好む傾向が強く（というか、この点を最重要視する）、食事から主役の座を奪ってしまうようなワインを「注文が多い（impegnativo）」タイプと呼び、特別な機会でもない限り、口にしようとはしない。典型的なイタリア中央部の農夫なら、かの有名なロバート・パーカーが95ポイントをつけたワインではなく、85ポイントをつけた程度のワインを「ちょうどいい」と考えるだろう。この地域において、ワインは伝統的に高価で貴重なものではなく、生活必需品と見なされているのだ。もしかすると、この考えに異を唱える貴族もいるかもしれない。だがそんな彼らでさえ、招待客を驚かせるようなワインではなく、もっとシンプルなワインを好む傾向が強い。しかも、彼らは多大な影響力を持ってはいるが、数字的に見ればごく一部の少数派に過ぎないのだ。

そう考えると、ある意味、イタリア・ワインの大躍進は国内市場というよりもむしろ、輸出市場に向けた動きだと言えるだろう。このグローバリゼーションの時代、生産者たちが国内よりも国外のワイン愛好家に向けて、よりハイレベルの商品を提供しようとすることは何ら問題ではあるまい。もちろん、本書もその種のより上質なものを好む人々に向けて書かれたものだ。だがこれだけは忘れないでいただきたい。イタリア人にとっての「ワインの真髄」とは、格付けで最高評価を獲得した銘柄ではなく、普段の食卓に並べたボトルの中にこそある、ということを。

注釈

1. アントニオ・カロ、アンジェロ・コスタクルタの共著書『Dei Vitigni Italici』より引用
2. Aペチーレ、Gテンペスタ、Fブッローニの論文『1970年から現代までの苗木に見るサンジョヴェーゼの遺伝進化分析』(ARSIA Ⅱ)より引用
3. テヌータ・ディ・ギッツァーノのジネーヴラ・ヴェネロージ・ペッショリーニの言葉。「1980年代、私たちの地域の農業、とりわけ葡萄栽培は深刻な危機に直面していました。葡萄の過剰生産で良質なワインづくりは二の次にされ、たとえ価格は適性だったとしても、経費さえカバーできない安値だったのです。近隣の農園の多くは葡萄を一房でも多くつくりたがったし、『これではやっていけない』と地所を手放してしまった人もいます。それで私の父ピエルフランチェスコは決心したのです。この流れにさからい、葡萄畑と醸造所に投資をして、劇的な品質改善をはかろうと」

左：良質のワインづくりはより専門化されているが、いまだその消費に料理の存在は欠かせない

CENTRAL ITALY
Rome
VENETO
EMILIA ROMAGNA
N
0
30 km
0
30 miles
Ravenna
Sangiovese di Romagna
Adriatic Sea
A14
Forli
A1
Colline Lucchesi
Trebbiano di Romagna
SAN MARINO
Pistoia
A11
Lucca
Pesaro
Florence
Pisa
Chianti Rùfina
Lacrima di Morro d'Alba
Chianti Classico
Ancona
Livorno
Vernaccia di San Gimignano
Verdicchio dei Castelli di Jesi
A12
Arezzo
Rosso Conero
TUSCANY
MARCHE
Bolgheri
Siena
A14
A1
Rosso Piceno
Vino Nobile di Montelpulciano
Perugia
Rosso Piceno Superiore
Val di Cornia
Brunello di Montalcino
Torgiano Riserva
Colli Maceratesi
UMBRIA
Ascoli Piceno
Grosseto
Sagrantino di Montefalco
Morellino di Scansano
Teramo
Tyrrhenian Sea
Terni
ABRUZZO
Viterbo
L'Aquila
A24
A12
LAZIO
A1
Rome
イタリア中央部
ワイン・エリア
A1 主要道路
州境界線
国境線

2　地理・地質・気候

サンジョヴェーゼ地帯のテロワール

　この本ではトスカーナ州、ウンブリア州、マルケ州、ロマーニャ州南部・山間部（エミリオ・ロマーニャ地方の東部）を「イタリア中央部」と定義している。ラツィオ州とアブルッツォ州も含められたのだが、この地域のワインに不可欠な「サンジョヴェーゼ種」に焦点を当てたかったため、敢えて外すことにした（詳細は後述の章で解説）。実際、本書のタイトルは『サンジョヴェーゼ地帯の極上ワイン』としてもよかったのだ。

　本書で言う「中央部」は、大体イタリアの真ん中に位置する。ちょうどイタリア北東部にあるドイツ語圏アルト・アディジェ州と、シチーリア島（イタリア南端にあるこの島は、アフリカ大陸北端の南に位置する）に代表されるアラブの影響が色濃い最南部に挟まれた地域である。緯度で見ると、この地域がワインづくりに最適であることがよくわかる。西はフランス南部（ラングドックとルーション）、スペイン北部（リオハとガリシア）、ニューヨーク州北部（フィンガー・レークス）、オンタリオ南部（アイスワインの名産地）、オレゴン（ピノの名産地）、東はダルマチア式海岸、ブルガリア北部、ルーマニア南部、グルジアとほぼ同じ緯度にあるのだ。ただし、これらの地域で様々なスタイルのワインづくりが行われていることからもわかるように、緯度はワインづくりに必要な要素の1つにすぎない。そういった要素をすべてまとめると、「テロワール」という複雑な概念になるのだ。

　この「テロワール」とは、葡萄畑の地理的・地質的要素のことである。たとえば、高度、土壌構成（排水性や養分）、保温効果のある池・川・海などに近いか、山岳地帯のように天候の特徴的変化はどうかといった点であり、当然、その地域の気候と大気候も関連してくる。実際、これらすべての要素が絡み合ってはじめてワインが生まれることになる。不自然なことは一切せず、葡萄本来の個性や畑の持つクオリティ（今日増えつつある、特徴や個性のないワインとは一線を画す特質）を活かすことで、それらがワインに凝縮されることになるのだ。本書で言う「テロワール」とはそういうものことである。

気候：地中海性が大陸性と出会う場所

　大まかに言えば、この地域はティレニア海やアドリア海といった海にそう遠くなく、地中海性気候に当たる（ただし、大陸性気候に当たるトスカーナ東部のアペニン山脈付近およびウンブリア州内陸部を除く）。そして、サンジョヴェーゼの栽培に最も適しているのは、地中海性気候が大陸性気候と出会う地域なのだ。それより温暖な地域（たとえばマレンマ地方）になると、ジャムのように締まりのない味になってしまうし、それより寒冷な地域（たとえばモンタルチーノ周辺）になると、救いようがないほど渋く、強烈な味になってしまう。

　「パーフェクト・イヤー」と言えるのは、アペニン山脈に大量の雪が降り、氾濫を起こすことなく、冬の間に少量のきれいな雨水が地下に溜まった年である（そういう年のフィレンツェの冬はとにかく寒く、ロンドンよりずっと冷え込む場合もある）。しかも、新芽は突然いっせいに膨らんだり、晩霜の被害にさらされたりすることなく（こういった状態は4月に入っても大きな脅威となり、収穫前に悪影響を及ぼしてしまう危険性がある）、春の訪れと共にゆっくりと膨らみ出さなければならない。ちなみに、最良の当たり年として有名なのが1997年である。近年、霜害が少なくなっているのは気候変動のよい影響と言えるだろう。それに栽培家たちの意識の向上のおかげで、「リスクの高い場所に弱い品種を植える」ということも少なくなってきている。一方で、高い斜面における降雪量の減少は、気候変動の悪い影響と言えるだろう。

　天候や品種にもよるが、一般的に、開花は5月下旬から6月初旬にかけて起こる。その後暑い夏がやってくることになるが、このとき望ましい条件が2つある。1つはときどき雨が降ること（ただし、根の乾燥が保てなくなるほどの集中豪雨や土砂降りはだめ）。もう1つは、葡萄樹の光合成を妨げない程度の、適度な太陽光が降り注ぐことである。

　やがて「着色（invaiatura）」の時期を迎える。歴史的に見ても、黒葡萄の着色は偶然に左右されることが多い。たとえ、着色が不安定なことで悪名高いサン

左：イタリア中央部の様々な地域で、この国で最も一般的な葡萄品種サンジョヴェーゼが栽培されている

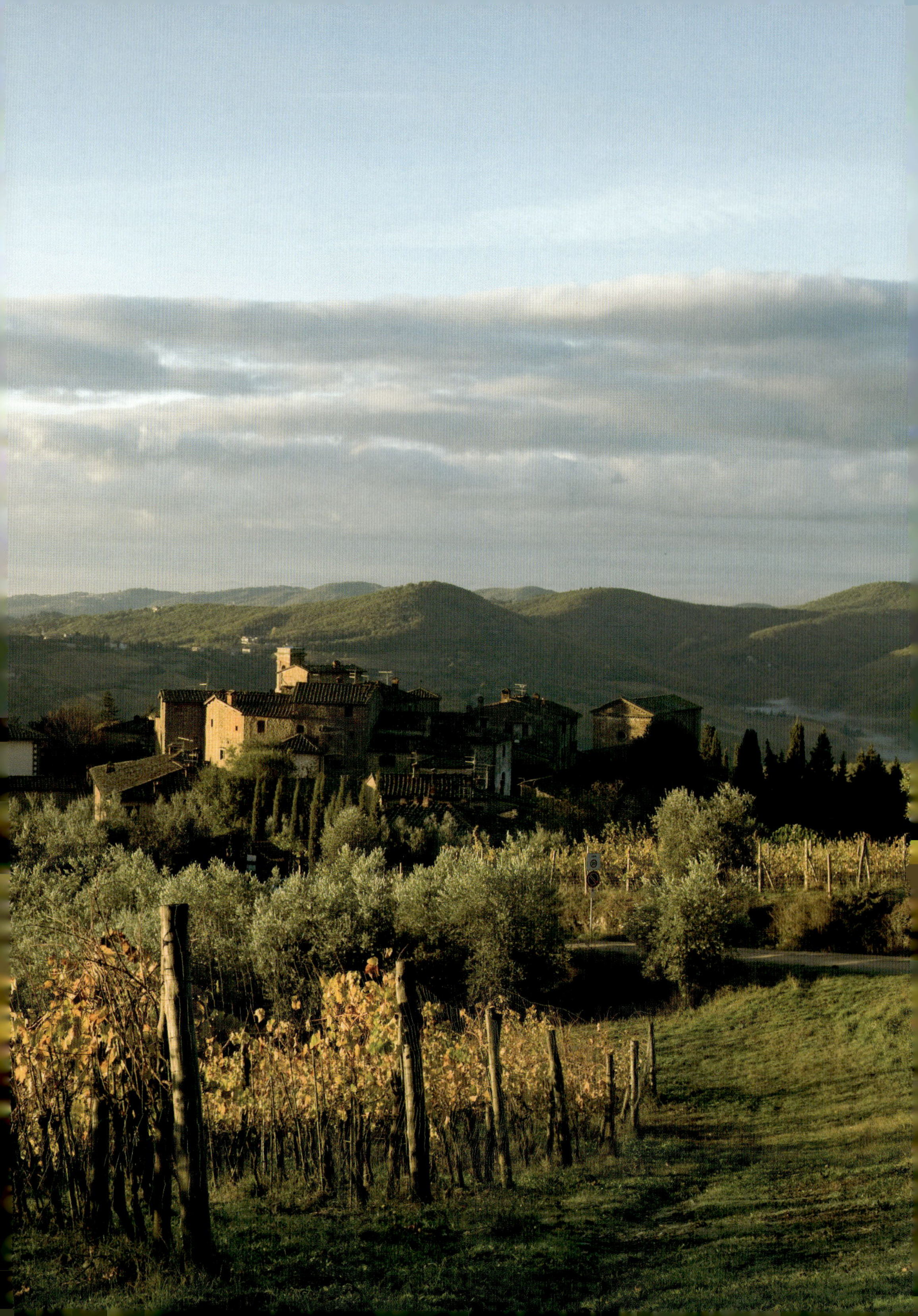

ジョヴェーゼのような品種であっても、このことに変わりはない。クローン、生産レベル、生産地によるところが大きいが、着色が8月半ばまでには終わっているのが理想である。ただし、気候変動の影響で着色時期が前倒しになる傾向が見られ、クローンや葡萄畑に手をかける時間が減ってきているのが現状だ。

9月は最も重要な月である。栽培家たちはこの月が日中は温暖でからっと晴れ、夜はひんやりと涼しくなることを切に願う。このような温度変化により、葡萄には複雑なアロマと、フェノール類含量に対して絶妙なバランスの糖含量（低すぎだった30年前とは対照的に、現在、糖含量はやや高すぎる傾向が見られる）がもたらされるからだ（葡萄の主成分である糖分と酸、それにフェノール類も成熟と共に大きく変化する）。パーフェクト・イヤーの場合、ごく短い降雨なら、作物をいきいきとさせる効果も期待できるため好ましいが、そういった雨が数日間続いてしまう状態は好ましくない。これはちょうどボトリティス菌が、より成熟し、果皮が薄くなり、耐性が弱まった葡萄を攻撃する時期だからだ。ひとたび始まった果実の腐敗は、葡萄畑全体に広まることになる。

当然ながら、異常気象に見舞われた年は「パーフェクト・イヤー」とは言えない。たとえば霰を伴う嵐（近隣の畑は無傷なのに、1つの畑だけを壊滅状態にしてしまう）や、2002年にルフィナを襲った竜巻（私もこれで死にかけた）などだ。遺憾ながら、気候変動に伴い、その種の異常気象は頻繁に起こるようになり、年を追うごとに平均気温もじわじわと上昇し続けている。このままでいけば、現在ある土着種をより熱に強い品種に植え替えざるを得なくなるだろう。

収穫は炎天下ではなく、温暖な気候条件で行う必要がある。そうすれば醸造所に運ばれるまで、葡萄を涼しい状態に保つことができるからだ。収穫は10月半ばまでには終了しなければならない。これは果実のためだけでなく、摘み手のためでもある。幸せな摘み手とは、仕事が速い摘み手のことなのだ。

左：サンジョヴェーゼにとって理想的なのは、太陽光をたっぷり浴びられる南、または南西に面した畑である

高度：バッカスが愛した丘

高度は、緯度と切っても切れない要素である。一定の緯度があれば、海抜0～1000m程度まで葡萄の植栽が可能であり、しかもその畑の高度により、葡萄の成長過程もその期間も大きく異なることになる。その典型例がシチーリアのエトナ山だ。この山の高度800～1000mの畑では、ネレッロ・マスカレーゼという品種から、ブルゴーニュのように軽くてデリケートな最良の赤ワインがつくられているのに対し、平地の畑ではネーロ・ダヴォーラという品種から、よく熟したコクのある赤ワインがつくられている。本書で取り上げる4地域に関して言えば、そのすべてにアペニン山脈など2000mを優に超す山々がそびえ立っている。サンジョヴェーゼは海抜200～500mの畑での栽培が最も成功する一方、白葡萄は海抜700mまでの畑で成功している。ボルゲリ地区の最も高名な葡萄畑（サッシカイアの一部、オルネッライア、カ・マルカンダ、レ・マッキオーレ、グァド・アル・タッソなど）はほぼ海面近くにあるのに対し、最上級のキアンティ・クラッシコを生み出す葡萄畑（カステッロ・ディ・ヴォルパイア、カステッロ・ディ・アマ、コッレルンゴ）は高度400～500mにある。ちなみに、ボルゲリの一流ワインはすべてボルドー種からつくられている。高度が低いこの畑から、平均以上のサンジョヴェーゼが生まれることはまずないからだ。

太陽光線が照射する方向：南南西と南西の中間

高度は日光の当たる位置と連動して、果実の品質を決定づける。その際、重要になるポイントは2つある。まず1つは「太陽光線に対する葡萄畑の角度」だ。たとえばサンジョヴェーゼのような品種にとって理想的なのは、明け方から夕暮れまで、陽光をたっぷり浴びることができる南に面した斜面である。次に理想的なのは南西、あるいは南東だが、これらの場合、太陽光はさほど直接的ではなくなる。さらに、丘の傾斜度も重要だ。傾斜が険しくなるほど、日光が直接当たるようになるからだ。もう1つは「防風林などで覆われていない、広々とした丘の頂上」である。このロケーションは常に微風が吹き渡るおかげで、カビや昆虫の問題に悩まされることがない。また、いかなる土砂降りからもいち早く回

復が望める。ただし、これはあくまで一般的な目安である。イタリア中央部は小高く険しい丘陵地がほとんどで(一部の山地や川が流れている地域は除く)、まさに高品質の葡萄栽培に適したロケーションと言えよう。こんな理想的な場所にあるにもかかわらず、かつてこの地域から質の悪いワインが生まれていたのがつくづく不思議である。

土壌：ガレストロとアルバレーゼ

　本書で取り上げる4地域の土壌をすべて紹介する気はない。読者も飽き飽きしてしまうだろうし、この本は地質学の専門書ではないからだ。ここでは、土壌に関

上：霧やもやの上に頭を出してそびえ立つ、緩やかな起伏の丘陵地

する2つの重要ポイント——「排水」と「化学成分」——を覚えてもらえれば十分である。排水は、その土壌の水分保持能力に関係してくる。理想的なのは、孔（あな）がたくさん開いていて葡萄樹の根元が水浸しにならず、しかも、あまりに大量の水分を逃すことなく、乾いた夏に根元が潤うくらいの少量の水分しか残さない土壌だ。

一般的に、土壌は様々なタイプの混合であり、いくつもの層から成り立っている。それゆえ、葡萄樹の根元が土壌深くにしっかり根付くことが何より大切だ。というのも、土壌深くに根付いてはじめて、葡萄樹は過酷な気温や水分不足に耐えられるようになり、様々な層

の栄養素を取り入れた葡萄を結実させることができるからである。たとえば地表付近に硬い岩や分厚い粘土質岩がある場所では、このような根付きは明らかに不可能である。

サンジョヴェーゼに関して言えば、理想的な土壌は、石灰石をベースにバランスよく粘土と片岩が含まれたものだ。恐らく、少量の砂（ただしあくまで少量）が含まれ、なおかつpH値が低すぎず、それゆえ酸性が強すぎない土壌が最も理想的と言えるだろう。トスカーナ中央部で最も多く見られるのは「ガレストロ」と呼ばれる、粘土石灰質の特に砕けやすい片岩タイプの土壌である。これは非常に一般的な土壌で、たとえばルフィナとモンタルチーノの至る所で見られるが、キアンティ・クラッシコに限って言えば、このガレストロも広大でより多様な土壌をつなぐ1要素に過ぎない。もう1つ、トスカーナとウンブリアでよく見かけるのが「アルバレーゼ」という、より粒状で硬い石灰質の土壌だ（植栽時に葡萄畑から取り除かなければならないほど大きな礫岩もある）。「リトル・ボルドー」の呼び声も高いボルゲリには、砂・粘土・小石の層から成る最高の土壌が広がっている。

化学成分に関して言えば、今日、有能な栽培家なら誰しも、葡萄園候補地の土壌化学分析は必ず行っている。そうすれば、その区画に適する葡萄品種がわかるからだ。たとえば、その土壌が酸性なのかアルカリ性なのかを知れば、どんな栄養分（化学的・有機的の両面で）や台木が必要か把握することができる。前述のとおり、過去には多くの葡萄園がまったく見当違いな区画に植樹をしてしまっていた（当時、サンジョヴェーゼが不規則な成果しか出せなかった大きな理由はこれだ）。そこで何十年もかけて、どこにどの葡萄を植えるのが最適か決めるために、あらゆる葡萄畑の土壌およびその他の特徴の分析（イタリア農学者の間では"zonazione"と呼ばれている）が行われるようになった。サンジョヴェーゼに関して、ピアチェンツァのマリオ・フレゴニ大学教授は「急速に温まってしまう土壌では高品質は絶対に望めない」とし、「サンジョヴェーゼがマレンマ、もしくやカリフォルニアやオーストラリアでよい結果を出せないのはこのせいである」と述べて

いる。ただし、同教授は「ニュージーランドではよい成果が続くだろう」と期待している。

山々：アペニン山脈とアミアータ山

高度に関してはもう説明済だが、ここでは極度の寒さ・暑さを妨いだり、雨を降らしたりする「山々」について触れておきたい。一番わかりやすい例がアペニン山脈だ。トスカーナの北の辺境沿いを西から東にかけて走るこの山脈のおかげで、イタリア中央部は最悪のトラモンタナ（tramontana：北方からエミリア・ロマーニャ州の方向へ吹く冷風）にさらされることがない。アペニン山脈以外にもこの種の山々はあるが、1つあげるとすればアミアータ山だろう。これは、降雨量の多いトスカーナ南部において、モンタルチーノを最も乾燥した地域に保っている神秘的な山なのだ。まさに、モンタルチーノ・ワインの華々しい成功の秘訣の1つと言えよう。

水域：湖・川・海

よく知られているように、水域に近いと、気候が穏やかになる。トスカーナの端的な例はティレニア海（イタリア西部に広がる地中海の一部）だ。実際、マレンマ（トスカーナ海岸部）は、トスカーナ内陸部に比べて穏やかな冬を迎え、緯度で見るとはるか南にあるカリフォルニアの天候に近い。内陸部ではアルノ川とウンブリアのテベレ川が調整弁の役割を果たしている。ウンブリア州は海には接していないが、トラジメーノ湖、ボルセナ湖、コルバラ湖という3つの湖がある。またアペニン山脈の北東部には、アドリア海（イタリア東部に広がる地中海の一部）が広がっている。

右：同じ領地内でも土壌の物理的構造は様々に異なる。この例はマレンマのカイアロッサ

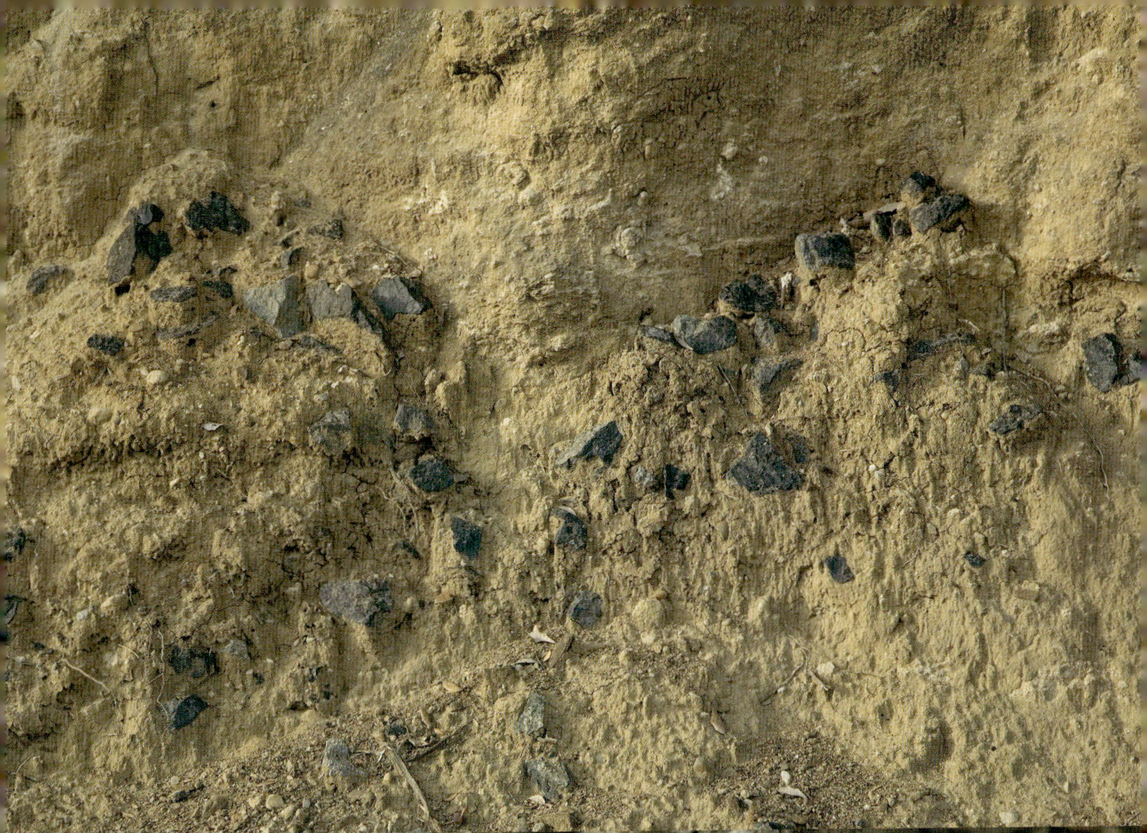

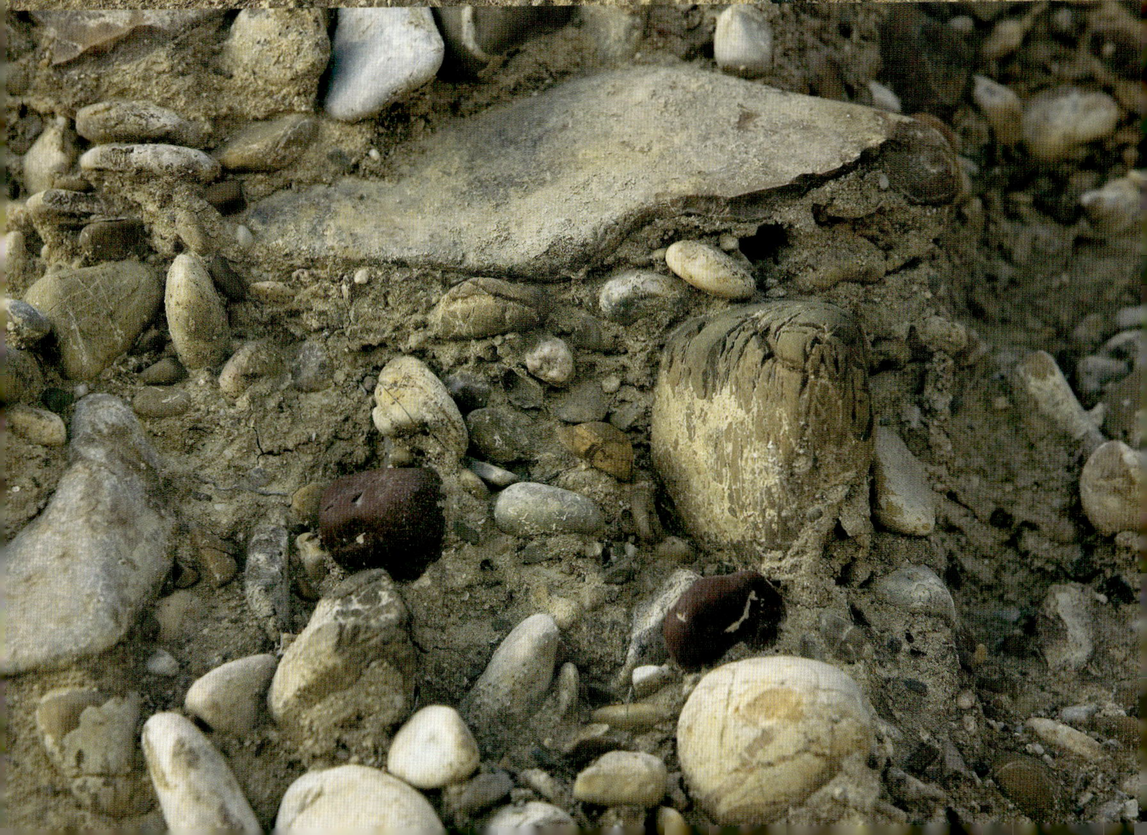

3　葡萄品種

ジュピターの血によって

ワインの品質の決め手となる要素は数々あるが、ほとんどの人がこう言うだろう。「一番大事なのは葡萄品種だ」と。イタリア中央部において、最も重要な品種は誰の目にも明らかだ。この品種の"由来"について「数千年前のトスカーナ（あるいはロマーニャ）の原生林に由来する非常に古いものであり、ここからイタリア中央部の主要なワインの伝統が始まった」と唱える者もいれば、「その誕生はせいぜい400年前と思われ、300年前まではさほど重視されていなかった。現に、トスカーナの品種と南部イタリアのある品種を交配させたものだという事実もつい最近判明した」と言う者もいる。また「テロワールによって個性を変える傾向は否めないが、その基本的なDNA構造は完全に保持されている」と説く者もいる。この最後の点について、ワイン・ジャーナリスト兼リサーチャーのルカ・マッツォリーニは「大体において正しいが、ヴィニフェラ種の直系同質というよりはむしろ、様々な葡萄品種の集合体に近い」と主張する。また、この品種の"出来"について、収穫年や葡萄園、葡萄樹、ひいては果実の違いによって呆れるほどの差が出てしまう点を批判する人もいるが、マッツォリーニは「たしかに、こちらを当惑させるほど形態・遺伝子面での変種が多すぎるが、その結果、飲む人の感覚を刺激する多様な特徴のワインが生み出されるのだ」と指摘している。なかには「適切な場所に植樹し、適切な育成を行い、適切な果実をつければ、これほど信頼できる品種はない」と強く主張する人もいるほどだ。さらに、この品種の"色"については「ワインにかなり明るい色合いを与えるため、初期段階でワインがオレンジ色に変わってしまう」と批判的な人もいれば、「適切な環境で育成すれば、その種の批判が静められるほど濃厚な色合いに育つ」と好意的な人もいる。この品種の"味"についても「100年品質の変わらないワインを作れる」、「ここ10年、ほとんど改善されていない」と意見は真っ二つだ。総合的な評価も「イタリア一の偉大な品種だ」「カベルネ・ソーヴィニョン、メルロー、ピノ・ノワール、ネッビオーロといった国際種の仲間にぜひ加えるべき品種だ」と絶賛する声もあれば、「取り立てて特別なところはない。おいしいテーブル・ワインをつくることはできるが、偉大な品種ではない」と軽視する声もある。

もちろん、この品種とはサンジョヴェーゼのことである。どう見ても、今日、これがイタリアを代表する葡萄品種であることは疑いない。実際、サンジョヴェーゼの作付面積は葡萄全体の作付面積（約70,000ha）のうちの10％を占めている。20の栽培地域のうち、少なくとも16の地域に植えられているうえ、約90種類のDOC（G）ワインへの使用が義務づけられているのだ（詳細はp.54〜55を参照）。

とはいえ、イタリアでは、その他の葡萄品種（ネッビオーロ、バルベーラ、ドルチェット、フレイザなど）が主流の地域もある。特にピエモンテはその代表例と言えよう。サンジョヴェーゼが圧倒的なのは、なんといってもイタリア中央部である。トスカーナでの作付面積は40,000ha（葡萄園のスペース全体の3分の2）にのぼり、この地域で生まれる25種類以上のDOCワインの主成分となっているのだ。ロマーニャでは唯一の黒葡萄であり（およそ6,000haに相当）、ウンブリアでは最も一般的な品種であり、またマルケでは（質の面では一番でないにせよ）量の面では一番の品種である。ちなみに、これはバルベーラ種と共に、国外で最も植樹されている品種でもある。カリフォルニア、オーストラリア、南アフリカ、アルゼンチン、そしてフランス（コルシカ）にも見られるのだ。

起源および名称

全員とは言わないまでも、ほとんどの人が「サンジョヴェーゼのイラストが初めて登場したのは、ジャンヴェットリオ・ソデリニの著書『Trattatosulla Coltivazione delle Viti』である」と考えている。前述のカロ教授によれば、彼はこの本で*Sangiogheto*という名称を使い、「ジューシーでたっぷりとしたワインができる葡萄」「決して失敗のない葡萄」と表現している（懐疑的な人なら「奇妙じゃないか。現代では失敗することも多いのに」という感想を抱くかもしれない）。その後、1720年、D・ファルキーニという人物が*Sanvicerto*という名称でこの品種に言及している（カ

右：サンジョヴェーゼの起源と可能性にまつわる数々の謎を忘れてしまうような、物静かなイラスト

A. Kreÿder

San Gioveto

ロ教授らによれば、現在、同名でまったく異なる品種があるが、*Sanvicerto*がサンジョヴェーゼの同義語である可能性が高いとのこと)。1726年には、コジモ・トリンキの著書『*Agricoltore Speimentato*』に*San Zoveto*という記述が、またコジモ・ヴィリフランキの著書『*Oenologia Toscana*』には*S.Gioveto*という記述が登場する。このあと、この葡萄品種に関する記述は頻繁に見られるようになるのだ。

サンジョヴェーゼはとにかく同義語の多い品種である。「サンジョヴェーゼ」という呼び方はロマーニャでよく聞かれるが、今日、キアンティ・クラシッコではこの名が「サンジョヴェート」となり、モンタルチーノでは「ブルネッロ」、モンテプルチャーノでは「プルニョーロ・ジェンティーレ」、マレンマ南部スカンサーノ地区では「モレッリーノ」となる。これ以外の呼び方の中で一番興味深いのは、おそらく「カラブレーゼ」であろう。数年前、サン・ミケーレ醸造学校(トレント)の研究者らのDNA鑑定により、サンジョヴェーゼはカラブレーゼ・ディ・モンテヌオーヴォと呼ばれる無名の品種(カンパーニャで発見されたが、カラブレーゼの起源と信じられている)とトスカーナのチリエジョーロの交配から生まれたことが証明された。研究者の1人、ホセ・ヴィラモスは、この交配は1700年以前のある時期に自然と行われていたという仮説を立て、「サンジョヴェーゼは古来からのトスカーナ土着種だ」という説には何ら科学的根拠がない、と主張している。しかしながら、この交配が何千年も前に行われたわけではないというならば、そのこともまた科学的根拠に基づき、証明する必要があるだろう。チリエジョーロに関する知識は少なく、カラブレーゼ・ディ・モンテヌオーヴォに至ってはほとんど何も知られていないのである。

その他にも、カルディスコ、インガンナカーネ(「犬を騙す」という意味。熟れた葡萄を見た犬がそれにかぶりつくと、タンニンと酸味をいやというほど味わうことになるため)、ネリノ、ニエルッチョ(コルシカ)、ピニョーロ、プルネッロ、ウヴェッタなど、サンジョヴェーゼの同義語は尽きない。

サンジョヴェーゼという名前の由来に関しては諸説ある。一番詩的なのは「ジュピターの血(sangue di Giove)からとられた」という説だが、ややできすぎの感は否めない。サン・ジョバンニ(ワインと関係の深い12聖人のうちの1人、聖ジョン)に由来していて、「ジョバンニ」が"若い"を意味する単語*viovane*と合わさったのではないかという説もある(サンジョヴェーゼが若芽だったことを意味している可能性もある)。さらに、奴隷・隷属を意味する「スキアーヴァ」という品種同様、支配・拘束を意味するロマニャーノの単語sanzvesに由来するという説もある。いずれにせよ、この点に関して、明解な答えはまだ出ていない。私個人としては「ジュピターの血」説が気に入っている。

その他の主要な黒葡萄の品種

サンジョヴェーゼはイタリア中央部(特にトスカーナ)で圧倒的支配を誇るため、その他の黒葡萄品種は脇役にまわってしまっている。だが脇役であるからといって「重要ではない」ということにはならない。つい最近まで、サンジョヴェーゼは他の品種とのブレンドに用いられてきたのだ。そのブレンドの詳細については後章で詳しく説明しよう。今は、イタリア中央部の脇役に徹している品種たちの特徴・個性を紹介しよう。

アリカンテ　「カンノナウ」としても有名だが、「グルナッシュ」という名称が一番有名な品種。トスカーナ南部で、モレッリーノ(サンジョヴェーゼ)のブレンド品種として需要が高まっている。この地方にはアリカンテ・ブーシェもあるが、こちらはアリカンテをティントリアおよびアラモンと交配させたものである。

カナイオーロ・ネーロ　カロ、コスタクルタ、シェンツァの共著書『*Vitigni d'Italia*』によれば、この品種名は7月24日から8月24日までの「非常に暑い日」を意味するラテン語*dis caniculares*に由来している。これこそ、まさにカナイオーロの着色(インヴァイアトゥーラ)の期間なのだ。早くも14世紀には、*Canajuola*がピエル・ディ・クレセンツィによって「最も美しい葡萄であり、保存に適している」と賞賛されている。マリオ・フレゴニ教授によれば、これは1700年頃まではサンジョヴェーゼ、マンモロ、マルツェミーノ、カナイオーロ・ビアンコ、アブ

葡萄品種

Canaiolo Nero

ロスチンを抑えて、トスカーナの「主要な葡萄品種」であったという(ARSIA II、p.23より引用)。

19世紀半ばのリカーゾリのブレンドにおいて(詳細は第4、5章を参照)、カナイオーロはサンジョヴェーゼに次ぐ肝心な役割を果たした。また1990年代までは、キアンティのブレンド品種として重要な役割を果たし続けたが、それ以降はカベルネとメルローにその座を奪われ、キアンティ・クラッシコのようなトスカーナを代表する高級ワインにはほとんどブレンドされなくなった。

今日も、カナイオーロはトスカーナやウンブリアの多くのワインを支えてはいるが、現代のマーケットには味が軽すぎるため、たまにロマーニャ地方で「カニーナ」という名前で扱われる以外、100パーセント単一品種で使われることはめったにない。

キアンティ・クラッシコ以外でカナイオーロを使用している銘柄は、ヴィーノ・ノビレ・ディ・モンテプルチャーノ、ロッソ・ディ・モンテプルチャーノ、カルミニャーノ、モンテカルロ、トルジャーノである。

チリエジョーロ 今世紀に入ってすぐに、サン・ミケーレ醸造学校(トレント)が実施したDNA調査によると、この品種とサンジョヴェーゼには「きわめて重要な関係」があるだけでなく、サンジョヴェーゼの片親であることが判明した(もう一方の親はカンパーニャ地方で発見された無名の品種カラブレーゼ・ディ・モンテヌオーヴォ)。最近では、これはスペイン生まれの品種ではないかという説がある一方、古代トスカーナの血筋を受け継ぐ土着種だという説もある(後者の方がDNA鑑定結果をより裏づける説と言えよう)。今日、この品種は主にトスカーナ南部地区、グロッセート県で使用されている。またサッソトンドのサン・ロレンツォのように、チリエジョーロ種100%のワインもある。

コロリーノ 人気が衰えているカナイオーロに比べて、このコロリーノは日の出の勢いと言えよう。古代トスカーナの血筋を受け継ぐ品種と言われているが、現在はその信憑性が揺らぎつつある。この品種は昔から現在に至るまで、主にサンジョヴェーゼ特有の色の軽さをカバーするために用いられてきた。その役割ゆえに、近年とみに栽培家たちの関心を集め、同じ目的のために用いられてきたカベルネ・ソーヴィニョン、メルロー離れを加速させている(詳細は第4~5章を参照)。

キアンティ・クラシッコ、ヴィーノ・ノビレ、ルッカのDOCワイン(モンテカルロとコッリーネ・ルッケージ)などコロリーノの使用は飛躍的に伸びており、さらに遠く離れたウンブリアやマルケなどでも使用されている。

ラクリマ・ディ・モッロ・ダルバ 「ラクリマ(ナポリ)」や「アルバ(ピエモンテ)」という名称が含まれているにもかかわらず、今日、この軽やかなアロマの品種が主に栽培されているのは、マルケ州の小さな共同体モッロ・ダルバの葡萄畑である。深みがある紫の色合いで、タンニン・酸味共に穏やかな品種のため、通常この葡萄からつくられるワインは軽く冷やして、早めに飲み切るのに適している。10年ほど前に、ほとんど無名の状態から突如頭角を現したラクリマは、熱烈な支持を獲得しつつある。

マルヴァジーア・ネーラ この品種は非常に数の多い(必ずしも全てが近縁関係にある訳ではないが)マルヴァジーア・ファミリーの一員である。元々は、ギリシャのペロポネソス半島の港モネンヴァシアが変化した名前と思われる。13世紀頃から、その港から様々なマルヴァジ

27

ーア種（あるいはそのワイン）がイタリア（特にヴェネチア）に運ばれていたのだ。マルヴァジーアの多くは白葡萄であり、ニュートラルなアロマが特徴だが、セミ・アロマティックな黒葡萄のほうはトスカーナよりもプーリアでより一般的である。キアンティ・クラッシコおよびアレッツォ県では、サンジョヴェーゼがベースの平凡なワインに、いくらかのスパイシーさとエキゾチックなニュアンスを加えるために用いられることもある。

マンモロ　トスカーナ原産と言われている品種で、1600年、フィレンツェの政治家ジャンヴェットリオ・ソデリーニによって最初に言及された記録が残っている。イタリア語の「すみれ」を意味する名称のとおり、伝統的にワインに花の香りを加えるためのブレンド種として用いられてきた。数多くのワインに用いられているが（通常5〜10％の割合）、現在、特にモンテプルチャーノに大きな影響を与えている品種である。

モンテプルチャーノ　本書で扱う4地域よりもむしろアブルッツォ南中央部、あるいはマルケに見られる品種だが、これもイタリアを代表する黒葡萄である。起源は不明。ただし、トスカーナのモンテプルチャーノ（14世紀からアペニン山脈をまたいで交易が活発に行われていた町と言われている）に由来した名前という説もある。気をつけなければいけないのは、この品種が、トスカーナのノビレ・ディ・モンテプルチャーノに用いられている品種（サンジョヴェーゼ、地元ではプルニョーロ・ジェンティーレと呼ばれている）とはまったく関係がないという点だ。だがだからといって（これまでに何度も主張されているとおり）、この品種がトスカーナの土着種ではないということにはならない。

トスカーナでは誰も認めたがらないが、近頃ではアブルッツォ州産のモンテプルチャーノの取引きがトスカーナ・ワイン人気に一役かっていると言われている。たしかに、これはサンジョヴェーゼの理想的なブレンド種だ。カベルネ、メルロー、シラーのようにサンジョヴェーゼ特有のアロマを消し去ることなく、深みのある色合いやリッチな風味を引き立てる。では、なぜトスカーナの人々はこの品種を栽培し、交配を行おうとしないのか。もちろん、彼らも試してはみたが、何らかの理由から（おそらく、この品種がより温暖な気候を好むためと

思われる）一度も成功したことがない。だからこそ、違法な商取引がひそかに続けられてしまっているのだ。

サグランティーノ　トスカーナの外ではあるが、「イタリア中央部」の範囲内にある地域には、傑出した葡萄品種が2つある。それがモンテプルチャーノとサグランティーノだ。サグランティーノの栽培地域は、ごく最近まで、小さな町に囲まれたモンテファルコという地域（ウンブリア州）に限定されていた。この品種は起源も名称の語源も不明だが、1つだけ確かなのは、つい30年ほど前に絶滅の危機に瀕していたことである。1970年代後半より以前、サグランティーノは単一品種としてではなくブレンド品種として、過剰生産された薄味のサンジョヴェーゼのワインに色合いとタンニンをつけ加える目的でのみ栽培されていたのだ。

だが今日、この品種はサグランティーノ・ディ・モンテファルコDOCGとして、単一品種で生産されることが増えた。辛口とパッシート（セミ・ドライの葡萄からつくる、タンニン豊富でリッチな味わいの甘口ワイン）の2タイプがあり、今では辛口の方が有名だが、歴史的にはパッシートの方が古い。名称に含まれている「サグラ」とは「聖なる（sacred）」という意味だ。なお、この品種（最大15％）とサンジョヴェーゼをブレンドしたロッソ・ディ・モンテファルコDOCというワインもある。非常に高貴な味わいで、割と長持ちするこの品種は、イタリア中央部のもっと広い地域でブレンド種として用いられるべきだろう。だが、そのためには様々な規制を変える必要があり、モンテファルコ側もトスカーナ側も、それぞれ異なる理由で重い腰を上げようとしないのが現状だ。

その他の黒葡萄の品種

アブロスチン　トスカーナの土着品種。フィレンツェ大学の教授らにより、サン・フェリスなどの葡萄園で試験的に調査が続けられている。

アブルスコ　ランブルスコの血筋を引く、深い色合いの品種。1622年にソデリーニが言及しているため、少

上：今やブレンドには欠かせない国際種の中でも、最大の影響を誇るカベルネ・ソーヴィニヨン

なくとも、ソデリーニ時代にはトスカーナで栽培されていたと思われる。

アレアーティコ　主にプーリアおよびラツィオで見られる、マスカットに似た品種。ごく少量だが、トスカーナ南部のマレンマやエルバ島でも見受けられる。おそらく、ギリシャ人によって広められた品種であり、主にアロマティックな甘口ワインに用いられる。

アンチェロッタ　ロマーニャおよびトスカーナで、サンジョヴェーゼをベースにしたワインの色合いを深めるためにブレンドされる、アントシアニン豊富な品種。

ブルソナ・ロンガネージ　アンチェロッタに似ているが、私が知る限り、ロマーニャでしか使用されていない。

コロンバーナ・ネーラ　ちょうどリグーリアの境界に当たる、トスカーナの最北西部コッリ・ディ・ルーニで用いられているブレンド種。

フォッリア・トンダ　トスカーナのより南部地域で栽培されている丈夫な品種。もとはシエナの無名な品種だったが、最近注目を集めつつある。

プニテッロ　すばらしい色合い、個性を持つトスカーナ原産種。自己主張が少ないため、サンジョヴェーゼとのブレンドに向いている。

ヴェルナッチャ・ネーラ　この品種に関しては、次の2点を強調しておきたい。1つは、マルケ州で、ヴェルナッチャ・ディ・セッラペトローナという発泡性の赤ワインを生み出す品種であること。もう1つは、ヴェルナッチャ・ディ・サン・ジミニャーノとはまったく別の品種であることだ。

主要な白葡萄の品種

　トスカーナでは、甘口のヴィンサント以外、白ワインよりも赤ワインの方がはるかに重要である。ただし、本書で取り上げる他の3つの地域は、すばらしい白葡萄の品種を誇っている。ここでは、その3地域のものを紹介しよう。

アルバーナ　起源はローマにあるという説もあるが、明らかにロマーニャを代表する品種。1303年、ボローニャのピエール・デ・クレシェンツィによって初めて言及されている。ワインを甘口にも辛口にもできる品種だが、辛口の場合、あまりハッキリとした個性が出ない。対照的に、甘口は貴腐葡萄を乾燥させてから発酵させても（これが伝統的な手法である）、そのままでも、非常に卓越した味わいになる。ゼルビーナのスカッコ・マット（「最後の一手」という意味）がその典型例と言えよう。

グレケット　「グレーコ・ファミリー」に属する品種はとにかくややこしい。DNA面から言えばまったく関連のない品種同士でも（たとえばグレーコ・ディ・トゥフォとグレケット）、名称の語源は同じギリシャにあると推定される。ウンブリアのグレケットは、オルヴィエートの主なブレンド品種の1つとして用いられ、この白ワインにアロマと品

格を与えている。これ自体、個性が際立った品種ではあるが、ブレンドにより、様々なスタイル（キレがあって軽いものから重厚でやや香り高いものまで）の、しかも、かなり高品質のワインを生み出す。トスカーナでは「下の方にいるノミ」を意味する「プルチンクロ」という呼び方が一般的だ。これは、この品種の栽培地域が下の方にあり、小さな黒点のように見えるからである。

マルヴァジーア・デル・キアンティ　トレッビアーノ・トスカーノと共に、何世紀も前からトスカーナの葡萄園で栽培されている品種。トレッビアーノ同様、19世紀半ばに、リカーゾリ男爵によってキアンティのブレンド品種に選ばれた品種でもある。さらにトレッビアーノ同様、現在では、もはやキアンティのブレンド品種としての義務もなく、トスカーナおよびウンブリアのDOCワイン（オルヴィエートなど）でささやかな役割を果たしているだけの品種でもある。伝統的に、果実をつけすぎる傾向があり、アロマの点でもあまり特徴がない。ただし、念入りに管理すれば、辛口の白や甘口のヴィンサントのようなワインに、ほのかな香水のような香りを与えることができる。

トレッビアーノ・トスカーノ　トスカーナを代表する白葡萄品種だが、黒葡萄の代表サンジョヴェーゼとは異なり、人気が急下降している。これは栽培技術の向上に伴い、栽培家たちの目が、より興味深い品種に向き始めてしまったためだ。伝統的に、この品種は、そこそこの味の安価なブレンド・ワインを大量につくるため（かつてはキアンティDOCの一部にもこの品種のブレンドが義務づけられていた）、またマルヴァジーア・ビアンカやサンジョヴェーゼと共に、ヴィンサントづくりのための乾燥葡萄として用いられてきた。トレッビアーノ・ファミリーの中でも最も多産であり、ウンブリアでは「プロカニコ」、マルケでは「パッセリーナ」、フランス南部では「ユニ・ブラン」など地域によって様々な名称で呼ばれている。長所は酸味がしっかりしている点で、ヴィンサントにいきいきとしたスタイルを与える。だが残念ながら、風味には欠ける。

ヴェルディッキオ　人気がなくなりつつあるトレッビアーノの血筋を引く品種で、マルケが誇るヴェルディッキオ・ワインを生み出す。鑑定により、トレッビアーノ・ディ・ソアーヴェ（トレッビアーノ・ディ・ルガーナとしても有名）とDNAが同じであることが判明。ヴェルディッキオは万能の品種で、ベーシックな辛口の白から、オーク樽熟成のクリュ、より複雑なタイプの辛口の白まで何にでも対応可能である。発泡ワインにしても貴腐ワインにしても悪くはない。起源は不明で、19世紀後半以前には記録らしい記録が残されていない。だが、これがマルケ州（特に2つのDOCワイン、カステッリ・ディ・イエージとマテリカの産地）を代表する品種であることは間違いないだろう。

ヴェルメンティーノ　ハンガリーのフルミントと遺伝的類似性があるものの、スペインに起源があると推定される品種。主に、トスカーナのマレンマおよびリグーリアのような温暖な海岸地域で力強く成長する。この品種が生み出すワインで一番有名なのは、サルデーニャのヴェルメンティーノ・ディ・ガッルーラであろう。ただし、適切な取扱いさえすれば、トスカーナ——特にコッリ・ディ・ルーニ、ルッカ（コッリーネ・ルッケージとモンテカルロ）、ボルゲリ、南部の地域——でもそれなりの品質のワインを生み出すことができる。

ヴェルナッチャ・ディ・サン・ジミニャーノ　この品種をメインにしたワインがDOCG（イタリアワインの最高のステータス）に選ばれたことが、私にはいまだに不思議でならない。というのも、このワインが初歩的レベルからなかなか向上できないでいるからだ（サン・ジミニャーノが「塔の街」として旅行者たちに人気が高いという事実も考慮されたのだろう）。とはいえ、すでに1276年の文書に名前が記されていることからもわかるように、実際この品種はかなり歴史あるものだ。「ヴェルナッチャ」という名前の語源は、「原産地」という意味のラテン語 *vernaculus* である。また、この品種の由来には諸説あるが、正確なところはいまだ不明のままだ。

その他の白葡萄の品種

アンソニカ　シチリアでより一般的な品種だが（現地では「インツォリア」と呼ばれている）、トスカーナ南部マレンマでも見られる。特にイーゾラ・デル・ジリオでは単一品種としてノンアロマティックな辛口の白ワインを生み出したり、あるいは、ブレンド種の1つとして用いられたりしている。

葡萄品種

Vermentino

いう名前で有名で、フリッツァンテよりもむしろパッシートを見かけることが多い。

パッセリーナ トレッビアーノ・トスカーノと関係が深いと思われる品種。他の白葡萄とのブレンド種として、マルケで最もよく見かける。

ペコリーノ アブルッツォで最も見かけるが、マルケ、ウンブリアでも目にする品種。

トレッビアーノ・ロマニョーロ ロマーニャ人いわく「トレッビアーノの中でも特別な品種だが、実を付けすぎると、トレッビアーノ・トスカーノのようになってしまう」注意深く管理・育成を続ければ、スティルワインでもスパークリング・ワインでも、かなりきりっとした味わいを生み出す。トレッビアーノ・ディ・ロマーニャを含むDOCワインの成分となっている品種。

ヴェルデッロ ポルトガルのヴェルデッロよりもむしろ、ヴェルディッキオに関連深い品種。トルジャーノ・ビアンコおよびオルヴィエートのブレンド品種として、主にウンブリアで見られる。

ボンビーノ・ビアンコ マルケ北部およびロマーニャで、単一品種、あるいはブレンド品種として用いられている。まずまずの品質で辛口の白ワインを大量生産できることから、ロマーニャでは「パガデビット（借金を返す）」という名でよく知られている。

カナイオーロ・ビアンコ トスカーナの様々な場所で見られ、トレッビアーノおよびマルヴァジーアとブレンドされることが多いが、一番有名なのは、ウンブリアのオルヴィエートのブレンド種「ドゥルペッジョ」としての顔だ。

マチェラティーノ グレコ種の一派と考えられ、マルケ州マチェラータ県でよく見られる品種。とりわけビアンコ・ピチェーノ（またはビアンコ・ディ・コッリ・マチェラテージ）の品種として有名である。

モスカート・ビアンコ 別名モスカート・ディ・カネッリ（もしくはモスカート・ダスティ）として知られるこの品種は、トスカーナの特定地域——特に、今日ではモンタルチーノ——で熱心に栽培されている。「モスカデッロ」と

国際種

　ここ数十年、イタリア中央部のワインづくりには、フランスおよび（フランスほどではないが）ドイツの葡萄品種がよく用いられてきた（ただし、この30年の間で、国際種ブームもピークを過ぎた感が否めない）。それらの品種の特徴はよく知られているので、ここで説明する必要はないだろう。総体的に見て、カベルネ・ソーヴィニョン、カベルネ・フラン、メルローがよく用いられ、プティ・ヴェルドもかなり好まれている。シラーもまた大きな影響を及ぼす一方、ピノ・ノワールはそうでもない。その他ガメイやタナも試験的に用いられてはいるが、これまでのところ、大きな成功はおさめていない。

　白葡萄に関して言えば、ピノ・グリージョおよびピノ・ビアンコ同様、シャルドネとソーヴィニョンも好んで用いられている。その次に続くのがマルサンヌ、ルーサンヌ、セミヨンといったところだ。トラミナー、ライン・リースリング、ミュラー・トゥルガウも試されてはいるが、これらのドイツ品種にイタリア中央部の緯度は不向きなよ

うである。

未来

　ほんの少し前、私はフィレンツェ大学教授で、葡萄品種論の権威であるロベルト・バンディネッリ氏を取材した。教授は同僚と共に、トスカーナの色々な地域で、ワイン生産者の協力を得ながら様々な実験を実施している。「そういった研究は政府機関との方がやりやすい。個人の生産者は最終結果ばかり気にしてしまう傾向があるからだ。だがその一方で、公共団体相手だと、プロセスを段階ごとに納得させなければいけないから手間がかかる」と教授は言う。さらに「葡萄品種の研究には『これでいい』という上限がない。もし制限があるとすれば、それは資金か、研究員の根気のどちらかだろう。なにしろ、彼らは非常にわずかな報酬で何時間も酷使されることになるからだ」とつけ加えた。
　バンディネッリ氏が勤務するフィレンツェ大学は、サン・フェリーチェ（キアンティ・クラッシコのカステルヌオーヴォ・ベラルデンガにある農園。絶滅の危機にあったプニテッロを見事復活させたことで有名）と協同で、トスカーナ土着種の研究を重ねてきた。"Vitiarium"と呼ばれるこの実験用農場はさほど広くはないが（1200平方m）、約300種類もの土着種が植えられ、春にはそれぞれの葡萄の形が、秋には色合いがつぶさに観察されているのだ。この実験用農場はいくつかのセクションに分かれている。まずはサンジョヴェーゼ専用セクションで、ここでは様々なバイオタイプのサンジョヴェーゼ（サンジョヴェーゼ・フォルテ、ピッコロ・プレコーチェ、プルニョーロ・ジェンティーレ、モレッリーノ・ディ・スカンサーノ、ブルネッロ、ブルネローネ）が植えられた。なお、ここの研究結果と比較するため、トスカーナの他の地域（サン・カシャーノのモンテパルディ、ヴィンチのカンティーネ・レオナルドなど）でも同様の研究が実施されている。また別のセクションでは、トスカーナ土着種（トレッビアーノ、マルヴァジーア、ヴェルナッチャ、ヴェルメンティーノ・ビアンコ、ネッロ、カナイオーロ、コロリーノ、そしてもちろんサンジョヴェーゼ）のクローン研究が行われている。さらに別のセクションでは、トスカーナ土着種以外の品種、たとえばネッビオーロ（バンディネッリ氏によれば「この品種とトスカーナの土壌とは最悪の相性」だった）、サグランティーノ、モンテプルチャーノ（バンディネッリ氏曰く「サンジョヴェーゼ同様、ひどい結果だった」）、チェザネーゼ、カンノナウ、ネーグロ・アマーロ、ネーロ・ダヴォーラ、アリアニコが試験的に植えられているのである。
　教授は熱くこう語る。「たとえばサンジョヴェーゼとプニテッロ、サンジョヴェーゼとアブロスチン、サンジョヴェーゼとカベルネ・ソーヴィニョン、サンジョヴェーゼとシラーといった交配に関する研究は大きな衝撃を生むことになるだろう。現に、サンジョヴェーゼとタンテュリエの交配種は、すでに生産されている。人は常に変化を好むものだ。若い人たちはいつでももっと違うもの、異なるものを探しているものなのだ」
　以上が、トスカーナで実施中の葡萄品種とクローンに関する研究例である。だが、これ以外にも優れたプログラムが実施されていることを最後につけ加えておきたい。モンテファルコのカプライではミラノ大学の協力を得て、サンジョヴェーゼに的を絞った研究が、またマルケでもヴェルディッキオに関する同様の研究が行われている。とかく葡萄畑に関する調査には時間がかかるものだ。なにしろ、1年に1度しか収穫がないうえ、収穫年を考慮しなければならなかったり、葡萄樹の成長やワインの熟成を待たなければならなかったりもする。資金さえあれば、ほぼ一夜にしてすべてが改善可能な「醸造所」のようなわけにはいかないのである。

右：マルヴァジーア・デル・キアンティやトレッビアーノ・トスカーノのようなややキャラクターに欠ける品種も、ヴィンサントづくりには役立つ

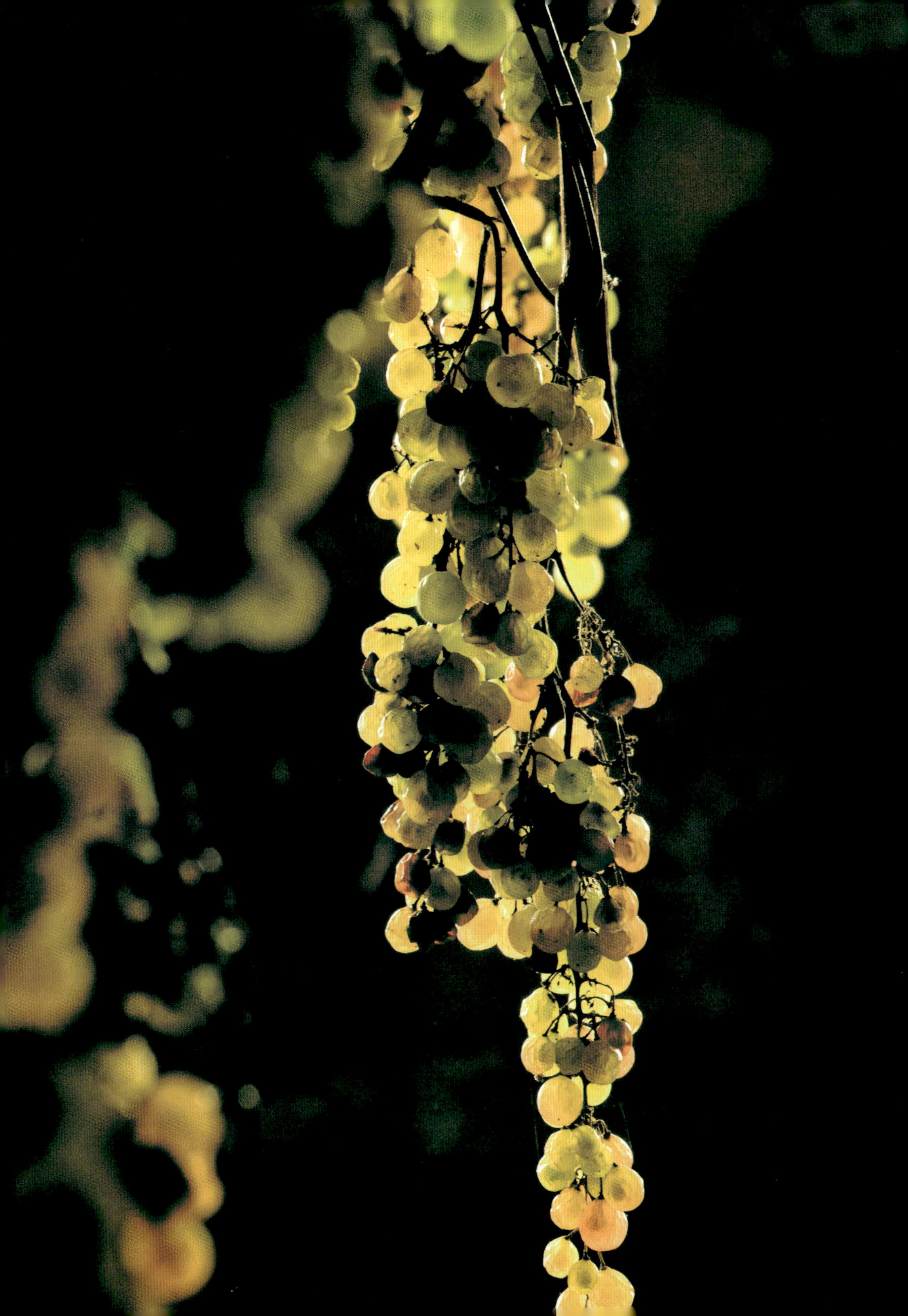

4 葡萄栽培

伝統と革新

今からトスカーナおよびイタリア中央部で葡萄園を始めたいなら、この章で取り上げるポイントについてきちんと考えなければならない。1つ1つの答えが、あなたの葡萄園の生産費や設備投資費に直接はね返ることになる（年を追うごとに、熟練作業員はもちろん、才能ある若手作業員の確保も難しくなっているのが現状だ）。さらに重要なことに、それらの答えすべてが、あなた自身のワインを最終的に決定するのだ。

ロケーション

「どの地域を選ぶか」という問題は別にして、まず考えるべきは葡萄畑のロケーションだ。日照量、土壌の適性、極端な天候や菌類、害虫に対する脆弱性、その予防手段、そしてもちろん、選んだ葡萄品種との適合性などを詳しく考慮する必要がある。たとえば高度500m以上、もしくは200m以下の土地なら、通常サンジョヴェーゼは育たない。またカベルネ、メルロー、シラーの場合、もっと高度の低い土地を好む。これらの知識は説明済みのため、改めて振り返る必要はないだろう。だが、この他にもまだ考慮すべきポイントは山ほどあるのだ。

葡萄品種のクローン選抜

おそらく、最も考慮すべきはこの重要ポイントであろう。サンジョヴェーゼに関するクローン調査は40年近く行われている。かなり昔からクローンをごく少数に絞り込んでいたフランスの有名品種に比べると、「40年」

という調査期間は短いかもしれないが、その他のイタリアの品種の中では最も長い調査期間である。だがその結果、栽培家たちは混乱してしまっている。なにしろ、苗木業者から「サンジョヴェーゼのクローン」として示される中には認可されたもの（現在70種類ほど）だけでなく、おびただしい数の未認可のもの（イタリア中央部の葡萄園にある異種のバイオタイプで、そのうち数百種が大学の調査グループの研究対象になっている）も含まれているのだ。これは、1970年代は「トスカーナ土着種は最高品質のワインづくりには不十分」というのが定説であり、この種の研究が熱心に行われるようになったのはかなり最近（80年代、90年代）のことだからである。

『Sangiovese: Let's Get It Right』というDVD（サンジョヴェーゼに興味を抱いたオーストラリアの葡萄栽培家たちのために作られた）の中で、トスカーナのエノロゴ兼アグロノモのアルベルト・アントニーニは、サンジョヴェーゼのクローンを"過去・現在・未来"という枠で分け、クローン選びの重要性を明快かつ簡潔に説明している。それによれば、サンジョヴェーゼの過去のクローンの特徴は「大きくて密集した果房（日光と熱が果実内部まで浸透しにくく、未熟で緑色のままになってしまう）」「大きな果粒（果皮にある芳香前駆体と果実中心部にある触媒化合物とのやりとりが抑えられてしまう）」だった。これでは剪定および果房の間引きに時間がかかり、コスト増大を招くうえ、二流のワ

下：イタリア中央部の葡萄栽培の復活は地面から、いや、地面の下から徹底的に行われた

インしかできない。この代表とも言えるのが、メッツァドリーア廃止後の1960〜70年代、大量生産を目的に広大な範囲に植えられたR10という悪名高きクローンである。アントニーニは「他の主要なワイン生産国でサンジョヴェーゼの人気がなかったのは、このクローンがあまりに貧弱だったからだ」と指摘している。

サンジョヴェーゼの現在のクローンは、過去のものに比べて多産ではないため、剪定コストがかさむことはない。またよりバランスのよい果実をつけるため、高品質のワインを生み出す力も持っている。その一例がラウシェド（苗木の養樹所）がモンタルチーノの有名ワイナリー、ビオンディ・サンティの協力を得て開発したB-BS11とR24（試行錯誤の末に生まれたロマーニャのバイオタイプ。多産ではないうえ、R10よりはるかに良質なワインができる）である。現在のクローンの多くは「サンジョヴェーゼ・グロッソ」モデル（粒の大きなバイオタイプで品質が高い）をベースとしたもので、もう1つの「サンジョヴェーゼ・ピッコロ」モデル（粒の小さなバイオタイプで、品質的にはグロッソに劣る）とは明らかに一線を画している。

サンジョヴェーゼの未来のクローンは、いわゆる「フレゴーニ原則」（マリオ・フレゴーニ教授の名前からこう呼ばれている）に従うものと思われる。すなわち果粒、果房、葡萄樹当たりの収穫高の1g、100g、1000gごとに理想の重量を設定するというやり方だ。こうすれば、分厚い果皮を持つ理想的な低重量の果粒ができ、果房の構造が疎になり、葡萄樹1本あたりの生産能力が限定され、より深みのある味わいで安定した色合いの、香り豊かで、熟れたタンニンの豊富なワインをつくることができる。ウィルス・フリーであることはもちろんである。この典型例が、いわゆる「キアンティ・クラッシコ2000年プロジェクト」（略称CC2000プロジェクト：1980年代後半にキアンティ・クラッシコ協同組合によって始められ、フィレンツェ大学およびピサ大学によって引き継がれた）で開発されたクローンである。これらのクローンにはCCL2000/1からCCL2000/7という名前がつけられた。まさに、真の意味で「未来を担う」クローンと言えるだろう。というのも、これらの品種は望ましい基準を満たしてはいるが、そのすばらしさを私たちに実感させるような成熟したワインにはまだなっていないからだ。他にも、サンジョヴェーゼのクローンに関する主要な調査はミラノ大学、ボローニャ大学、トスカーナ州により、厳選された生産者たちの協力を得ながら実施されている。前述のラウシェドも独自の調査を実施すると同時に、これらの数多くのプロジェクトに関与している。

フレゴーニ教授は、数ある原則の中でも、特に「サンジョヴェーゼ100％の葡萄畑であっても、土壌や天候への反応が異なり、違う個性を持つクローンを数種類組み合わせて植える必要がある」という点を強調している。こうすれば、最終的につくられたワインに複雑な味わいがもたらされるだけでなく、たとえあるクローンが失敗しても、別のクローンでその失敗を補えるからだ。質・量どちらの面においても、このことに変わりはない。

もちろん、他の品種に関するクローン選びも実施されている。「CC2000プロジェクト」の一環として、たとえばカナイオーロの8種類のクローンが研究されているのだ。だがそういった試みが始まったのはごく最近のことであり、しかもあまり熱心なペースでは行われていない。サンジョヴェーゼ以外で、イタリア中央部においてクローン分野の関心を集める黒葡萄品種と言えば、サグランティーノとモンテプルチャーノに絞られるだろう。白葡萄に関して言えば、マルケ産のヴェルディッキオが最も関心を集めている。私に言わせれば、それはしごくもっともなことだ。ヴェルディッキオはイタリア中央部の白葡萄の中で最高の品種だと思うからである。

台木：ぴったりの組み合わせを求めて

一般的に知られているように、ヨーロッパ系葡萄（ヴィニフェラ種）は、フィロキセラへの抵抗性があるアメリカ原産葡萄へ接木する必要がある。そうしないと、ヴィニフェラ種の根がフィロキセラの食害にあってしまうのだ。台木選びの基本は、穂木との相性同様、葡萄畑の天候や土壌をよく考えることである。サンジョヴェーゼおよびその他の品種に関して、この分野の調査は数多く実施されている。たとえば、ディ・コッラル

葡萄栽培

いくつかあった。それらに対し、110R（ベルランディエリとルペストリスの交配）は糖分の生成を高め、生き生きとした傾向も保つことに成功した」

他にも数えきれないほどの台木が存在する。しかも、それらが皆、環境の違いによって異なる個性を発揮するのだ。その中から適切なものを選択できるかどうかは、ひとえに栽培家の腕にかかっている。これは簡単な仕事ではない。しかも、重要な結果をもたらす選択である。というのも、接ぎ木によって葡萄樹の根の部分のシステムを置き換えることはできないからだ。

植栽密度：適切なバランスをめざして

通常、植栽密度は1ha当たりの葡萄樹の本数で表される。フランスの歴史的地区では昔から、1ha当たり約8000～10000本の植栽密度となっている。株間が80～100cm、畝間が約120cmという計算だ。前述の「フレゴーニの法則」も示すとおり、理想的なのは葡萄樹1本あたりの生産能力を限定し、果実の成熟を促すことにある。過度の樹勢を抑えれば、土壌から吸い上げた抽出物を効率よく果実に送り込め、糖分と酸味がより高くなるうえ、タンニンと色合いがより豊かになる。結果的に、果粒も小粒で、果房も程よく小さくなり（小さくなりすぎてはいけない）、よりバランスのよい葡萄ができ、あまり多産にもならないのだ。さらに、植えつけ間隔を短くするほど、その畑の栄養分が凝縮された葡萄の収穫が可能になる。翌年の収穫や果実の成熟を悪くさせないためにも、重要なのは1ha当たりの収量を低く抑え、また葡萄樹1本当たりの収量も低くすることなのだ。

残念なことに、イタリア中央部では、昔からこれとは正反対のやり方が受け継がれてきた。メッツァドリーア廃止後の20～30年の間、専業の葡萄畑（いまだによく見かける家庭菜園のように、無差別に交配が行われた場所は除く）における畝間は2～3mであった。葡萄樹は果実の重量にきしみ、果房は大きく丸々と太っていて、果粒も異常に膨らみ、しかも収穫時期になっても果房の中心はまだ緑色のまま（あるいは色は緑でなくても、味が未熟なまま）だったのだ。ちなみに、畝間が広かったのは、その方が巨大なトラクター

上：現在のクローン調査は、低重量の果粒、分厚い果皮、ゆるんだ果房構造、葡萄樹1本あたりの生産能力の限定を目ざしている

トラの報告にはこうある。「モッレリーノ（サンジョヴェーゼ）を台木110Rに接木をした場合、糖度はより高くなった。これに続く結果を出したのが台木41B、SO4である。その中で、41Bは酸度もかなり高くなり、より少産になる傾向が見られたため、この検査に最も適する品種と思われる」（ARSIA I,2001年）

1990年代、「CC2000プロジェクト」の一環として、キアンティ・クラッシコのパリアレーゼで重要な調査が実施された。スカラブレッリらが、13種類の異なる台木（残念ながらSO4は含まれていなかった）が果実の質に及ぼす影響を調べ、次のような結論を出したのだ。「サンジョヴェーゼ本来の力強さを飛躍的に高める一方で、糖分の生成にマイナスの影響を及ぼすタイプが

37

が通過しやすかったためと言えよう。しかし、今日のイタリアでは葡萄樹もはるかにほっそりとし、その高さも「樹をまたぐ形のトラクター（フランス語で言えば*tracteurs enjamberus*、イタリア語では*macchine scavallanti*）」で作業可能な程度にまで抑えられている。

1990年代、「CC2000プロジェクト」の一環として、植栽密度に関する実験が行われた。当時は「1ha当たり1500～2000本」という植栽密度が一般的で、密度がこれ以下の畑も、これ以上の畑も皆無に近かった。そこで「1ha当たり2500本、5000本、7000本、10000本という条件のもとで、葡萄の成長を比較・検討する」という目的で、この実験が開始されたのだ。その結果、「1ha当たり5000～7000本が適切だ」ということが明らかになった。この範囲を超えると、人件費や用具（噴霧器など）にかかるコストがかさみ、高い植栽密度による利点を相殺してしまううえ、品質も必ずしも改善されるわけではない。そのうえ、イタリアではまだ「樹をまたぐ形のトラクター」はそれほど多くないのだ。

アントニオ・カロ教授のレポート（ARSIA II、2006年、p.318）によれば、「ベルトゥッチョリらは実験を通じ、『中～低レベルの植栽密度は、葡萄に生理的なバランスの悪さをもたらし、樹勢を過剰にし、果実の品質を低下させてしまう』という結論を導き出した（2000年に論文出版済）」。この理由から、カロ教授は「サンジョヴェーゼ育成プロセスにおいて、植栽密度は注意を払うべき、非常に重要なポイントとなる」と指摘。さらに、教授は別のレポート（2000年）において「スカラブレッリらは『葡萄樹のバランスを考えると、最も好ましい植栽密度は1ha当たり5000本である。それより高密度になっても葡萄樹は生き延びるが、果実の品質に関して言えば利点は何もない』という事実を発見した」と指摘している。

仕立ておよび剪定：アルベレッロ対ギュイヨ

ボローニャ大学のイントリエーリ教授は、サンジョヴェーゼに関する重要な観察結果として、カロ教授のレポート（ARSIA II、2006年、p.317）のこの部分を引用している。「サンジョヴェーゼは茎の根元にできる元芽（幹に最も近い部分）が多産なため、長梢・短梢どちらの剪定も可能で、結果的に多種多様な仕立て方が可能になる」（この意味を理解するには、ヴァルポリチェッラのコルヴィーナ種のことを考えてみればいい。この品種は元芽が少産なため、ずっと以前から「ペルゴラ仕立て長梢剪定」という方法しかとられていない）。実際、サンジョヴェーゼは実に様々な方法で剪定可能だ。イントリエーリ教授の屋外観察によれば、シングルまたはダブルのギュイヨ仕立て（主枝と予備枝を毎年短梢剪定で切り替えながら行う方法）、あるいはコルドン仕立て──長梢剪定（カザルサ式）、または短梢剪定（コルドーネ・スペロナート、単茎または二茎のT字型、長梢・短梢のジュネーブ・ダブルカーテン、あるいはシンプル・カーテン）などが実施されている。

仕立てに関して言えば、ずっと以前の葡萄園では、シングルまたはダブルの*archetto*（アルケット、小さなアーチという意味）が最も好まれていた。だが、ここ20年で植栽された葡萄園で最も一般的なのは、コルドン仕立てである。コルドン仕立てとは、成形枝を幹に対して直角に這わせ、その主枝から出たたくさんの芽の中から、栽培家が目標とする収量制限に合わせて剪定を行う方法のことだ。トスカーナの栽培家の多くは「畑での作業をなるべく機械化しつつも、一定の品質の葡萄生産を狙うためにはこの仕立てが最も有効だ」と考えているようだ。

だが、これとはまったく異なる仕立ても2つある。1つはギュイヨ仕立てだ。コルドンよりもギュイヨを好む人々は「毎年枝を切り替え、葉が上方に集中するギュイヨ仕立ては、サンジョヴェーゼ本来の力強い樹勢を抑えるのに有効だ」と主張している。これは主にフランスの歴史的地区で好まれる方法であり、それゆえ、あるトスカーナのアグロノモはこう問いかける。「コルドン仕立てのすばらしいワインなんてお目にかかったことがないでしょう？」もちろん、これは言葉のあやというものだ。だが広大な畑の生産者ほど、この発言の言外の意味を無視しがちであることもまた事実である。ただ

右：古くからあるアルベレッロ方式は、ゼルビーナをはじめとする一流生産者たちによって、そのよさが見直されている

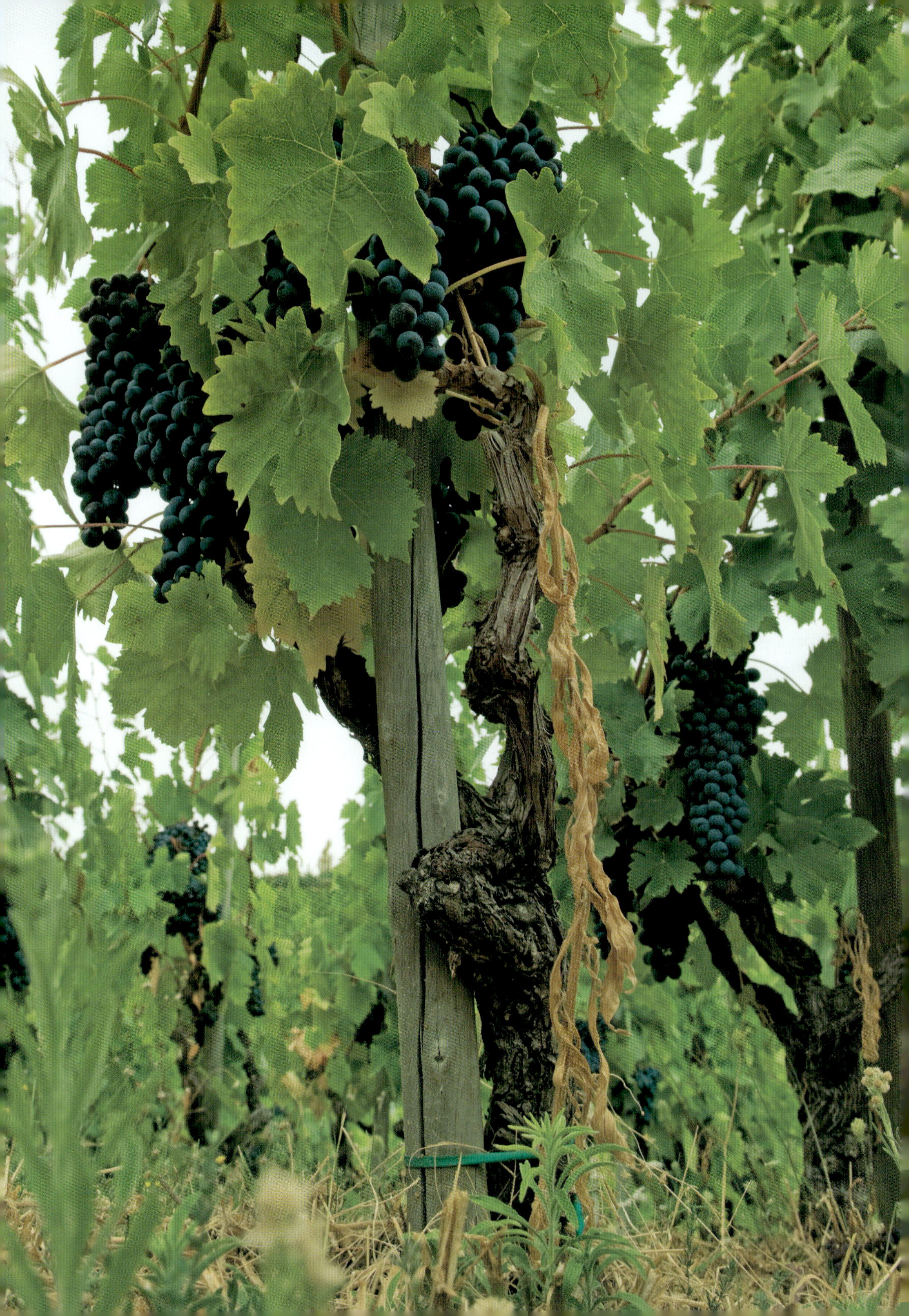

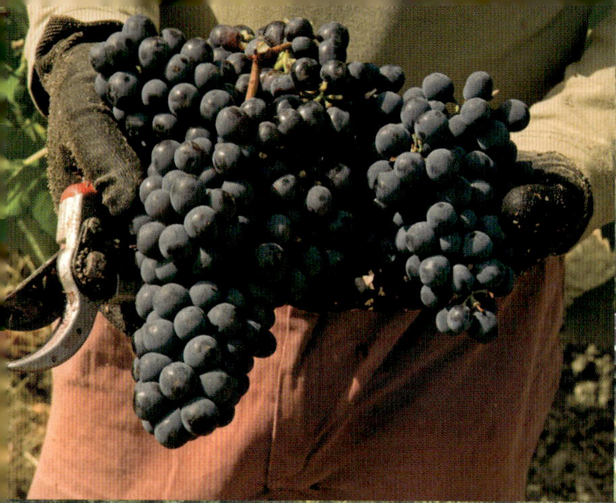
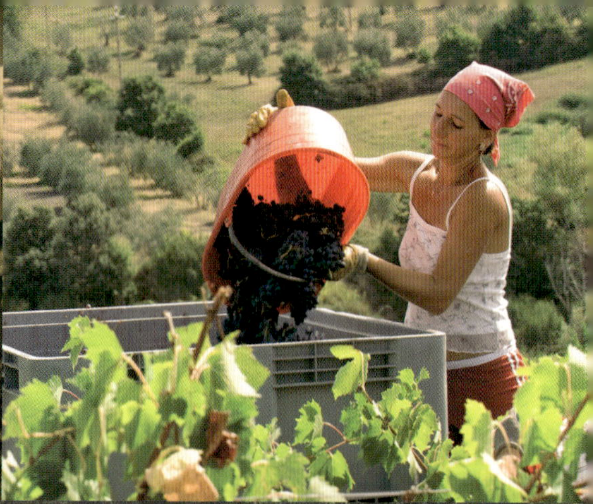
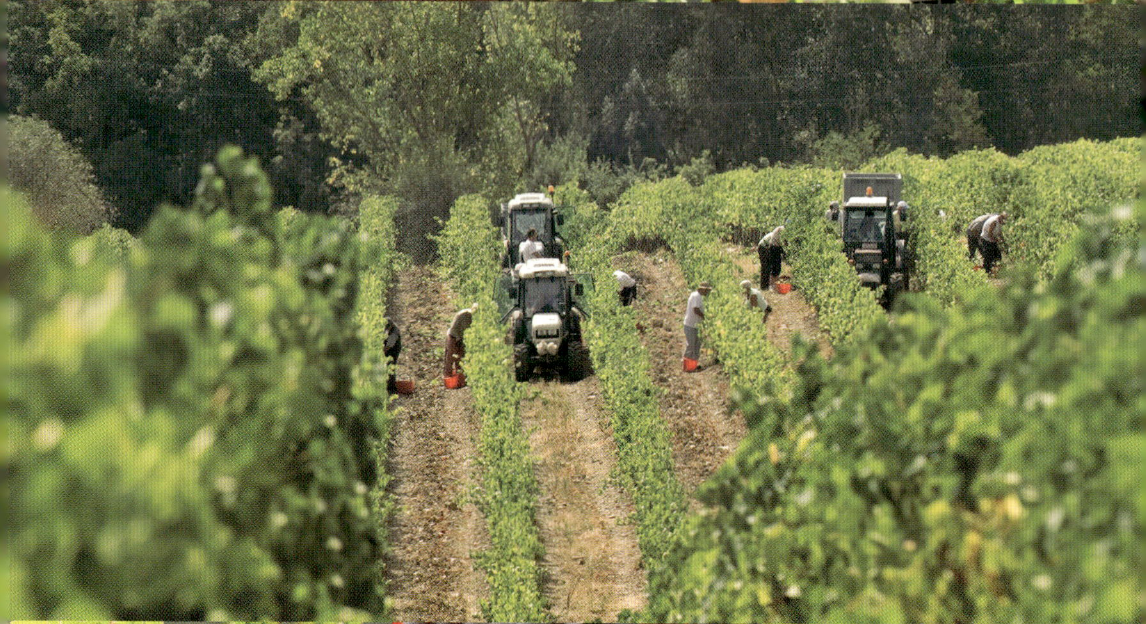
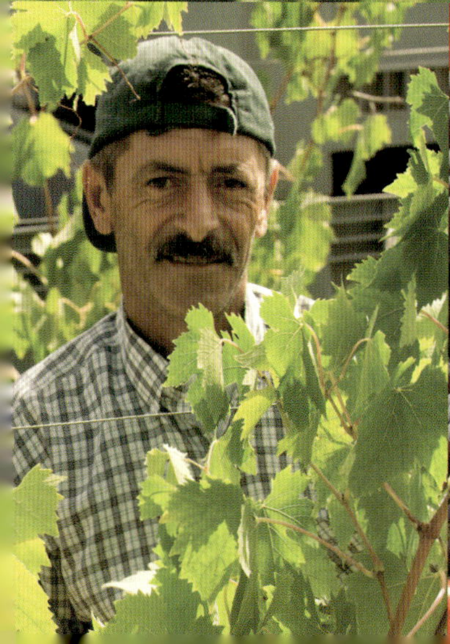
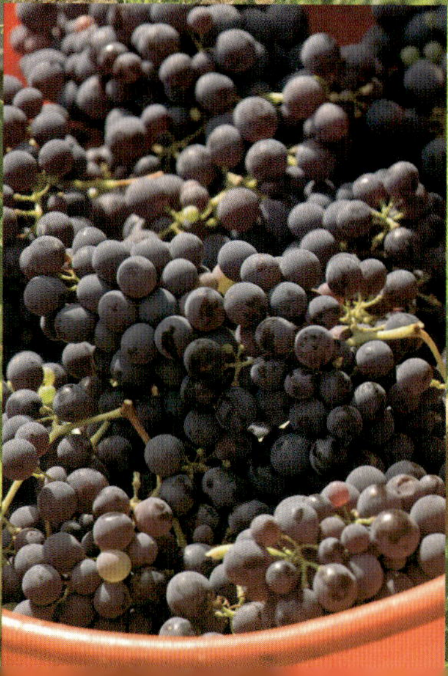
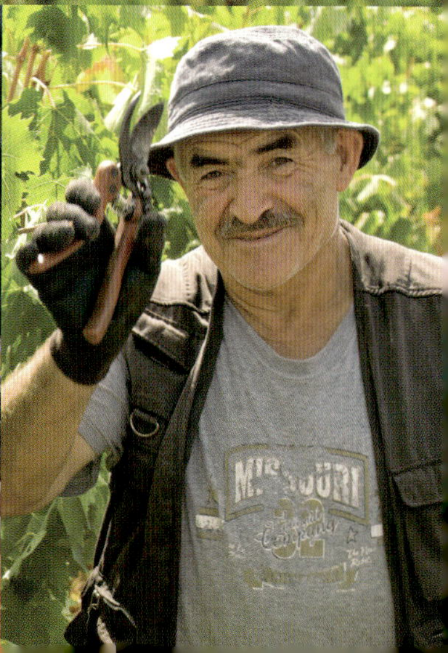

し、トスカーナの小規模な栽培家の中には、一定の生産コスト内で高品質を追求する者たちも増えつつある。

もう1つは、イタリア南部で古代ギリシャ人によって紹介されたアルベレッロ仕立てだ。機械作業には不向きで人手がかかるため、この方法を好む生産者はほとんどいない。だが、この方法の熱心なファンであるマリオ・フレゴーニ教授はこう語る。「高品質のサンジョヴェーゼを目ざすならば、高密度の植栽をし、樹勢を厳しく抑える原則に従って栽培しなければならない。この理由から、ここ数年、私はアルベレッロ仕立て(最初の数年で3～4本ほどの主枝を育て、その後は2～3つずつの芽を残す"セットンチェ"スタイル)を推奨している。こうすれば、1ha当たり7000本の高密植が可能になり、様々な方向に畝を配置できるようになる。それゆえ、『樹をまたぐ形のトラクター』はもちろん、四方八方の機械化が可能になるのだ」(『VQ:Vite, Vino & QQualita』誌、2005年4・5月号)。さらに、フレゴーニはモンテプルチャーノの生産者アヴィニョネージの業績を「彼は55haの畑をセットンチェ・スタイルにし、スパッリエーラ(幹に対して直角のコルドンまたはギュイヨ仕立て)よりも高品質のワインを生み出したことで、かつてトスカーナで一般的だったアルベレッロの魅力を我々に再発見させた」と讃えている。最後に、フレゴーニはこう結論づけている。「アルベレッロとスパッリエーラの違いで、糖度にはさほど差が生まれなかったが、成熟度、酸味の安定度、そしてポリフェノールとアントシアニンの総量で大きな差が生まれた(どれもアルベレッロのほうが特に高かった)」

キャノピー・マネジメント(枝葉管理):新たな専門用語

かなり最近になって、葡萄の成熟度には気温だけでなく、太陽光も関係していることがわかってきた。この新たな研究分野こそ、「キャノピー・マネジメント」と呼ばれるものだ。おそらく、この分野で最も有名なのは、ニュージーランドのリチャード・スマート博士だろう。思えば1990年代半ば、私はスマート博士をコンサルタントとして売り込むため、彼と共にトスカーナを代表するワイナリーをいくつか訪問したことがある(それが彼らのためにもなると思ったからだ)。だが率直に言って、当時彼らの中で、博士の話をきちんと理解できた人はいなかった。

今日、「キャノピー・マネジメント」は専門用語となっている。その名前が示すとおり、これは「光合成・呼吸・蒸散を促進し、過剰な日光の照射から果実を守るために、太陽光線に関して枝葉をいかに管理するか」を扱う分野である。トスカーナを代表する"空飛ぶワイン醸造家"アルベルト・アントニーニは、前述のDVDで「適切なキャノピー・マネジメントは果実の質に重要な影響をもたらす」と指摘している。またフレゴーニ教授は「緊急時を除いて灌漑が禁じられている地域(イタリアはこのケースに該当する)において、キャノピー・マネジメントはより重要になってきている」と述べ、「モンタルチーノを代表するソルデラ(カーゼ・バッセ)の葡萄畑では、植物の光合成を妨げる水分ストレスを避けるために、枝葉・土壌両面のレベルにおいていかなる種類の介入が必要か確かめるための試験が実践されている」ことを明らかにしている。

とはいえ、イタリアでは、キャノピー・マネジメントが"葡萄栽培の基本ルール"として認識されてからまだ日が浅い。この分野の研究が進み、果実の品質がよりよく理解・学習され、大きな改善につながることを期待したい。

摘房(グリーン・ハーベスト):正説への冒涜

キャノピー・マネジメントによく似ているのが「摘房(グリーン・ハーベスト)」だ。これは、樹勢を抑えるために枝葉を除去したり、規制や品質を考慮して葡萄樹1本当たりの収量を保つために成形枝を切ることだ。だがつい最近まで、畑の作業員たちは完全な形の果房を切り落とすのをいやがった。貧困に苦しむことが多い彼らにとって、それは神への冒涜にも等しい行為だったからだ。だが現在の畑ではこのようなことはない。むしろ生産者も質のよい葡萄づくりのために、ときには7月に、遅くても8月までには、葡萄畑の畝間を

左:現在、セカトゥール(剪定バサミ)は収穫時だけでなく、摘房(グリーン・ハーベスト)や葉の間引きにも用いられることが多い

他の被覆作物で被う作業を堂々と行っている。だが、その反動も徐々に現れ始めている。生産者の中には、かつての作業員のように「実際の作物を犠牲にすることは、ある意味、葡萄樹に損害を与えるようなものだ」と考え、冬の間の厳しい剪定や脇芽の除去といった真の"キャノピー・マネジメント"による制限を好む者も出てきているのだ。イタリア中央部では現在、この問題をより深く掘り下げるための様々なプログラムが実施されている。

畝の間に種を蒔く：何を、どこに植えるか

「CC2000プロジェクト」の一環として、葡萄畑の畝間にそら豆などの農作物を植えるとどうなるかを調べる実験も行われ、土壌の窒素含有量が高まる（これは「肥料が少なくて済む」ことを意味する。有機栽培者にとってはまさに朗報だ）、樹勢が抑えられる、急斜面の葡萄畑では浸食が抑えられる、という結果が出た。結論によれば、こういった効果を一番あげたのはオオウシノケグサだった。ただし、だからといって、すべての畝間に植栽するのはやり過ぎである。どの場所に植えるかは、実践してみなければわからない。一般的なのは、畝の間1つおきに種を蒔くやり方のようだ。

収穫：いつ、どのように収穫するか

葡萄品種の違いによって、完熟時期もまた異なってくる。この理由から「3、4種類、あるいはそれ以上の種類の葡萄品種を1つの畑に植え、一度に収穫する」という昔ながらの手法はおすすめできない。サンジョヴェーゼの完熟時期は9月半ばから10月半ばにかけてである。時期に差があるのは、この章で取り上げたポイント（気候やクローンなど）が様々に作用しているからにほかならない。イタリア中央部の栽培家たちは「気候変動やその他の要素によって、過去50年間で収穫時期が最長で3週間ほど前倒しになった」と考えている。

収穫に当たり、まずは手摘みか機械摘みかを考えなければならない。サンジョヴェーゼは「機械収穫にかなり適した品種」と言われている。果粒が密集していないため、機械収穫の最中に実が潰れてしまうことがほとんどないからだ。その一方で、手摘みには手摘みならではのよさがある。どちらを採用していようと、生産者は例外なく、自分の畑の収穫システムの長所を自慢したがるものだ。実際、この2つのシステムには彼らの言うような長所があり、またそれゆえに短所もあるものなのだ。機械摘みの長所は、作業が早い点、ここぞと思ったタイミングで自分の選んだ品種を収穫できる点、1日の最も暑い時間帯を避けて収穫できる点、突然の雨や菌に脅かされた場合でも速やかに葡萄畑を片付けられる点などがあげられる。一方で、短所はコストが割高な点（機械は1年のうち1カ月しか稼働しない）、故障の危険がある点、葡萄樹に大なり小なりダメージを与えてしまう点があげられる（手摘み派か機械摘み派かによって、この「ダメージ」のとらえ方も変わってくるだろう）。

もう1つ、重大なポイントは収穫時期である。昔、栽培家たちはただ葡萄の糖度だけで収穫時期を決めていた。だが今日、ほとんどの生産者が気にするのは、葡萄のフェノール化合物の熟度（高濃度のアントシアニンとよく熟れたタンニン）だ。たとえ"実質的な"成熟のピーク（つまり、葡萄の糖度で見る収穫時期）をやや過ぎ、その結果酸味が失われ、最終的にアルコールが高くなっても、彼らはその点を最重要視する。最近、アルコール度数の高いワインが市場に出回っている理由の1つがこれだ。また、最高のワインがバランスを崩さず、色合い・残糖度・成熟度の面で秀でている理由もここにある。それでもなお、アルコールはアルコールであり、それ以上でもそれ以下でもないのだ。

右：質のよさを心がけている生産者の多くは、小さなコンテナによる手摘みの収穫を好む

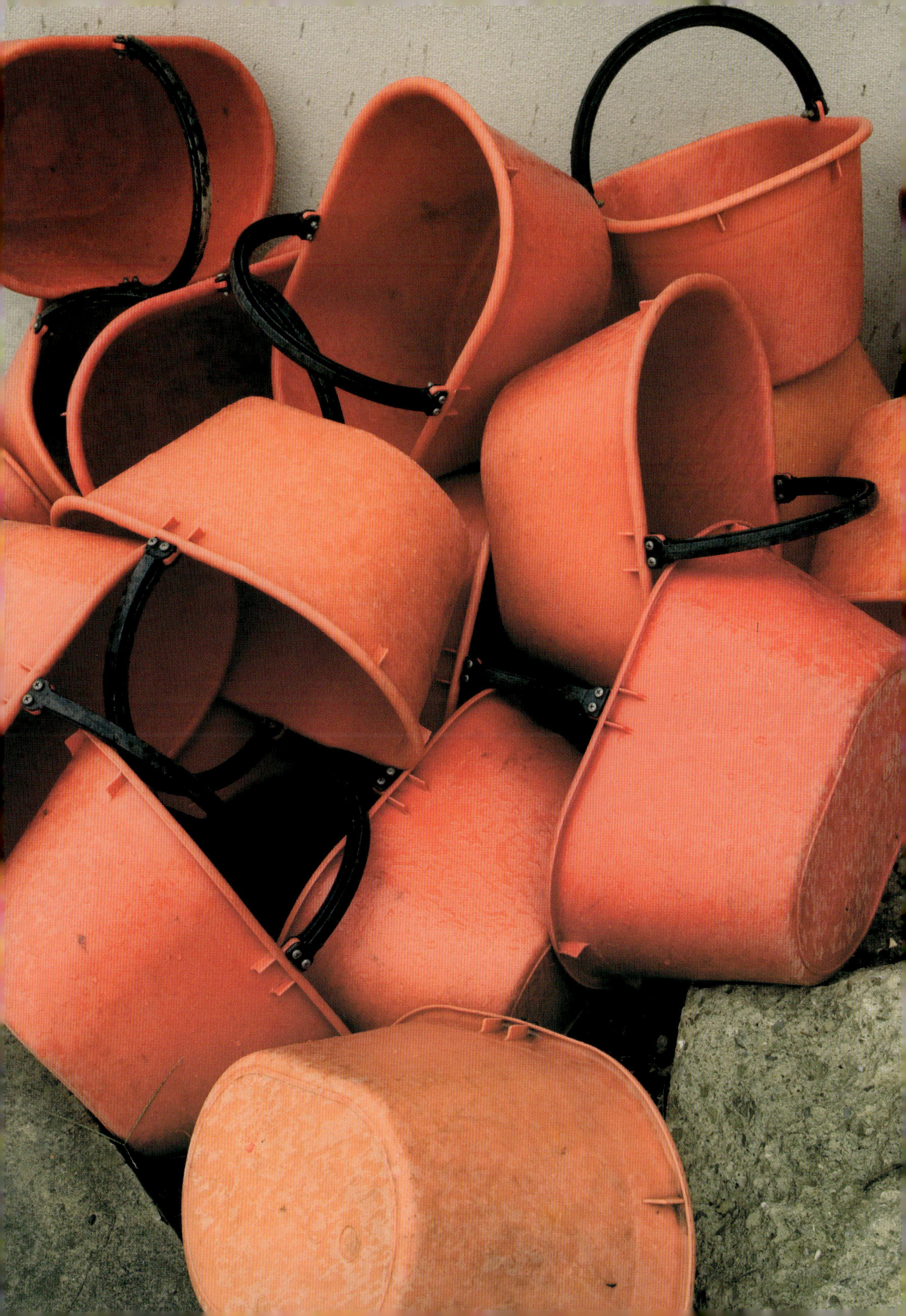

LICATE DI PERNICE
2007

5　ワインづくり

ブレンド、トレンド、技術

サンジョヴェーゼの収穫と共に、私たちはワインづくりに不可欠な第1段階「葡萄栽培」から、第2段階「ワインの醸造」に移ることになる。ここで扱う主なテーマは2つ。1つは「醸造の科学技術および方法」、もう1つは、トスカーナで伝統的に重んじられてきた「ブレンド」である。

ブレンディング：技術、技能、そして犯罪

マリオ・フレゴーニ教授はこう指摘する。「サンジョヴェーゼは常にブレンディングの必要な品種と考えられてきた。実際、DOCGおよびDOCの88種類のワインに入れることが義務づけられている一方、単一品種でつくられたものはほとんど見当たらない。サンジョヴェーゼの活用法の発展をブレンディングの点で考察してみると、18世紀初頭までは、カナイオーロ・ネーロが主要な葡萄品種だったと思われる。続いて、サン・ジョヴェート、マンモロ、マルツェミーノ、カナイオーロ・ビアンコ、アブロスチンが、またゴヴェルノ法（詳細はp.51参照）のためには主にトレッビアーノ・トスカーノおよびマルヴァジーア・ルンガが用いられてきた。サンジョヴェーゼのブレンド比率がようやく上がり始めたのは、1832年（ベッティーノ・リカーゾリの時代）からである。やがて第二次世界大戦後には（キアンティより先に）ブルネッロ・ディ・モンタルチーノでのサンジョヴェーゼ100％が義務づけられたのだ」（『VQ:Vite, Vino & Qualita』誌、2005年4・5月号）。

だがここで私たちは、サンジョヴェーゼが変化しやすく、一貫性がないことで悪名高い品種であることを思い出さなければならない。そのため、ブルネッロのようなサンジョヴェーゼ100％のワインでさえ、その欠点を補うために様々なクローンをブレンドすることになったのだ。

「サンジョヴェーゼ＝ブレンド品種」というこの認識は、トスカーナ・ワインの発展を理解するうえで不可欠なものだ。19世紀半ば、前述のリカーゾリ男爵（ガイオーレ・イン・キアンティの大地主であり、イタリア王国の首相になったこともある人物）が、有名なキアンティの"黄金ブレンド比率"——少量のカナイオーロ、トレッビアーノ・トスカーノ、マルヴァジーア（ビアンカおよびネーラ）を含める——を提案した。この目的は、サンジョヴェーゼ独特（特に物理的およびフェノール化合物が完熟していない時）の厳しさ、荒々しさを和らげるためであった。このとき、男爵が白葡萄品種を混ぜたのは若飲みの日常用ワインの熟成のためであり、重要なワインの熟成に白葡萄は含まれていなかったと言われている。だがその真偽は別にしても、このリカーゾリの法則は、1966年に決定されたキアンティ・クラシッコに関するDOC法（最低10〜30％の白葡萄を使用すること）に反映されることになった。だが、この認可——実質的には強制——された白葡萄の総量の多さに、キアンティの生産者たちは仰天してしまった。これだけブレンドすればワインが薄まってしまうのに、その欠点を補うには、カナイオーロや他の認定品種（コロリーノ、マンモロ、マルヴァジーア・ネーラ）では役不足だったからだ。

このジレンマこそ、より志の高い生産者たちを、いわゆる"水平思考"に導いた要因と言えよう。そのおかげで、1980年代に「スーパー・タスカン」（ジャーナリストたちによる造語で公式には認められていない）と呼ばれる現象が生まれたのだ。スーパー・タスカンとは、規制に反抗したトスカーナ生産者たちの、自由なワインづくりによって生まれた最高品質のワインの総称である（ただし、彼らの多くはDOC法の精神は守っている）。

60年代後半から70年代後半にかけて"反旗をひるがえした"生産者は、マルケーゼ・アンティノーリのピエロ・アンティノーリ、サン・フェリーチェのエンツォ・モルガンティ、カペッツァーナのウーゴ・コンティーニ・ボナコッシ、モンテヴェルティーネのセルジオ・マネッティ、そしてもちろん、サッシカイアのマリオ・インチーザ・デッラ・ロケッタである。彼らは既存のブレンド品種ではなく、"推奨"も"公認"もされていない地元品種のブレンドの必要性を訴え、新たに「ヴィーノ・ダ・ターヴォラ」という格付けを生み出したのだ。こうして生み出されたのは「純粋なサンジョヴェーゼに純粋なカベルネを少量加える」という、まったく新しいワインだった。彼らは最高品質の葡萄からのワインづくり、フランス産オーク樽による熟成を心がけた。そのため、格付け的

左：ワインづくりの技術の中には忠実に守られているものもあれば、世界的規模の発展に遅れをとらないよう刷新されるものもある

ブレンド、トレンド、技術

には最下位でも、「ヴィーノ・ダ・ターヴォラ」は断じてチープなワインではない。だがカルミニャーノ(ボナコッシが中心となり、DOCに認可された)という例外を除けば、彼らのワインは「最高品質」の範囲外ということになってしまったのだ。

　他の栽培家たち——特にキアンティ・クラッシコだが、それだけに限らない——は、彼らの試作品が世界中で販売されるだけではなく、ワインの世界を活性化していくのを目の当たりにし、そのあとに続いた。その結果、カベルネ(主にソーヴィニョン)はどの地所の葡萄畑にも見られるようになったのだ。さらに、カベルネが高品質で信頼できる品種だと実感した栽培家たちは、自らの畑のボルドー種を自慢するようになった。こうして70年代に始まった小さなしずくのような活動は、80年代に大きな流れとなり、90年代前半にはメルロー、後半にはシラーおよびプチ・ヴェルドを巻き込み、正真正銘の激流となっていった。農園関係者は誰もがこのブームに乗り、どんどん値が釣り上がる一方の(中にはばかばかしいほどの高値になることもあった)ワイン生産に躍起になり、大きな成功を手にしたのだ。ちなみに、この傾向が最も見られたのはアメリカとイタリアである。だがこの頃までには、1992年の新ワイン法により、イタリア生産者たちは「ヴィーノ・ダ・ターヴォラ」という呼び方をやめさせられ、低い格付けのIGT(典型的産地表示ワイン)扱いを余儀なくされた。これにより、ラベルには葡萄名も、産地名も、収穫年さえも記載できなくなってしまったのだ。どう考えても"極上のワイン"には考えられない仕打ちと言えるだろう。だが市場に大きな混乱は起こらず、陽気で穏やかな歓迎ムードはそのまま続いた。ところが、このあと思わぬ事態がスーパー・タスカンを襲う。あの9.11同時多発テロ直後にアメリカ市場が崩壊し、高価格の「スーパー」ワインの生産者たちは尊大な態度を一変させ、バイヤーに低価格ワインの仕入れを懇願するようになったのである。

　本書を執筆している時点(2009年はじめ)では、スーパー・タスカンに新たに興味を持つ国々が現われたようである。たとえばロシア、東ヨーロッパ、インド、中国、極東、ブラジル、メキシコに新たな市場が期待できそうだ。だが、生産者たちは市場に対してより実質的なアプローチをとろうとしているようだ。最新鋭の醸造所(彼らは常にこれを求めている)の建設で背負った莫大な借金返済のために、トップワインにばかり頼ろうとしていた態度を改めようとしている。

　この間に、ブレンディングに関して2つの発展があった。じわじわと浸透していったスーパー・タスカンの影響によって、1890年代から主流ワイン(キアンティやヴィーノ・ノビレ・ディ・モンテプルチャーノなど)のブレンドに、ボルドー品種とシラーが使われ始めたのだ。別に、これは違法なやり方ではない。重要なDOCワインには「サンジョヴェーゼのブレンドを助けるために、ボルドー品種かシラーの起源を持つ葡萄、ワイン、もしくはマストを少量使用しなければならない」というディシプリナーレ(disciplinare：政府がワインごとに定めた生産規定)が定められているからだ。たしかに、ボルドー品種はトスカーナの気候でも力強く成長するし、この品種をブレンドしたワインは、サンジョヴェーゼ(特に古いクローンのもの)だけでつくったワイン、あるいはサンジョヴェーゼが主となったワインに比べて深みが増し、色合いも安定し、より円熟した風味が感じられる。とはいえ、それらはやはり「典型的なトスカーナ・ワイン」とは言えないだろう。それでもなお、キアンティやキアンティ・クラッシコ、ヴィーノ・ノビレにおけるカベルネ、メルロー、プチ・ヴェルド、シラーのブレンド量はこっそりと少しずつ増え続け、20％——ほとんどの専門家が「トスカーナ品種の個性が損なわれることはない」と納得するレベル——に到達することになった。なかには、この種の非土着品種のブレンド許容量を30％に上げてほしいという生産者もいる(40％を望む者もいる)。一方、それに反対し、土着品種にこだわる生産者たちは「これは品質ではなく、信憑性の問題だ。たとえば、サンジョヴェーゼが20％も入ったフランス産クラレットを飲みたい人などいるだろうか」と主張し、「フランス原産種を高い比率でブレンドしたワインはDOCではなく、IGTにすべきだ」と意見している。

　この種の論争を聞いて、2008年の「ブルネッロ・スキャンダル」を思い出す人も多いだろう。そう、2003年のブルネッロのボトルにサンジョヴェーゼ以外の品種

上：1960年代からステンレスタンクが普及しはじめ、今では様々な形・サイズのものが見受けられる

をブレンドした疑いで、モンタルチーノを代表する"空飛ぶワイン醸造家"たちの醸造所が捜査当局によって閉鎖されてしまった事件だ（2008年はじめから正式に操業再開）。このブルネッロ・ディ・モンタルチーノとキアンティ、またはヴィーノ・ノビレとの間には大きな違いがある。法律で、ブルネッロはサンジョヴェーゼの100%使用が義務づけられ、ブレンド種の使用が認められていないのだ。おそらく、この問題に関わった生産者たち（その多くがDOCG、DOCまたはIGTの基準をクリアしている）は、スーパー・タスカン初期と同じような気持ちで——つまり、経済的理由からではなく、さらなる品質向上という理由で——ブレンドを行ったに違いない。それでもなお、法律は法律である。このスキャンダルで、ブルネッロ・ディ・モンタルチーノはイメージ悪化に苦しみ、さらに"良質"なワインに共通する特別なイメージをも失ってしまったのだ。

歴史あるサンジョヴェーゼをベースにしたブレンディング法はもう1つある。1980年代まで、"キアンティ"には他地域の葡萄、ワイン、もしくはマストの使用が15％まで認められていた。たとえば、アブルッツォ産モンテプルチャーノの葡萄、ワインは最も理想的なパートナーと言えよう。色に深みを加え、果実味を凝縮するが、フランス原産種のような独特のアロマは感じられない。またプリミティーヴォ・プーリアはひ弱で力のないサンジョヴェーゼに力強さを加える。ネーグロ・アマーロ・プーリアはサンジョヴェーゼのタンニンをなめらかにし、酸味を和らげる。理論上では、このブレンディング法は現在廃止されてしまっているが、ひっそりと続けられていることは周知の事実である。特に、サンジョヴェーゼの出来の悪かった2002年や収穫不足だった2007年は、味を"改善"しないまでも、何かを補う必要があったのだ。おそらく、ワインの品種成分を確実に特定する試験法が出てこない限り、その種の違法行為は続けられるだろう。というのも、アルコールのせいで、ワインにDNA鑑定は通用しないからだ（通用するのは果皮および種の部分だけである）。ただし、最近では分子解析の併用によるアントシアニン含有量の研究によって、ワインの品種成分の特定技術は向上しつつある。

ステンレスタンクおよびバリックの出現

様々な点において、トスカーナおよびイタリア中央部のワインづくりは、世界中の高品質ワインを産出する醸造所のそれとよく似ている。一般的なワインづくりのノウハウに大差はないため、本書ではトスカーナおよびイタリア中央部特有のポイントに絞って紹介したい。

前述のとおり、醸造所の改革は葡萄畑のそれに比べてさほど時間がかからない。醸造所の改革において何より必要なのは、「他に遅れをとるものか」という強固な意思と資金力なのだ。振り返ってみると、1960年代とは、DOCシステムがイタリアのワインづくりに影響を及ぼした10年だったと言える（しかもよく言われるように、システム自体に欠点があったにもかかわらず、その影響はかなり大きなものだった）。この間に、良質なワインづくりの技術開発という点において、イタ

リアは誰もが「世界最高のワインの国」と認めるフランスにかなり遅れをとってしまったのだ。

だが、やがてイタリアおよび他国の富裕層がトスカーナの美しい農地を購入するようになると、多額の金銭のやりとりが発生し、その金銭が醸造所の再建・設備見直しに投入されるようになった。個性的ではあるが、トスカーナの昔ながらの非衛生的なセラー——壁一面が何世紀も前からのカビで覆われ、四隅にはクモの巣が張り、機能的ではあるが醜いコンクリートのタンク、巨大で古すぎるオーク樽（しかもスラヴォニア製ではなく、地元の栗の木でつくられた樽）が備えつけられているのが一般的——が、ピカピカのステンレスタンク、そして225ℓサイズ（バリック）、または500ℓサイズ（トノー）の新品の樽を据えつけた醸造所に生まれ変わったのだ。発酵タンクはより高度化し、果汁のうま味を最大限凝縮するための様々な精巧な装置を備え、葡萄の色と香りを目一杯抽出できるような形にデザインされるようになった。

最近では、醸造所の建物本体が教会のつくりに似てきている。樽がずらりと並んだ部屋には、ほとんど教会のようなデザインのアーチや円天井がほどこされているのだ。もちろん、そういったデザインの多くは有名建築家の手によるものだ。彼ら建築家は「ワインの流れは、ポンプによって無理に上方向や横方向にするよりもむしろ、重力の法則に従って下方向にするべきだ」と主張し、重力を利用した実質的なデザインを考案している。何においてもそうであるように、醸造所内部でも、人間がコンピュータに支配され始めている。温度制御がほぼ至るところ——発酵室だけでなく倉庫エリアも——に導入され、以前は軽視されていた「衛生状態」というチェック項目が最優先されるようになったのだ（なかには、少し気にしすぎている人もいる）。

マスター・テイスターおよびその他のコンサルタント

上記のようなイタリアのワインづくりの"改革"のヒントとなったのが、フランスである。メッザドリーア廃止以降、イタリアの熱心な生産者たちは、ボルドーのシャトー・ラフィットやブルゴーニュのドメーヌ・ド・ラ・ロマネ・コンティなどのワインの聖地を"巡礼"した。その

結果、トスカーナおよびイタリア中央部のワイン・サークルでも、かつてはなかった「高品質に対する意識」が突然芽生えたのである。1980年代に入ると、イタリア・ワインの世界に初めて足を踏み入れ、アマチュアながら農園経営を始める人々も大勢出てきた。だが、そんな彼らには強い味方がいた。大金を払えば、"世界最高のワインづくりの方法"を伝授してくれるワイン・コンサルタントである。この種のコンサルタントのはしりは「試飲のマエストロ」ジュリオ・ガンベッリであろう。彼は1940年代はじめからコンサルタントとしての活動をはじめた大ベテランで、80歳を超えた今でも執筆活動を続けている。ただし、伝統的なマセレーション（発酵期間中も人工的な温度制御に頼らない、現在では非常に珍しい手法）を信奉している点で、ガンベッリは真の意味の"現代主義のエノロゴ"とは言えないだろう。彼のやり方には賛否両論あるが、間違いなく、ガンベッリは最高品質のトスカーナ・ワインをつくりあげた功労者と言えよう。ブルネッロ・ディ・モンタルチーノのジャンフランコ・ソルデラと共にカーゼ・バッセ、さらにセルジオ・マネッティと共にレ・ペルゴーレ・トルテ（100％サンジョヴェーゼのスーパー・タスカン）を生み出したのだ。

名実共に"現代主義のエノロゴ"という称号が当てはまるのは、ジャコモ・タキスだ（アンティノーリ家のチーフ・エノロゴを長年務め、70代になった今もサッシカイアなどトスカーナを代表するトップブランドのコンサルタントを務めている）。その他、ここ30年の間に「神」と崇められるようになったコンサルタントには、マウリツィオ・カステッリ、フランコ・ベルナベイ、ヴィットリオ・フィオーレ、カルロ・フェリーニ、アッティリオ・パーリらがいる。最近では「ワインづくりの技術を他者のために活かしたい」というエノロゴやコンサルタント志望の若い男女が急増しつつあり、遠距離まで車で飛ばさないと、仕事が見つからないようになってきている。

赤ワイン：熟成のためのマセレーション

果実から最高（あるいは、少なくとも最大限）のもの

右：結局、発酵に使うタンクをステンレスからセメント、もしくは木製に戻した生産者もいる

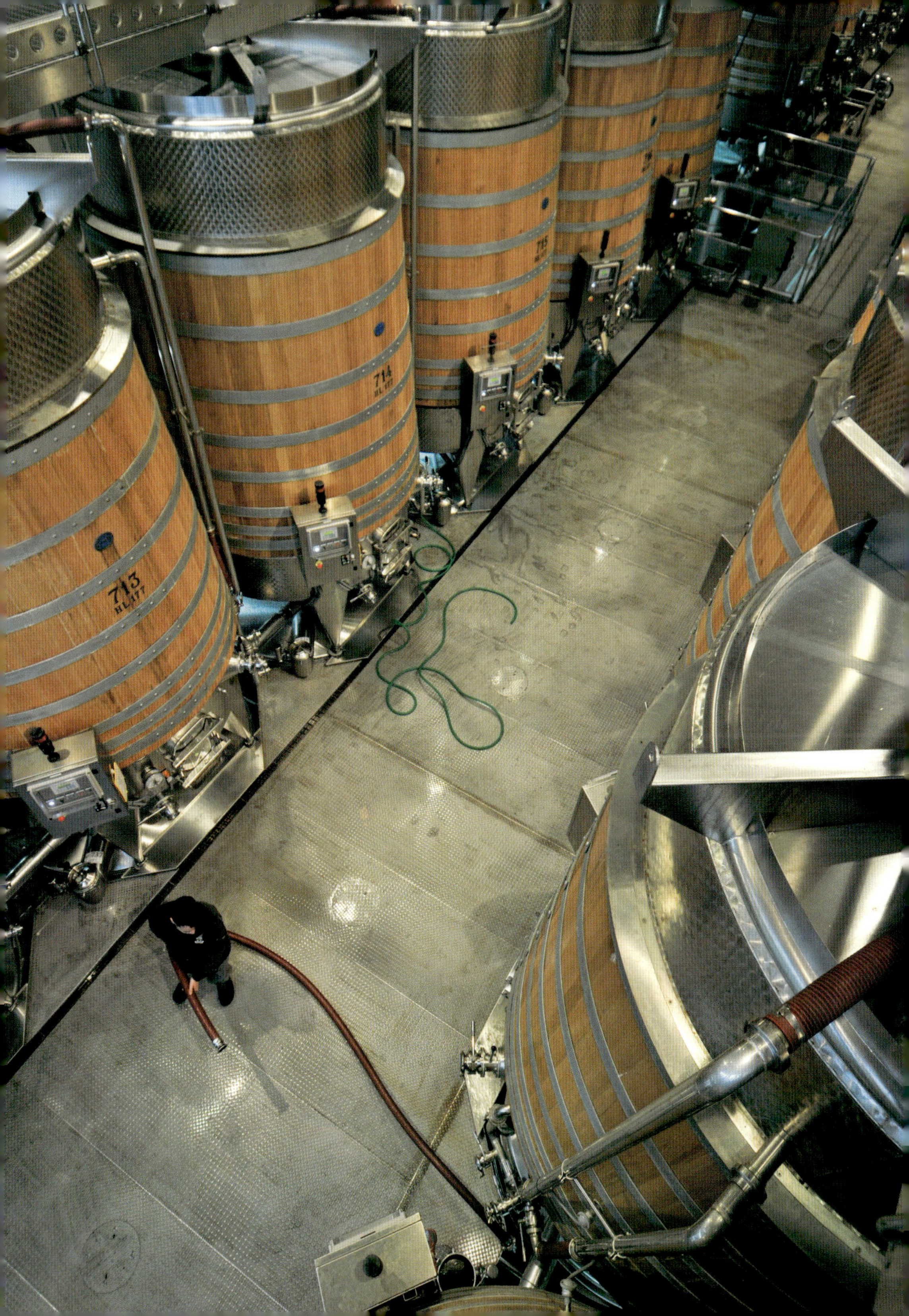
713
714
715

Querciabella
Agricola Querciabella
Agricola Querciabella

ワインづくり

を引き出すために、マセレーションをどれくらい行えばいいか——これは、どの醸造所にとっても悩ましい問題だ。「過剰なタンニンを避けるためにマセレーションは短期間でよい」と信じている者もいれば、「高品質ワインのマセレーションには最低5〜6週間必要だ」と考えている者もいる。だが、イタリア中央部で一般的なのは「10〜20日間ほど果皮を果汁かワインに漬け、それを汲み上げることで果帽からワインの重要な要素を抽出する」という方法で、さらにパンチ・ダウン(発酵中に浮いてきた果皮を機械あるいは人の手で沈める)、またはデレスタージュ(発酵中に液体をすべて別タンクに移し変え、数時間後に元のタンクに戻す)をあわせて行っている。

「マロラクティック発酵」はアルコール発酵に続く赤ワインの醸造行程で、通常、温度の上昇および植菌によって行われる。これにより、自然に酸味が和らぐだけでなく、色を落ち着かせる効果ももたらされる。ちなみに、マセレーション直後にワインを樽に入れると、この効果が最大限得られると言われている。

樽に関して言えば、一部でオーストリア、ハンガリー、アメリカ産も見受けられるものの、今日トスカーナで最も使用されているのは、バリックまたはトノーサイズのフランス産オーク樽だ。ただし最近、栽培家および醸造家の間では、昔ながらの「ボッテ(容量10〜100hℓの大樽。スラヴォニア産が多いがフランス産オークのものも増えている)」の需要が高まりつつある。長いこと見向きもされなかったのに、ここへきて人気が復活した背景には、栽培家・醸造家たちが市場の不満(「カベルネの過剰投入などによって強烈な木樽のアロマが生まれ、そのワイン独特のテロワールの個性を歪め、世界のブランドがどれも同じような味になってしまった」)に敏感になった事情がある。

もう1つ、人気が復活している容器がグラスライニングのコンクリートタンクだ。このタンクは70〜80年代にかけて「趣味が悪い」「非衛生的」、あるいは「時代遅れ」という理由だけで破壊されてしまった。しかし「必ず上限まで注ぎ足すよう心がければ、容器内の温度を穏やかに保つうえ、酸素も排除する」という性質のおかげで、それらが発酵容器としても貯蔵タンクとしても有用であることがわかってきたのだ。

熟成の最低期間はDOC(G)法でハッキリ決められている。たとえばブルネッロ・ディ・モンタルチーノの法定熟成期間は「葡萄収穫の翌年1月1日から最低4年間。そのうち2年間は樽熟成(かつては最低3年半だった)」と定められている。樽のサイズまでは特定されていないが、傾向として、小さめのオーク樽を使っている者は最低限の熟成期間、ボッテを使っている者はより長い熟成期間にこだわるようだ。熟成に関する規定がないIGTワインは、生産者や葡萄畑によって様々な熟成期間を適用している。ただし、最長でも30カ月(マニアックな生産者は除く)が目安であり、18カ月が平均的期間のようだ。

トスカーナ・ワインに関する本にはよく「トスカーナ地方伝来のゴヴェルノ法(governo all' uso toscano)」という語句が登場するが、今日、このゴヴェルノ法を採用している生産者はほとんどいない。それはおそらく、この方法がかなり手間がかかり、それゆえ人件費もかさむからだろう。とはいえ、これはワインにどっしりとしたこくとシルクのような口当たりのよさを与える、原理上はよいアイデアである。詳しく言えば、できたばかりのワインに、アパッシメント(appassimento;平らに置いたり吊るしたりして乾燥させること)をした乾葡萄の絞った果汁を少量(通常約5%)加えて再発酵させるやり方で、通常は葡萄収穫時期から12月頃までに行われる。こうするとアルコール分が高まり、さらに重要なことに、少量のグリセロールが加わってワインによりクリーミーな感触がもたらされるのだ。この方法が廃れてしまったのは誠に遺憾なことと言えよう。

もう1つ、以前よりも実践されなくなったのが濾過である。ここ数年、「未濾過の方がより自然で完全なワインだ」と考える顧客が増えたため、未濾過のワインが急増しているのだ。

「自然にこだわる」という観点で言えば、最近のイタリア中央部のワインにはもう1つ、「農薬を使わない(オーガニック)」という明らかな傾向が見られ、バイ

左:木製の樽を熟成に用いる場合、その古さとサイズが、できあがるワインのスタイルに大きく影響する

オダイナミック・ワインまで現れた。これは醸造所よりもむしろ葡萄畑におけるトレンドだが、結果的に、人体にとってよくない成分（特に恐ろしい亜硫酸塩）が抑えられたワインが生まれることになった。

白ワイン：アロマ・セラピー

純粋に「醸造」という観点から見れば、イタリア中央部の辛口および中辛口の白に特筆すべき点は何もない。そのワインづくりは、どこでも見られる一般的な指針に基づいて行われている。たしかに、そう遠くない昔、この地域の白ワインづくりにおいて明らかな間違い（摘み取りからボトリングまでの全段階で酸素への露出が過度だった点、あるいは、かつて一世を風靡した「ホット・ボトリング（低温殺菌）」があったことをここで指摘することもできるが、それも過去のことである。今日、イタリア中央部の辛口および中辛口の白（典型例はマルケとウンブリアのワイン）は、葡萄・マスト・ワインのどれをとっても、可能な限り、嫌気的条件下で厳格に管理されている。醸造所の多くは、早朝しか収穫ができない暑い国々（たとえばイスラエル）で採用された技術を取り入れ、葡萄を冷たく保つためにドライアイスの利用も始めている。また、よりこくのある複雑なアロマの白ワインを目ざす醸造所は、低温マセレーション、または定期的なバトナージュで澱の撹拌を行うといった技術を用いている。一方、つい最近まで、何かに取り憑かれたようにオーク樽を過剰使用していた野心的な白ワイン生産者たちも、ブルゴーニュのシャルドネ生産者のように、新しい樽よりも使い込んだバリックを用いた方がすばらしい白ワインが生まれることを再認識したようだ。今後はイタリア中央部でも、傑出した白ワインにお目にかかれるかもしれない。

ヴィン・サント：聖なるワイン

醸造面で言うと、トスカーナ品種を用いた聖なるワイン、ヴィン・サントは注目に値する。このワインは非常に古い歴史を持ち、その起源は少なくとも中世か、あるいはもっと前にさかのぼると考えられている。また正餐式に用いられた事実から、名称は「聖なる」を意味するイタリア語（サント）、もしくは、ワイン発祥の地ギリシャの「ザントス」という言葉に由来すると言われている。伝統的に、イタリア中央部では、招待客をもてなす食前酒としてこのワインが出されてきた。そのスタイルはほぼ辛口から超甘口まで、またシェリー酒の手法で完全に酸化させたものからほぼ還元したものまで実に様々だ。ワインづくりに用いられる葡萄は白（主にトレッビアーノとマルヴァジーア）だが、部分的に赤（サンジョヴェーゼ、カナイオーロ）がブレンドされることもある。カナイオーロがブレンドされた場合、そのピンク色の外観からよく「オッキオ・ディ・ペルニーチェ（Occhio di Pernice：茶色のヤマウズラの目）」と呼ばれる。なお、使用する葡萄は12月まで（3月までのところもある）吊るしたり、マットの上に広げて乾燥することになる。

一般的に、このワインの醸造・熟成は、古い（または使用済みの）様々なサイズの樽（50Lから最大500Lまで）で行われる。樽は容量の5分の4程度まで満たすのみで、空気のスペースを残しておく。最良のヴィン・サントとは、「マードレ（madre：母という意味。樽底に沈殿した澱のこと）」が含まれた樽の中で熟成されたものを指す。これは過去のヴィンテージ熟成により、マードレに蓄積された非常に古い要素が、このワインに特別な個性を与えるためだ。ヴィン・サントの熟成にはびっくりするほど長い時間がかけられる。「カラテッリ（caratelli）」と呼ばれる樽の中に移されたが最後、ラッキングのタイミングまで一度も開けられることがない。つまり、通常3〜4年の樽熟成が行われるのだ（10年以上のものもある）。それだけの間に、どの樽のワインの濃縮度もまったく異なってくるのは明らかだ。だからこそ、ボトリング時のテイスティングおよびブレンディングのプロセスが重要になってくる。

DOC法により、ヴィン・サントのアルコール度数は15.5〜17％に定められている。アルコール添加は一切行わないこと、また残糖が様々な量になることも特徴の1つだ。

右：ヴィン・サントづくりの技術は非常に多岐に渡るが、おいしいものの多くは小さな樽で数年寝かされたものだ

2001

Vin Santo
del Chianti Rufina

6　規制と戦略
DOCからスーパー・タスカンまで

　イタリアのワイン法は、フランスのAOCシステムをモデルにし、1960年代に作られた。それがDOC（統制原産地呼称ワイン：denominazione di origine controllata）である。さらに、EUのワイン法で「クオリティ・ワイン」と指定されたものよりも上級なワインを意味するのがDOCG（統制保証原産地呼称ワイン）で、つけ加えられたGは「garantita（保証）」を意味する。この法律自体は多くの欠点を持つが、この制定により、いかなるワインにも一種の規律（生産地域、最大収穫量、原料葡萄の使用割合、ブレンド品種の割合、さらに生産方法や許されている資格など）を与えたことは間違いない。ワインの名称は産地にちなんだもの（例：「キアンティ」はトスカーナ中央部のキアンティ丘陵地から、「ボルゲリ」はボルゲリ村からつけられている）、葡萄品種と生産地にちなんだもの（「ヴェルディッキオ・デイ・カステッリ・ディ・イエージ」）、あるいはワインのスタイルと産地にちなんだもの（「ヴィンサント・デル・キアンティ、ロッソ・ディ・モンタルチーノ」）がある。見てのとおり、このすべてに共通するのは"産地"という要素であり、これは大小を問わない。たとえば、広範囲な地域名がつけられているものもある（アブルッツォ州を代表する「モンタルチーノ・ダブルッツォ」）。とはいえ、地域全体の呼称がつけられているものの多くは、より下の格付けのIGT（たとえば「トスカーナ」のような典型的産地表示ワイン：indicazione geografica tipica）に該当する。DOCG、DOC、IGTと格付けが下がるにつれ、葡萄の最大収穫量の制限も緩くなるが、IGTは産地名と葡萄の品種名を記すことができる。一番低い格付けの「ヴィーノ・ダ・ターヴォラ」だけが、収穫年や葡萄品種はおろか、産地を記すことすら許されていないのだ。

　言い換えれば、このイタリアのシステムは、賛否両論のある「テロワール」という概念、もっと言えば、さらに異論の多い「特性（tipicita）」という概念に基づくものと言えるだろう。だが、ここはそれらの概念の哲学的な意味を追求する場ではない（私自身は常にそれを考えてはいるが）。ここでは、イタリアの現行システムがどういうものかの説明に徹したいと思う。

　地域をベースにしたシステムの大きな問題は、地名を冠したワインが急増してしまうことにある。イタリアでは3000年以上も前から"地元の"ワインづくりが行われていて、小さなコムーネを治める長は皆、「おらがワイン」がDOC（G）に選ばれることを切望している。ちなみに、イタリアには町ごとにカンパニーリ（鐘楼）があり、その無数の鐘の下に住む人ごとにお国自慢があることから、この種の現象は「カンパニリズモ（郷土愛、同郷意識）」と呼ばれる。とはいえ、このカンパニリズモがワインのマーケティングに大きく影響し始めたのはつい最近のことだ。それまでは、イタリアワインの多くが大容量ボトルまたはパックに詰められ、地元でひっそりと販売されていたからだ。ゆえに、国内においても有名な産地名はわずかであり、ましてや世界に認められる産地名など一握りに過ぎなかったのである。

　だが、イタリアワインの生産者たちが「潜在顧客はローマやミラノだけではなく、ロンドン、ニューヨーク、ブエノスアイレス、モスクワ、東京、シドニーにもいる」と気づいた瞬間から、カンパニリズモは癌のような勢いで、たちまち国内隅々まで広がった。上位3つの格付けに約500種類ものワインがあることが知られる前に、それらが世界各国のワインリストやワインラックにひしめきあうようになったのだ。だが、ここでよく考えてほしい。ロンドン人にとっても東京人にとっても、"Verdicchio"を正式に発音するのは難しいだろう。発音の仕方もよくわからないワインを、わざわざショップやレストランで求めようとするだろうか。しかも、ワインの名前の発音だけでなく、そのワインの葡萄品種やスタイル、味、風味なども勉強しなければいけないとすれば……。私なら、そんなのはご免だ。そんな苦労をするくらいなら、シャルドネやカベルネ、ピノ・グリージョといった昔ながらの良質な葡萄品種のワインにこだわりつづけるだろう。

　おまけに、EUの介入により、問題はさらに複雑化しそうだ。イタリアワインが抱えるこの問題——あまりに多くの呼称がありすぎること——を踏まえ、EUは既存のDOC、DOCG、IGTを200種類まで減らし、独自の商標DOP（denominazione di orgine protetta：保護原産地呼称）とIGP（indicazione

ブルネロ・ディ・モンタルチーノの原型となった**ビオンディ・サンティのテヌータ・グレッポ**。ラベル上部にDOCGの称号が、大文字で誇らしげに踊っている

地味なラベルのIGTトスカーナだが、**テヌータ・デル・オルネッライアのマッセート**は、その公的格付けに不釣り合いな上等の味とコストパフォーマンスを誇るスーパー・タスカンだ

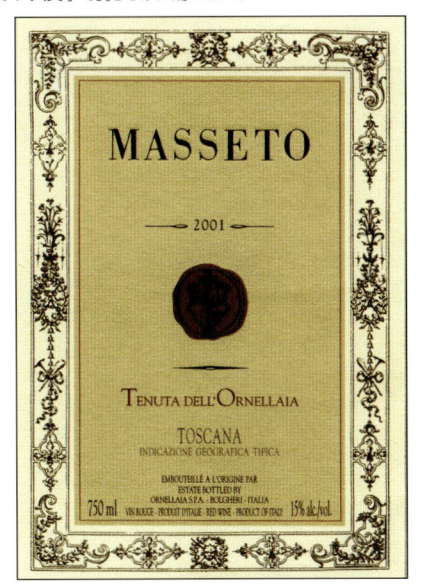

最初はヴィーノ・ラ・ターヴォラとして登場した**テヌータ・サン・グイドのサッシカイア**だが、後にDOCボルゲリ・サッシカイアという単独DOCを取得し、DOC（G）の格付けに昇格した

サンジョヴェーゼ100％のキャンティ・クラッシコをDOCGとして認めるよう、法改正を促したワインだが、**イゾーレ・エ・オレーナのチェパレッロ**は、いまだにヴィーノ・ラ・ターヴォラとして市場に出回っている

55

geografica protetta：保護産地表示)を用いるよう提案したのである。この新たなシステムは、少なくとも本書が発売される頃には始まっているはずで、結果的に何が起こるか実に興味深い。新制度のワインのラベルにも既存の呼称が許されるのか、あるいは、新制度のワインが定着するまで一時的に許すのか——いずれにせよ、混乱はさらに大きくなってしまいそうである。ここで詳しくは述べないが、すでに混乱は起こりつつある。特に「カンパニリズモ」信奉者たちの間に悪感情が渦巻いているようで、本当に新制度がうまく機能するかは様子を見るほかなさそうだ。

前述のとおり、本書では既存のシステムおよび実際に施行されている現在のシステムのみ扱っていく。

その他の記述について

ラベルの記述には他にも様々な意味・重要性がある。法定ラベルでは「スーパー」（"スーパー・タスカン"のような）、「ヴェッキオ(vecchio：古いという意味)」という記述が許されていない。後者の記述が許されているのはキアンティだけである。最も目にするのは「クラッシコ(classico)」「リゼルヴァ (riserva)」「スペリオーレ(superiore)」といった言葉であろう。クラッシコは「そのワインがつくられた地域の古くからの中心地」のことで、伝統ある畑（たとえばキアンティ・クラシッコ）の葡萄を用いたという意味になる。リゼルヴァは一般的に「ノン・リゼルヴァタイプよりも熟成期間が長いワイン」を意味するが、最大収穫高・使用された容器(樽・瓶)、そのワインが発売されるまでにかかった年数を詳説するケースもある。スペリオーレは一般的に「葡萄の成熟度、アルコール度数がワイン法で定められた規定を越えているワイン」を意味するが、たとえば「ロッソ・ピチェーノ・スペリオーレ」のように基本的な原産地「ロッソ・ピチェーノ」をさらに限定したいときに用いられる場合もある。以上は大まかな説明だが、ハッキリ言って、これらの記述はさほど重要ではない。というのも、ワインで一番重要なのは生産者の意思だからだ。その生産者のつくったワインを飲みたいか飲みたくないか——結局、ワイン選びはこの一点に集約されると言えよう。

クリュという概念

本書では「クリュ」というフランス語をそのまま使っている。というのも、これに相当する言葉がイタリアにはないからだ。フランス人にとって、クリュは「天の恵みを受けた特別な畑の葡萄からつくられたワイン」を意味する。これに従えば、「キアンティ・クラッシコ・クリュ」は「最もよい畑、もしくは畑の中でも最良の部分からつくられたワイン」ということになる(フランスで言う「プレミア・クリュ」、または「グラン・クリュ」)。だが、この「クリュ」という言葉は、標準よりも高品質なワイン全般を示す場合にも用いられる。その場合、そのワインの呼称は生産された葡萄畑や畑の一部である必要はない。畑の近くにある名所の名前でもいいし、誰かの名前を用いてもよい(ペルカルロ、ア・シリオ、サッフレディなど)。イタリア人にとって、「クリュ」の概念に該当するのはスーパー・タスカンかもしれない(ただし、すべてのスーパー・タスカンが「クリュ」とは限らない)。つまり、ここで言いたいのは、「クリュ」はリゼルヴァやスペリオーレとは異なり、正式に認められた記述ではないということだ。ひんぱんに目にすることはあっても、

法定ラベルにこの言葉が見当たらないのはこのためである。

戦略：価格と生産量

イタリアワイン、特にイタリア中央部のワインを一般的にとらえるには、いくつかのデータを参考にするのが一番手っ取り早いだろう。ここで紹介するデータはすべて、ワイン醸造専門技術者協会発表のものである。2004〜2006年までの3年間（執筆時点での最新データである）のワイン生産量の世界総計は約3億hℓで、その60％弱に当たる1.7億hℓがEUで生産されている。このうち、イタリアの生産量はほぼ世界の17％、EUの30％に相当する。また、イタリアワインのここ5年間の平均生産量は0.48億hℓで、1988〜1997年の平均0.592億hℓに比べてかなり下がっている。しかも、この下がり傾向は収まらず、2007年の生産量はわずか0.426億hℓ（1950年以来の最低記録）となった。1980〜2008年で、イタリアの葡萄作付面積は123万haから71.1万haに激減。イタリアの葡萄生産者が70万人であることを考えると、栽培家1人あたりの作付面積はわずか1ha——新世界ワインで台頭している国々（オーストラリアなど）とほぼ同じ数字——であることがわかる。ゆえに、認可されたボトリング業者が25000社もあり、平均5つのラベルを所有しているにもかかわらず、「総生産量の50％が共同組合によるもの」という事実は驚くに値しない。国内産出高の内訳は60％が赤、35％が白、残りがロゼである。また葡萄およびワイン生産の売上高は約13億ユーロで、そのうち3.5億ユーロが輸出によるものだ。さらに、醸造所の設備・装置——イタリアが世界に誇る分野である——の売上で2億ユーロが計上されている。

2008年、イタリアワインの生産量は0.445億hℓ（前年比5％アップ）となった。そのうち、トスカーナの生産量は0.226億hℓで、（イタリア全体の傾向とは反対に）前年比20％ダウンである。これでトスカーナの生産量はイタリア全体の12分の1となったが、価格はそれよりはるかに高い割合を占めている。価格面では平均をはるかに上回っているが、量の面で言うと、トスカーナはまさに平均的と言えよう。マルケは作付面積が平均

上：今日、トスカーナ・ワインの生産量はイタリア全体の12分の1だが、価格はそれよりはるかに高い割合を占めている

以下の8.7万haだが、価格面での貢献は計り知れない。なお、ウンブリアおよびロマーニャの高品質な地域（ロマーニャの平原地帯およびエミリア全域の生産量は除く）の個別データは入手できなかった。

7 最上のつくり手と彼らのワイン

キアンティ・クラッシコ

キアンティ・クラッシコはトスカーナ・ワインのみならず、イタリアワインの中核を成すと言ってもよい。だからこそ、ここから説明を始めるとしよう。

15世紀初頭以来ずっと、「キアンティ」という地名は、南はフィレンツェから北はシエナまで、西はポッジボンシから東はガイオーレまでの広大な地域を指している。約800mの高さまで広がる丘陵と200mまで傾斜する渓谷を持つが、葡萄栽培の多くは250〜500mの高度で行われている。息を呑むようなうねりを特徴とした劇的な風景のこの地域は、昔から画家に好まれてきた。オーク、栗、松、糸杉などがずらりと植えられているうえ、総面積7万haのうち、1万haが葡萄樹で覆われ、所々にオリーブ、様々な花々（フィレンツェの象徴として有名なスミレも含めて）、そして地中海特有の雑木林も見受けられる。さらに、この地方は非常に独特の建築物――カーザ・コローニカ（casa colonica：伝統的な石造りの農園）ととりで（銃眼と小塔を持つ、事実上の城）――に恵まれ、世界中の観光客を引きつけてやまない。ちなみに、とりでは何世紀も渡る激しい戦争（主にフィレンツェとシエナ間）を切り抜けるために必要とされ、実際使用されていたものだ。

次に、キアンティ・クラッシコの主要な歴史をざっと振り返ってみよう。

1716年：トスカーナ大公コジモ三世が「キアンティ」という名称の地域を限定する。キアンティジアーニ（chiantigiani：キアンティの住民）によれば、これが「原産地呼称の原形」である。

1924年：33の生産者たちが自分たちのワインを守り、独自のブランドを創るために品質保護協会（Consorzio）を設立。このときから、有名な「ガッロ・ネーロ（黒い雄鳥）」をシンボルとして使うようになった。

1932年：「キアンティ」のワイン生産地域がトスカーナの他の部分まで拡大される。最初からのキアンティジアーニたちはこれを嫌ったが、彼らの地域は"歴史ある、伝統的な"区域として「クラッシコ（Classico）」という形容語句をつける権利を得た。なお、このとき定められた境界は現在もそのままである。

1967年：キアンティがDOCに認定される。歴史的な地域は「クラッシコ」という言葉をつけ加えることで、特別なステイタスを得ることになる。

1984年：キアンティ・クラッシコを含むキアンティがDOCGに昇格。このときから、国際種の葡萄を10%まで含むことが許可された。

1996年：キアンティ・クラッシコがキアンティから独立し、単独のDOCGを名乗ることになる。このときはじめて、サンジョヴェーゼ100%の使用が認められた。一方で、国際種のブレンド比率は（事実上、暗黙のうちに）15%まで引き上げられた。

2000年：国際種のブレンド比率が（またしても暗黙のうちに）20%まで引き上げられた。

2003年：キアンティ・クラッシコ品質保護協会が呼称監査の責務を委託され、呼称を使用する全生産者（協会員以外も）を監査することになる。2005年：黒い雄鶏のマークがDOCGキアンティ・クラッシコの商標となる。

2006年：19世紀半ば、リカーゾリ男爵によって最初は認められていた白葡萄のブレンドが完全に禁止される（これ以前は最大6%まで許されていた）。

右：まるで絵画のようなトスカーナの風景。何世紀もの間、この緩やかに起伏している丘陵が多くの芸術家、訪問客を魅了し続けている

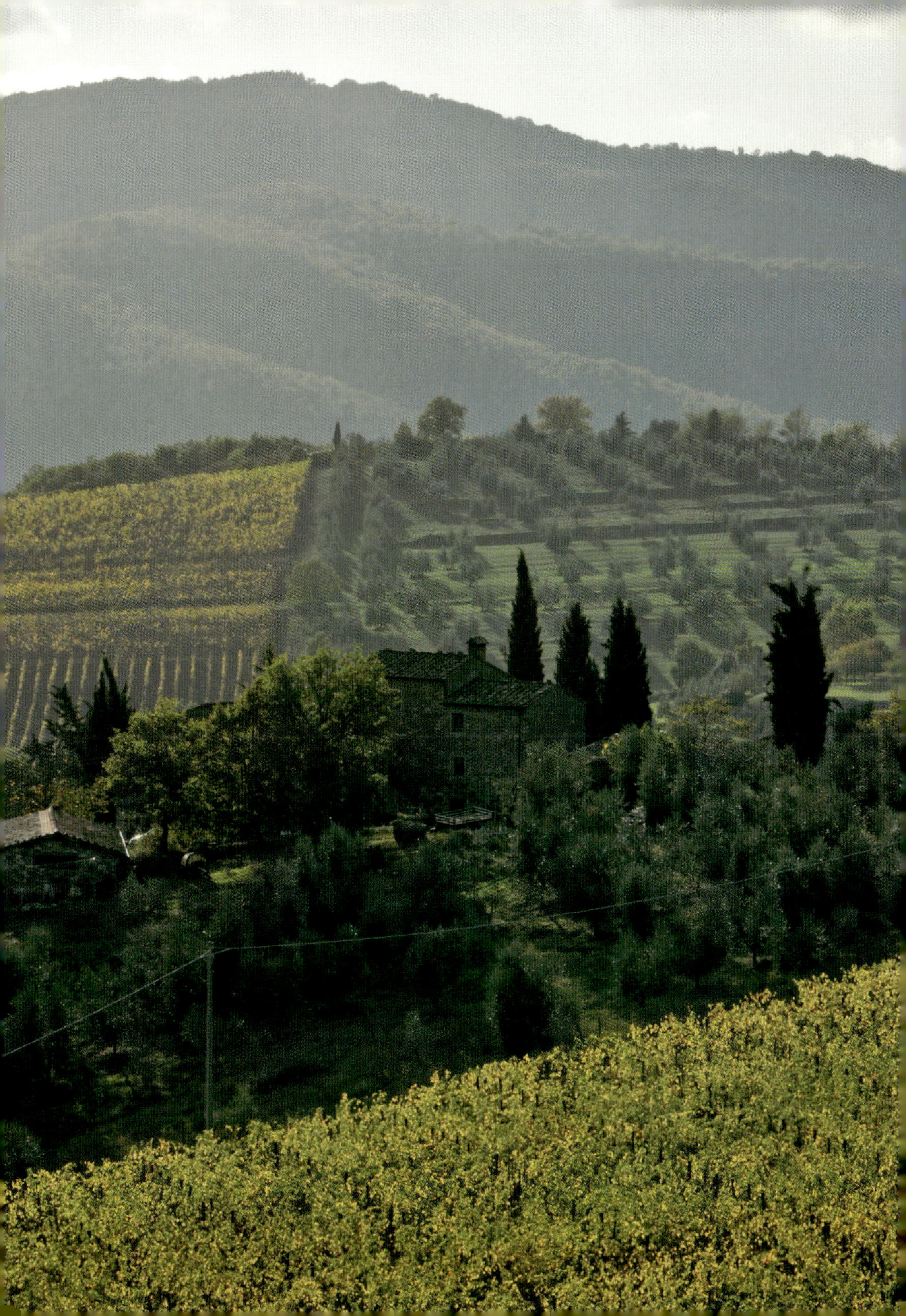

60

2008年：この頃までには、キアンティ・クラッシコの生産者数は最初の33から600以上に膨れ上がることになった。このうち認可されたボトリング業者は350で、残りは2つの主要な協同組合（グレーヴェのデル・グレヴェペーザかガイオーレのキアンティ・ジェオグラフィコ）のどちらか、もしくはその地域の主要な民間業者に葡萄を卸している。この種の販売形態が増えている理由としては、そういう営業方針の生産者が増えていること、自分のところでボトリングまで行うには資金がかかることに加え、近年の生産者数の減少もあげられる。

このような「時の流れ」と共に、キアンティ・クラッシコの発展につながる明るいきざしも見え始めている。ずっと続いていた無風状態からうってかわって、ここ40年ほどで、新しいワイナリーでは植え付けが行われるようになったのだ。1950〜1959年、この地域の葡萄樹の植林数は現在のわずか1%にしか満たなかったが、1960年代（DOCが導入された10年間）にほぼ7%近くまで上昇、植林ブームに沸いた1970年代は30%以上まではね上がった。だが多くのワイナリーがこの70年代に植林をしたため、その後の植林数は大幅な下降ラインを描くことになった。ただし、2000年代（2000〜09年）に入り、植林数は70年代を追い越すいきおいで伸び続けている（この10年間の総植え付けの4分の1が2000〜2004年にかけて実施）。この主な理由として、第4章で説明したように、台木および植栽密度の知識が広まったこと、さらにクローンが大きく改良されたことがあげられるだろう。

キアンティ・クラッシコ地域では、様々なワインが生産されている。言うまでもなく、最も主要なタイプは街の名を冠したキアンティ・クラッシコDOCGだ（本書を執筆している時点で最大収穫高は52.5hℓ/ha、葡萄樹1本当たり3kg）。キアンティ・クラッシコとして認められるワインは、サンジョヴェーゼ（80〜100%）を他の品種（最大総量20%まで）とブレンドしたもののことである。ブレンド品種として認められているのは、カナイオーロ、コロリーノ、マンモロなどの土着品種およびカベルネ・ソーヴィニョン、メルロー、シラーなどの国際種である。前述のとおり、このテーマをめぐる論争は耐えない。その根底にあるのは、このワインをもっと"国際的"にするために国際種のブレンド比率を上げるよう求める人々と、トスカーナワイン独自のアロマと構造を歪めないために国際種のブレンド比率を下げるよう求める人々との間の意見の対立である。私個人は「良質なワインは独自の個性を持っていなければいけない。そしてその種の個性とは市場の評価を超越したものだ」と考えている。諺をもじって言うなら「市場がマホメット（つまりワイン）に近づかないなら、マホメットが山まで歩くことはない」のである。市場で受け入れるためにつくられたワインはごまんとあるが、それは本来、良質なワインとは呼べないのだ。

これと似たような論争が、醸造・熟成にオーク樽を用いるか否かについても巻き起こっている。古き（そして悪しき）時代、樽はどんどん巨大になり、素材には地元産の栗、あるいはクロアチアにあるスラヴォニア産（スロヴェニアと混同しないように）のオークが用いられていた。そして前述のとおり、より小さな樽（しかもフランス産オーク樽）へ移行することで、トスカーナワインは復興を果たしたのだ。だが私には「キアンティ・クラッシコにカベルネやメルローをブレンドするのはよくない」という批判に比べて、「バリック熟成のキアンティ・クラッシコはよくない」という批判はあまり説得力がないように思える。というのも、熟練した腕さえあれば、バリック熟成によって、葡萄の個性を殺さないまま、ワインに優雅さとまろやかさを与えられるからだ。

キアンティ・クラッシコには2つのタイプがある。「ノルマーレ（normale）」（非公式な記述）および「リゼルヴァ（Riserva）」（こちらは正式な記述）だ。名前からもわかるとおり、リゼルヴァのほうが上質であり、24カ月の熟成（3カ月のボトル熟成を含む）を経てからでないと販売できない。一方、ノルマーレは収穫年翌年の10月1日から販売できる。非常に古いラベルには「ヴェッキオ」「スペリオーレ」と記されたものもあるが、これはもはや許されていない記述である。

キアンティ・クラッシコDOCGを除いても、この地方ではかなりの量のヴィーノ・ダ・ターヴォラ、それに平凡な土着種を用いた辛口の白ワインが少量つくられている。さらに、今日では「ヴィン・サント」と呼ばれる

秀逸な甘口ワインも出現している。だがこの地方で最も名高い——そして間違いなく最も高価な——ワインはIGT（いわゆる「スーパー・タスカン」）だろう。その名が示すように、これらのワインはトスカーナの至るところで産出されている。だが今までのところ、その中で最も重要な生産地域は、やはりキアンティ・クラッシコということになる。だからこそ、第5章で説明したように、この土地のDOC(G)ワインには厳しすぎる規制が課せられているのだ。良質なワインを紹介する本には、「キアンティ・クラッシコのスーパー・タスカン」が間違いなく取り上げられることだろう。

キアンティ・クラッシコは9つのコムーネをまたぐように広がっている。そのうち、キアンティ・クラッシコ内に完全に含まれる地域は4つ（ガイオーレ・イン・キアンティ、ラッダ・イン・キアンティ、カステッリーナ・イン・キアンティ、グレーヴェ・イン・キアンティ）で、部分的に含まれる地域が5つ（カステルヌオーヴォ・ベラルデンガ、ポッジボンシ、バルベリーノ・ヴァル・デルサ、タヴァルネッレ・ヴァル・ディ・ペーザ、サン・カシャーノ・イン・ヴァル・ディ・ペーザ）だ。トスカーナにまだ行ったことがない人は、この地域の旅行に不可欠な2つの主要道路を覚えておくとよい。1つはフィレンツェのチェルトーザとシエナ、およびこの地域の西側の境界にある郊外を結ぶスーペルストラーダ（superstrada）、もう1つはフィレンツェ南からシエナ北の中心部を走るストラーダ・レジョナーレ222（Strada Regionale 222）だ。本書では、地域ごと（アルファベット順）に最も偉大な生産者たちを紹介していこう。

バルベリーノ・ヴァル・デルサ

エルサ川はアルノー川の支流で、コッレ・ヴァル・デルサの下からポッジボンシを通り、アルノー川に合流するエンポリまで南北に走る渓谷を形成している。バルベリーノのコムーネ（イタリア語の「コムーネ」には単に"共同体"だけでなく、もっと広い意味があることを心に留めておいてほしい）は、キアンティ・クラッシコとクラッシコ以外（この場合は地域の中央西側に当たる）の地域をまたいでいる。バルベリーノ自体はエトルリア人によって建設され、印象的な中世の城を擁する町

だ。

この境界線（2つの地域は主に土壌の違いによって決定された）のどちら側にも、すばらしいワイン生産者がいる。キアンティ・クラッシコ側の生産者には、昔ながらの品種（特にサンジョヴェーゼ）を主に用いて、葡萄本来の味を活かし、タンニンの強いワインをつくる傾向が見られる。もう一方の側の生産者には国際種を活用し、円熟味・深みのあるワインをつくる傾向が見られる。

カステッリーナ・イン・キアンティ

カステッリーナは、元々「キアンティ」として認められた最初の4つのコムーネのうちの1つに当たり、今日ではキアンティ・クラッシコの境界線の内側に完全に含まれている地域だ。ちょうどストラーダ・レジオナーレ222が通り抜けていて、のんびりとした、だがまるで絵のようなキアンティの田園風景を楽しむことができる。

カステッリーナはこぢんまりとしてはいるが、上品な建築物がずらりと並ぶ、趣味のいいトスカーナの町だ。残念なのは、巨大なセメント工場によって景観が損なわれている点である。これは、20世紀の不遇の時代に主要道路に沿って建設されたもので、この道を走る限り、その巨大で奇怪な工場をずっと目にしなければならない。その道を通るたびに、私は「こんな魅力的な場所にこれほど目障りなものを作らせた人は、それ相応の代償を払っているに違いない」などと考えてしまうのだ。

この地域の栽培家の大半はキアンティ・クラッシコづくりを主にしている。より高地にあるワイナリーほどエレガントで繊細な味のワインを、より低地にあるワイナリーほどどっしりとしてこくのあるワインをつくる傾向が見られる。

右：クラッシコ地域に完全に含まれているカステッリーナ・イン・キアンティ
次頁：丘の頂上にある牧歌的な村、ラッダ・イン・キアンティのヴォルパイア

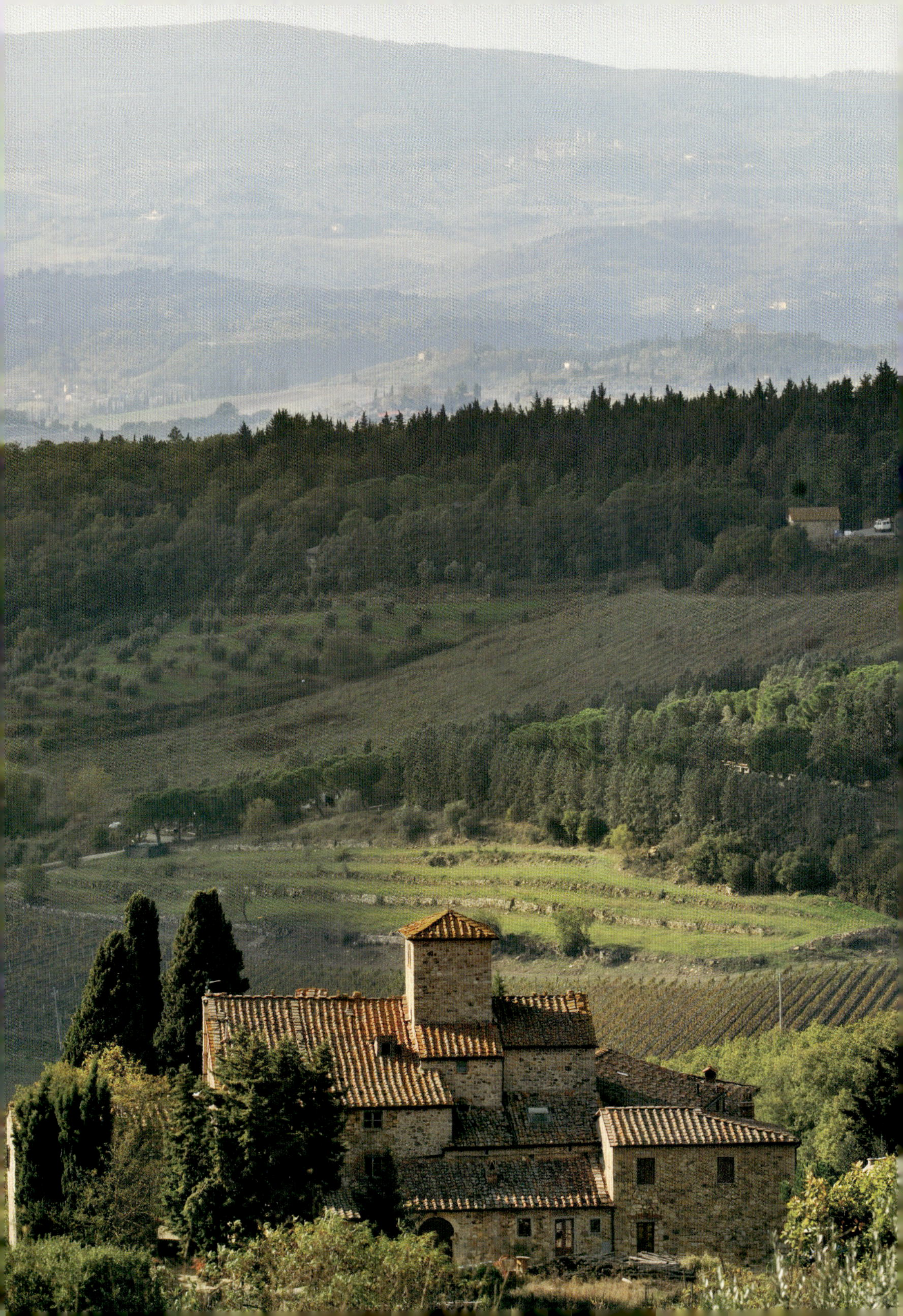

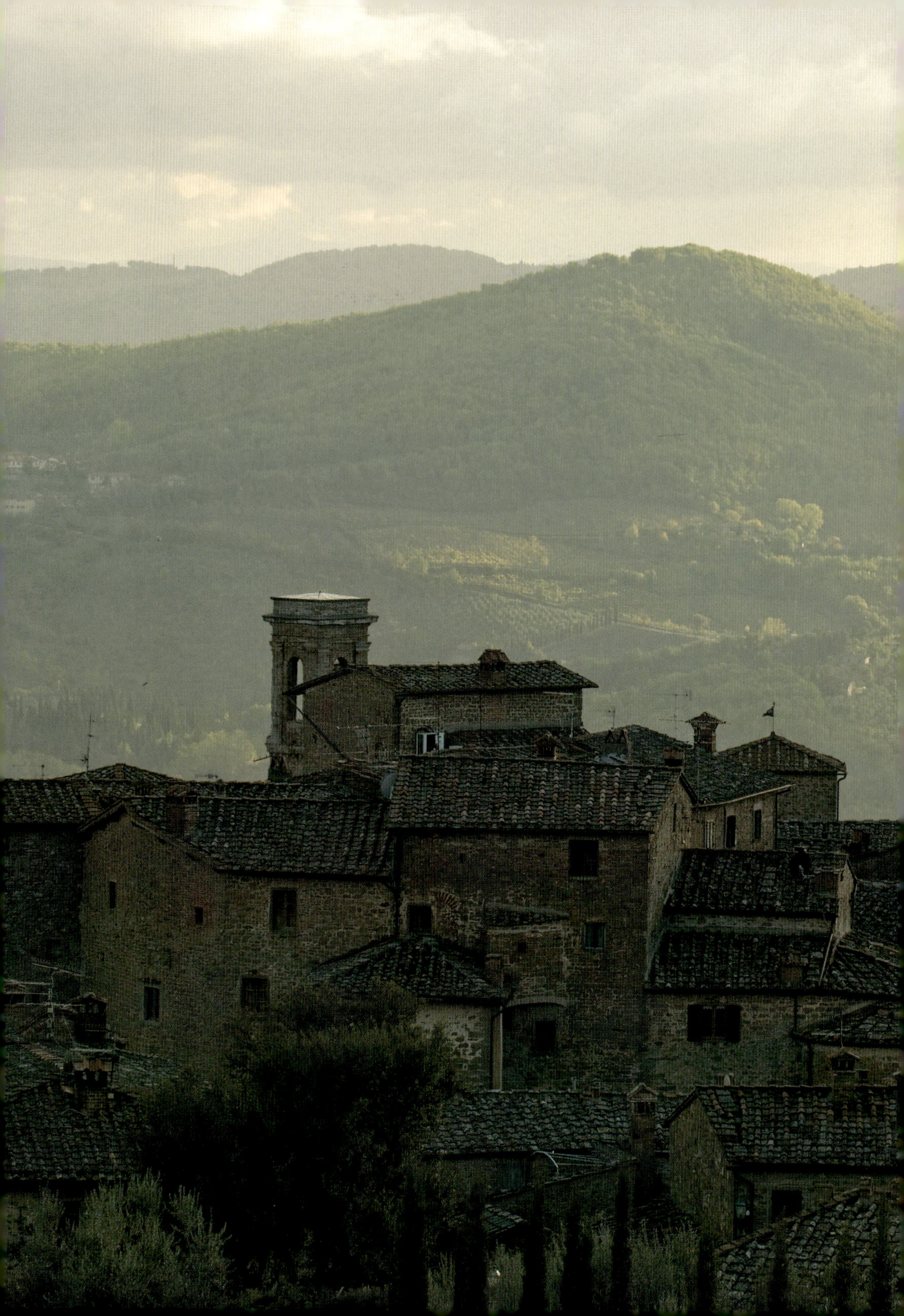

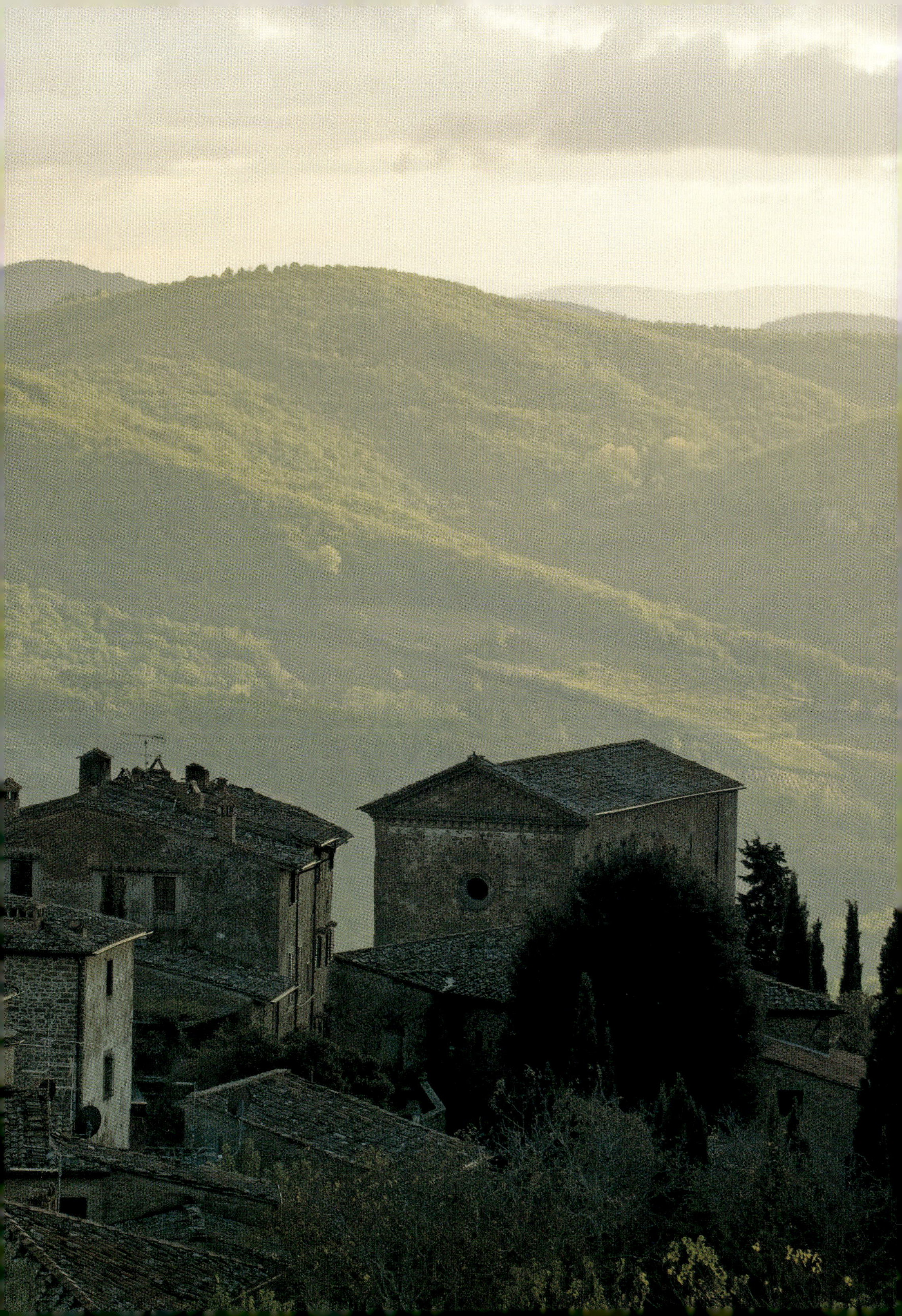

カステルヌオーヴォ・ベラルデンガ

　カステルヌオーヴォ・ベラルデンガの町は、ちょうどキアンティ・クラッシコ地域の外側（南東の際）に位置するが、そのコムーネはどちらの部分にもまたがっている。ここでも再び、両者の違いは土壌だ。クラッシコ側は石灰質土壌、または片岩が主だが、シエナ側はクレタ・セネーゼ（creta senese：主に粘土）が主である。またフェルシナのように、どちらのゾーンにも葡萄畑を持つ特別な地所もある。

　この地域は、カステルヌオーヴォから北東はサン・グズメ、ヴァリアリに至るまで広がる広大な場所で、クラッシコ側の境界には森林地帯やゴツゴツした岩の斜面がたくさんある。ここのワインをひとまとめにして特徴を言い表すのは難しいが、もの静かというよりは力強いタイプが多い。適切な生産者により、適切な環境でボトル熟成されたものは非常に飲みごたえがある。

ガイオーレ・イン・キアンティ

　ガイオーレも、元々「キアンティ」として認められた

上：トスカーナの中でも、最も時を超越した魅力が残るヴォルパイア。訪れる者を11世紀にタイムスリップさせる

最初の4つのコムーネのうちの1つだ。クラッシコの深部に隠れてしまうかと思うほど小さいが、実に魅力的な町で、高い尾根から成る地域の東部境界の西端（最西端ではない）に当たる。でこぼこした岩だらけで、森林地帯も多く、くねくねと曲がった細道のアップダウンが永遠に続くように思える。キアンティの中でも、より"クラッシコ"の特徴が強い地域があるとすれば、それはまさにここだろう。ガイオーレ内には、どこよりも古典的で長命なワインをつくるモンティ村があり、ここにはトスカーナ（いや、事実上イタリア）の中でも最高のワイナリーがいくつか存在する。

グレーヴェ・イン・キアンティ

　「他とは比べものにならないほど歴史も伝統もあるグレーヴェは、キアンティの一部ではない」と言う人もいるが、グレーヴェの生産者たちはこの意見に不賛成だ。まず、グレーヴェは「キアンティ」として認められた最初

の4つのコムーネのうちの1つである。しかも、キアンティ・クラッシコの境界内に完全に収まっていて、南はカステッリーナから北はほぼフィレンツェまでと広大で、その東部境界にはキアンティ丘陵地が広がっている。ストラーダ・レジョナーレ222沿いにあるため、キアンティ・クラッシコの中でも最も行きやすく、活気のある大都市と言えるだろう。常に重要なマーケットとして栄え、今日では観光の中心地でもある。

　グレーヴェのワインは非常に異色だ。様々な土壌、高度、大気候のせいもあるが、一番の理由は、この地に住む人々の多種多様さにある。あるいは、特にこの数十年で、ここに住まうようになった大金持ちのせいかもしれない。

　ガイオーレではモンティ村が有名であるように、グレーヴェでもパンツァーノという町が有名だ。トスカーナ本来の葡萄品質は、この場所——特にコンカ・ドーロ(Conca d'Oro：黄金の盆地)と呼ばれる南に面した葡萄畑——から生まれると言う人もいる。しかも、グレーヴェには、高品質なサンジョヴェーゼ(「サンジョヴェート」として有名)と歴史的にも関連深い地域——ラモーレ——が含まれているのだ。

ラッダ・イン・キアンティ

　中世までさかのぼると、元々「キアンティ」はガイオーレ、カステッリーナ、ラッダの3つのコムーネで構成されていたという(少なくとも、シエナ人はこう解釈していた)。どちらかといえば、ラッダはガイオーレよりもさらにごつごつした岩山が多い、手つかずの自然が残る土地である。ガイオーレに比べて、ラッダに優れた生産者が極端に少ないのはこのせいとも言えるだろう。ここのワインは優雅さを追求しすぎるあまり、力強さに欠ける一方、その欠点を補うだけの芳醇さが感じられる。そのため長期熟成がきくが、モンティ村のワインに比べると知名度が低い。

サン・カシャーノ

　キアンティ・クラッシコ地方の北西部にあり、フィレンツェに最も近い地域で、エルサ渓谷の右側にある丘陵地。キアンティ・クラッシコとクラッシコ以外をまたいでいる、もう1つの地域である。広大にもかかわらず、サン・カシャーノは一流の生産者をほとんど輩出していない。ただし、かつて数十年間、アンティノーリのセラーがこの地に設置されていたことがある。

下：時代遅れだが、懇切丁寧な道路標識。この地域が昔から観光客の注目を集めていたことの証明である

CHIANTI CLASSICO | BARBERINO VAL D'ELSA

Castello di Monsanto　カステッロ・ディ・モンサント

陽 光まぶしい夏の日にモンサントを訪れたら、誰でも「これはルネサンス時代を舞台にした演劇のセットだろうか」と考えてしまうに違いない。花いっぱいの庭園にぐるりと囲まれた、美しく、だが堂々としすぎていない城館が、緩やかに起伏する丘陵、葡萄畑、オリーブの木々、糸杉で埋め尽くされた田園地帯に建っている。まさに、トスカーナの天国とも言うべき場所なのだ。

　この極上の農園に広がるのは、総面積206haのうち、72haを占める葡萄畑だ（そのうち56haにサンジョヴェーゼが植えられている）。こんな資産を我がものにしたのは、ロンバルディで織物手工業を営み、成功をおさめていたアルド・ビアンキ（現オーナー、ファブリツィオ・ビアンキの父親）である。1960年代初め、アルドは息子の結婚祝いとして、この土地を買ったのだ。当時、この葡萄畑の主役はイル・ポッジオであり、部分的にサンジョヴェーゼ、カナイオーロ、トレッビアーノ、マルヴァジーアが植えられていた。彼らいわく「これが初のキアンティ・クラッシコ・クリュ」であった。

　1968年、ファブリツィオらは白葡萄の使用を完全にやめ、現在とほぼ変わらない品種構成（90％のサンジョヴェーゼに、10％のカナイオーロとコロリーノを用いる）に切り替えた。同時に、当時ワイン生産・貯蔵に使用されていた古い木製の大樽をやめ、いち早く（「トスカーナで一番早く」ではないにしろ、それに近いタイミングで）水冷式ステンレスタンクを導入した。この他にも、葡萄の除梗作業の時間短縮、ゴヴェルノ・プロセスの廃止、熟成のために真新しいスラヴォニア産オーク樽を導入など、様々な改革を起こしていった。さらに1974年、ファブリツィオはまたしても画期的な改革に打って出る。100％自社畑（Scanni）から厳選したサンジョヴェーゼ（サンジョヴェート・グロッソと彼らは呼んでいる）100％からなるヴィーノ・ダ・ターヴォラをつくったのだ。これが、のちの「ファブリツィオ・ビアンキ・サンジョヴェーゼ」である。

　これ以降も飽くなき改革を追求し続け、ファブリツィオは徐々に家業である織物手工業からワインづくりへと

右：現在のオーナー、ファブリツィオ・ビアンキの娘ラウラ・ビアンキ。弁護士の道を断念し、会社の運営に参画している

キアンティ・クラシコ・リゼルヴァ・イル・ポッジォは、トスカーナのトップ・ワインの1つであり、「グラン・クリュ」に相当する格付けがあれば、その筆頭候補となるに違いない。

CASTELLO DI MONSANTO

重点を移し替え、その重要問題を次々と解決していく。素人ながら、彼はコンサルタントに助けを求めることなく、住み込みのエノロゴ（現在のエノロゴは、2001年から務めているアンドレア・ジョヴァニーニ）と共に、自ら問題解決に当たっていったのだ。やがて1989年、娘ラウラが弁護士の道を断念し、会社の運営に参画したことにより、ファブリツィオの負担はかなり軽減されることになった（一方でその数年後、ラウラの2人の兄弟は織物手工業の方を任され、貧乏くじを引かされることになった）。

モンサントでは2003年、イル・ポッジョの5.5haの葡萄畑を、すべてサンジョヴェーゼに植え替えた。接木はマッサル選抜により厳選されたものが用いられている。ここのマセレーションは標準からやや長め（その年にもよるが約18〜30日）で、熟成はバリックで約18カ月行われる。ちなみに、1990年以前はボッティ（botti: 大樽）熟成のみだったが、97年以降、バリックとボッティが兼用されるようになった。

ここのバリカイア（barricaia: バリックの熟成庫）はまさに芸術そのものである。アーチ型の屋根が付いた長さ250m、幅6mの細長い通路は何世紀も前のもののように見える（実際、「エトルリアのアーチ」をベースにしている）が、実は1980年代後半に建設されたものだ。

極上のワイン

Chianti Classico Riserva Il Poggio
キアンティ・クラシコ・リゼルヴァ・イル・ポッジョ
間違いなくトスカーナのトップ・ワインの1つであり、「グラン・クリュ」に相当する格付けのがあっても、その筆頭候補となるに違いないワイン。私も何回か垂直試飲（1960年代のものから）の機会に恵まれたが、年代物のワインの息づかいだけでなく、力強さよりもむしろ妥協しない優雅さ——この生産者が現在も大切にしている要素——を感じた。最近のヴィンテージはややオークの香りが強いように思うが、基本的な果実味はいつもどおり格調高く、すばらしい。
1968年：薄いオレンジ色（または褐色）。地味で控えめな香りだが、口に含むと果実（プラムとプルーン）の非常に発達した芳香が味わえる。なめらかなタンニン、ほどよい酸味。衰えつつあるが、その魅力はまだ十分堪能できる。
1977年：1968年より色は濃く、まだオレンジ色。プラムとプルーンの熟したアロマ。口に含むと果実の味わい（チェリー・リキュー

ル）、皮革、スパイスの複雑な香りがする。ほどよいあと味とコクで、注意して保存すればまだまだ楽しめる。
1982年：より深くて若い色。果実と皮革、サンダルウッドのアロマ。酸味、熟したタンニン、野性味、エレガントさが同時に感じられる。コク、複雑さ、あと味のバランスがとれたワイン。
1988年：★まだ若いが、しっかりとした色合い。熟した甘い果実の風味、大地のスパイス、少量のバルサム香が感じられる。力強いがエレガントで、引き締まっているがバランスがよい。ベリー類とスパイスの香りが感じられる別格のワイン。
1997年：ややバリックが鼻につくが、その点以外は典型的な味わい。しっかりとしたタンニンと酸味。かすかに果実、スパイス、皮革のアロマが感じられる。もう少し時間が必要。
2000年：かなり軽い色合いだが、それを気にする必要はない。トースト香がやや支配的だが、ストロベリーの風味も感じられる。口に含むと極上の甘さの、ほとんどジャム状の果物香が広がる。たぶん、昔ながらのものよりも魅力的な味わい。
2001年：より深みのある色合い。ややオーキーではあるが、口に含むとプラム、チェリー、そして少量のバルサム香の素晴らしいコクが楽しめる。凝縮された複雑な味わいだが、優雅さを失わず、ほどよい酸味とタンニンがある。将来、すばらしいボトルとなるだろう。

Fabrizio Bianchi Sangiovese IGT Toscana
ファブリツィオ・ビアンキ・サンジョヴェーゼ・IGT・トスカーナ
サンジョヴェート・グロッソを用いた独創的なヴィーノ・ダ・ターヴォラだが、これもまたトスカーナのサンジョヴェーゼを100%使用したワインの1つであり、サンジョヴェーゼの熟成による可能性を世に示した希少なワインの1つでもある。1975年がまだ格調高くてすばらしい。同年のイル・ポッジョと比べると、よりしっかりとし、円熟味があり、成熟している。2001年もここ数十年は楽しめるだろう（ある意味、そうでなければならない）。このワインのメインとなる葡萄畑は2001年に掘り返され、来年発売予定なのは2006年ヴィンテージだからだ）。
その他のすばらしいワインをあげるなら、**Chianti Classico Riserva**（キアンティ・クラッシコ・リゼルヴァ）（1962年以降）と**Nemo**（ネモ）（1982年から。初のカベルネ・ソーヴィニヨン100%ワイン）。ベーシックな**Chianti Classico**（キアンティ・クラッシコ）は、バルベリーノのワインのようなキアンティの厳格さを取り入れたワインで、比較的すぐに飲むことができる。

右：トスカーナを代表するワイン、イル・ポッジョの1988年もの（グレート・ヴィンテージ）。ビアンキ家はまだこのワインの流通には慎重である

カステッロ・ディ・モンサント（Castello di Monsanto）
総面積：206ha
葡萄作付面積：72ha
平均生産量：450,000ボトル
住所：Via Monsanto 8, 50021 Barberino Vald'Elsa, Florence
電話：+39 05 58 05 90 00
URL：www.castellodimonsanto.it

CASTELLO
Monsanto
Il Poggio
1988
Chianti Classico
Riserva

CHIANTI CLASSICO | BARBERINO VAL D'ELSA

Isole e Olena イゾーレ・エ・オレーナ

ピエモンテ出身であるパオロ・デ・マルキの父が、"イゾーレ"と"オレーナ"の2つの隣接する畑を買い取ったのは1950年代のことだった。メッツァドリーア（折半小作制）・システムの崩壊後、1960年代後半にかけて、この農場も困難な時期を迎えることになる。だが1976年、トリーノで農業学をみっちり勉強し、カリフォルニアのワイナリーで6カ月の修行を積んだパオロが経営に参画してから、流れは再び変わったのだ。

といっても、もちろん、流れは急に変わったわけではない。ウルグアイ人の妻マルタを連れて戻ってきたパオロは、葡萄栽培もワインづくりもほとんど経験がなく、ましてや農場経営などしたこともなかった。それゆえ、最初の数年は"いばらの道"を歩まざるを得なかったのだ。だが、パオロ・デ・マルキは自分の無知を認める謙虚さと、「何でも学習してやる！」という飢餓感を両方持ち合わせていた。そしてその謙虚な姿勢は今もまったく変わらない。だからこそ、彼は今でもトスカーナの葡萄とワインに関する第一人者として称賛されているのだ。

数年前、ある人から「サンジョヴェーゼが"単一品種のワインはつくれない、ブレンドのための品種"と見なされていた時代に、なぜあなたは敢えてサンジョヴェーゼ100％のワイン（チェッパレッロ）をつくったのか」と訊ねられ、パオロはこう答えたという。「サンジョヴェーゼを皆に理解してほしかったからさ」さらにそのあと、彼はこうつけ加えた。「サンジョヴェーゼはここの土地の葡萄であり、私たちの品種だ。だから、この品種を詳しく研究し、理解しなきゃいけないと思ったんだ」（これは、トスカーナ最良のワインをつくっている、ある生産者から聞いたエピソードである）。この農園で厳選された、最良の葡萄でつくられているにもかかわらず、当時のワイン法のせいで、チェッパレッロは「キアンティ・クラッシコ」としては分類されなかった（最初のヴィンテージは1980年）。それゆえ、ヴィーノ・ダ・ターヴォラとなり、その後はIGTとなった。DOCGに値

右：個人主義者だが、腰が低く、先見の明もあるパオロ・デ・マルキ。サンジョヴェーゼに対する情熱から、チェッパレッロという名ワインを生み出した

72

パオロ・デ・マルキは、今でもトスカーナの葡萄とワインに関する第一人者と目されている。それなのに、彼は決してそれを鼻にかけることなく、謙虚な姿勢を貫いているのだ。

上；赤いロウで密閉されたバリック。こうすることで蒸発と酸化を防げるうえ、ワインが木樽の中で安定する

する品質を誇り、パオロ自身も「本物のキアンティ・クラッシコ・リゼルヴァだ」と考えているにもかかわらず、チェッパレッロは依然としてIGTのままなのだ。

　パオロは自身がアグロノモでありエノロゴでもある、というトスカーナには珍しいタイプだ。常にワインづくりに対する情熱を忘れず、小さな農園を訊ね歩くことの大切さを説き、「真の意味で一流のワインをつくれるのは、自らが現場で陣頭指揮をとる生産者だけだ」と主張してはばからない。彼の言う"一流のワイン"とは、なかなか手に入らない、非常に特別な要素の組み合わせでできているに違いない。「生産者は自分の農園を理解しなければならない。生産者に必要なのは、あらゆる面からその農園の原点を見きわめるビジョンなのだから」

　パオロは、気候・気象、葡萄畑の立地選定や位置、クローンやその選別方法、接木、植栽密度（1987年以降、彼は50haある畑の3分の2を植え替え、植栽密度を3000〜5000本／haから7350本／haに引き上げた）、栽培・剪定（彼は一般的なコルドン仕立てよりギュイヨ仕立てを好んでいる）などの面は常に細心の注意を払うべき、大事な要素だと考えている。だが、そんな彼が「何よりも大事だ」と考えるのは人的要因だ。パオロはこう語る。「私は自分のやり方でやる。でも、息子たちは息子たちなりのやり方でやろうとするだろう。そうしたら、そこに差が生まれることになる」

　彼が個人的にこだわっているのは、ポリフェノールと葡萄の糖分が完全に成熟するまで、収穫時期を遅らせる点だという。パオロはこう説明する。「サンジョヴェーゼは常にタンニンが強い品種であることに変わりはない。だが、タンニンが完璧に熟しているか、そうでないかで大きな差が生まれてしまうことになる」同様に、彼はこう言う。「サンジョヴェーゼは常に酸味が強い品種でもある。だからこそ、葡萄の甘みで酸味とのバランスをとらなければならない」成長期が長いほど、複雑さも加わってくる。「どうして北の古典的なワインがおいしいと思う？　長い成長期によって、大地から取り入れたミネラルなどの養分が残留し、堆積されるからなんだ。そういう要素がすべて相まって、完璧なワインという一幅の絵ができあがるんだよ」

　偉大なワイン生産者が皆そうであるように、パオロ

もまた「葡萄畑での作業は、醸造所での作業より重要だ」と強く信じている。ただし、決して醸造所での仕事を軽視しているわけではない。現に2001～02年にかけて、彼は自分の醸造所の総点検を行い、伝統技術に最新技術を取り入れている。ただし、自分自身はそのプロセスにほとんど介入しないよう心がけたという。そういうところにも、パオロの美学が貫かれている。

極上のワイン

Cepparello IGT　チェッパレッロIGT
生産者の学習意欲と努力によって、いつのときも改善され続けているワイン。1997年ヴィンテージが『ワイン・スペクテーター』誌のワイン・オブ・ザ・イヤーを受賞(世界中の最良のワインの中から選出)、2008年には『デキャンター』誌の「50の最も偉大なイタリアワイン」に選出され、表紙を飾っていることからも、その評価の高さは明らかである。1988年から垂直試飲をしたが、88年は寿命の点に関して改善が必要だった。だがそれから15年の間で、このワインは独特の大地の香り、厳格なニュアンス、深みのある複雑な果実味を併せ持つ、まさにトスカーナを代表する一流ワインに成長した(97年や99年のようなトップ・ヴィンテージが代表例)。93年は(グレート・ヴィンテージでないにもかかわらず)非常に優れている一方、88年は(複雑な味わいが秀逸と言われているが)やや味が落ちてきている。つい最近、91年から03年までをパオロと共に試飲してみたが、どのワインも(1つの例外を除いて)この土壌の個性とサンジョヴェーゼの個性(実際の品質だけでなく将来的な可能性も)を感じさせる出来だった。だが最も印象的だったのは、ヴィンテージごとに示される味わいの違いである。これぞ「それぞれの年の個性を明確に反映させたい」という生産者の強い願いの現れであろう。はずれ年と言われた2002年のものでさえ、しっかりとした違いが感じられた。

1991年：縁の色合いがかなり変わってきてはいるものの、中心部はまだ煌々としたガーネット色をしている。さほど饒舌でも複雑でもないが、あまり重要でない年のワインとしてはすっきりと上品な味わい。引き締まったタンニンで飲みごたえがある。

1993年：かなり深みがあり、若い色合い。少量のバルサム香に皮革、熟れた果実のアロマ。芳醇で甘い果実味がし、かなり長命。いまだ非常に魅力的で、その魅力はこれからも続くだろう。

1997年：雑誌の選出で突然有名になり(新規のオーダーを断くか、それともオーダー数を極端に制限するかという点で)パオロの頭を悩ませたが、彼の葡萄畑とチェッパレッロの名を不動のものにしたワイン。最も深い色合い。レッドカラント、スパイス、ハーブが凝縮されたリッチで華麗なアロマ。美味で成熟して、なめらかで、ヴェルヴェットのような果実味、そして際立った骨格をもつタンニン。しかしワインの邪魔をするわけではない。豊かで饒舌な味わいで、飲むのは今でもよいが、あと数年はこの魅力を維持するだろう。ただし、99年のように総合バランスのとれた最上級品ではない。

1998年：清らかで純粋だが、力強すぎない魅力的なアロマ。とても充実した果実味であるが、99年のようなコクに欠け、タンニンがやや目立ち、あと味に渋みが残る。長命だろうが、99年ほどではないだろう。まさに典型的なサンジョヴェーゼである。

1999年：★かなり濃い色合い。新鮮な果実、黒鉛、ハーブの複雑なアロマ。口に含むと甘い果実の味がし、しっかりとした酸味とタンニンに支えられた構造。まだ飲むには早いが、名品に仕上がること間違いなし。何年も魅力が褪せることのない長寿ワイン。

2000年：唯一の失敗と思われるワイン。アロマもあと味も強烈なオーク樽香に支配され、タンニンもやや乾いている。

2001年：チェリー、ベリー類の芳香がし、口に含むと一段とそのアロマが広がる。新鮮な果実味・酸味となめらかなタンニンとのバランスがよい。しっかりとした酸味が続くだろう。

2002年：「はずれ年」と思われていたこの年、驚くべきことに、パオロは数量を極端に限定してトップ・ワインをつくる決意を固めた。予想どおりに、全体の色は明るく、縁まわりがレンガ色である。健全で、新鮮で、香り高い、ほとんど花のようなアロマ。活気のある酸味でやや軽めで繊細な印象だが、タンニンは完全に熟している。あと味はさっぱりしていて、ややピリッとした感じ。決して長命ではないだろうが、非常に信頼がおける。パオロいわく「2002年ものは力強さに欠け、それが寿命を長くないものとしている」

2003年：成熟したアロマは感じられないが、口に含むと、チェリーやイチゴの甘く可憐な香りが、さわやかな酸味と共に広がる。ジャムっぽくなる傾向(この年は乾燥した暑い1年だった)も、きちんと管理されたタンニンでちゃんとカバーされている。最高なできばえのうちの1つ。

Chianti Classico DOCG [V]
キアンティ・クラッシコDOCG [V]
パオロは「この呼称は考えるためではなく、飲むためのものだ」と信じ、その収穫年と大地の個性を両方活かしながら、いかに口当たりのよさを打ち出すかを常に追求している。

Collezione de Marchi Cabernet Sauvignon, Syrah (l'Eremo), and Chardonnay IGT Toscana [2006★]
コレッツィオーネ・ディ・マルキ・カベルネ・ソーヴィニョン、シラー、シャルドネIGTトスカーナ [2006年★]
パオロは、第一義の単一品種ワインづくりを目的に、これらの国際種をトスカーナに植え付けた先駆者の1人だ。しかも、どの品種のワインでも、彼は見事に成功を収めている。それぞれが、その年のイタリアの"ベスト・ワイン"とトップ争いをするほどである(ガヤ、カ・デル・ボスコ、サッシカイアなど、この種の競争はいまや、どんどん激しさを増している)。

イゾーレ・エ・オレーナ (Isole e Olena)
総面積：290ha
葡萄作付面積：50ha
平均生産量：220,000ボトル
住所：Isole 1,50021 Barberino Vald'Elsa, Florence
URL：www.castellodimonsanto.it

CHIANTI CLASSICO | BARBERINO VAL D'ELSA

I Balzini　イ・バルツィーニ

これは非常に印象的なワイナリーである——急速な台頭で一躍脚光を浴びたあと、すぐに消え去ってしまうのではなく、ゆっくりとスタートを切り、その後ずっと改革・洗練を重ねてきた類いのワイナリーだ。

すべては、1980年代初頭、ヴィンチェンツォ・ディサントが理想的な田舎の家を求めてくまなく調査した結果、イ・バルツィーニ(「小さな階段」という意味。元の葡萄園で葡萄が小さな段々畑に植えられていたことにちなんだ名前)を購入し、彼独特のテイストを認める友だち(ベル・リリ・アミーチ)のためにワインづくりを開始したときから始まった。DOCG地区(バルベリーノのコッリ・フィオレンティーニ側)にありながら、ヴィンチェンツォは自分のテイストに合うワインづくりにこだわり続け、当時のキアンティ・コッリ・フィオレンティーニとはひと味違うテイストを目ざしたのだ。

これは非常に印象的なワイナリーである——急速な台頭で一躍脚光を浴びたあと、すぐに消え去ってしまうのではなく、ゆっくりとスタートを切り、その後ずっと改革・洗練を重ねてきた類いのワイナリーだ。

彼はサンジョヴェーゼとカベルネ(現在このワイナリーで最も用いられている品種)を植え、マスター・テイスターのジュリオ・ガンベッリとエノロゴのアンドレア・マッツォーニ(つい最近、才能ある若手エノロゴ、バルバラ・タンブリーニが後任に)の手を借り、2種類の葡萄を50%ずつブレンドした「ホワイト・ラベル」をつくり、賛否両論を巻き起こした。その後、作付面積を広げた彼は1998年、「ブラック・ラベル」(50%のカベルネにサンジョヴェーゼとメルローを25%ずつブレンド)を発表した。さらに、2006年に「グリーン・ラベル」(80%のサンジョヴェーゼにトスカーナ土着種マンモロを20%ブレンド。オーク樽熟成は行わず、収穫から時間を置かずに飲むことが可能。通常、ガラス栓である)を発表したことで、現在の3つのラインナップが出揃ったのだ。

その一方、ヴィンチェンツォは1998年に妻アントネッラと結婚。彼女は以前の広報の経験を活かし、2005年からこのワイナリーのためにフルタイムで働いている。シチリア生まれの行動的なこの女性は、ワイナリーの操業に新しい息吹を送り込み、大規模でないにもかかわらず、イ・バルジーニのワインの世界的な知名度アップおよび販路拡大に貢献している。

極上のワイン

Black Label　ブラック・ラベル
このワイナリーが最も手をかけているワイン。ホワイト・ラベルよりもさらに長期間マセレーションを行い(最長で20日間)、フランス産バリックでより長期熟成を行う(最長で15カ月)。2004年の色は濃く、グラスから真新しいオーク樽の香りが立ち上る。口に含むと、華やかで艶っぽい果実味がいっぱいに広がるが、やや深みに欠け、明らかにサンジョヴェーゼよりもカベルネ、メルローの印象の方が強い。サンジョヴェーゼはこのワインのアロマよりもむしろ酸味の一因となっている。ちなみに、試飲時、私はこう書き留めている。「力強いワイン、アメリカで受けそうなタイプ」。だがこの構造と果実の深みは、このワインが長期熟成に向いている証拠だ。99年以前につくられたものでも、まだ非常に引き締まっていきいきとし、果実味がたっぷり残っており、オーク樽のアロマとタンニンがうまい具合に調和している。

White Label　ホワイト・ラベル
ブラック・ラベルより濃密さ、豊かさは少ないかもしれないが、私見では、他の2つよりもバランスがよく、よりトスカーナ風の味わいが楽しめる。2004年は良質のサンジョヴェーゼの酸味、サワーチェリーの果実味、うまく管理されたタンニンが楽しめる。1998年★は10年を経てもすっきりと引き締まり、今ピークに近づきつつある印象だ。カベルネがかなりの割合で含まれているにもかかわらず、トスカーナのものとすぐわかる、バランス、複雑さ、深みの三拍子揃ったワイン。

Green Label [V]　グリーン・ラベル[V]
明らかに、早飲みのためにつくられたワイン。フレッシュで、いきいきしていて、香りがよい。

ソチェタ・アグリーコラ・イ・バルツィーニ(Societa Agricola I Balzini)
総面積：10ha
葡萄作付面積：5.4ha
平均生産量：50,000ボトル
住所：55021 Barberino Vald' Elsa, Florence
電話：+39 05 58 07 55 03
URL：www.ibalzini.it

CHIANTI CLASSICO ｜ BARBERINO VAL D'ELSA

Casa Sola　カーザ・ソーラ

あ る意味、ここは20世紀後半に台頭した、「品質重視のキアンティ・クラッシコの生産者」の代表である。この農場はこの地区の中央西にあり（イゾーレ・エ・オレーナの隣接している）、元は荒れ放題の状態だったところを北部出身の貴族一家（ジェノアのコンティ・ガンバロ）が買い取った。ときはメッツァドリーア廃止直後の1960年、言い換えれば、DOCが制定され、ワインブームがわき起こる前のことである。

そのあと数年で、何でも植わっていた状態の畑は、キアンティ・クラッシコおよびリゼルヴァ（1965年より生産）に特化した葡萄畑に植え変えられていったが、他には特に大きな変化はなかった。真の意味の変化が起きたのは、息子ジュセッペ・ガンバロの代になってからである。1985年、ジュセッペはどんどん右肩上がりになるキアンティ・クラッシコの売上に注目し、葡萄畑や醸造所の様々な整理・合理化に着手したのだ。さらに、ブレンドの"改良"のために、畑には少量のフランス産葡萄が植えられることになった。今日、ここの葡萄畑の品種構成はサンジョヴェーゼ75％、カベルネ・ソーヴィニョン10％、メルロー5％、伝統的な白葡萄品種およびカナイオーロ10％である。

1990年、エノロゴ・コンサルタントのジョルジョ・マローネ（一時期、アンティノーリのチーフ・ワインメーカーを務めていた）が参画し、この地域特有のタンニンの粗々しさ（白亜系の乾いた地質が原因）に苦しめられていたワインを改良し始めた。そして2007年、この地域の葡萄栽培のエキスパートであるピエロ・マージ（最近ではイゾーレ・エ・オレーナに所属）が、マローネが改良した葡萄にさらなる改善を加えるためにリクルートされた。その一方、2003年にはアグロノモの資格を持つ、ジュセッペの息子マッテオが農園を引き継ぎ、フルタイムで経営に参画することになった。

これまで革命的な変化こそなかったものの、この農園は、ワインづくりのあらゆる面で着実な改良を続けてきたことを誇りにしている。「私たちにはこのビジネスを前進させていくためのノウハウがある」マッテオはこう語る。「ブレンド方法にせよ、熟成方法にせよ、いっときの流行や傾向に流されずに、今後もそのノウハウに従っていくつもりだ」つまり、マッテオは市場に迎合したワインづくりではなく、伝統を重んじつつも改革を取り入れながら、カーザ・ソーラ独自のキアンティづくりを目ざそうとしているのである。

極上のワイン

Chianti Classico [V]　キアンティ・クラッシコ[V]
このリゼルヴァではないバージョンは、サンジョヴェーゼとカナイオーロに、6％のカベルネとメルローをブレンドしたものだ。カベルネとメルローの組み合わせにより、本来のアロマを歪めることなく、円熟味やタンニンのなめらかさが加わることになった。マセレーションは15日間（非常に伝統的）で、熟成は20hℓの大樽で最長18カ月行われる。

Chianti Classico Riserva
キアンティ・クラッシコ・リゼルヴァ
こちらのバージョンは、90％のサンジョヴェーゼに10％のカベルネ、メルローをブレンドしたものだ。発酵前浸清をし、つづいてマセレーションを約20日間行い、大樽およびバリックでおよそ20カ月間熟成される。私は10％のボルドー種を含んだものを「キアンティ・クラッシコ」と呼ぶことに抵抗を覚えるが、それでもこのワインの品質のよさは認めざるを得ない。トスカーナ特有の個性を犠牲にすることなく、しっかりとした構造と果実のまろやかさの絶妙のバランスが楽しめるワインだ[2004年★]。

Montarsiccio　モンタルシッチョ
90％のカベルネ、メルローに10％のサンジョヴェーゼをブレンドしたIGTスーパー・タスカン。トップ・ワインと思われるが、およそ8年経つまで入手不可能。

Pergliamici　ペルリアミーチ
上記と正反対の割合でブレンドされたワイン。「友だちのために」というイタリア語の名称のとおり、心地よく何杯も飲める。昔のようにカナイオーロや白葡萄も含まれている。

Vin Santo　ヴィン・サント
この昔ながらの甘口ワインは、トスカーナの最高ワインの1つである。

カーザ・ソーラ(Casa Sola)
総面積：110ha
葡萄作付面積：30ha
平均生産量：133,000ボトル
住所：Frazione Cortine, 50021 Barberino Vald' Elsa, Florence
電話：+39 05 58 07 50 28
URL：www.fattoriacasasola.com

CHIANTI CLASSICO | CASTELLINA IN CHIANTI

Castello di Fonterutoli カステッロ・ディ・フォンテルートリ

フォンテルートリは、キアンティ・クラッシコ地域の中で最も切り立った場所にある、雄大な農園の1つだ。カステッリーナの南側5kmに広がるトスカーナの村々を中心とする地所は、ラポ・マッツェイ(カルミニャーノ地区の公証人であり、1398年、「キアンティ」というワイン名をはじめて公文書に残した人物として有名。なお、このキアンティは明らかに白ワインのことを指している)の孫娘が、ピエロ・ディ・アニョーロ・ディ・フォンテルートリと結婚した1435年以来ずっと、マルケージ・マッツェイ家によって所有されている。

もう1人のラポ・マッツェイ(23代目。現在もこのワイナリーの経営者であり、1970～90年代までの20年間、キアンティ・クラッシコ協会の会長を務めた人物)に率いられ、フォンテルートリは20世紀後半、真っ先に「品質」という問題にまじめに取り組むようになった。メッツァドリーア開始当初からあった葡萄畑を全面的に植え替え、1975年からはブレンド品種としてボルドー産葡萄を導入する一方、フランス産オーク樽を用いた熟成方法も段階的に採用していったのだ。これらはすべて、トスカーナの大半の生産者が、サンジョヴェーゼやその他のトスカーナ土着種の「一貫性がない」という欠点にも、当時用いていた栗の大樽が古すぎる点にも目をつぶり、「とにかく飲めるものならどんなワインでも市場に受け入れられる。品質など二の次だ」と考えていた頃の出来事なのである。

1980年代半ば、ラポの息子フィリッポとフランチェスコが経営参画するようになってからも、葡萄畑の改良は精力的に実施されていった。今日、ここの葡萄畑は200～500mの様々な高度の5つの異なるエリアに分かれ、植栽密度は5600～7400本／haの高密度である。植えられている葡萄樹はすべて、厳選されたクローンの一部と、マッサル選抜による選り抜きの葡萄樹の一部をかけ合わせたものだ。

2003年には、新しい醸造所も稼働を始めた。私も2008年夏に、フィリッポ・マッツェイに案内してもらったが、彼は明らかにこの醸造所を誇りにしている様子だった。姉である建築家アニェーゼがデザインしたこの醸造所は、ただ機能的であるだけでなく、トスカーナの真ん中にあっても目立たないような工夫がなされている。しかも、丘陵の斜面という地形を思う存分活かし、天然の湿度(実際、湧き水を利用)、大地の涼しさを有効活用する一方、醸造過程でのワインの移動をすべて自然の重力で行うことができるのだ。発酵に用いられるのは小～中サイズのステンレス鋼発酵槽で、収穫時期には優に100を超える醸造が実施される。そしてそのデータは、彼らが長年実施している区画ごとの特徴研究(適切な品質、水の適応性、土壌の構造など)に反映されるという仕組みだ。この5つの区画の中には、2006年にエツィオ・リヴェッラ(バンフィの元最高醸造責任者)から購入したイル・カッジョも含まれている。ここの最大の特徴は、基本的にボトリング直前までブレンドを行わない点だ。これは、コンサルタント・エノロゴを務めるカルロ・フェリーニの指示によるものだという。「それこれもすべて」フィリッポはこう強調した。「大切な4つのワインのためなんだ」

さらに彼はこう続けた。「私たちの基本哲学は、昔ながらのブレンド・ワインにある(注・これはもちろん"昔ながらのトスカーナの土着種を用いて"という意味である)」「サンジョヴェーゼ100%のワインなんて、私は信じていない。ある年はすばらしくても、次の年は価値もないワインになってしまう危険性がある。現に、サンジョヴェーゼ100%を主張している人たちの多くは、実際にそれをつくっていないことを見てもわかるじゃないか(注・これは本当である)。2004年や2006年のような年なら、サンジョヴェーゼ100%も可能だろう。だが、2003年や2005年のような年はかなり難しい。2002年のような年に至っては不可能だ。私は言葉と矛盾した行動をとるのは好きじゃないし、自分がやっていることを正確に人々に伝えたいたちなんだ」

極上のワイン

Castello di Fonterutoli
カステッロ・ディ・フォンテルートリ
このワイナリーでの"最高傑作"の座を争う2つのワインのうちの1つ。高級市場用のキアンティ・クラッシコで、最良の葡萄畑(ベルヴェデーレとシエピ)のサンジョヴェーゼにカベルネ・ソーヴィニョン

右：フランチェスコと共に、フォンテルートリ家のあくなき品質追求に弾みをつけたフィリッポ・マッツェイ

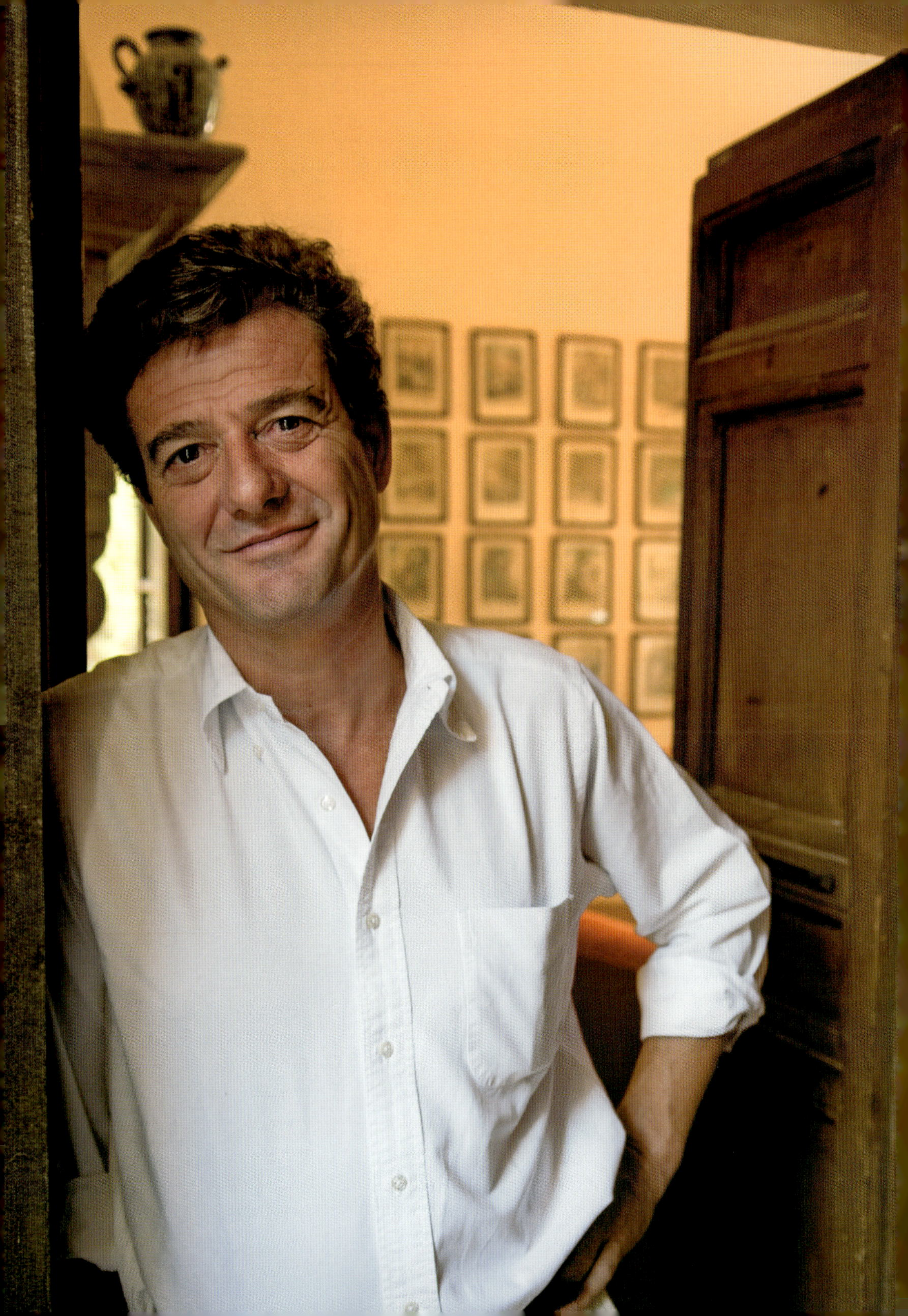

CASTELLO DI FONTERUTOLI

をほんの少量ブレンドしたもの。力強さと優雅さの共存、という目的を常に達成しているワイン。しかも保存するほど、より"トスカーナ的"になり、熟成するほど"国際種の色合い"がなくなるというおまけつきだ。1990年代後半、このワインをキアンティ・クラッシコDOCGとして売り出したのは、かなり思い切った一手だったと言えよう。その目的は、市場に出回りすぎてしまったこの銘柄の名誉を回復させるためであった。私個人としては、最高の当たり年ではないのにコク、バランス共にすばらしい2005年を高く評価したい。熟したタンニンと典型的なトスカーナの酸味が程よくマッチし、トスカーナ土着種と国際種がミックスされた香りもよい(カシス、オーク樽の香り)。ただし、あと味はサンジョヴェーゼ特有のサワーチェリーである。

Siepi　シエピ

サンジョヴェーゼ3分の2とメルロー 3分の1のブレンドでつくられるスーパー・タスカン(IGTトスカーナ)で、このジャンルでも最高の評価を獲得しているワイン。2008年に垂直試飲を実施し、15年以上の熟成でも、厳格でしっかりとした構造が、口当たりの良さや豊満で魅力ある果実味をうまく支えていることを実感した。本書のために私が試飲したのは2005年★。口に含むと豊かで甘い成熟した果実味がする一方、熟れたタンニンの厳格な構造がそれを支えている。一流エノロゴ、カルロ・フェリーニによるオーク樽の管理も万全。カステッロより明らかに国際種の味がするが、そのよさが最大限引き出されている。

Fonterutoli　フォンテルートリ

サンジョヴェーゼ、コロリーノ、マルヴァジーア・ネッラ、メルローのブレンド。ベーシックな味わいだが、よくできたキアンティ・クラッシコ。

Belguardo IGT Toscana　ベルグァルド・IGT・トスカーナ

フォンテルートリが所有するもう2つの地所のうちの1つ、モレッリーノ・ディ・スカンサーノ地区ベルヴァルドで生まれたワイン。2005年はカベルネ・ソーヴィニョンとカベルネ・フランのブレンドで、いかにも現代トスカーナを代表する、高品質でインターナショナルなワインである。豊かさ、成熟さ、ジューシーさにダークチョコレートとほのかなコーヒーの香りが混じり、長期熟成に適したしっかりとした構造だ。

左：フィリッポ・マッツェイの姉アニェーゼ設計による、地形を活かした、印象的な新しいワイナリーの中にあるバレル・セラー

カステッロ・ディ・フォンテルートリ(Castello di Forterutoli)
総面積：650ha
葡萄作付面積：117ha
平均生産量：710,000ボトル
住所：Via Puccini 4, Localita Fonterutoli, 53011 Castellina in Chianti, Siena
電話：+39 05 77 74 13 85
URL：www.fonterutoli.it

CHIANTI CLASSICO | CASTELLINA IN CHIANTI

Bibbiano ビッビアーノ

今では少しさびれた感じがするが、ここは非常に歴史の深い地所で(1089年の書類にすでに「カステッロ・ディ・ビッビウーネ」という記述がある)、壮麗だが少人数しか住んでいない大邸宅がぽつんと建っている。リッリアーノ(カステッリーナ・イン・キアンティとカステッリーナ・スカロの間の脇道にある)の下の、やや人里離れた場所に位置する。

さびれた感じがする理由の1つは、所有者であるトンマーゾとフェデリコ兄弟(1865年に母方のマルツィ家がこの地所を取得)がローマ在住であるからだ。だが彼ら(少なくとも、トンマーゾの方)は小切手にサインをしたり、スタッフの様子をチェックするために、定期的にこの場所を訪れている。

さらに、この農園を定期的に訪問している人がもう2人いる。1人は、1940年代からここのコンサルタント・エノロゴを務めるジュリオ・ガンベッリ(すばらしい味覚の持ち主として有名)。もう1人は、最近のヴィンテージを管理するコンサルタント・エノロゴ、ステファノ・ポルチナイだ。前任者たちと同じく、ポルチナイもまたかつて品質保護協会のトップを務めた人物である。

ガンベッリの指示による「伝統的な世界」の一環として、ここのセラーは昔ながらのスタイルを維持してきた。現在、醸造所改築計画が持ち上がっているが、本書を執筆している時点では、発酵にはステンレス鋼発酵槽ではなく、かつて悪評の高かったグラスライニングのコンクリートタンクが用いられている(このタイプの大樽の多くは、近代化の波が怒濤のように押し寄せた数年で破壊されてしまったが、あとになってそのよさが認められることになった)。

ポルチナイの指示による「現代的な世界」の一環として、ここの葡萄畑には少量のメルローが植えられている。さらに、発酵中に温度を一定化させるための機材(ガンベッリはこの点に関して特に指示を出していない)も備え、伝統的なスロヴァニア産オーク樽(ボッティ)同様、当然バリックも併用されている。

葡萄畑全域が1966年から1970年の間に植えられたもので、1998年から2005年の間には、マッサル選抜による選り抜きのクローンおよび市販のクローンによる、部分的な植え替えも実施された。

極上のワイン

Chianti Classico [V]　キアンティ・クラッシコ[V]
サンジョヴェーゼに5%のカナイオーロとコロリーノをブレンドした伝統的なワイン。1969年に初めてボトルで登場して以来、昔ながらのそのスタイルはほとんど変わっていない。最初のひと口で酸味が舌を刺すが、口に含むとすぐに味がなじむ。これはタンニンがよく管理され、アルコール度数(13.5%)を程よくカバーしているためであろう。色鮮やかで新鮮味あふれる、サワーチェリーの香りの典型的なキアンティ。オールド・スタイルが好きな人向け。

Chianti Classico Montornello
キアンティ・クラッシコ・モントルネッロ
単一畑のサンジョヴェーゼ95%に、5%のメルローをブレンドしたワイン。そう聞くと現代的なイメージだが、実際はそれほどでもなく、メルローの影響は最小限に抑えられ、サンジョヴェーゼ本来の明るい色合いとサワーチェリーの香り、紅茶葉のアロマが楽しめる。これを飲むと、5%以上のメルロー、カベルネのブレンドを主張する人々が大勢いることがかえって不思議に思えてしまう。上記のノルマーレよりも豊かで円熟味があるワイン。トスカーナ色がやや抑えられた、国際的に受け入れられそうな味である。

Chianti Classico Riserva Vigna del Capannino
キアンティ・クラッシコ・リゼルヴァ・ヴィーニャ・デル・カパッニーニョ
もう1つの、単一畑のワイン。最良の年だけ、サンジョヴェーゼ100%で特別につくられ、バリックで熟成される。丸みがあり、熟した味が特徴だが、まぎれもなくトスカーナのワインである[2004年★]。

Domino IGT Toscana　ドミノ IGT トスカーナ
新たなプロジェクトとして発表された、メルローをベースにしたトップクラスのワイン。これはビッビアーノの今後の方向性を示すワインと言えよう。古きよきトスカーナのサンジョヴェーゼが好きな人は、1番目と3番目のワインをストックしておくことをおすすめする。

キアンティ・クラッシコは伝統的なワイン。サワーチェリーの香りの典型的なキアンティで、オールド・スタイルが好きな人向けだ。

テヌータ・ディ・ビッビアーノ(Tenuta di Bibbiano)
総面積：220ha
葡萄作付面積：23ha
平均生産量：85,000ボトル
住所：Via Bibbiano 76, 53011 Castellina in Chianti, Siena
電話：+39 05 77 74 30 65
URL：www.tenutadibibbiano.com

Collelungo　コッレルンゴ

コッレルンゴの最も顕著な特徴は、葡萄畑の平均高度が優に500mを超える点にある。キアンティ・クラッシコ内に現存する畑の中でも、これは最も高い部類に入る。しかも、この高さで葡萄を熟させることの難しさに加え、土壌は貧弱で不毛ときている。これは——巨礫こそないが——石灰石、片岩、石、岩を多く含み、粘土をほとんど含まない（ゆえに排水がよすぎる）キアンティ・クラッシコ特有の土壌によるものだ。ただし、その弱点を埋め合わせる長所もある。畑が主に南に面していて、微風に当たることが多いため、地熱を和らげ、カビや昆虫の発生が抑えられる点だ。しかも、地球温暖化が進んでいるため、高度は強みになりつつある。しかも、ここのオーナーは「エレガンス」をモチーフにしたワインづくりを目指しているのだ。

コッレルンゴの葡萄畑は、キアンティでも最も高度が高い部類に入る。高度は強みになりつつある。しかも、ここのオーナーは「エレガンス」をモチーフにしたワインづくりを目指している。

「ここのオーナー」とは、2002年に英国人トニー＆ミラ・ロッカ夫妻からこの地所を買い取った若いカップル、ロレンツォ＆モニカ・カッテランのことだ。ロレンツォとモニカはヴェネト州ヴィチェンツァの出身で、農業の経験はなかったが——多くの人がそうであるように——トスカーナの田園地方の魅力に惹かれ、「世界トップ級の畑でワインづくりをし、アグリ・ツーリズモをビジネスとして積極的に行いたい」と考えたのだ。アグリ・ツーリズモは、すでにトニーとミラによって確立されていた。しかし、トニーとミラがこの地所を受け継いだ1989年当時、ここは「すっかり活気を失っていた」（ミラ）し、「まったく気配りがされていなかった」（トニー）。その後、彼ら自身も、90年半ばにアグリ・ツーリズモが流行しはじめて、真剣に葡萄栽培のことを考え、畑に手をかけるようになったのである。

今日、ここの葡萄畑では広大な植え替えプログラムが実施されている。古い畑はわずか1.5haしか残さず、カテラン夫妻は栽培面積を20haに倍増させ、そのほとんどに6000本/haの植栽密度でサンジョヴェーゼを植えている（少量のメルローも植えられている）。2004年からは、コンサルタント・エノロゴのアルベルト・アントニーニがロレンツォを手助けし、現在、新しい醸造所建設も計画中だ。ワインづくりは「2〜3週間のマセレーション、デレスタージュのあと、フランス産バリックに移し替え、マロラクティック発酵および熟成を行う。フィルタリングは行わない」という伝統と技術をミックスしたスタイルで行われている。

極上のワイン

Chianti Classico　キアンティ・クラッシコ
ここのワインづくりの基本となるワイン。ボディよりも香りに凝縮感があり、最もサンジョヴェーゼらしいサワーチェリーの特徴がよく出ている。攻撃的なくらいシャープな味わいだが、その中に繊細さと優美さを感じさせる。

Chianti Classico Riserva
キアンティ・クラッシコ・リゼルヴァ
上記のワイン同様、100％サンジョヴェーゼで、バリックで12カ月熟成後、さらに12カ月瓶内熟成を行う（これに対し、ノルマーレは6カ月）。当たり年の最良の葡萄を厳選しているだけあり、より豊かでしっかりとした構造。それでいて「コッレルンゴの香りだ」としっかりわかるワイン[2006年★]

Chianti Classico Riserva Campo Cerchi
キアンティ・クラッシコ・リゼルヴァ・カンポ・チェルキ
かつては、この単一畑のワインも100％サンジョヴェーゼだったが、2006年以降、5％のメルローをブレンドするようになった。結果的に、色合いが濃くなり、酸味の切れ味が悪くなってしまった。今後、このワインの驚くべき清らかさが損なわれないよう願うばかりである。

Merlot IGT　メルロー IGT
強烈なラズベリー、ストロベリーを、ここの特徴である「エレガンス」で味つけしたワイン。

コッレルンゴ(Collelungo)
総面積：94ha
葡萄作付面積：20ha
平均生産量：120,000ボトル
住所：53011 Castellina in Chianti, Siena
電話：+39 05 77 74 04 89
URL：www.collelungo.com

CHIANTI CLASSICO | CASTELNUOVO BERARDENGA

Castello di Bossi カステッロ・ディ・ボッシ

キアンティ・クラッシコ地域の最南東部にある、この広大で印象的なワイナリーは高度280〜380mに位置し、この地域の中央部に比べてより熟成した、素朴な味のワインを生み出している。

　この地所の歴史は古く、「カステッロ」とあるように、1000年代には城があった。現在のような形に整えられたのは1500年代のことだ。現オーナーのバッチ・ファミリーは、フィレンツェでアパレル・ビジネスを本業とし、1980年代にこの地所をプラトの洋服メーカーから買い取った。といっても、彼らは広大な葡萄畑を目当てにこの地所を購入したわけではない。むしろ、当時のワイン産業は市場に迎合した最低の状態だったため、彼らはその世界から手を引こうと考えていたのである。実際、当時ここでつくられたワインも大容量タイプとして販売されていたし、現在でさえ、オーナー一家はあまりワインづくりには熱心でない。

　ところが時は流れ、息子の1人、マルコ・ボッシがすっかりワインの虫に取り憑かれることになった。1990年代半ばまでには、マルコは「容量面ではなく品質面で上を目ざそう」という野心を抱くようになり、97年には弟のマウリツィオにアパレル・ビジネスを任せ、ワインづくりに専念するようになったのだ。このままのやり方では、自分の求めている品質を達成できない——そう悟ったマルコは、それまでのコンサルタント・エノロゴを解雇し、今や有名となったアルベルト・アントニーニを新たに雇うことにした。さらに、95年からは15年計画で葡萄畑の刷新に着手(1年につき約8haの割合で)。5500本/haの植栽密度で、様々な実験を通じて絞り込んだサンジョヴェーゼのクローンの植え替えを行ったのだ。1970年代、「マエストロ・エノロゴ」とも言うべきジャコモ・タキスの指導のもと、メルローとカベルネが大量に植えられていた部分も、マルコの植え替え計画に組み入れられたのである。

　良質な葡萄から良質なワインを生み出すために、マルコは醸造所にも最新技術を積極的に取り入れる努力をしている。最新式のステンレス発酵槽を導入し、温

右：フィレンツェでの家業を兄弟に任せ、田舎に拠点を移し、ワインづくりに専念するマルコ・ボッシ

84

息子の1人、マルコ・ボッシはワインの虫にすっかり取り憑かれて、1990年代半ばまでには「容量面ではなく品質面で上を目ざそう」という野心を抱くようになった。

CASTELLO DI BOSSI

度調節もコンピュータ化、発酵槽の一番上にはチェーンによる圧搾システムを設置した。また全ての赤ワインの熟成に関しては、キアンティ・クラッシコでさえも、小ぶりのオーク樽を使用(明らかにアントニーニの勧めであろう)。ただし、ワインに過剰なオーク樽香が残るのを避けるために、樽の焼き加減は弱めにしている。

キアンティ・クラッシコの大きな醸造所では飽き足らず、カステッロ・ディ・ボッシは1990年代後半に、ワインのための地所を2箇所購入した。1つはモンタルチーノのレニエリで、1998〜99年の間に35haの植樹が行われた。もう1つはマレンマ南部のモッレリーノ・ディ・スカンサーノ地域のマリアーノに、同じく35haの畑に6500本/haの密度で植樹が行われた。どちらの畑もメインはサンジョヴェーゼだが、少量の国際種(マリアーノのテッレ・ディ・タラモでは白葡萄)も植えられている。

極上のワイン

Chianti Classico　キアンティ・クラッシコ
これは普段の日用のワインである。最近の2006年ヴィンテージは、この地域特有の喉ごしのある素朴な味わい。果実味たっぷりでしっかりした構造だが、やや優雅さに欠ける。

Chianti Classico Riserva Berardo
キアンティ・クラッシコ・リゼルヴァ・ベラルド
若くても、キアンティ・クラッシコより熟成し、力強い味わい。明らかに長期熟成に適していて、甘く完熟した果実や興味深い第3のアロマが楽しめるうえ、ある程度の年数は耐えられるしっかりとした構造が特徴である。2001年★、1997年、1995年が特によかったが、初期のヴィンテージ1993年もまたよし(あまり知られていないが、力強さは健在)。最近のものでは2003年がおすすめ。あまり評価はされていないが、果実味およびとろ火で煮込んだフルーツの味がたっぷりでありながら、あと味に厳しさも感じられる。

Corbaia　コルバイア
次に紹介するジローラモと共に、この地所が誇る"インターナショナルな"スタイルの重要なIGT。樹齢30年以上のサンジョヴェーゼとカベルネを使い、バリック熟成させたワイン。2003年はよく熟したプラムとプルーンの香りが感じられ、ポートワインのような仕上がり。

Girolamo　ジローラモ
1970年代初期に、おそらくトスカーナで(少なくとも輸入クローンから)最初に植えられたメルローを100%使ったワイン。2003年が男性的だが、黒い果実の香りたっぷりのまろやかな味わい。

上：現在のカステッロ・ディ・ボッシの起源は1500年代にさかのぼる。1000年代にはこの風景の中心に城があった

カステッロ・ディ・ボッシ(Castello di Bosshi)
総面積：650ha
葡萄作付面積：124ha
平均生産量：600,000ボトル
住　所：Localita Bossi in Chianti,53019 Castelnuovo Berardenga Siena
電　話：+39 05 77 35 93 30
URL：www.castellodibossi.it

CHIANTI CLASSICO | CASTELNUOVO BERARDENGA

Fattoria di Fèlsina ファットリア・ディ・フェルシナ

ドメニコ・ポッジャーリが、キアンティ・クラシコの南東境界線すれすれに広がる、このフェルシナの広大な地所を購入したのは1966年のことだった。当時、ここは1000年も前に植えられた樹々がそのまま残る古びた農園で、家畜の生産はもちろん、主にオリーブオイル、小麦、穀類、その他農作物の生産に用いられていた。

葡萄畑は2.5haしかなかったため、ドメニコと息子のベッペはそれから10年間、畑と醸造所の再生・拡大に必死に努めた。ジュゼッペ・マッツォコリンがこのワイナリーに登場する以前の話である。そう、彼がドメニコの娘グロリアと結婚した時点から、フェルシナは真の意味で動き出したと言えよう。いや、もしかすると

「サンジョヴェーゼはまったく手に負えない葡萄だと人は言う」とジュゼッペ。「だがよく知らないものをどうして判断できる？ サンジョヴェーゼは何としてもうまくやっていかなきゃいけない葡萄なんだ」

と、本当の"始動"は1982年、ジュゼッペが教師を辞め、ワイン・ビジネスに専念するようになり、同じヴェネト州生まれの友人フランコ・ベルナベイと手を組んだ瞬間だったかもしれない。彼らは、当時多くのワイナリーが行っていたように「扱いやすいが土着種ではないボルドー種を植える」という安易な道を敢えて避け、「トスカーナのダメ息子サンジョヴェーゼを植える」という試練の道を選んだのだ。「サンジョヴェーゼはまったく手に負えない葡萄だと人は言う」とジュゼッペは語る。「だがよく知らないものをどうして判断できる？ サンジョヴェーゼは、絶え間ない研究を重ねて、共に生き、共にはたらき、何としてもうまくやっていかなきゃいけない葡萄だった。今から50年後、きっと僕らはカベルネ・ソーヴィニョンと同じくらいサンジョヴェーゼのことも理解できていると思う」

1983〜85年、ジュゼッペと彼の義兄弟（彼の名前もジュゼッペ）および現場スタッフは、フェルシナの農園の本格的な改革に取り組んだ。農作物全般を扱っていたやり方を単式農法(モノカルチャー)に変えたのだ。1980年代後半〜90年代、彼らは主要な植え替え計画に着手し、いまだ継続中である。「マッサル選抜で選りすぐった葡萄樹を以前の2倍の植栽密度（5600本/ha）で植える」という計画だ。この計画は、95年に隣接するパリアレーゼの地所購入により、飛躍的に前進することになった。

訪問客を連れて葡萄園周辺のでこぼこ道を案内するとき、ジュゼッペは常に楽しそうだ。そんな彼は「この土地の土壌、日照、気候、光質の知識なくして、僕のワインを完全に理解することはできないと思う」と主張する。さらに、自慢の"2人息子"についてこう語る。「フォンタッローロはランチャと様々な点で似ているけれど（同じ葡萄畑で収穫されたサンジョヴェーゼを100％使用、醸造・熟成法も非常に似ている。ただしランチャに比べて、フォンタッローロの方がマセレーションにやや時間をかけ、より新しいオーク樽を使用）、それでも"シエナのワイン"として理解する必要があるんだ。なにしろ、フォンタッローロは典型的なクレタ・セネーゼ（creta senese:シエナ州の多くで見られる、砂混じりで柔らかくミネラル分を多く含む土壌）で育っているのに対し、ランチャは典型的なキアンティの土壌（アルバレーゼと呼ばれる白い石灰質の塊が多く見られる、ごつごつした貧弱な土壌）育ちなのだから」

だがサンジョヴェーゼの虜になっている一方で、ジュゼッペは他の葡萄品種の研究も怠らない。現にマエストロ・ラーロというカベルネ・ソーヴィニョン100％のワインもつくり出している。カベルネに対するジュゼッペの意見はかなり率直だ。「メルローと同様、これも独自の魅力を持つすばらしい葡萄だ。でもキアンティとは何の関係もない。だから、サンジョヴェーゼとブレンドするわけにはいかないんだ」さらに、彼はこう主張する。「たとえカベルネが2％しかブレンドされていないワインだとしても、混じりっけなしのサンジョヴェーゼを飲んだことにはならない。しかも、サンジョヴェーゼの最も偉大な個性は、ボトルの中で進化する点にあるのだから」

「僕らはこのことを声高らかに叫ぶべきなんだ」彼は茶目っ気たっぷりにこう語った。「そういった葡萄をブレンドするくらいなら、トレッビアーノに戻った方がまだま

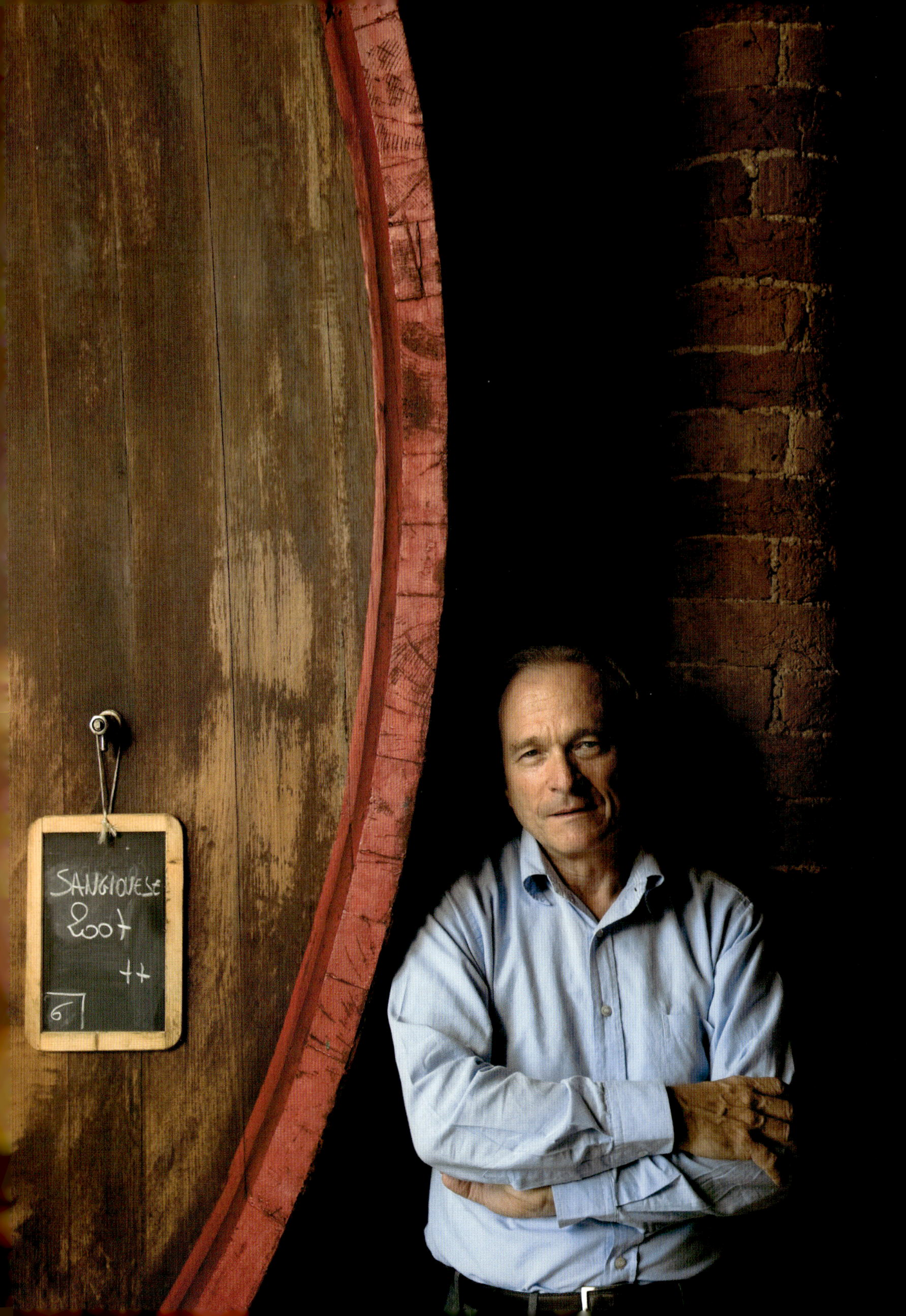
SANGIOVESE
2007
++
67

しだ、ってね」

極上のワイン

Fontalloro andRància　フォンタッローロとランチャ
全体的に、フォンタッローロはランチャよりがっしりした構造と持続した強さを持ち、よりアーシーでフルーティーさを秘めている。一方のランチャは飲む喜びがストレートには伝わってこないタイプの、フォンタッローロより複雑なワインである。

　試飲メモには、ランチャに「（より古いボトルになるほど）野菜、スパイス、プルーンの味」、フォンタッローロには「よりフレッシュな果実味」という言葉を多用している。どちらもしっかりとした酸味とタンニンが感じられたが、ランチャにより強く感じられた。どちらのクリュも個性および一貫性の点で申し分ないが、総合的に見るとフォンタッローロの方が頭ひとつ上である。ただし、最高得点を得たのはランチャの1990年だった。

1983 Rància　1983年ランチャ：熟成しているが、魅力的なハーブとスパイスの香り、プルーンの果実味が楽しめる。
1983 Fontalloro　1983年フォンタッローロ：同年のランチャより新鮮で力強い。ランチャの半分ほどの若さに思える。
1985 Rància　1985年ランチャ：ミネラル、ヨードの匂い。プルーンと皮革の香り。乾いたタンニンと徐々に消えゆくあと味。
1985 Fontalloro　1985年フォンタッローロ：驚くほど新鮮なベリーの果実味。しっかりしているが熟れたタンニンとトリュフの香り。古典的。
1988 Rància　1988年ランチャ：最も力不足だったワインの1つ。攻撃的で、乾いたタンニンと野菜のニュアンス。
1988 Fontalloro　1988年フォンタッローロ：フレッシュで豊かな果実味。コーヒーとスパイスの香り。芳醇さがぱっと口の中で広がる。
1990 Rància★　1990年ランチャ★：ランチャ・スタイルの極致。複雑でトリュフ・パテの香り。口に含むと、こくのある香り。酸とタンニンの絶妙なバランス構造が楽しめる。
1990 Fontalloro　1990年フォンタッローロ：かなり閉じた、やや硬めの味だが、どこかよい香りが残る。ポートワインのようなフルーツのあと味。
1993 Rància and Fontalloro　1993年ランチャとフォンタッローロ：ぱっとしない年の割に、ランチャが強みを発揮。どちらも硬い味だが、ランチャの草のような、スパイシーな香りに気品が感じる。
1995 Rància　1995年ランチャ：ミネラル、野菜のみで、果実のうっとりする甘味は感じられない。しかし複雑で、いまだ改善中。
1995 Fontalloro　1995年フォンタッローロ：プラム、ブラックベリーの香りをしっかりした構造が支える。チョコレート、スパイス、タールが混じったすばらしく複雑なアロマ。
1997 Rància　1997年ランチャ：最高の当たり年のうちの1つ。野菜、ミネラル、ガーリックの風味。濃さが凝縮され、いまだ成長している。

左：ジュゼッペ・マッツォコリン。元教師だったが、今ではワイン・ビジネスに専念し、異なる種類のオーク樽（ボッティ）によるエルヴァージュを担当している

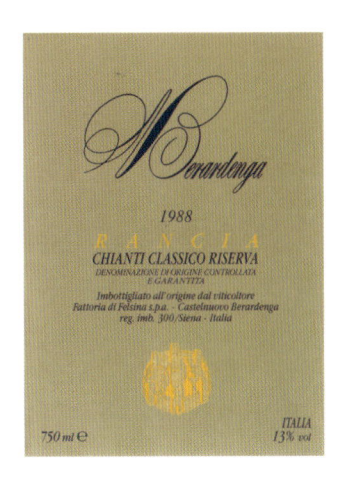

1997 Fontalloro　1997年フォンタッローロ：同年のランチャと好対称。果実味のアクセント。複雑さは負けているが、より誘惑的なワイン。
1999 Rància　1999年ランチャ：花、ミネラル、野菜に桜桃が加わったアロマ。バランス・構造共にすばらしい。
1999 Fontalloro★　1999年フォンタッローロ★：印象的な構造を持ち、深みがあり、豊かで、プラム系フルーツの味。まだ熟成はずっと先だろう。
2001 Rància and Fontalloro　2001年ランチャとフォンタッローロ：4年経ったが、どちらも未熟で、硬く閉ざされ、魅力に欠ける。まだ両者の違いは現れてはいないが、その潜在的な違いは感じられる。

Chianti Classico and Chianti Classico Riserva
キアンティ・クラッシコとキアンティ・クラッシコ・リゼルヴァ
フェルシナの他のワインと比べると、この2つのワイン（どちらも100%サンジョヴェーゼ）は、それぞれのジャンルを代表するような力強さを持っている。

Maestro Raro　マエストロ・ラーロ
カベルネ・ソーヴィニョン100%のたくましいワイン。優雅さに欠けるが、その弱点を力強さと味わいの凝縮で補っている。

ファットリア・ディ・フェルシナ（Fattoria di Felsina）
総面積：512ha
葡萄作付面積：62ha
平均生産量：600,000ボトル
住　所：Via del Chianti 101, 53019 Castelnuovo Berardenga, Siena
電話：+39 05 77 35 51 17
URL：www.felsina.it

CHIANTI CLASSICO | CASTELNUOVO BERARDENGA

San Felice　サン・フェリーチェ

　この歴史ある地所は、いくつかの有名ワイナリーを除き、絶えずアリアンツ・グループやルレ・エ・シャトー（世界最高のホテル＆レストランの加盟チェーン。おいしいレストランやゴルフコース、プールなどが併設されている）などの国際的関心を集めてきた。だが、様々な企業トップによるその経営は、常に同族会社のそれに似た形態（その道のプロに仕事を任せ、できるだけ長く務めてもらう）をとってきた。それゆえ1973年以来、サン・フェリーチェの葡萄栽培は、カルロ・サルヴィネッリの手に委ねられている。一方、ほぼ25年間エノロゴを務めたエンツォ・モルガンティの死去にともない、1994年にはレオナルド・ベラチーニが後任に選ばれている。このワイナリーの居心地のよさについて、レオナルドはこう言及している。「フリーのコンサルタントをやっていたら、今の3倍の年収が得られるだろう。でも、私はここの生活スタイルが気に入っているんだ」

　とにかく歴史が息づく地所である。守護聖人を奉る教会があるため、8世紀からワインも存在していただろうと言われている。現に、中世時代には、ローマ教皇がこの地所のワインとオイルを注文したという記録も残っているのだ。本書では、1967年以降のこの地所の歴史を振り返りたいと思う。そう、この年こそ、テヌータ・ディ・リッリアーノからやってきたエンツォ・モルガンティが、キアンティ地域で初のサンジョヴェーゼ100％ワイン、「ヴィゴレッロ」をつくった年なのだ。これがスーパー・タスカンの原型だと言っても過言ではない。またエンツォのもう1つの偉業は、葡萄を学術的にとらえ、実験用農場(Vitiarium)において、約300種類もの土着種の研究を重ねたことである（第3章参照）。

　この研究からは多くの成果が生まれたが、近年最も話題になったのは、フィレンツェ大学ロベルト・バンディネッリの研究である。この研究で開発されたプニテッロがDNA鑑定の結果、まったく独自のブドウであることが判明し、トスカーナ土着のブドウとして正式に認められたのだ。果房が握りこぶし(pugno)に似ているこ

右：過去15年間、サン・フェリーチェのエノロゴを務めるレオナルド・ベラチーニ。実験用農場(Vitiarium)の入り口にて

1968年、エンツォ・モルガンティはキアンティ地域で初のサンジョヴェーゼ100%ワイン、「ヴィゴレッロ」をつくった。これがスーパー・タスカンの原型だと言っても過言ではない。

とから「プニテッロ(Pugnitello)」と呼ばれるこの品種は、現在サン・フェリーチェで2番目に多く植えられている品種で(葡萄畑総面積の6%を占める)、少なくとも1種類のワインのブレンドに用いられ、単一品種としても非常に高品質なワインを生み出している。またアブルスコやアブロスティーネといったその他の土着種についても研究が進められ、結果が期待されている。また品種だけでなく、ゾーニング研究も実施中だ。これは、葡萄畑の様々な地区の土壌や気候の特徴を把握し、その場所に最適な接ぎ木や品種、クローンを理解するための研究だ。さらに、植栽密度(1ha当たり8500本まで)や栽培方式(アルベッロとギュイヨ)に関する研究も行われている。

だが、彼らは実験を最終目的としているわけではない。「我々は常に革新的であらねばならない」レオナルドはこう説明する。「特に、不合理な法律(白葡萄およびカナイオーロのブレンドの義務づけ、サンジョヴェーゼ100%の禁止)に挑まなければいけない場合、なおさらなんだ。我々は最前線でその種の不合理さと戦っているのだから」このレオナルドの言葉には、国際種を大量にブレンドしたワインが、トスカーナの呼称ワインとして認定されている現状への異議も込められているのだろう。私も彼のこの意見には賛成だ。

はサンジョヴェーゼ100%で、モンタルチーノ郊外でつくられたが、現在はサンジョヴェーゼ45%、カベルネ・ソーヴィニヨン40%、メルロー15%のブレンドである。2003年は豊かなカシス・フルーツの果実味とまだ堅いタンニンで、ボトル熟成により間違いなく改善されていくだろう。ただし、サンジョヴェーゼの個性が失われ、フランス色がやや強すぎるようにも思えた。

Chianti Classico Riserva Poggio Rosso
キアンティ・クラッシコ・リゼルヴァ・ポッジョ・ロッソ

単一畑のリゼルヴァ(サンジョヴェーゼ80%、コロリーノ10%、プニテッロ10%)で、最初のヴィンテージは1978年。私を大いに称賛させたワイン。2004年は秀逸で、抗しがたい果実のコクと深みが楽しめる。厳格なタンニンのせいで、多くの人からそっぽを向かれてしまっているのが遺憾だ。大人の味わいであり、だが、2003年および(特に) 2004年★は試す価値あり。

Chianti Classico Riserva Il Grigio
キアンティ・クラッシコ・リゼルヴァ・イル・グリージョ

上記3つのワインに比べると、ややスケールダウンした感じが否めない。キアンティのブレンドして最初につくられたのが1968年。1990年半ばにヴィゴレッロのつくり方が変わってからは、このワインがサンジョヴェーゼ100%という伝統を受け継いでいる。2005年が良質のロッソ・ディ・モンタルチーノに似た味わい。構成がしっかりし、典型的なサンジョヴェーゼの味(引き締まった酸味、チェリーの風味)で、10年以内に飲むのがよし。

Campogiovanni Brunello Riserva Il Quercione
カンポジョヴァンニ・ブルネッロ・リゼルヴァ・イル・クェルチョーネ

サン・フェリーチェはカンポジョヴァンニ(モンタルチーノのサンタンジェロ地区)にも葡萄園を所有している。これは、そこの極めて優れた単一畑 イル・クェルチョーネから生まれたブルネッロ・リゼルヴァ。10年経つと、強いが口当たりのよい果実味とすばらしいあと味が楽しめる。オーキーさもまったくない。最後に、レオナルドの印象的なコメントを。「カンポジョヴァンニの葡萄の品質は、サン・フェリーチェのそれに比べてはるかに勝っている。だからこそ、我々はサン・フェリーチェのためにもっと努力をしなければならない」[1999年★]

極上のワイン

Pugnitello IGT Toscana　プニテッロ・IGT・トスカーナ

2003年に初リリースされたプニテッロ100%のワイン。おそらく、サン・フェリーチェの中で最も興味深いワインである。深く鮮やかな色(レオナルドはこんな冗談を言っていた。「不幸なことに、今日ほとんどの人が目でワインを飲んでいる」)で、スパイシーな果実風味のナップノーズ。口に含むとほのかな果実味と、品の良い甘味、そしてとてもスムースなタンニン。2004年[V]が非常に特徴的で飲み頃だが、これからもさらなる熟成が期待できるだろう。

Vigorello　ヴィゴレッロ

人気者になるよう運命づけられたワイン。1968年の最初のタイプ

サン・フェリーチェ（San Felice）
総面積(キアンティ)：635ha
葡萄作付面積(キアンティ)：140ha
総面積(モンタルチーノ)：65ha
葡萄作付面積(モンタルチーノ)：20ha
平均生産量：1,000,000ボトル
住所：Localita San Felice, 53019 Castelnuovo Berardenga Siena
電話：+39 05 77 39 91
URL：www.agricolasanfelice.com

CHIANTI CLASSICO | CASTELNUOVO BERARDENGA

Le Boncie　レ・ボンチエ

ジョヴァンナ・モルガンティ——1994年に亡くなったエンツォ・モルガンティの娘——は間違いなく、キアンティきっての"反体制派"の1人だろう。共に仕事こそしなかったものの、父はこの娘をシエナにあるワイン醸造学の大学に通わせた。そしてそこで彼女は、数世紀前トスカーナで一般的だったにもかかわらず、北イタリアでは事実上すたれてしまった仕立て「アルベレッロ」に大きな衝撃を受けることになった。さらに父は娘と妻に、この小さな、だが実力のある葡萄畑（サン・フェリーチェからの感謝の印として受け取った地所）を遺していたのだ。

エノロゴのマウリツィオ・カステッリと共に、カステロ・ディ・ヴォルパイアなどの顧客相手にキャリアを積んだあと、1990年、彼女は自然農法主義に従い、トスカーナの葡萄（コロリーノ、マンモロ、フォリア・トンダなど）をブレンド種として活用しながら、自分のワインをつくり始めた（ただし、常にサンジョヴェーゼの割合は95%程度と高くしていた）。

ジョヴァンナが勇気を振り絞り、自分の葡萄畑の3分の2をアルベレッロ仕立てにしたのは1997年のことである（植栽密度は7500本/ha）。彼女によれば、このシステムは品質面ではよい影響を及ぼしたが、主に作業面でマイナスにはたらいてしまった。そこで1999年、彼女は畑の3分の1のみをアルベレッロ仕立てにし、残りは針金によるギュイヨ仕立てに戻したのだ。

どちらのシステムが有用か訊ねても、なかなか答えたがらない彼女だが、「アルベレッロには、葡萄の堅実さを高める性質がある」と主張している。これは、堅実さのないことで悪名高いサンジョヴェーゼにとってまさに朗報と言えよう。「ときどきアルベレッロにうんざりしてしまうことがあるの」とジョヴァンナは言う。「でも2002年のような年があると、ああやっぱりこれでよかったんだって思う。アルベレッロは完全に信じていないと実践できないシステムよ。すぐに放り出したくなってしまうもの」

ワインづくりに関して言えば、彼女はマセレーションを16～17日間に限定して、小型の開放式木製の発酵槽でワインを醸造する。発酵中の攪拌作業も直接手で行い、小型のフランス産オーク樽ボッティチェッリで18カ月熟成させる。「できるだけ自然で純粋なままで」という考え方を尊重し、発酵には培養した酵母や酵素はいっさい用いない。

極上のワイン

Le Trame Chianti Classico
レ・トラーメ・キアンティ・クラッシコ
ジョヴァンナが唯一、販売しているワイン。エレガントなスタイルはこの畑の400mという非常に高い高度、そして石だらけの石灰質の土壌を考え合わせれば何も驚くべきことではない。カベルネとメルローをふんだんに使用し、よりマッチョで男性的なタイプのワインを生み出している近隣ワイナリーに対して、それとは異なる繊細さやほのかな暗示を楽しんでいるかのようだ。微妙な味わいを愛する、ワイン好きのための1本（「トラーメ：trame」とは「興味をそそる」という意味だ）と言えよう。1990年代中頃からの垂直試飲において、彼女のワインが瓶熟成をしていくことは明らかである。

1995年：いい意味で"繊細な"ワイン。酸味がやや高く、やや小ぶりな体格であるが、よりハッキリした果実味、香りと純粋さがたっぷりと長く楽しめる。
1998年：一般的には当たり年ではないが、これまでのジョヴァンナのワインの中では最高の1本と言えるかもしれない。外観は輝きがあり、いきいきとしたチェリーフルーツの香りを放ち、口に含むと甘い果実味がほのかに、長く持続する。まさに混じりけのないキアンティ・クラッシコを十二分に表現したワイン。15～20年熟成できるだろう。
1999年：より深い色合いで、チェリーフルーツの香りが鼻を刺激する。しっかりとした酸味と、豊かなサワーチェリーの香りが特徴的な典型的タイプ。これもとげとげしさのある酸味だが、エレガントであることに変わりはない。
2000年：他に比べると、かなり柔らかく、ほとんどジャムのような果実味だが、それがしっかり魅力となっている。若い頃に飲むのがおすすめ。おそらく長期熟成には不向き。
2001年★：これこそ長期熟成にぴったりのタイプ。サワーチェリーの華やかでハッキリとした風味、健やかで活き活きとした果実味、しっかりとしたタンニンが楽しめる。15～20年熟成できるだろう。
2002年：ソフトで口当たりのよい飲み口。はずれ年だったにもかかわらず、すべてを厳選したていねいな仕事ぶりが感じられる。

レ・ボンチエ(Le Boncie)
葡萄作付面積：3.3ha
平均生産量：13,000～14,000ボトル
住　　所：Strada delle Boncie,53019 Castelnuovo Berardenga Siena
電話：+39 05 77 35 93 83

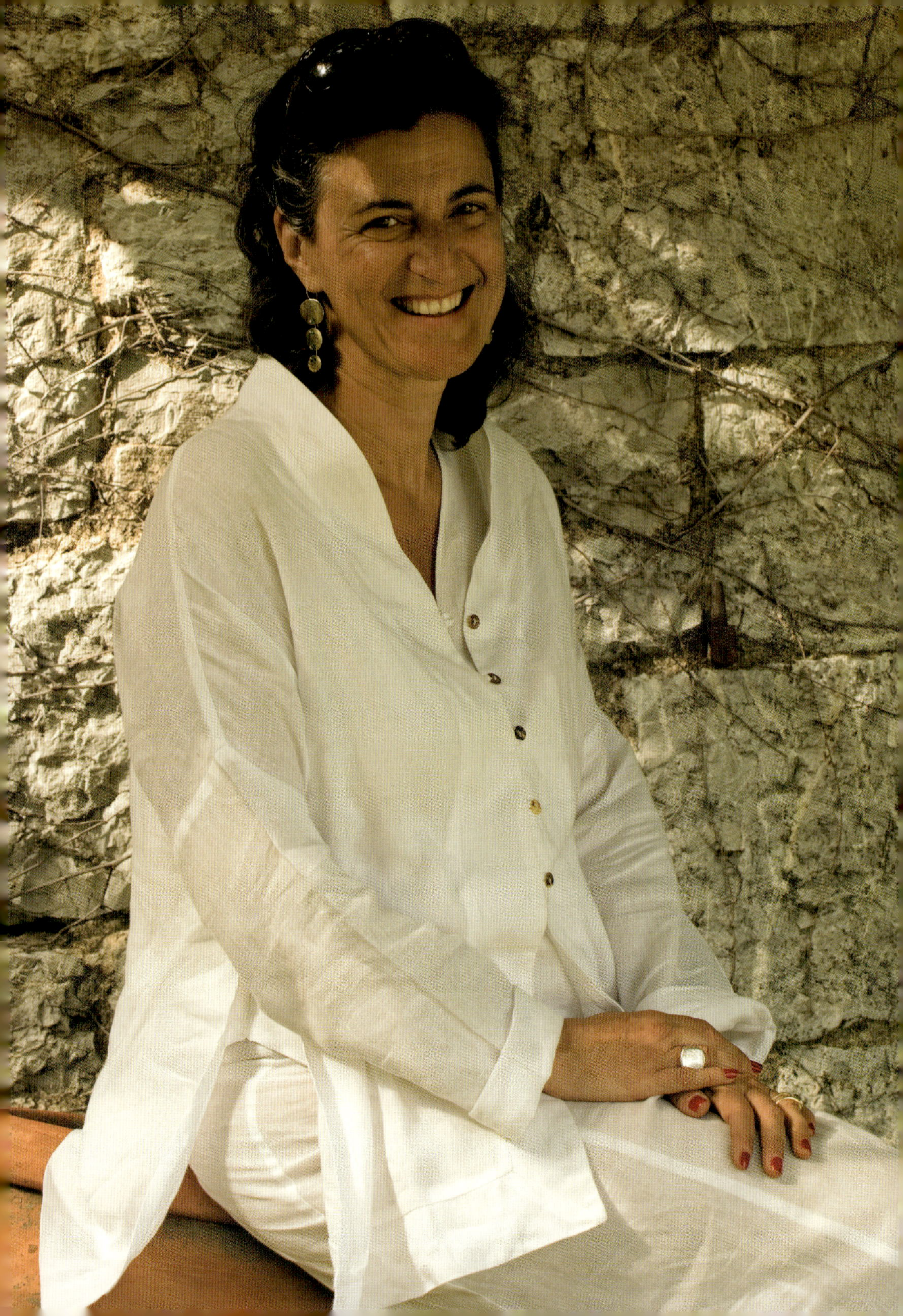

CHIANTI CLASSICO | GAIOLE IN CHIANTI

Badia a Coltibuono バディア・ア・コルティブォーノ

キアンティ・クラッシコの中でも最も歴史のある有名なつくり手、バディア・ア・コルティブォーノは1846年以来の伝統を誇る一族で運営されている。この1846年に、現在の経営者であるストゥッキ・プリネッティ兄弟（エマヌエラ、ロベルト、パオロ、グイド）の高祖父に当たるフィレンツェの銀行家ミケーレ・ジュンティーニが、ルフィナのファットリア・セルヴァピアーナと共に、この地所を買い取ったのだ。だが、この地所でのワインづくりの歴史は、それよりもずっと以前から始まっていた。というのも、ここは1051年に建設された、シトー派の教団ヴァロンブロサン教会の修道院だったからだ（前述のとおり、当時の修道僧は儀式のためにワインづくりにいそしんでいた）。大戦後、日常消費のキアンティからリゼルヴァへ生産のバランスをシフトさせたのは、エマヌエラらの父ピエロ・ストゥッキだった。私が記憶している限り、バディアは一番古いリゼルヴァ・ワインのつくり手としても有名なのである。

キアンティ・クラッシコの中でも最も歴史のある有名なつくり手、バディア・ア・コルティブォーノは1846年以来の伝統を誇る一族で運営され、年代もののリゼルヴァ・ワインでも有名だ。

今よりもかなり昔、このワイナリーのワインはほぼ茶色に近い色で、香りも不安定であり、巨大で古ぼけた栗樽で熟成されていた。そして1970年代中頃までは、伝統的な（つまり、19世紀半ばのスタイルの）ブレンド、すなわち「サンジョヴェーゼをメインに、カナイオーロとトレッビアーノ、またはマルヴァジーアをブレンドする」という手法がとられていたのだ。だが、それらはそんなに悪いワインではない。実際、最近になって試飲した1970年のキアンティ・クラッシコ・リゼルヴァ（白葡萄、アルコール度数は12％と低め、栗の超巨大な樽を使用、トスカーナ式ゴヴェルノ法）は好ましい軽妙さのある味わいだった。とはいえ、当時このワイナリーが方向性を見失ってしまっていたことは否めない。だが1979年、コンサルタントのマウリツィオ・カステッリが現われ、大きな方向転換が始まることになったのだ（彼は数年間ここを離れたが、現在はまた戻ってきている）。

まず、モンティ地域にあるバディア（「修道院」という意味）から20km離れた場所にある古い葡萄畑では、単一品種への植え替えが少しずつ実施されていった。大多数を占めたのが、様々なクローンから厳選されたサンジョヴェーゼである。実際、1980年に100％サンジョヴェーゼのワイン「サンジョヴェート」（この葡萄を意味するトスカーナの言葉）を初めて世に紹介したのはストゥッキ一族だった。彼らはマッサル選抜プログラムを採用し、最古の葡萄畑（55年前のものも残されている）にあった異なるバイオタイプのサンジョヴェーゼを活用したのである。その一方で、クローン調査の最新発見にも遅れをとらないよう努力を重ねた。

そのとき以来、コルティブォーノ（良い収穫を意味する）では数々の進展・発展が続いている。ロベルトはカリフォルニア大学で醸造学の学位を取り、しばらくの間、住み込みのワインメーカーとして活躍した（ただし、最近彼は理由不明のまま、ここを離れてしまった）。現在は2番目の子供で長女であるエマニュエラがすべての指揮をとっている。彼女の誇りは、オーガニック農法を導入したこと、さらに、モンティに21世紀型の醸造所（完全な機械化・技術化を実施しただけでなく、自然の重力を活用。パイプに頼らない醸造過程でのワインの移動が可能になった）を建設したことだ。また、古い時代のようにマセレーションを数ヵ月行う実験も開始したが、まだ結果は出ていない。キアンティ・クラッシコ地域のために尽力しながら（エマニュエラは3年間、キャンティ・クラッシコ協会の会長を務めた）、高級市場向けの新たなキアンティ・クラッシコ「クルトゥス・ボーニ」もリリースしている。

左：エマニュエラ・ストゥッキ・プリネッティ。彼女の指導のもと、バディア・ア・コルティブォーノは有機栽培に転向した

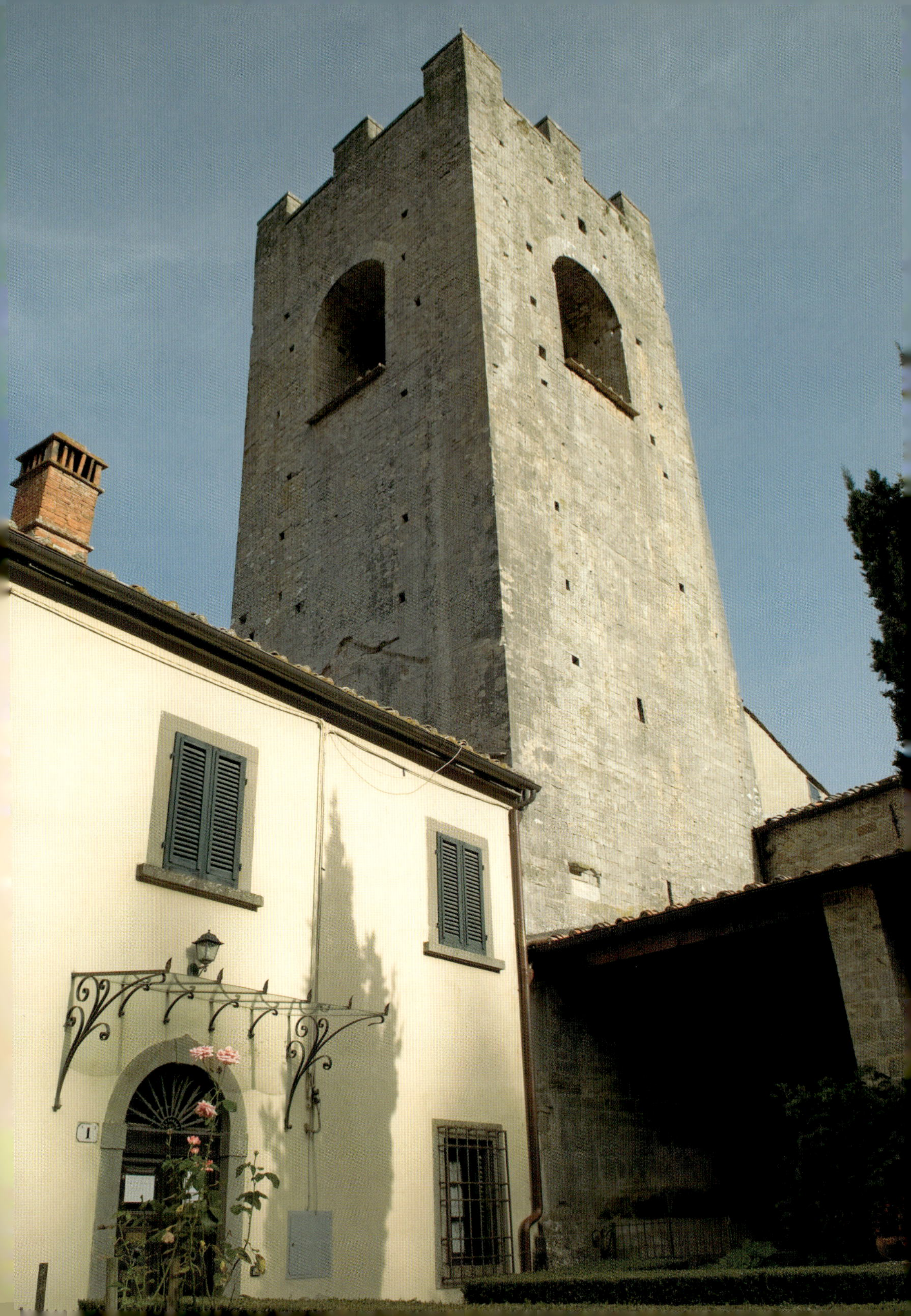
1

極上のワイン

Chianti Classico Riserva
キアンティ・クラッシコ・リゼルヴァ

バディアの代名詞とも言うべきワイン（セラーに現存する最も古いボトルは1937年）。今日では、サンジョヴェーゼ90％にカナイオーロ（35年前の最古の葡萄畑で収穫された）をブレンドし、オーストリアおよびフランス産オーク樽で24カ月熟成させている。優美さと血統を兼ね備えるこのワインは、最良の年しか生産されない。若いときは近寄りがたいが、手間をかければ明らかに長期熟成が可能。垂直試飲の結果は次のとおり。

1965年：消えかけてはいるが、ほのかに皮革やハーブの香りがする。果実味は消えてはいないが乾きかけている。高慢で気まぐれな酸味。高貴だが今や老いた感じ。

> 優美さと血統を兼ね備えるこのワインは、最良の年しか生産されない。若いときは近寄りがたいが、手間をかければ明らかに長期熟成が可能。

1970年：皮革とハーブ、紅茶葉の香り。口に含むと、上品な果実の風味が広がる。やや下り坂だが、まだ頑張っている感じ。
1976年：強い酸味としっかりしたタンニンが特徴。果実味はそれほど残っていないが、かすかにサワーチェリーが感じられる。長いあと味。こちらもまだ頑張っている感じ。
1981年：カステッリが参画してから最初のリゼルヴァ。また除梗およびマロラクティック発酵による成果が初めて出たワイン。いきいきした色合い。紅茶葉の香り。かなり熟成しているが、サワーチェリーのニュアンスも色濃く感じられる。甘く長いあと味。これ以前のワインとの違いが如実に現われている。
1995年：全体がルビー色で縁がオレンジ色を帯びたすばらしい色合い。チェリーと紅茶葉の香り。酸味とタンニンがしっかりとしているが、コクがあって個性的。厳格だが長いあと味。
2004年★：くっきりと深い色合い。香り・風味共に、新鮮なチェリーと甘い果実のアロマがたっぷり。酸味とタンニンはしっかりしているが、程よいバランス。何とも言えない気品を感じさせる。
2005年：乾いた紅茶葉のアロマ。2004年よりも果実味が少なく、エレガントな感じ。クラッシックな味わいで、この年のよさを反映している。

Sangioveto サンジョヴェート
フランス産バリックで12カ月熟成されるIGT。コクと力強さがあるが、年を経ても基本となる優美さを保ち続ける。2004年が一級品

左：元は修道院だった建物で、その起源は11世紀までさかのぼる。この建物がワインラベルになっている

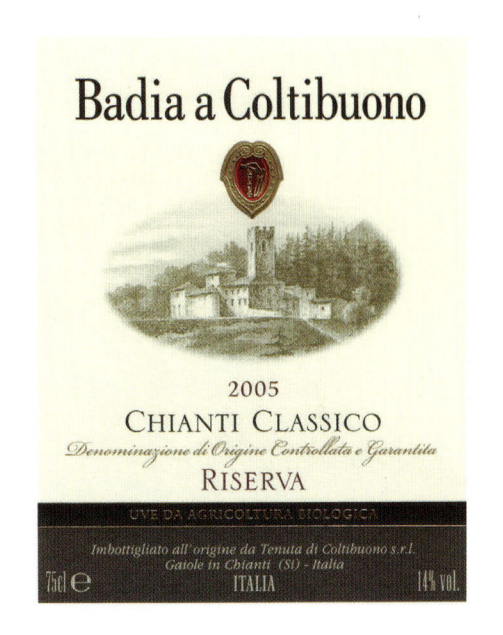

だが、2012年まで飲むことはできない。

Cultus Boni クルトゥス・ボーニ
初の2001年ヴィンテージが2004年にリリースされたワイン。キアンティ・クラッシコよりもモダンなアプローチ（だが「キアンティ・クラッシコ」として販売されている）。少量のメルロー、コロリーノ、チリエジョーロをブレンドし、バリック熟成を経て、主に国際市場で成功を収めている。

Chianti Classico (*normale*)
キアンティ・クラッシコ（ノルマーレ）

バディアのワイン全般同様、しっかりとした構造だが、果実味と香りが特徴的なワイン。比較的早く飲めるようにつくられている。当たり年だった2004年はガンベロ・ロッソの最高評価トレ・ビッキエーリを獲得。明らかに、様々な可能性を感じさせるワイン。

バディア・ア・コルティブォーノ (Badia a Coltibuono)
総面積：800ha
葡萄作付面積：74ha
平均生産量：330,000ボトル
住所：53013 Gaiole in Chianti, Siena
電話：+39 05 77 74 61 10
URL：www.coltibuono.com

CHIANTI CLASSICO | GAIOLE IN CHIANTI

Castello di Brolio カステッロ・ディ・ブローリオ

彼こそ、フィレンツェの写真家としての自由で気ままな生活から一転、キアンティ・クラッシコ最大の自社畑のリーダーになった貴族だ。しかも、そのプレッシャーを包み隠そうとはせず、まったく気取ったところがない。まさに称賛に値する人物である。この城は、1141年以来、リカーゾリ一族の居城とされてきた最も歴史あるものであり、19世紀半ばからは「鉄の男爵」ベッティーノ・リカーゾリの指揮のもと、トスカーナワインの拠点となった場所でもある。このベッティーノは19世紀にイタリアの首相を務めただけでなく、研究を重ねに重ね、1890年代にキアンティ・クラッシコの方程式を確立し、1932年のDOC確立の土台を成した人物でもあるのだ（注目すべきは、リカーゾリ男爵がサンジョヴェーゼをメインとし、「その香りを消し去ることなく、最初の硬さを和らげるために」少量のカナイオーロを、さらに最初の2品種だけでは色が濃くなる傾向があったため、その色を「長期の熟成期間を置かなくても」淡くできるように、少量のマルヴァジーアをブレンドするよう勧めている点である。つまり、この男爵は重要なワインへの白葡萄の使用をむやみに奨励していたわけではなく、より軽く、より早く飲めるスタイルにするために使用していたのだ）。

1970～80年代のイタリアワイン停滞期、この醸造所はシーグラムやハーディーズなどの産業メーカーにリースされたが、彼らはそれまでの第一級の評判をおとしめるような結果しか出せなかった。そこで1990年代初め、現在の当主であるベッティーノ男爵がブランドを買い戻し、一族の名誉を回復するよう一人息子のフランチェスコにその経営を託したのだ。以来、彼はこのワイナリーに15年間、住み込みで働き続け、この一族のモットー、「努力なくして何も生まれず」を体現した。

こうして再生のための莫大な投資が始まった。醸造所への設備投資ももちろんだが、特筆すべきは、畑にも巨費を投じ、たゆまぬ改善努力を行ったことである。コンサルタントのカルロ・フェリーニの指導のもと、250haだった葡萄畑は1994年以降植え替えられ、230haとなった。さらに色々な大学と提携し、クローン（マッサル選抜で開発された新しいものも含め、広く利用可能なもの）や土壌分析、ゾーニング（「微気候を土壌と葡萄園での作業方法に結びつける」という観点から）など様々な研究を徹底的に重ねていった。

古い歴史的ルーツにもかかわらず、今日のブローリオの営業活動は非常に現代的な感じがする。質のよい、しかも一貫性のある事業経営が実施されているのだ。年間3万5千人もの団体客や個人がここを訪れ、ツアーやテイスティング、あるいは最近フランチェスコが創設したすばらしいレストランでの食事を楽しんでいる。ワインづくりには最新技術をとりいれ、発酵中の撹拌作業がしやすいように、かなり小ぶりでオープン・トップ型の、円錐形のステンレス発酵槽を用いている一方、ほとんどのワインの熟成がバリックおよびトノーで行われている。旧式のボッティ（大樽）も残ってはいるが、フランチェスコは「グラスライニングされたコンクリートタンク同様、これももう時代遅れだ。ステンレスの発酵槽に道を譲った方がいい」と考えているようだ。

特筆すべきは、高名な祖先によって提唱されたブレンド法を思い切って改めたことである（カナイオーロとマルヴァジーアの代わりに、カベルネとメルローが用いられることになった）。品質という観点から見れば、結果的にさらにおいしくなったことは否めない。真正であることという観点から見ると、異論もあるかもしれない。だがキアンティのブレンドのルールを作った一族に、異論を唱えることなどできようか。仮にそうできたとすれば、リカーゾリ男爵のこの言葉が議論の中心になるに違いない。「その香りを消し去ることなく、最初の硬さを和らげるために」

右：フィレンツェの写真家というキャリアを捨て、先祖代々のワインを見事復活させたフランチェスコ・リカーゾリ

98

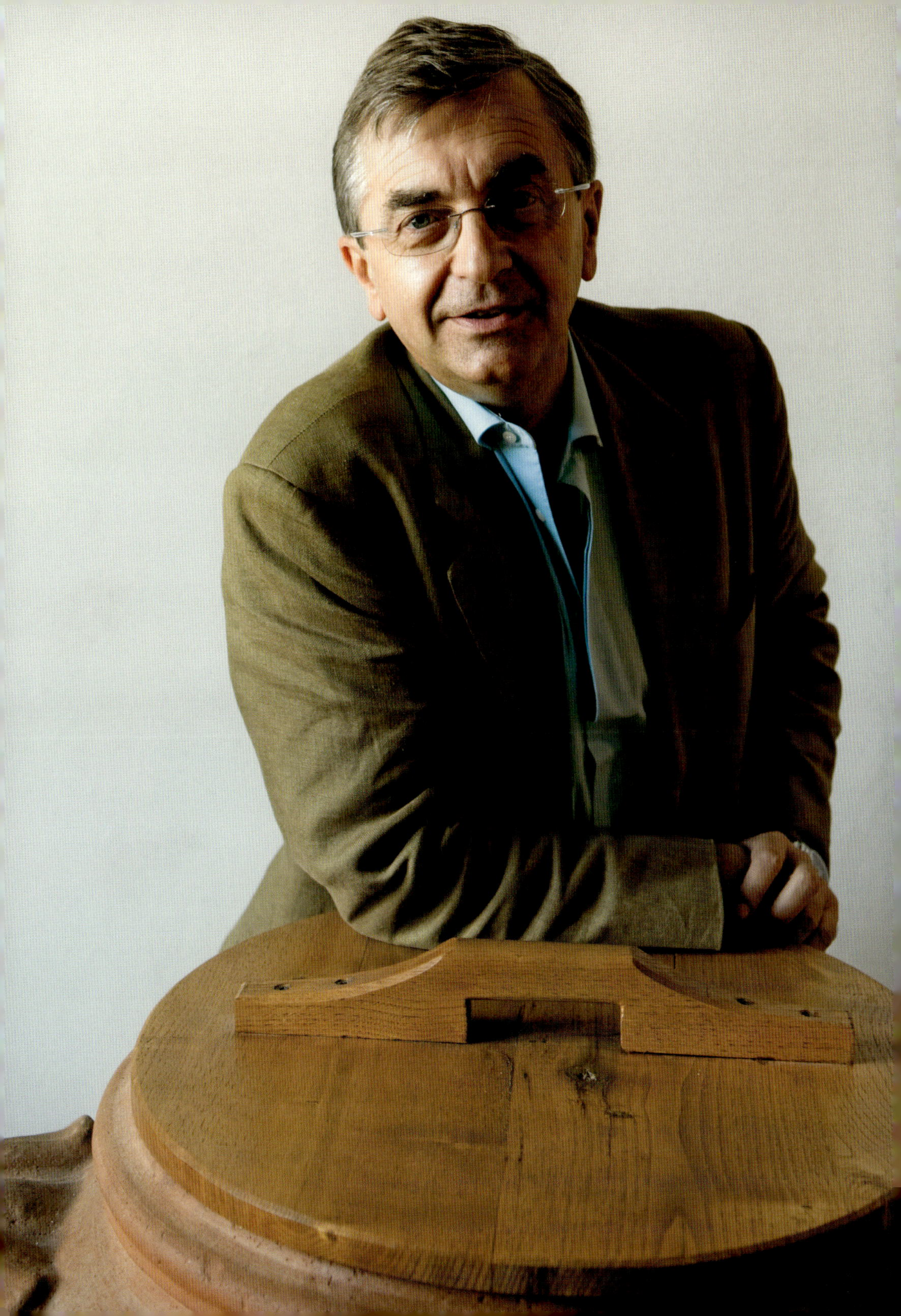

CASTELLO DI BROLIO

極上のワイン

Castello di Brolio Chianti Classico
カステッロ・ディ・ブローリオ・キアンティ・クラッシコ
リカーゾリ家が誇るワイン。サンジョヴェーゼ80%に20%のカベルネ・ソーヴィニョンとメルローをブレンド。ボルドー種のブレンドにより、2004年ヴィンテージの色がより深みを増したことは言うまでもない。その強力な脇役のせいで、サンジョヴェーゼの香りが失われてしまった一方、ワイン自体の構造がより秀逸になった。たとえ国際種のアロマが勝っていても、このフルーティーな酸味はまさにトスカーナ特有のものだ。ただし、フランチェスコが自慢するように、このワインの特徴は香りではなく、優雅さそのものにある。

Casalferro カザルフェッロ
サンジョヴェーゼを3分の2、メルローを3分の1の割合でブレンドしたスーパー・タスカン。色は深みがあり、チェリーというよりもむしろベリー系のアロマで、少しだけ削りたての鉛筆の匂いもする。トスカーナのものにしては酸味が低い。ダークチョコレート、ミントの香りとエスプレッソ・コーヒーのこくが感じられる2003年は、間違いなく世界のワイン評論家に気に入られるだろう。

CHIANTI CLASSICO | GAIOLE IN CHIANTI

Torricella　トッリチェッラ
このシャルドネのワインは驚異的である。オーク樽で数カ月、部分的に熟成しただけなのに、木の香りよりも果実味がアクセントとなっている。トスカーナの良質な白葡萄の中でも群を抜く、フレッシュで混じりけのない、単一品種のワイン。

上：12世紀からリカーゾリー族が居住し、キアンティ・クラッシコ最大の自社畑の上にそびえ立つカステッロ・ディ・ブローリオ

カステッロ・ディ・ブローリオ（Castello di Brolio）
総面積：1,200ha
葡萄作付面積：250ha
平均生産量：2,000,000ボトル
住所：53013 Gaiole in Chianti, Siena
電話：+39 05 77 73 01
URL：www.ricasoli.it

101

CHIANTI CLASSICO | GAIOLE IN CHIANTI

San Giusto a Rentennano サン・ジュースト・ア・レンテンナーノ

歴史的に、この地所およびその所有者マルティーニ・ディ・チガラ一族は、リカーゾリ一族ら貴族と深い関係にある。にもかかわらず、彼らは男爵、侯爵、あるいは伯爵のイメージよりもずっと地道で堅実に見える。彼らの第一印象は「ヒッピーっぽくて肩の力が抜けたクールな感じ」だが、もちろん、それは幻想に過ぎない。葡萄畑の責任者ルカ、ワインづくりの責任者フランチェスコ（1999年以降は、コンサルタント・エノロゴのアッティリオ・パーリに手助けしてもらっている）、そしてサポート役のエリザベッタ——この3人の組み合わせから、トスカーナ最良のワインが生み出されているのだ。3人とも、以前から直接ここの経営に参画していたわけではない。だが1992年、6人兄弟のうち彼ら3人が、父エンリコからこの地所を相続し、ワイナリーの所有者となったのである。

　彼らの成功の基礎となったのは、卓越した葡萄畑である。「イデオロギーよりも品質が大事」と考えた3人は、2001年から有機農法を実践し、2006年には有機認証を取得した。彼らの最大の関心は、やはりサンジョヴェーゼだ。葡萄園の敷地の88％にこの品種の様々なクローンやマッサル選抜によるクローンが、また残りの3％にはカナイオーロ、3％にはマルヴァジーアとトレッビアーノ、6％にメルローが植えられている。特にサンジョヴェーゼとカナイオーロは、30年以上前の葡萄畑からマッサル選抜されたものがほとんどで（複製はフランスの有名な育苗業者ギロームが担当）、残りは最新のクローン（多くがCC2000年プロジェクトで開発されたもの。名前はCC1,2,3,4,5,6）だ。また果房の間引きは色が変化する時期に行われ、「最大でも60％まで」と厳しい。

　私は3人と話すうちに、彼らのワインづくりに対する興味深い特徴に気づいた。トスカーナ・ワインの真正さにこだわりつづける一方で（トスカーナの銘醸ワインにフランス産葡萄が使用されている現状を、彼らはこう批判している。「カベルネやメルローの使用は20％

左：マルティーニ・ディ・チガラの6人兄弟のうち、サン・ジュースト・ア・レンテンナーノを所有する3人。ルカ、エリザベッタ、フランチェスコ

第一印象は「ヒッピーっぽくて肩の力が抜けたクールな感じ」だが、もちろん、それは幻想に過ぎない。ルカ、フランチェスコ、エリザベッタの3人の組み合わせから、トスカーナ最良のワインが生み出されている。

SAN GIUSTO A RENTENNANO

まで許されているけれど、あれが40%じゃないなんて誰にもわからないだろう?」)、はずれ年だった場合、サラッソによる凝縮やエヴァポレーターを使った果汁濃縮はやむを得ないと考えているのだ。ある意味、彼らは伝統主義者と言える(長期のマセレーション、ボトル熟成の増加、バリックの影響の削減など)。だが別の意味で、彼らは現代主義者とも言える(新しいバリックの使用など)。つまり、彼らのスタイルの正確な特定はなかなか難しいということだ。

極上のワイン

Percarlo IGT Toscana　ペルカルロ・IGT・トスカーナ
断言するが、サン・ジュストには世界に誇れる高品質のワインが少なくとも2本ある。その1つが、このサンジョヴェーゼ100%のワイン「ペルカルロ(亡くなった友人の名前からとった名称)」だ。最初のリリースは1986年(1983年ヴィンテージ)で、モンタルチーノが誇るトップ・ワイン、ブルネッロに近いスタイルだが、それとも違うユニークさが感じられる。ペルカルロは地所内の様々な葡萄畑から厳選された、最も成熟した最高品質のサンジョヴェーゼを用いて、フランス産オーク樽で20〜22カ月熟成後、フィルタリングは行わずにボトル詰めされる。2008年、私は2004年および2001年ヴィンテージを試飲したが、すばらしい味にまとまっていた。その数年前のものから1985年までを垂直試飲した結果が下記である。印象的だったのは、熟成と共にサンジョヴェーゼの風味が凝縮されていたことだ。

1999年★:新鮮なモレッローチェリーの香りが鼻腔をくすぐる。口に含むと、熟れた果実味に圧倒される。引き締まっているが、なめらかなタンニン。バランスがよく、かなり長いあと味。少なくとも、あと10年は熟成に耐えられるだろう。
1998年:1999年に比べると、凝縮度は落ちる。すでに十分熟成された印象。ややタンニンが渋い。今が飲み頃で長期熟成には適さない。
1997年:華やかで、いまだ新鮮なチェリーとスパイスの香り。口に含むと、果実味がぱっと広がる。しっかりした構造だが、非常に飲みやすい。まだしばらく熟成させるのがよし。
1996年:しっかりした酸味だが、香りよいフレーバーで長いあと味。この年にしては非常によい出来。まだしばらく熟成させるのがよし。
1995年:若々しいサワーチェリーの味。やや香気が進化しているがしっかりとした酸味とタンニンは健在である。
1994年:弱々しい出来だった年の、あまり重要でないワイン。飲み頃は過ぎた感じだが、まだ飲める。
1993年:新鮮な果実とスパイスの魅力的な香り。濃さに欠けるものの、まだ非常にフレッシュ。94年よりも、その程度のワイン。
1992年:はずれ年だったにもかかわらず、明らかにいきいきとした深い味わい。ただタンニンが未熟で、ほんの少し腐敗を感じる。
1991年:イチゴやその他ベリー系のソフトでフレッシュな香り。口に含むと、サワーチェリーとスパイスの味が広がる。まだ頑張っている感じ。
1990年★:驚くほど深くていきいきした色合い。やや香気が進化しているが、まだモレッロチェリーの香りがする。口に含むと、豊かで、成熟し、バランスのよい味わい。酸味とタンニンのバランスもよく、芳醇なフレーバー。試飲した中で一番の出来。あと10年は熟成に耐えられるだろう。
1989年:リムにブラウンの色合い。薬品系ニュアンスが少し、口に入れると甘くて熟れ切った果実の味わい。堪能できるが、今が飲み頃。
1988年★:凝縮され、かなり若々しい色合い。果実と共にハーブ、皮革の匂いもする。バニラとチェリーフルーツの見事な融合。これからもまだ濃くなっていくだろう。あと30年は熟成が期待できる。
1987年:色が変わり、口に含むと、やや老いた味がする。酸味が勝っているが、かすかに果実味もして、まだ頑張っている感じ。
1986年:全体的に古びていて希薄だが、飲めなくはない。
1985年★:すばらしい色合い。第1アロマもまだあるが、一連の第3アロマが鼻孔をくすぐり、皮革、ハーブ、スパイスの香りと相まって感じられる。バランスがとれ、凝縮され、複雑であるうえ、長く甘いあと味。今が完璧だが、あと数年はこのよさが楽しめるだろう。

Vin San Giusto★　ヴィン・サン・ジュースト★
このヴィン・サントは、サン・ジューストのもう1つのトップ・ワイン。官能的で、多次元構造を持ち、まるでオイリーな質感とすばらしい酸味が楽しめる。液体なのにあたかも固体であるかのような味わいは、まさに小さな奇跡としか言いようがない。栗樽（40〜180ℓ）で6年間熟成。寝かせることで、飲む楽しみを先に延ばすことも可能。本当に美味！

Chianti Classico [V]　キアンティ・クラッシコ[V]
ベーシックなキアンティ。95％のサンジョヴェーゼにカナイオーロを加えたものをボッティとトノーで熟成。同タイプの中で最も飲みやすく、一番バランスがとれている。

Chianti Classico Riserva Le Baròncole
キアンティ・クラッシコ・リゼルヴァ・レ・バロンコーレ
「ノルマーレ」のように、サンジョヴェーゼとカナイオーロをブレンドしたものだが、同カテゴリーの中ではあまり成功しているとは言えない。良質のトスカーナの黒葡萄を使っているにもかかわらず、ややオーキーな点が気になる。

上：サン・ジュースト付近には、カステルヌオーヴォ・ベラルデンガに向けて、穏やかにうねるような風景が広がっている

La Ricolma　ラ・リコルマ
このメルロー100％のワインの味にはまだ納得できない。私が試飲したヴィンテージはオーキーでタンニンの未熟さが感じられた。葡萄園でもう少し長く寝かせ、様子を見た方がよい。アルコール度数が14％と高いのも気になる。

サン・ジュースト・ア・レンテンナーノ(San Guisto a Rentennano)
総面積：160ha　葡萄作付面積：30ha
平均生産量：85,000ボトル
住所：Localita San Guisto a Rentennano, 53013 Gaiole in Chianti, Siena
電話：+39 05 77 74 71 21
URL：www.fattoriassanguisto.it

CHIANTI CLASSICO | GAIOLE IN CHIANTI

Castello di Ama カステッロ・ディ・アマ

カステッロ・ディ・アマは、キアンティ・クラッシコ中央南東部の高台にある。ここは多量の石灰岩を含む、ゴツゴツとした、非常に乾いた土壌であり、地中海沿岸のような灌木林が多く見られる場所だ。カステッロ・ディ・アマはこの地域を代表する歴史的地所の1つであり、そのワイナリーは平均高度約500mの位置に存在する。1773年、トスカーナ大公レオポルドも絶賛したというこのワイナリーは、最高品質のワインを生み出すことで有名である。アマ自体は「一幅の絵のような」という言葉をほうふつとさせる、小さいが歴史ある村落だ。牧歌的な村には魅力的な建造物や景色があふれているうえ、2000年から始まったアート・プロジェクト(毎年アーティストを招待し、アマの印象を醸造所、庭園、ヴィラ内で自由に作品で表現してもらうというもの)により、その魅力にいっそう磨きがかけられている。

現在のカステッロ・ディ・アマは1972年、この村をローマ出身の4家族が買い取ったときから始まった。やがてそのうちの1家族、セバスティ家の娘ロレンツァがマルコ・パッランティと結婚。1982年以後、このパッランティがワインづくりの責任者となった。このとき、アマはすでに有名な"単一畑名ワイン"をつくり始めていたが、元々このコンセプトはパッランティが膨らませたものである。彼は「接ぎ木されたサンジョヴェーゼ、メルロー、マルヴァジーア・ネーラの葡萄樹があれば、白葡萄品種やカナイオーロは必要ない」と考えたのだ。また、トスカーナに「オープン・リラ」という仕立て法を紹介したのもパッランティである。葡萄畑の改革が進むにつれ、パッランティは植栽密度を3000本/haから5300本/haへとアップさせたが、ワインに複雑さを加えるために、よい品質の古い葡萄樹はそのまま残した。

1980年代後半までには、このワイナリーを代表する4種類のキアンティ・クラッシコ・クリュと1種類のベーシックなワインが出揃った。だが「最高品質のキアンティ・クラッシコをつくりたい」という野望を抱いていたパッランティは、1996年ヴィンテージ(98年にリリース)からまったく新しいコンセプトに挑戦し始める。そのことについて、彼はこう語る。「1996年以前、私たちは最高の素材でクリュをつくり、その成果としてキアンティ・クラッシコをつくっていた。そして1996年以後は、最高の素材とクリュに十分恵まれたら、自分たちのクラッシコをつくることにしたんだ」すでに1990年から、彼らは2つのクリュを廃し、ベッラヴィスタ(サンジョヴェーゼとマルヴァジーア・ネーラ)とカズッチャ(サンジョヴェーゼとメルロー)のみを残している。今後、このワイナリーの名声は「キアンティ・クラッシコの再評価を促したパイオニア」という彼らの功労により、さらに高まっていくだろう。アマの経営者として、彼らはそのことを誇りにしているのだ。

とはいえ、その後パッランティがキアンティ・クラッシコ協会の会長まで務めたにもかかわらず、アマの"原産地呼称"に対する態度はあいまいだ。それは、このワイナリーのラベルで「キアンティ・クラッシコ」がまったく目立たない小文字なのに対し、「カステッロ・ディ・アマ」が大文字で目立つように記されていることからもわかるだろう。また「キアンティのDOCGワインなのにボルドー種をブレンドするのはおかしい」という批判が高まっているにもかかわらず、パッランティはカステッロにもカズッチャにも、メルローをブレンドしているのだ。さらに、アマのキアンティ・クラッシコは12〜15カ月バリック熟成され、葡萄の出来がよくない収穫年のワインにはサラッソによる凝縮が行われている。これは考えれば考えるほど、複雑な状況と言えるだろう。

極上のワイン

Castello di Cacchiano IGT Toscana
カステッロ・ディ・アマ・キアンティ・クラッシコ

「今日、ワインは皆おいしい」とマルコ・パッランティは語る。「唯一の違いは、そこに"魂"があるかどうかだと思うんだ」私もこの彼の意見には大賛成だ。というのも、かすかなメルローの香りとバリック熟成によるトースト香がするにもかかわらず、アマ・キアンティ・クラッシコには、確かに"魂"(本物のトスカーナの個性)が感じられるからだ。一番最近試飲した2005年★が示すとおり(それ以前のヴィンテージの多くにも言えることだが)、これはバランスといい、あと味の長さといい、完全に満足できるワインである。「キアンティ・クラッシコは常にブレンド・ワインだった」というパッランティの言葉の意味を実感させてくれる1品。 問題は"品質"とはまったく関係ない部分にある。そう、"真正であること"(トスカーナ土着種でない葡萄をブレンドしても「キアンティ・クラッシコ」と呼べるのか)だ。

Vigneto Bellavista　ヴィニェート・ベッラヴィスタ
残された2つのキアンティ・クラッシコ・リセルヴァ・クリュのうちの1つ。ヴィニェート・ベッラヴィスタ(サンジョヴェーゼ90%、マルヴァジーア・ネッラ10%)は1990年代半ばからたったの5回しかつくられていない。2004年は厳格さが沸き立つような甘い果実味で相殺され、見事な対比が堪能できる。

Vigneto La Casuccia　ヴィニェート・カズッチャ
10%のメルローをブレンドした「カズッチャ」は、「ベッラヴィスタ」よりも国際的な味わい。「カステッロ」に比べ、こちらの方がメルローの影響が全体に及んでいる印象だが、高品質の葡萄畑による厳格さは保たれている。

L'Apparita　ラッパリータ
「カステッロ」を差し置いて、常に高評価を獲得しているスーパー・タスカン。そのことにパッランティはジレンマを抱えているようだが、この100%メルローのワインを絶賛する声はやまない。明らかにイタリアワインを代表する優れた1品であり、今後より厳格さ、洗練さが高められていくだろう。ベッラヴィスタ(高度490m)の畑の一部からつくられ、初めてリリースされた1985年以来、ラッパリータは現代イタリアワインの象徴的存在となっている。

上：バリック・セラーで語るマルコ・パッランティ。いまやカステッロ・ディ・アマが主催するアート・プロジェクトはすっかり定着した

カステッロ・ディ・アマ(Castello di Ama)
総面積：250ha
葡萄作付面積：90ha
平均生産量：300,000～350,000ボトル
住所：Localita Ama, 53013 Gaiole in Chianti, Siena
電話：+39 05 77 74 60 31
URL：www.castellodiama.it

107

CHIANTI CLASSICO | GAIOLE IN CHIANTI

Castello di Cacchiano カステッロ・ディ・カッキアーノ

10世紀からの歴史を誇るこの堂々とした地所は、中世以来、代々リカーゾリ・フィリドルフィー族に所有されてきた。現当主は1998年、母エリザベッタ・バルビ・ヴァリエからここを受け継いだ長男ジョヴァンニ・リカーゾリ・フィリドルフィである。ジョヴァンニによれば、この城は目立つ外観にもかかわらず、常により威厳のある城カステッロ・ディ・ブローリオの"サポート役"として存在し、ワイン醸造も何年間も協同で行っているという。平均高度400mの、石を多く含んだ土壌の葡萄畑からは、力強さと華やかさというよりはむしろ、香りと優雅さが特徴のワインが生み出される。ジョヴァンニの父アルベルト（ブローリオのベッティーノ・リカーゾリ男爵の弟）によって、カッキアーノという独自のブランドが確立された1970年代以来、ここのコンサルタント・エノロゴはトスカーナ・ワイン界の巨匠ジュリオ・ガンベッリ、さらにフェデリコ・スタデリーニ、そして2007年からはステファノ・キオッチョリが担当している。

伝統に基づく品質、マーケットに迎合しない流儀——それが長年守られてきた、この男爵家のワインづくりの哲学だ。実際、彼らは1992年以来、葡萄栽培の責任者であるラッファエッロ・ビアギの指導に従い、毎年2〜3haの葡萄畑を再構成する"植え替えプログラム"を忠実に行っている。新しく植栽されたものの多くは、マッサル選抜か、または試験農場から選りすぐったサンジョヴェーゼ、カナイオーロ、マルヴァジーア・ビアンカ（ヴィン・サント用）だが、新しいクローンも少量試している。試飲時に「カッキアーノは、なぜキアンティの生産者に人気のプーリア原産種を使用しないのか」と訊ねたところ、ジョヴァンニからこんな答えが返ってきた。「なぜプーリア種をブレンドする必要があるんだい？ 私らの葡萄だけで、こんなにすばらしい色と果実味が得られるのに」以前はアルベレッロ仕立てによる、9260本／haの植栽密度での植樹を試みたこともあるが、現在では「最も効率的な」5208本／haの密度に戻している。マセレーションの期間は25日と長く、熟成はボッティとバリックの両方を用いて行っているが、常にバリックはボッティの脇役的存在に過ぎない。

ジョヴァンニは、カッキアーノのワインづくりにおいて、他のキアンティ製造者が行っているような添加やその他の技術を厳しく禁じている。そして、そのせいで自分のワインが市場競争面で不利な立場に立たされてしまうことをこう嘆いた。「この純粋主義のせいで、私は精神的にも経済的にも代償を払わされているのかもしれない」いや、彼の純粋主義はちゃんと実を結んでいる。カッキアーノのワインは、純粋なトスカーナの味が楽しめる、まさに一級品なのだ。

極上のワイン

Chianti Classico, Riserva and Riserva Millennio
キアンティ・クラッシコ　キアンティ・クラッシコ・リゼルヴァ
リゼルヴァ・ミッレンニオ
はずれ年を除き、カッキアーノの顔となるのはキアンティ・クラッシコである。ジョヴァンニは「うちのトップ・ブランドはスーパー・タスカンではなく、このキアンティ・クラッシコ」と固く信じているのだ。彼は葡萄の出来がよりよい年はリゼルヴァを、さらに1997年や2007年のように最良の年はリゼルヴァ・ミッレンニオ（一族が千年以上に渡る歴史を持つことからこう名づけられた）をつくるようにしている。両者の違いは「厳選された」葡萄と「さらに厳選された」葡萄の違いにあるというが、どちらも滅多につくられることがない。これらは例外なく、サンジョヴェーゼ95％とカナイオーロ5％のブレンド・ワインだ。トスカーナそのものの純粋なスタイルであり、花とハーブのアロマが香り、口に含むとしっかりとしたサワーチェリーの味がする。タンニンもよく管理され、まさにトスカーナならではの決然とした味わいが楽しめる。2011年リリース予定の、2001年リゼルヴァ★が今から待ち遠しい。ガンベッリが最後につくった1997年ミッレンニオは、ドライフルーツ、ハーブ、皮革のアロマで、古きよきトスカーナ・スタイルの集大成とも言うべき1品だ。ジョヴァンニは言う「これらは皆、特別なマーケット——古きよきワインを探し求め、その良さを理解してくれる人たち——のためのワインなんだ」

Castello di Cacchiano IGT Toscana
カステッロ・ディ・カッキアーノ・IGT・トスカーナ
少量のメルローをブレンドしたIGT。値段は張るが、"国際的な"味ではなく、カッキアーノ独自のスタイルを追求したワイン。2006年から、100％メルローとなった。

Vin Santo　ヴィン・サント
カラテッリ（ヴィン・サント用の非常に小さな樽）で7年間熟成。複雑で官能的。この地域一帯でも最良の1本。

カステッロ・ディ・カッキアーノ（Castello di Cacchiano）
総面積：200ha
葡萄作付面積：31ha
平均生産量：100,000〜120,000ボトル
住所：Localita Monti in Chianti, 53010 Gaiole in Chianti, Siena
電話：+39 05 77 74 70 18
URL：www.castellodicacchiano.it

CHIANTI CLASSICO | GAIOLE IN CHIANTI

Rocca di Montegrossi ロッカ・ディ・モンテグロッシ

マルコ・リカーゾリ・フィリドルフィは、リカーゾリ男爵家を代表する3人（彼、そして兄であるカステロ・ディ・カッキアーノのジョヴァンニ、いとこであるカステロ・ディ・ブローリオのフランチェスコ）の中で、最も若い葡萄園オーナーである。1994年、彼は「兄とワインづくりに関する意見が合わなかったため、母（故エリザベッタ・バルビ・ヴァリエ）の領地から分離した」のだ。

マルコは、母から与えられたサン・マルチェッリーノの畑を、カッキアーノとはまったく違う、独自のやり方で整備していった。さらに1998年には醸造所を改築し、近代化したのである。そのとき以来、彼は「サン・マルチェッリーノの畑のまわりに、モザイクみたいに新しい葡萄園をつけ足していった」という。フィレンツェ大学のロベルト・バンディネッリ博士の指導のもと、ちなみに、この地所の畑には、CC2000プロジェクトのもとで開発されたサンジョヴェーゼのクローンが数種類植えられることになった（これらのクローンについて、マルコは「非常によい結果が出ている」とコメントしている）。2007年からは、マリア・グアリーニ・メントレをコンサルタントに迎えている。

極上のワイン

Geremia ジェレミア
コンサルタント・エノロゴであるアッティリオ・パーリをはじめとし、その道のプロから様々な専門的なアドバイスを受けてはいるものの、マルコは自分自身の明確なアイデアを持ち続けている。彼のビジョンは、この地所ならではの独自性が感じられる、彼のワインを飲めば明らかだ。その最たる例が、このジェレミア（ボルドー種だけを用いたスーパー・タスカンだが、国際的味わいで大ヒットとなったマレンマの同種のワインよりも、はるかにトスカーナ的な、筋肉質で引き締まったワイン）と言えよう。とはいえ、このジェレミア（8世紀に実在した先祖の名前からネーミングされた）はマルコのワインづくりの中心ではない。やはり中心となるのは、最高品質のサンジョヴェーゼを用いたキアンティ・クラッシコ・リゼルヴァ・サン・マルチェッリーノなのだ。

Chianti Classico Riserva San Marcellino キアンティ・クラッシコ・リゼルヴァ・サン・マルチェッリーノ
すばらしい味わいと熟成が楽しめる、サンジョヴェーゼ100％のワイン。基本的に、葡萄の出来がよくない年はつくられない。魅力的な果実の香りの2004年★が秀逸で、口に含むと、バランスのとれた凝縮した味わいが楽しめる。

Chianti Classico [V] キアンティ・クラッシコ[V]
マルコのこだわりが特に感じられる、フレッシュでいきいきとした、おいしいキアンティ・クラッシコ。彼が、トスカーナの中でも最も熱心なカナイオーロ（他の多くの生産者たちから嫌われ、一時期畑から消えてしまった品種）の支援者であることが実感できる1品（2007年以来、コロリーノとプニテッロも少量ブレンドされているが、それまでは90％のサンジョヴェーゼと10％のカナイオーロでつくられていた）。マルコはこう語る。「カナイオーロはサンジョヴェーゼの個性をまったく消すことなく、引き立てることができる。だから、サンジョヴェーゼと一番相性がよい品種だと思うんだ」2000年には、マッサル選抜で選りすぐった5つ星クラスのカナイオーロの植樹を行うという熱の入れようだ（この結果について、彼は「非常に満足している」と述べている）。他の赤ワイン同様、このワインもフィルタリングは行っていない。

「ワインの品質は畑で決まる」と信じるマルコは、最近、有機栽培を積極的に取り入れる一方で、醸造所でも独自の考え方に基づき、現代技術と古くからのテクニックを融合させている。熟成はフランス産オーク樽で行われるが、そのサイズは必ずしも小さくはない（キアンティ・クラッシコの場合は54hℓ）。またサン・マルチェッリーノとジェレミアはバリックとトノーによる熟成が行われている。

Vin Santo★ ヴィン・サント ★
このヴィン・サント抜きに、ロッカ・ディ・モンテグロッシは語れない。房ごと収穫されたマルヴァジーア（95％）とカナイオーロ・ネーロ（5％）を移動可能な柵に吊るし（こうすることで作業がしやすくなる）、4～5カ月間陰干ししたものからつくられる。熟成は6～7年かけて、50～100lのオーク樽で実施。マルベリーやチェリーのアロマ。口に含むと、まさにレーズンの液体を飲んでいるかのような、純粋なネクターの味がする。

ロッカ・ディ・モンテグロッシ（Rocca di Montegrossi）
総面積：100ha
葡萄作付面積：20ha
平均生産量：70,000ボトル
住所：Localita Monti in Chianti, 53010 Gaiole in Chianti, Siena
電話：+39 05 77 74 79 77
URL：rocca_di_montegrossi`chianticlassico.com

CHIANTI CLASSICO | GREVE IN CHIANTI

Fontodi　フォントディ

　この傑出したワイナリーについては私も含め、多くのライターが色々な記事を書いてきた。それゆえ、ここでその話を一からくり返す必要はないと思う。さっそく、このワイナリーが生み出すワイン──特に、サンジョヴェーゼ100％の傑作ワイン「フラッチャネッロ」──について解説を始めよう。幸いにも、私は今回、ジョヴァンニ・マネッティ（ここの所有者）とフランコ・ベルナベイ（30年勤続のコンサルタント・エノロゴ）と共に、このフラッチャネッロを最初の製造年までさかのぼる垂直試飲の機会を得たのだ。

　とはいえ、その前に、フォントディにまつわる基礎知識を伝えておこう。このワイナリーの現在の歴史は、1968年、フィレンツェにある素焼きの瓦メーカー社長ディノ・マネッティ（ジョヴァンニの父）が、この地所を取得したときから始まった。フォントディはキアンティ・クラッシコ地方のちょうど真ん中に当たり、その畑はすべて南向きで、石灰分を多く含むガレストロ土壌（フレーク状の片岩）に恵まれ、高度400～500mに当たる、有名なパンツァーノの"黄金の谷"（コンカドーロ）に位置している。葡萄の栽培期間中、「日中は日ざしに恵まれ、夜になるとひんやりする」という、まさに理想的な条件の畑なのだ。

　ここの畑はオーガニックの傾向が強い。わずかではあるが、家畜として牛も飼育され、その牛のフンと刈り取られた葡萄の残りを混ぜ合わせたものが、堆肥として畑に還元されている。畑には1960年代、70年代の古い葡萄樹も残されてはいるが、その大部分はより高密度に植え替えられ、マッサル選抜で厳選された苗木がCC2000プロジェクト（フォントディはこのプロジェクトで非常に大きな役割を果たした）の成果である最良のクローンと共に植えられている。

　比較的最近立て替えられた醸造所は美しい設備が整い、パイプに頼らない、自然の重力を活用したシステムが導入されている。まさに偉大なワインづくりのために、すべてが揃った状態だ。だがもちろん、いくら優れたテロワールや技術があっても、それを上手にコントロールする人間の力がなければ、偉大なワインは生み

右：パンツァーノの"黄金の谷"に位置する理想的なワイナリーの所有者で、親しみやすく寛大なジョヴァンニ・マネッティ

ワインづくりのためのすべての条件が揃っているが、もちろん、いくら優れたテロワールや技術があっても、それを上手にコントロールする人間の力がなければ、偉大なワインは生み出せない。

FONTODI

出せない。私ベルフレージが編み出した法則のとおり、「ワインの品質の限界は、その生産者の味覚の限界で決まる」のだ。

極上のワイン

このワイナリーで重要なのは、Chianti Classico, Chianti Classico Riserva Vigna del Sorbo, and Flaccianello IGT Toscana（キアンティ・クラッシコ　キアンティ・クラッシコ・リゼルヴァ　フラッチャネッロ・IGT・トスカーナ）の3つだ。1番目と3番目は100%サンジョヴェーゼで、2番目だけがサンジョヴェーゼ（90%）とカベルネ・ソーヴィニョンのブレンドである。「ブレンドはIGT、単一品種はDOCG」が一般的な現状だが、皮肉にも、それに当てはまらないケースもあるのだ。ここのキアンティ・クラッシコ[V]は、他の同タイプに比べてそれほど高価でないにもかかわらず、常に最高レベルを保っている。葡萄の出来があまりよくない年でさえ、最高のサンジョヴェーゼを用いているため、非常に一貫性のある味わいだ。だが、ここでは前述のフラッチャネッロについて詳しくお伝えしたい。

Flaccianello　フラッチャネッロ

フランス産バリック熟成の、100%サンジョヴェーゼのワイン。IGTであるにもかかわらず、典型的なキアンティの味である。2000年までは単一畑ワインだったが、2001年からは、フォントディの持ついくつかの区画（古い葡萄園を含む）から最高のサンジョヴェーゼのみを集めて仕込む、というスタイルに切り替えられている。

1981年：記念すべき最初のヴィンテージ。しっかりとした酸味だが、年老いた感じがする。皮革、スパイス、チェリー・リキュール、プルーンのアロマに、やや薬品の匂いが感じられる。

1982年：フランス産バリックを使用した最初の年。色は薄れているが、ドライフルーツ、マッシュルーム、皮革のいきいきとしたアロマが感じられ、口に含むと、まだほんのりと甘いチェリーフルーツの味がする。空気に触れさせるともっと改善するだろう。

1983年：アロマはあまり感じられないが、口に含むと、歯ごたえのある筋肉質の、マッシュルームやハーブ、ドライフルーツなどのいきいきとした味わい。酸味とタンニンのバランスのよさに支えられている。やや乾いた感じ。

1985年：当たり年。深い色合いに、チェリーの風味でアルコリック。口に含むと、プラムとプルーンの味が広がる。まだしっかりとした構造で、今が飲み頃。決して弱ってはいない。

1986年：最初のフレッシュさが厳格さにとって代わられている。果実味が失われている。

1987年：色・酸味共に薄まってはいるが、果実味が感じられる。葡萄の出来がよくなかった年の割には、よいワイン。

1988年：ルビーガーネットの色合い。トリュフと森の茂みのすばらしいトップノーズ。しっかりとした酸味とタンニンが、フレッシュな果実味を支える一方、第3のアロマも感じられる。力強さというよりはむしろ、バランスのとれた優雅さが特徴。かなり長いあと味。サンジョヴェーゼで優れたワインづくりが可能なことを実証した1品。

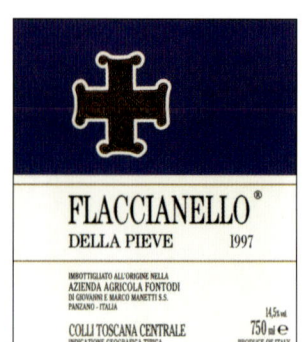

1990年：深い色合いでまだ十分若々しい。新鮮なチェリーと皮革、黒鉛、コーヒーが混ざり合った風味。歯ごたえのある、しっかりとした味わい。ジョヴァンニ・マネッティいわく「1988年はよりイギリス人好みで、1990年はよりアメリカ人好み」

1991年：硬くて歯ごたえのある、優雅さに欠けた味わい。だがあと味は長い。

1993年：上記同様、強力なタンニンで硬く、果実味は少し感じられるが物足りない。

1994年：古典的。花と紅茶葉のアロマでチェリーフルーツの味わい。色が少し褪せているが、今が飲み頃。

1995年：典型的なキアンティ・スタイル。しっかりした構造に、口いっぱいに広がるサワーチェリーの果実味。今がピーク。

1996年：重力システム導入後、迎えた初めての年。深い色合い、鼻孔をくすぐる甘草の香り。甘くフルーティーな味わいと、酸味とタンニンのしっかりした構造。バランスがよいが、"魅力的"というよりは"正確"な味わいだ。ジョヴァンニ・マネッティもこう認めている。「90年代半ばから、評論家とサンジョヴェーゼ推進派の両方を満足させるワインづくりを目指すようになった」

1997年：古典的。驚くほどの果実味としっかりした構造が感じられるが、甘くて芳醇な印象が強い。ほぼポート・ワインのようなあと味で、少しオーキーである。

1998年：とても深い色合い。非常に暑かったヴィンテージの1品。繊細さよりもむしろ力強さが感じられる、やや乾いた風味。

1999年★：「すばらしい」の一言に尽きる。若々しい色合い、果実とバルサムの風味が印象的。優雅さと豊かさの融合が感じられ、滑らかなタンニン、フェンネル、チェリーの風味が楽しめる。バランスがとれていて秀逸。

2000年：加熱処理はしていないにもかかわらず、ベリー類、チェリー、甘草のふんだんな香りが楽しめる1品。酸味はやや低めだが、タンニンはしっかりとしている。1999年ほど完璧なバランスではないが、それでも非常によい出来。

2001年：濃い色合い、魅力的で新鮮なチェリーの香り。ジューシーな果実味とほぼポート・ワインのようなあと味。タンニンがやや攻撃的だが、非常に良質の、いかにもサンジョヴェーゼという味わい。

2004年：試飲には若すぎる（2008年の時点で）が、典型的な要素はすべて兼ね備えている印象。

フォントディ（Fontodi）
総面積：138ha
葡萄作付面積：70ha
平均生産量：300,000ボトル
住所：Panzano in Chianti, Florence
電話：+39 05 58 52 005
URL：www.fontodi.com

CHIANTI CLASSICO | GREVE IN CHIANTI

Il Molino di Grace イル・モリーノ・ディ・グラーチェ

フランク・グラーチェは、ワイン、芸術、建築において完璧な審美眼を持つ、裕福なアメリカ人だ。それゆえ、彼が世界中の葡萄畑を念入りに調査した結果、この畑を選んだことは、トスカーナにとって最大の賛辞と言えよう。彼はグレーヴェ、カステッリーナ、ラッダのコムーネが合流する、パンツァーノ南部の地所を選び、キアンティ・クラッシコに根を下ろすことを決断したのだ。

1998年、フランクはトスカーナのトップ・エノロゴ、フランコ・ベルナベイを招聘。現代美術のコレクターでもあるフランクは、伝統的な石造りの、それでいて機能的な醸造所を建設し、そこに彫られた彫刻（他にも数多くの彫刻がある）をすべてのラベルに印刷することにした。それが、このワイナリーのシンボルとして知

下：グレーヴェ、カステッリーナ、ラッダのコムーネが合流する、イル・モリーノ・ディ・グラーチェの絵のような風景

113

IL MOLINO DI GRACE

極上のワイン

Chianti Classico　キアンティ・クラッシコ
このワイナリーの生産の要となるワイン。典型的なサンジョヴェーゼの味。サワーチェリーの香りと地中海特有の雑木林のアロマが融合。口に含むと、厚みのある、しっかりとした味わいが楽しめる。おそらく、早熟タイプであろう。これまでの伝統的な味のものよりも現代的で、ひねりのきいた、非常に興味深い1品。

Chianti Classico Riserva Il Margone
キアンティ・クラッシコ・リゼルヴァ・イル・マルゴーネ
リゼルヴァのうちの最良の20%をセレクションしたものから造られる。上記と同じく、タンニンは非常にスムースだが、こちらの方が果実味も構造もより深くしっかりとしているため、熟成にはより時間が必要だ。

Gratius　グラティウス
上記2銘柄と同じく、サンジョヴェーゼ(100%)を用いた、単一畑IGTを代表するワイン。高度400mの単一畑に植えられた、樹齢70年のサンジョヴェーゼが用いられている。2004年★は力強さと優雅さが同居するすばらしい出来で、最近試飲を行った有名な試飲家は「現代トスカーナ・ワインの代表作」と高い評価をつけている。少なくともあと6年経たないと飲むことができない。

られる「運搬人」（上部写真参照)である。
　キアンティ・クラッシコとリゼルヴァの最初のヴィンテージは1999年で（それぞれ2002年と2003年にリリース）、はじめのうちは、かなりの量のカベルネ・ソーヴィニョンとメルローをブレンドしていた。だが、いち早く情勢を把握したフランクは、すべての主要ワインをサンジョヴェーゼ100%に切り替える選択を下した。
　自分のワインの宣伝促進に精力を注ぎ込み、いまでは目覚ましい成功を手にしたフランクは、まさにエネルギッシュな人物と言えよう。実際、彼の新しい醸造所は、世界中のワイン雑誌やガイドブックで紹介されている。そんな彼が目指す次のステップはオーガニックだ。近い将来、畑全体を有機農法に切り替えることを目標に、2008年から葡萄畑の半分において、すでにそのプロセスが開始されている。

フランク・グラーチェは、完璧な審美眼を持つ、裕福なアメリカ人だ。それゆえ、彼がこの畑を選んだことは、トスカーナにとって最大の賛辞と言えよう。

右：独自のキアンティの確立・促進に成功した完璧主義者のオーナー、フランク・グラーチェ

イル・モリーノ・ディ・グラーチェ (Il Molino di Grace)
総面積：90ha
葡萄作付面積：44ha
平均生産量：250,000ボトル
住所：Localita Il Volano-Lucarelli, 50020 Panzano in Chianti, Florence
電話：+39 05 58 56 10 10
URL：www.ilmolinodigrace.it

114

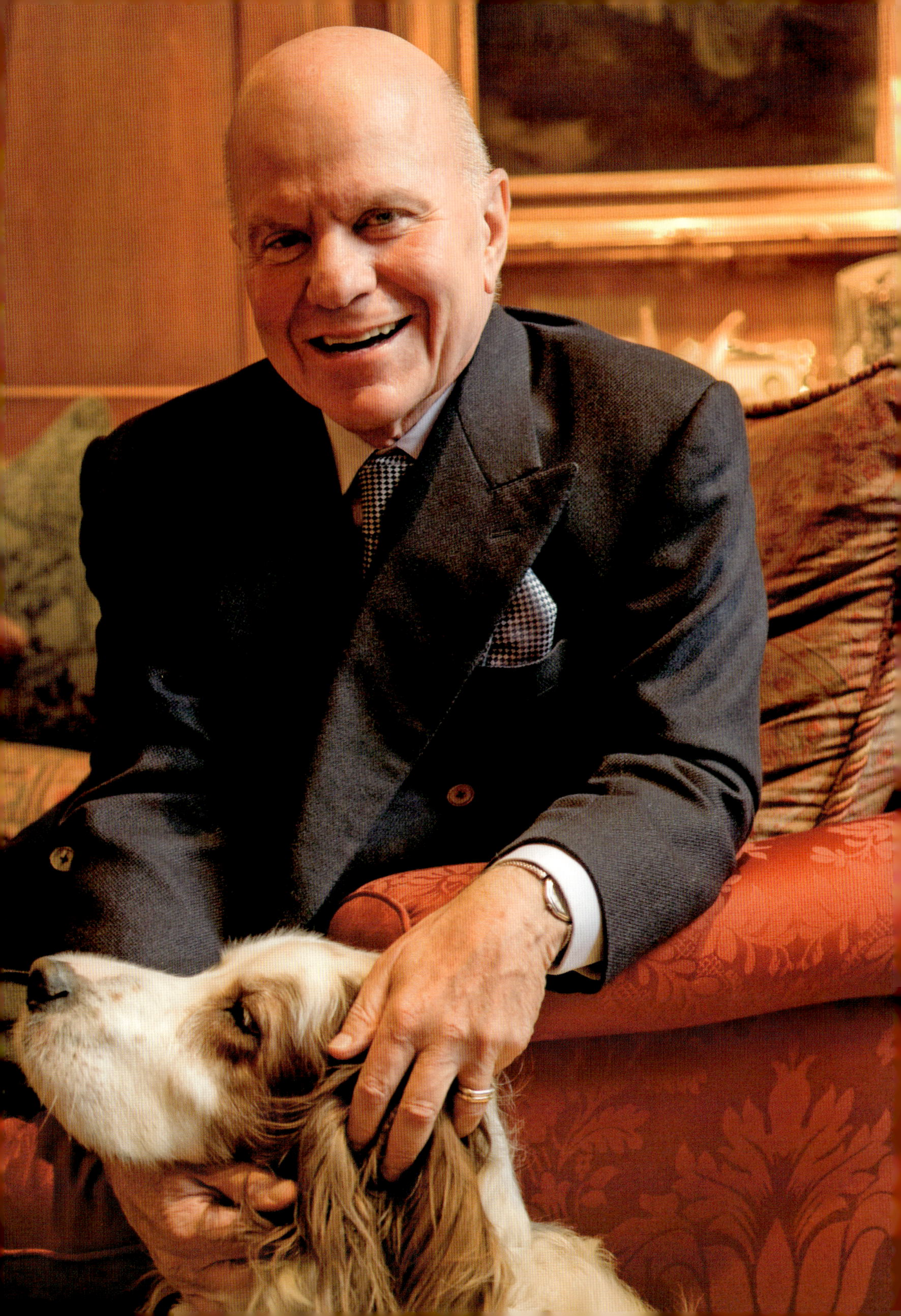

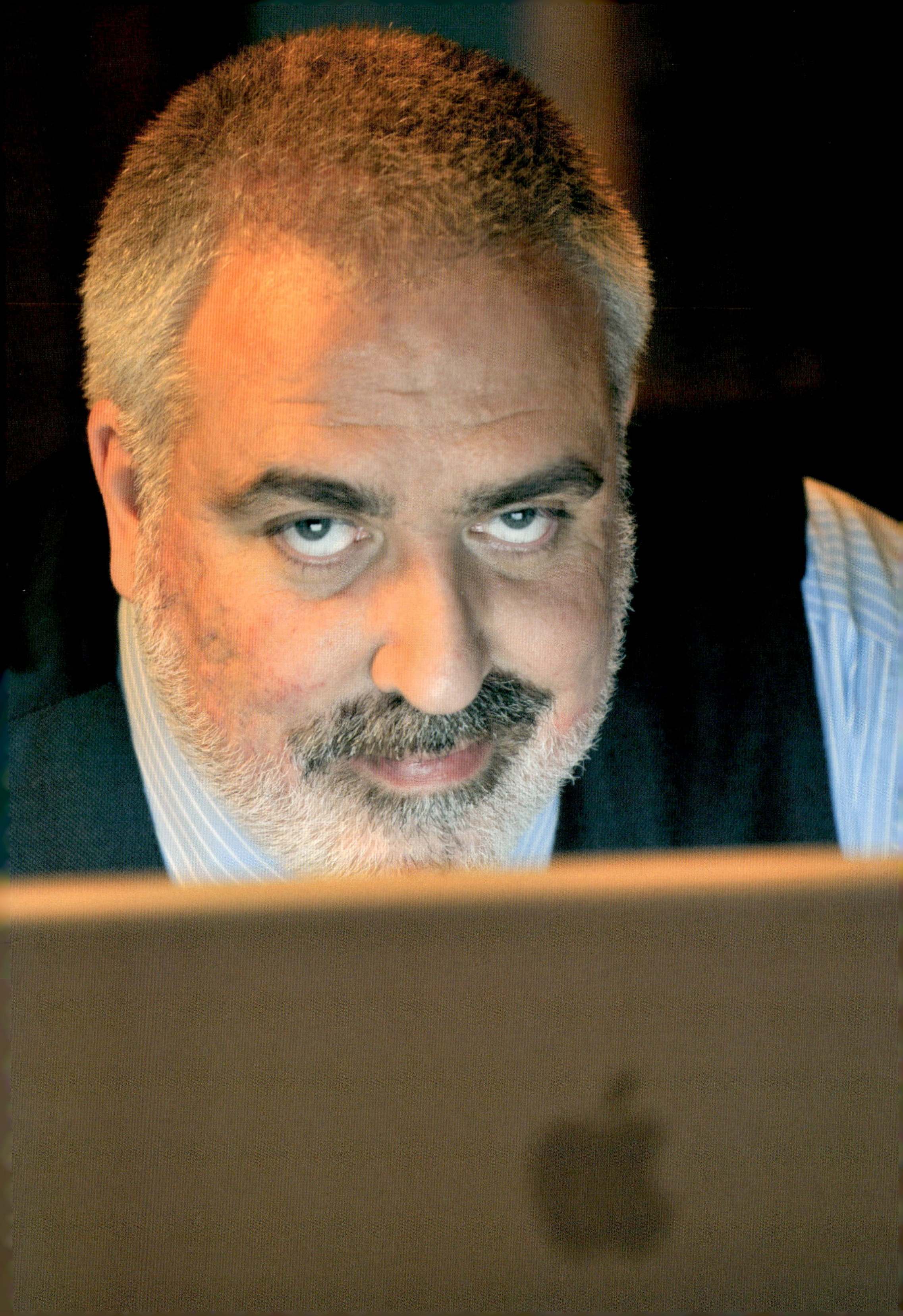

CHIANTI CLASSICO | GREVE IN CHIANTI

Agricola Querciabella アグリコーラ・クエルチャベッラ

このワイナリーの歴史は、1974年、ミラノの実業家一族カスティリオーニ家が、メッツァードロ（小作人）たちから様々な畑を購入したときから始まった。つづいて彼らはマレンマの農場を取得し、つい最近もラッダ・イン・キアンティの地所を購入。着実に、そのビジネスを拡大しつつある。最初にワイン・ビジネスに注目したのがジュセッペ・カスティリオーニであり、現在は息子セバスチャーノが父のあとを引き継いでいる。

1988年、トスカーナを代表するエノロゴ、グイド・デ・サンティを雇ったことで、ここは一気に発展することになった。それ以来、最高品質のキアンティ・クラッシコを生み出すワイナリーとして高い注目を集めるようになったのだ。さらにもう1つ、クエルチャベッラ発展の歴史で忘れてはいけないのが、2000～2002年の大きな方向転換（葡萄畑全体にバイオダイナミック農法を導入）である。これにより、クエルチャベッラはヨーロッパでも希少な畑の1つとなったのだ。

クエルチャベッラは最高品質のキアンティ・クラッシコを生み出す地所として高い注目を集めるようになった。この改革を見事成し遂げたのがセバスチャーノである。

この改革を見事成し遂げたのが、熱心な（ただし、周囲が見えなくなるほど熱心すぎない）バイオダイナミクス支持者でヴェジタリアンのセバスチャーノである。彼は茶目っ気たっぷりにこう言った。「キアンティでは、どんな生産者も独自の世界に生きている。私の場合、それがたまたまバイオダイナミクスの世界だったのさ」その後も自分の主義を貫くために、1998年、彼はデールズ・ダレッサンドロをアグロノモとして登用した。そのダレッサンドロは、セバスチャーノの考え方についてこう説明する。「バイオダイナミクスを用いると、万事が逆さまになる。ものの考え方もそうだ。成果ではなく、原因を探すようになるんだ。ワインづくりで言えば、その基本が土壌にあると考えるようになる。大地は生き物だが、自らの意

左：ワインづくりに最新技術とバイオダイナミクスを程よいバランスで取り入れている、実業家セバスチャーノ・カスティリオーニ

思で私たちを助けてはくれない。だから、私たちは懸命に大地にはたらきかける。そうやって、その大地の葡萄樹がいきいきと育ってはじめて"テロワール"を語れるようになるんだ。畑の40～50cmの深さに、いきいきと呼吸する土壌さえあれば、今みたいに『ボルドー種をミックスする』なんてことはしなくていいはずなんだ」「葡萄樹にこちらからミネラル分と水分を与えてしまえば、深く根を張らなくなってしまう。そうすると、その葡萄樹はハンバーガーとテレビしか与えられなかった子供のように、どうしようもない育ち方をしてしまうんだ」なお、クエルチャベッラがバイオダイナミクスにこだわる最大の理由は、「ワインの品質を高めたい」という純粋な願いにある。それゆえ、ラベルにその種の記述は一切行っていない。

新しい葡萄樹の植栽の必要性を感じていた彼らは、近年、ラッダおよびマレンマの地所を立て続けに取得した。ダレッサンドロの説明によれば、その畑にはマッサ選抜および最近開発されたクローンの両方が植えられているという。「こういう試みで、私たちが求めているのは多様性だ。自分たちのワインに注目を集めたいという気持ちもあるが、それだけじゃない。葡萄樹、根、土壌の組み合わせがうまくいって成功する年もあれば、うまくいかない年もあるだろう。だがそんな年も、何か学ぶことはあるはずだ。サンジョヴェーゼというのはそういう性質の葡萄だと思う。人は様々な方法で葡萄樹の成長を手助けできるけれど、私たちはそれを化学肥料や噴霧器を使わず、大地をいきいきした状態に保ちながら、キャノピー・マネジメントで行おうとしている。幸い、うちの葡萄畑は森に囲まれている。殺虫剤を使う必要もまったくない。それだけここのワインはものすごく健全に育っているということなんだ」

この話からもわかるように、このワイナリーの設備には大変な投資がなされている。実際、ここにはイタリアを代表するような、最も印象的なバリカイアも設置されているのだ（セバスチャーノはバリック熟成の熱心な信奉者である）。幸い、デ・サンティはバリカイアを使いこなす技術に長けている。それゆえワインによけいな臭いは与えず、程よい風味だけを残すことに成功しているのだ。

実際、バリカイアに入った私はその広さに圧倒されて

しまった。だが、さらなるクライマックスが用意されていた。そのカラッと晴れた夏の日、私はセバスチャーノとその友人たちと共にランチをとりながら、逸品ぞろいのワインの試飲の機会を得たのだ。ワインリストに含まれていたのは、82年クリュッグ(マグナム)、96年ポール・ロジェ・ブラン・ド・ブラン、90年トリンバック・リースリング・クロ・サンテューヌ、90年ラヴィル・オー・ブリオン・ブラン、90年シャンボール・ミュジニー・レザムルーズ、97年カマルティーナ、95年カマルティーナ、94年アルタムーラ・ナパ・ヴァレー・サンジョヴェーゼ、それに89年ペトリュスだ。ちなみに、この中ではカマルティーナの味がひときわ群を抜いていた。

セバスチャーノいわく「毎日こんな贅沢なランチを楽しんでいるわけではない」とのこと。その日、醒めやらぬ一種の絶頂感の中、私たちは違反車を取り締まる警官が1人もいないことにさらに気をよくしながら、車でグレーヴェに戻ったのだった。

極上のワイン

Camartina　カマルティーナ

クエルチャベッラの顔と言うべきワイン。カベルネ・ソーヴィニョン(量が増えつつある)とサンジョヴェーゼ(量が減りつつある)のブレンドで、フランス産オーク樽(バリック新樽および旧樽)で20カ月熟成される。クラレットをこよなく愛するセバスチャーノはサンジョヴェーゼをやや疑問視する(彼いわく「やり甲斐はあるが、まるで獣を相手にしているよう」)、それよりも厚い信頼をカベルネ・ソーヴィニョンに寄せている。カマルティーナは長期熟成に適し、実際その可能性が開花するまで8〜10年かかる。ボルドーワインのような貴族的な魅力と複雑さが感じられる一方、正真正銘のトスカーナの個性も併せもつワイン。典型的なのは、傑出した出来の若々しい1995年★で、まだ10年以上は熟成可能。その他のトップ・ヴィンテージは1997年、1999年★、2001年、2004年である。

Batàr　バタール

シャルドネとピノ・ブランのブレンドによる、トスカーナでは珍しい高品質の白ワイン。よいヴィンテージのものは、ボトルで5〜6年で最初のオーク樽香が消え、改善可能。ボルドー型ボトルで販売されているにもかかわらず、ブルゴーニュ・スタイルの味のワインなのが興味深い。

Chianti Classico　キアンティ・クラッシコ

少量のカベルネ・ソーヴィニョン(以前は20%だったが、最近では10%まで減少)とサンジョヴェーゼのブレンド・ワイン。スムースで洗練され、フィネスや熟成能力がその飲みやすさから隠れがちであるが、同タイプの中で最良の1品と言えよう。セバスチャーノは自信を持って、最良の年(2003年、2002年)および問題の年(2001年、1999年)を含む垂直試飲の機会を提供してくれた。1997年同様、1999年リゼルヴァ(一番最近リゼルヴァがつくられた年が99年)が傑出した出来である。

他にも**Palafreno**(パラフレーノ)(良質なメルローとサンジョヴェーゼのブレンド・ワイン。今ではメルロー100%となっている)、**Mongrana**(モングラーナ)(マレンマ進出後につくられた意欲作のうちの1本。下記の住所の畑ではつくられていない)がある。

上：クエルチャベッラに常駐するエノロゴ、グイド・デ・サンティ。イタリアを代表するような、最も印象的なバリカイアにて

アグリコーラ・クエルチャベッラ(Agricola Querciabella)
総面積：230ha　葡萄作付面積：40ha
平均生産量：270,000ボトル
住所：Via di Barbiano 17, 50020 Panzano in Chianti, Florence
電話：+39 05 58 59 27 721
URL：www.querciabella.com

CHIANTI CLASSICO | GREVE IN CHIANTI

Poggio Scalette　ポッジョ・スカレッティ

このワイナリーの最も重要な特徴は、その創設者にある。彼こそ、トスカーナのワイン復活の立役者の1人であり、1970年代初期以来、自分自身でワインをつくるよりもむしろ、オーナー兼プロデューサーとして活躍してきた"スター・エノロゴ"の先駆者的存在だ。ある意味、そういう職種の垣根を取り払った人物と言ってもいいだろう。

彼の名はヴィットリオ・フィオーレ。ドイツ語圏のアルト・アディジェ州で、イタリア人の両親に生まれ、養親に育てられたトスカーナ人である。トレンティーノ県のサン・ミケーレ・アッラディジェおよびヴェネト州コネリアーノで葡萄栽培と醸造学を学んだ彼は、20代で北部イタリアのあちこちで様々なワイン関係の仕事に就き、1978年から8年間、イタリア醸造技術協会理事も務めた。その後、ファットリア・レ・ボッチェからの仕事のオファーを受けてトスカーナにやってきた彼は、それから1年後、節税対策のためにトスカーナの地所を新規購入した、ワインづくりの経験のない富裕層の間で引っ張りだこになり、フリーランスのコンサルタント・エノロゴへと転身。それから過去を振り返ることなく、一気にスター・エノロゴの道を突き進んだのだ。

ポッジョ・スカレッティは「日当たりもよく、片岩まじりの土壌」という、最良のワインを生み出す条件の揃った畑である。その土壌のよさは、地質学者レオナルド・マゾーニの折り紙つきだ。

彼は未来をしっかりと見つめ、自分自身でワイナリーを所有することを目標にしていた。そして実際、コンサルタント業を辞めてから、余暇をワインづくりに当ててきたのである。

彼にとってのチャンスは1991年に訪れた。歴史あるキアンティ・クラッシコ地方の真ん中のグレーヴェ地区にある、荒れ果てた畑が売りに出されることを知ったのだ。それは「高度350〜500mで、日当たりもよく、片岩まじりの土壌」という、最良のワインを生み出す条件の揃った畑だった(実際、この地域の土壌は地質学者レオナルド・マゾーニさえ認め、自らワイナリーを持ったほどである)。とりわけすばらしいのは、畑にオリーブの樹や樹齢80年以上の古いサンジョヴェーゼの樹が植えられていたことである。

ヴィットリオは幸運な男だ。いや、少なくとも、幸せな父親であることは確かだ。というのも、4人いる息子が全員、ワインの道に進んだからである。長男ユーリ(68年生まれ)は93年、フランスのボーヌのワイン学校を卒業したあと、ポッジョ・スカレッティで働き始め、父のそばで修行を重ねてきた。そして今日、ユーリは父親譲りの温かい目を注ぎながら、この葡萄園を取り仕切っている。

ヴィットリオという存在そのものに、ワインにまつわる貴重な情報がぎっしりと詰まっている。そこで今回、私は彼にトスカーナ・ワインの売上を左右するような質問――「サンジョヴェーゼは偉大な葡萄だと思いますか」――をしてみた。すると、彼はこう答えた。「サンジョヴェーゼに関する意見は2派に分かれている。1つは『サンジョヴェーゼでつくるワインにブレンドは欠かせない』と考える人々、もう1つは『サンジョヴェーゼだけでも十分優れたワインをつくれる』と考える人々だ。だが、その答えを出すにはもっと研究を重ねなければならない。今はまだ、その答えを出す道の3分の2までしか到達していないんだ。たしかに、サンジョヴェーゼは冷雨や豪雨に弱いし、非常に多産だ。1本当たりの収量は最大でも1.5kgに抑える必要があるだろう。でも適切な扱いさえすれば、サンジョヴェーゼは非常に高品質のワインを生み出せるんだ」

「カリフォルニアの生産者たちはよく『どうして自分たちは、100%サンジョヴェーゼのおいしいワインを作れないのだろう?』と訊いてくる。そういうとき、私は彼らにこう答えるんだ。『それは、サンジョヴェーゼをカベルネ・ソーヴィニョンみたいに扱っているからだ。なるほど、カベルネなら、1本当たり8kgという収量レベルでも十分優れたワインを生み出せる。だがサンジョヴェーゼでは安物のワインしかできないんだよ』とね」

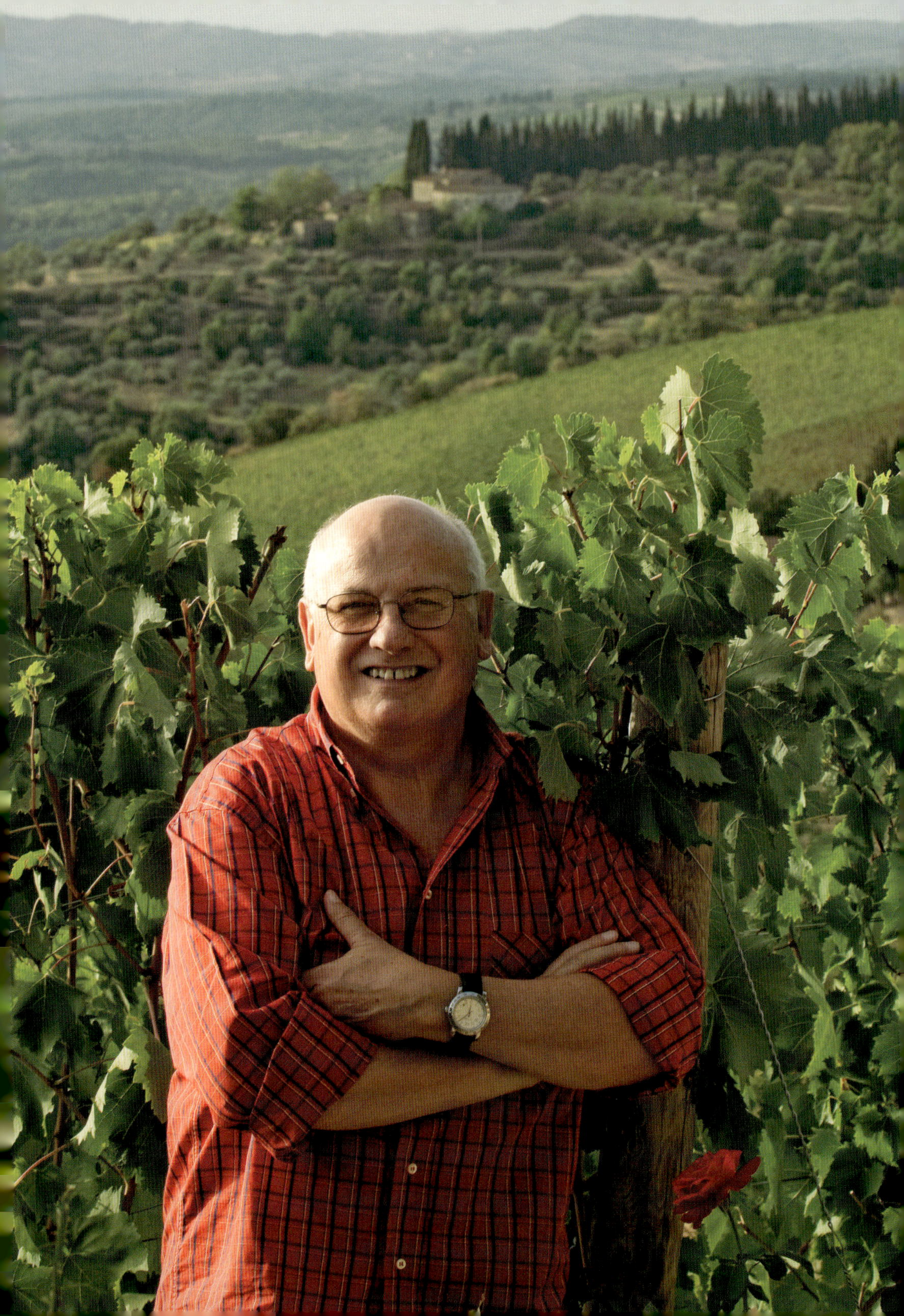

CHIANTI CLASSICO | GREVE IN CHIANTI

極上のワイン

Il Carbonaione (Alta Valle della Greve IGT)
イル・カルボナイオーネ(アルタ・ヴァッレ・デッラ・グレーヴェ IGT)

このワインの名前は、近くにある森の「炭素(カーボン)堆積物」に由来している。今回、私はここポッジョ・スカレッティの唯一のワイン、イル・カルボナイオーネを最初の1992年ヴィンテージまで垂直試飲する機会を得た。全体的にレベルが高く、2002年や1992年(「ここ数十年で最大のはずれ年」と言われている)でさえ非常に質がよく、かえってさわやかな味になっているように感じられた。どの年も深くて、いきいきとした色合い。熟したタンニンが濃厚だが、かなりまろやか。特に、この畑の高度(力強さよりもむしろ優雅さが期待できる高度)を考えると、その濃さ・凝縮度が印象的である。全般的に果実味と構造のバランスがよく、それゆえ、長期熟成が十分期待できる。1999年と2001年は甲乙つけがたい。2004年がわずかな差で、その2つに続いている。

口に含むと、甘いチェリーフルーツの香りが口いっぱいに広がり、凝縮され、魅力的な味わい。ベルベットのじゅうたんのように滑らかなタンニン。「新しいサンジョヴェーゼ」の秀逸な代表とも言うべき1品。

1992年: 完全に古い葡萄樹からつくられたワイン。行き過ぎた熟成のサインも見られず、深い色合いだが、不思議とアロマにきおいがない。果実味と酸味のバランスはよいが、フルーティーというよりもむしろ大地のアロマが強く感じられる。1992年にしてはいきいきとした出来だが、やや優雅さに欠ける印象。

1993年: 深くかなり若々しい色合い。モレッロ・チェリーの香りが立ち上る。口に含むと、凝縮され、香り高い見事な味わい。果実味と酸味のバランスは典型的なサンジョヴェーゼのもの。良質の熟れたタンニンも感じられる。あと味が長く、最後までうまみが途切れることがない。空気に触れさせると、もっと改善するだろう。

1995年: 10月後半に葡萄が収穫された年(実際収穫を遅らせる必要のある年だった)。印象的なほど若々しく深い色合い。サンジョヴェーゼの典型的なチェリーのアロマ。口に含むと、しっかりとしているが熟れたタンニンとどっしりとした構造、チェリー、ベリー類の香りがふんだんに感じられる。長期熟成型。

1999年: 2001年に負けない出来。深い色合いに非常に若々しい見た目。ややオーキーであるが、果実のアロマも感じられる。口に含むと、甘いチェリーフルーツの香りが口いっぱいに広がり、凝縮され、魅力的な味わい。ヴェルヴェットのじゅうたんのように滑らかなタンニン。「新しいサンジョヴェーゼ」の秀逸な代表とも言うべき1品。敢えて欠点をあげるとすれば、ややオーキーである点だ。

2001年★: どちらもすばらしい出来だが、1999年とは明らかに違う個性。果実というよりもむしろ、マジパンとスパイスに近い風味。口に含むと、まろやかで円熟味があり、熟成され、凝縮され、それでいて優雅な味わいと、しっかりしてはいるが官能的なタンニンが感じられる。非常に長い熟成が期待できる。オーキーでない点で、1999年よりもわずかに勝っている。

2002年: 深い色合いで、やや糖化臭がありオーキーであるものの、非常に健全な香りである。口に含んだ瞬間に果実味が広がるが、あまりに流麗すぎてしっかりした飲みごたえに欠ける。刺激的な仕上がりではないにせよ、サンジョヴェーゼの出来が悲惨だった年であることを考えると、上出来のレベルと言えよう。

左: コンサルタントとして20年活躍した後、自分自身の理想の畑をグレーヴェに取得したヴィットリオ・フィオーレ

ポッジョ・スカレッティ (Poggio Scalette)
葡萄作付面積: 15ha
平均生産量: 40,000〜42,000ボトル
住所: Via Barbiano 77, 50020 Panzano in Chianti, Florence
電話: +39 05 58 54 61 08
URL: www.poggioscalette.it

121

CHIANTI CLASSICO | GREVE IN CHIANTI

Tenute Folonari テヌータ・フォロナーリ

フォロナーリ家はイタリアを代表する名門ワイン一族の1つである。ロンバルディア州に起源を持つ彼らは、20世紀初めにルッフィーノを購入。マーケットのすさまじい要求に応えて高価なブランド・ワインを販売し、巨富を築いた。やがて2000年、一家のメンバーである6人のいとことその家族は、それぞれ別の道を歩み始める。ルッフィーノのブランドだけを残し、ワイン・ビジネスから引退した人々もいたが、アンブロージョ（父）とジョヴァンニ（8代目となる息子）は、このテヌータ・フォロナーリに情熱を注ぐことになった。現在、この2人のグループに属するトスカーナの地所（テヌーテ）は7つある。内訳は、キアンティ・クラッシコに2つ（ノッツォーレとカブレオ。後者はIGTしか生産していない）、モンタルチーノに1つ（ラ・フーガ）、モンテプルチャーノに1つ（トルカルヴァーノ・グラッチャーノ）、ボルゲリに1つ（カンポ・アル・マーレ）、モンテクッコに1つ（ヴィーニェ・ア・ポッローナ）、ルフィナに1つ（コンティ・スパッレッティ：「コロニョーレ」参照）である。

ジョヴァンニと父アンブロージョの最大の特徴は、ワインを"趣味"や"一種の芸術的追求"ではなく、完全にビジネスとしてとらえている点である。

私は今回の取材で、最も有名なノッツォーレについて集中的に訊ねることにした。だが、その取材はあまり幸先のよいスタートではなかった。話を聞けないことが何回か続いたあと、ようやくその壮麗な、明らかに誰も住んではいない（使用人だけはいる）大邸宅の中に入れたと思ったら、そこよりもっと遠く離れた醸造所に行くよう言われたのだ。戸惑いを感じながら言われた場所へ向かうと、魅力と力強さにあふれた、非常にハンサムで背の高い若者が現れ、ジョヴァンニだと名乗った。一瞬、本当かと我が目を疑ったが、ジョヴァンニは非常に知性あふれる、だがざっくばらんで明解な口調で、この家の哲学を語ってくれたのだ。私は彼の考え方のすべてに賛同したわけではない。だが、彼のアプローチが理にかなっていることは認めている。

ジョヴァンニの最大の特徴は、ワインを"趣味"や"一種の芸術的追求"ではなく、完全にビジネスとしてとらえている点である。「伝統的なワインのスタイルは前世紀の遺物となってしまった。もはや現代の消費者が求めているものではない」そう信じている彼は、こう語った。「新世界ワインの成功を考えれば一目瞭然だ。旧世界ワインはもはや衰退しつつある」さらに、彼はこう言葉を継いだ。「ビジネスでは、市場のニーズに自分を適応させなければならない。でもその一方で（私もこっちの考え方には賛成だ）、ワインには、その畑のテロワールや気候が反映されるべきであり、全部同じ味のワインをつくらないことも重要だ。結局のところ、消費者は他にはない何かを見つけてはじめて、そのワインを買う気になるのだと思う」

それゆえに、ここのワインは高品質を保っていられるのであろう。また、それゆえにトスカーナが生んだ至宝サンジョヴェーゼへのこだわりを主張し続け、この件についてボルゲリのミケーレ・サッタと穏やかな論争を繰り広げる一方、カベルネ、メルロー、シラー、シャルドネといった国際種を用いてすばらしいワインをつくり出しているのだろう。さらに、それゆえに（特にサンジョヴェーゼに関して）熟成に小ぶりのフランス産オーク樽を用い、また白の場合発酵に用いたりしている。

極上のワイン

Il Pareto IGT　イル・パレート・IGT
ここで製造される数多くのワインの中でも、トップの品質を誇るのは、間違いなくイル・パレート（ノッツォーレで栽培されたカベルネ・ソーヴィニヨンを100%用いたもの）である。力強く、凝縮され、幾重にも渡る複雑な味わいで、ダークチョコレート、ベリーフルーツ、レーズン、コーヒー豆のあと味。最初から最後までとにかくスムース。非常に重要な1品。まちがいなく、トスカーナでは希少な「偉大なカベルネ・ソーヴィニヨンのワイン」。

Brunello di Montalcino La Fuga
ブルネッロ・ディ・モンタルチーノ・ラ・フーガ
イル・パレートと比較するために、つい最近試飲をして、衝撃を受けた1品。試飲した2003年（まさにブルネロ・スキャンダルの年）に

右：テロワール重視のワインづくりに、ビジネス手法を取り入れたアンブロージョ（父）とジョヴァンニ（息子）

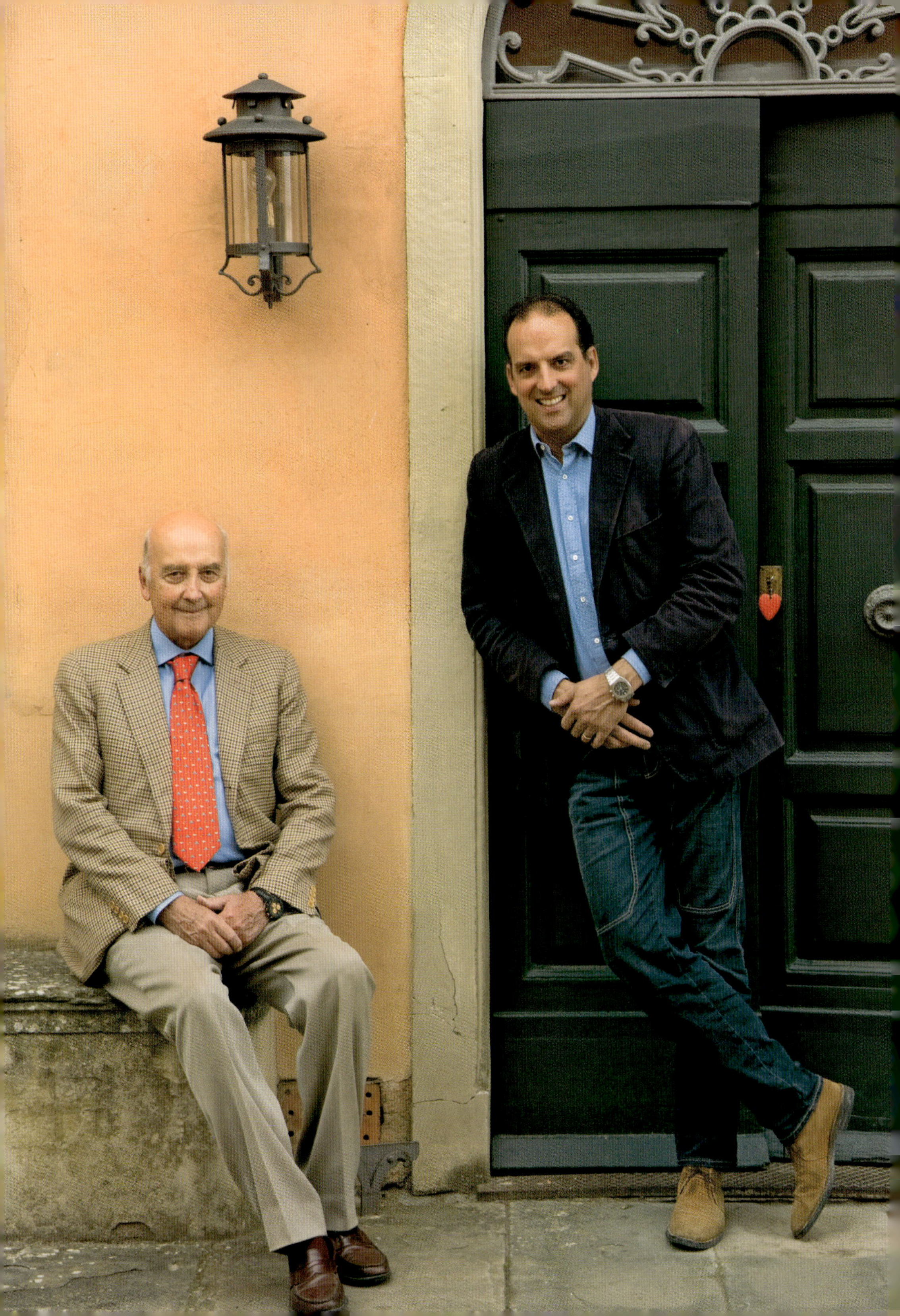

TENUTE FOLONARI

ついて、私は試飲メモにこう書いている。「サンジョヴェーゼのような見た目(さほど深い色ではなく、オレンジ色を帯びはじめた)、サンジョヴェーゼのような香り(良質のブルゴーニュのように高貴に熟れた)、サンジョヴェーゼのような味わい(しっかりした酸味、円熟味、タンニンが感じられるが硬すぎない)。まさにサンジョヴェーゼとしか言いようがない」

Cabreo　カブレオ
あまりに国際種の味わいが強すぎて、私個人としてはこれまであまり好きになれなかったワイン。現代的なスタイルの**Cabreo Il Borgo**(カブレオ・イル・ボルゴ)(サンジョヴェーゼ70%、カベルネ・ソーヴィニョン30%の赤)はやはりそう感じたが、その一方、最近試飲した白の**Cabreo La Pietra**(カブレオ・ラ・ピエトラ)はオーキーで、濃厚すぎるスタイルから脱却できたように感じた。ブルゴーニュのシャルドネという特色が前よりも消え、より鋼のようなミネラルが強くなった印象。偉大なシャルドネ・ワインではないが、かなり満足できる。

カンポ・アル・マーレ・ボルゲリ・DOC
町の名前を冠した、メルロー(60%)にカベルネとプティ・ヴェルド(20%ずつ)をブレンドしたワイン。成熟したスムースな典型的ボルドー・スタイル。複雑さに欠ける点を、飲みやすさで補っている。

上:トスカーナにある、フォロナーリ所有の7つの地所のうちの1つ、ノッツォーレ。イル・パレートの原料となる、秀逸なカベルネを生み出している

**テヌータ・アンブロージョ・エ・ジョヴァンニ・フォロナーリ
(Tenute Ambrogio e Giovanni Folonari)**
総面積:385ha　葡萄作付面積:90ha
平均生産量:400,000ボトル
住所:Via di Nozzole 12, 50020 Panzano in Chianti, Florence
電話:+39 05 58 59 811
URL:www.tenutefolonari.com

CHIANTI CLASSICO | GREVE IN CHIANTI

Fattoria La Massa　ファットリア・ラ・マッサ

このワイナリー紹介のために、まずは「ワインに関する主義」というテーマから始めたいと思う。色々な場所でも主張しているように、私は「キアンティ・クラッシコ(またはブルネッロ、あるいはヴィーノ・ノービレ)に、フランス産葡萄品種(ボルドー、ローヌなど)のブレンドを許すのは間違いだ」という主義である。伝統的なワインとして、キアンティは中央イタリアの土壌や気候だけでなく、その果実味までも表現しなくてはならないと思うからだ。とはいえ、誰もが持っている「他の地域の葡萄を栽培し、それを用いてブレンド・ワインや単一品種のワインをつくる権利」を奪うことはできない。特にカリフォルニアやオーストラリア、南アフリカの人々は、実際にその権利の恩恵を受けているのだ。

ジャンパオロ・モッタは、キアンティでボルドー・スタイルのワインをつくろうとしたのではない。むしろ、その2地域の特徴を併せもつワインづくりを目指している。

だからこそ、ラ・マッサ(パンツァーノのコンカドーロにある、全面南向きのすばらしい葡萄畑)のオーナー、ジャンパオロ・モッタが「ワインづくりに関する規制から自由になるため、自分のワインをDOCGシステムからIGTに格下げする」という決断を下したとき、私は快哉を叫んだ。そもそも、北からではなく南——ナポリ——からトスカーナにやってきたという点からして、ジャンパオロは異例だ。しかも、彼はボルドー種のワインづくりに情熱を燃やしていたのである。といっても、彼はキアンティでボルドー・スタイルのワインをつくろうとしていたのではない。むしろ、その2地域の特徴を併せもつワインづくりを目指し、実際にすばらしい仕事を成し遂げているのだ。

トスカーナの様々な土地で修行したあと、ジャンパオロがこのすばらしい畑を購入したのは1992年のことだ。最初から、彼にはカルロ・フェリーニという心強い味方がいた。当時、コンサルタントとして独立したばかりの彼を、エノロゴ兼アグロノモとして迎えたのだ。

それからというもの、ジャンパオロは驚くほど熱心に試行錯誤をくり返し、ついに2006年ヴィンテージで「転換点を迎えた」と確信するに至ったのである。

その間、彼が実施した改革のすべてを書こうとしたら、いくらあってもスペースが足りない。1つだけ、公的には「オーガニック」と銘打ってはいないものの、彼がボローニャ大学の協力を得て、畑の区画ごとの特殊な土壌と微気候に細心の注意を払いながら、非常に環境に優しい葡萄栽培を行っていることを知ってもらえれば十分だろう。葡萄栽培と熟成の方法は、もちろんボルドー・スタイルで行われている。

極上のワイン

Giorgio Primo　ジョルジョ・プリモ
ジャンパオロは2つのワインしかつくっていない。彼の誇りであり、喜びでもあるのが、このジョルジョ・プリモ(1993年にキアンティ・クラッシコとして生まれたが、2002年からIGTトスカーナになった)だ。今日、ブレンドはサンジョヴェーゼとメルローが30%ずつ、カベルネ・ソーヴィニョンとプティ・ヴェルドーが10%ずつという割合になっている。このすべての品種が例外的に遅い収穫で、特にサンジョヴェーゼは10月後半まで収穫されない。2006年★が深い色合い、濃厚な味わい、口の中で広がる芳醇さが楽しめる。しっかりとした構造が、完熟の、それでいて優雅な果実味を支えている。フランス産バリックによる18カ月熟成のため、ややオーキーであるが、明らかにワインは年を重ねるごとに調和していくだろう。すばらしい長期熟成型。

La Massa IGT　ラ・マッサ・IGT
こちらも2003年まではキアンティ・クラッシコだったワイン。ジャンパオロはこれを「セカンド・ワイン」と呼びたがらないが、ジョルジョ・プリモと似たようなブレンド(サンジョヴェーゼ60%、カベルネ・ソーヴィニョン10%、メルロー30%)で、セカンド・セレクション(どちらのワインの葡萄も同じ畑から収穫)であることを考えれば、そう呼ばざるを得ないだろう。ただし、味は決して「2級」ではなく、高い品質を誇るワインだ。

ファットリア・ラ・マッサ(Fattoria La Massa)
総面積：55ha
葡萄作付面積：27ha
平均生産量：120,000ボトル
住所：Via Case Sparse,9, 50020 Panzano in Chianti, Florence
電話：+39 05 58 52 72 2
メール：info@fattorialamassa.com

125

CHIANTI CLASSICO | RADDA IN CHIANTI

Castello di Volpaia カステッロ・ディ・ヴォルパイア

「トスカーナで最も保存状態のよい城」として有名なヴォルパイア城の一帯は、元々は要塞化された集落であった。この城は11世紀、隙あらば攻め込もうというシエナ軍への防御の一部として、フィレンツェに建てられたものなのだ。それからフィレンツェ対シエナの戦いは何世紀にも渡って続いたが、ついに16世紀半ば、シエナ陥落によって終結を迎えた。そしてようやく訪れた平和な雰囲気の中、ヴォルパイアのような要塞化された町の城壁の向こう側でも、次々と農場が作られていったのである。

前述のとおり、1950年代、メッツァドリーア・システムが廃止され、多くの地所が売りに出されることになった。伝統的な石造りの農家や城、大邸宅、村ごと全部、あるいは、何百ヘクタールにも及ぶ農地が使用人付きで、破格の安値で叩き売りされたのだ。それはまさしく"お買い得商品"を狙うハンターたちには願ってもいない瞬間だった。誰もが「そのとき、見捨てられたどこかの地所を手に入れていれば、今頃は大金

トスカーナ・ワイン復活の立役者であるヴォルパイアは、トスカーナの葡萄畑の近代化にも大きく貢献してきた。

持ちになっていたかも」と思わずにはいられないだろう。だが、私たちのほとんどがそれを実行に移すことなく、今に至っている。対照的に、本当にそれを実行に移したのがラッファエッロ・スティアンティであり、現在このワイナリーを運営しているのがその娘ジョヴァネッラなのだ。さらに、そんな彼女を手助けしてきたのが、アグロノモ兼エノロゴのロレンツォ・レゴリと「空飛ぶ醸造家」として有名なリッカルド・コッタレッラであり、彼女の息子マスケローニ・スティアンティ（2006年から参画）なのだ。

トスカーナ・ワイン復活の立役者であるヴォルパイアは、トスカーナの葡萄畑の近代化にも大きく貢献してきた。

おそらく、ヴォルパイアのワインで最も大切なのは、やや特別なテロワールによる、そのスタイルの特殊性

だろう。ここの葡萄畑は南東から南西に面した、日当りのよい絶好のロケーションにあるうえ、450〜650mという高度も気候変動のよい影響を受けている。そのうえ、ヴォルパイアでは高品質のワインづくりを目指す、能力ある人々を配慮の行き届いた待遇で迎えているのだ。そんな彼らの試行錯誤の結果、この畑にとって理想の植栽密度は5500本／haであること、仕立ては（手はかかるが）コルドンよりギュイヨの方が適していること、畑の主たる土壌に最適な台木が110Rであること、急斜面ゆえの浸食を防ぐために畝幅を考慮した植栽が必要なことがわかったと言っても過言ではない。実際、彼らは葡萄樹の改善のためならどんな努力も惜しまない人々だ。畑で接ぎ木を試し、マッサル選抜を行い、クローンの改良に取り組み、2000年からは有機栽培の原則を着実に取り入れている。

にもかかわらず、ここのワインは（少なくとも最近まで熟成されていたものは）繊細さというよりは力強さ、また凝縮やコクというよりは優雅さが勝っているように思える。おそらく高度の影響もあるだろうが、一番の理由は、ヴォルパイアの土壌がキアンティ・クラッシコの典型的なそれとは異なる点にある。ここの土壌は粘土質、チョーク質の割合が低く、砂質土壌が勝っている。特に、畑の上にいくほどこの地域特有の砂岩の割合が高くなるのだ。これらの土壌は浸透性が高く、窒素含有量に乏しいが、微量元素が豊かであることがわかっている。

これらの独特な魅力を持つ、型にはまらないワインの監督役に、リッカルド・コッタレッラは本当に適任か——そんな疑問を口にする者も中にはいる。私の意見を言わせてもらえれば、彼が加わって以来、ここのワインの葡萄の定義づけが改善されたと思う。だがその分、ヴォルパイア特有のテロワールが生み出す、目には見えない特徴がなくなってしまったような気もする。

右：先見の明のあった父が購入したカステッロ・ディ・ヴォルパイアを受け継いだジョヴァネッラ・スティアンティ。夫のカルロ・マスケローニと共に

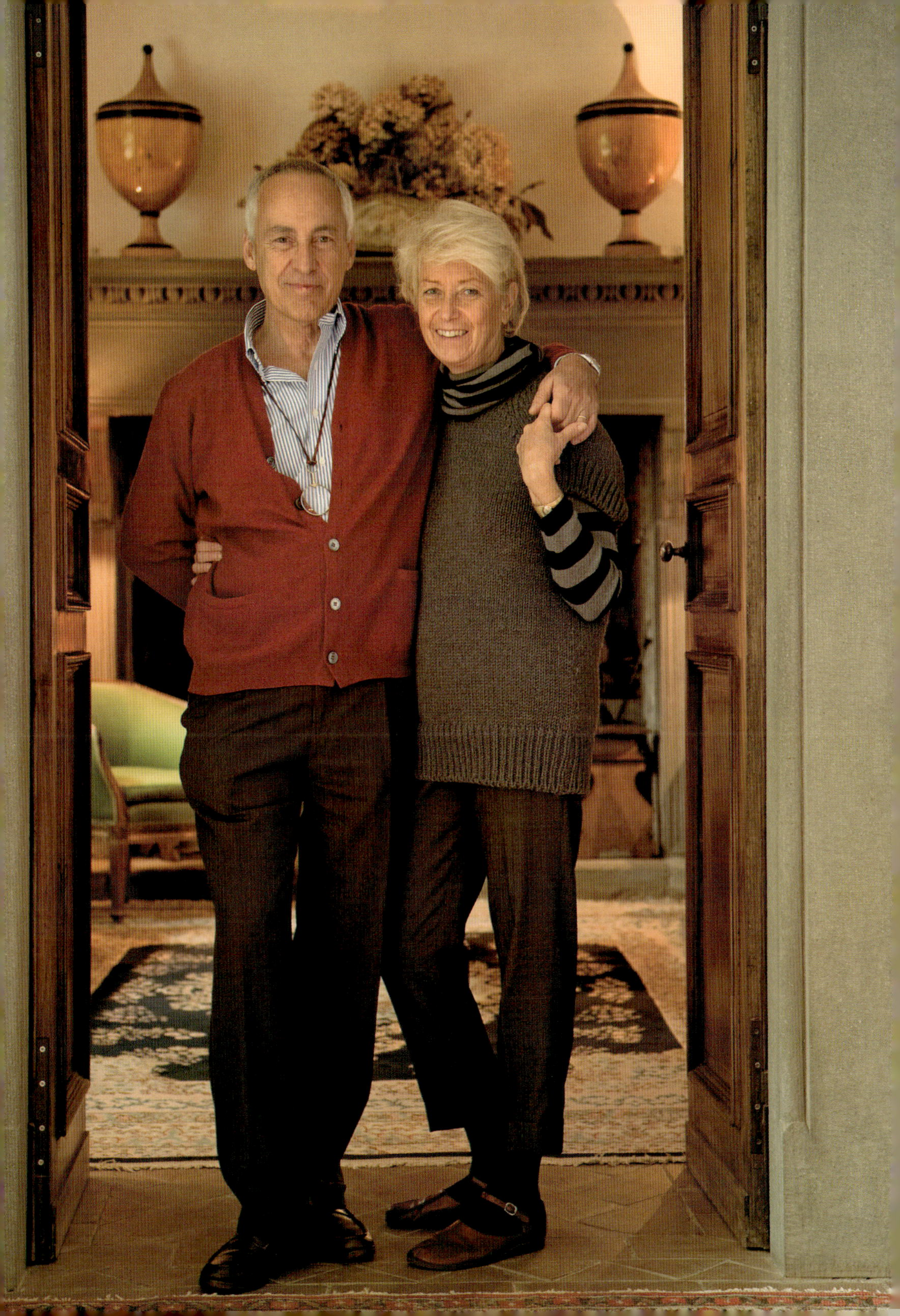

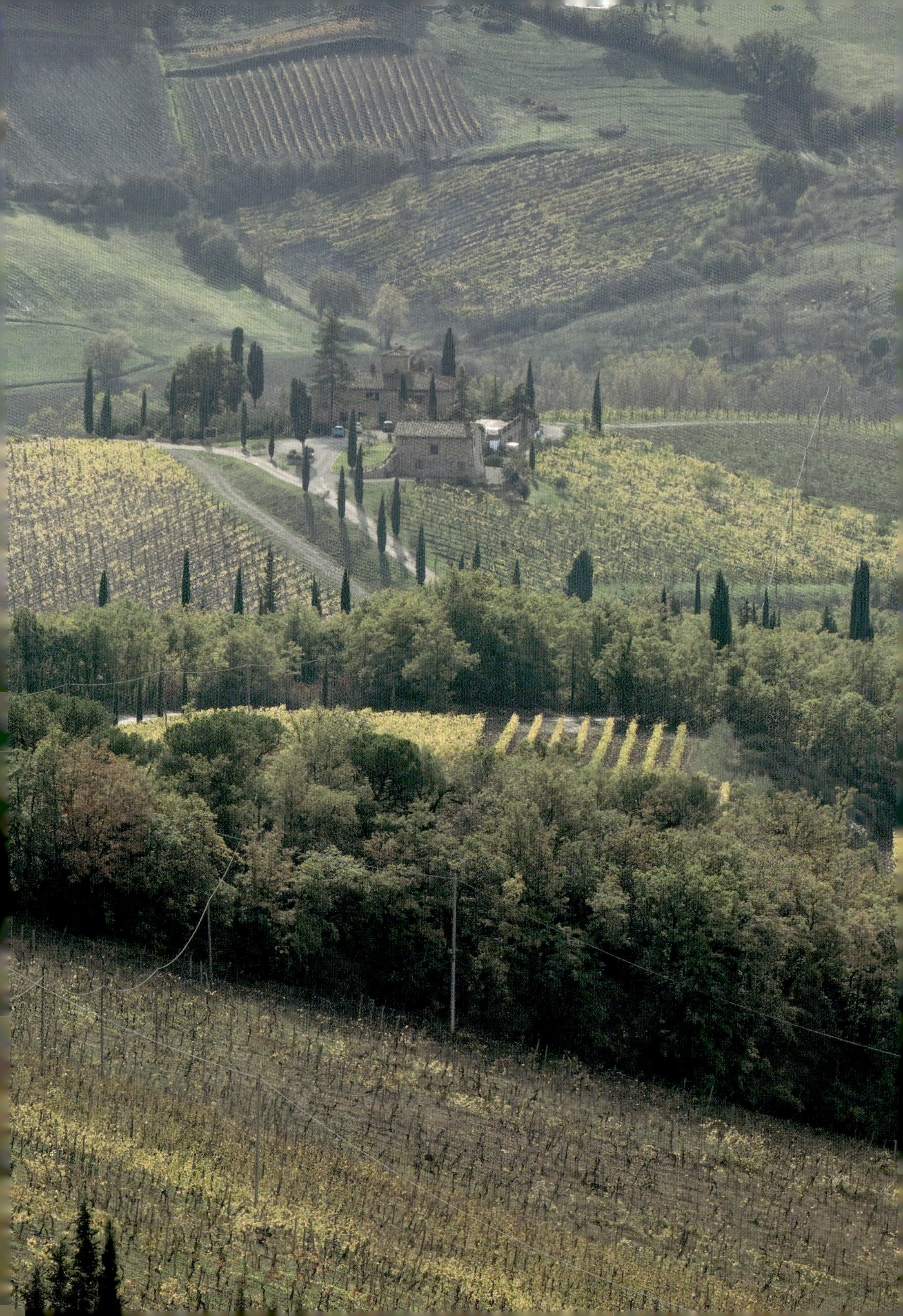

CHIANTI CLASSICO | RADDA IN CHIANTI

極上のワイン

Chianti Classico Riserva Coltassala
キアンティ・クラッシコ・リゼルヴァ・コルタッサラ
この単一畑のワインはヴォルパイアの顔だ。最初のヴィンテージは1980年で、そのとき以来、「95％のサンジョヴェーゼと5％のマンモロ」というスタイルを続けている。モンテプルチャーノでよく使用されるマンモロが、キアンティ・クラッシコ・リゼルヴァにブレンドされることは滅多にない。実際、このブレンド方法は1998年、「この呼称の正当性を実証したい」という大胆な決断によって生まれたものだ。当時、スーパー・タスカンのカテゴリ（ヴィーノ・ダ・ターヴォラ、のちのIGT）よりもはるかに値段が低かったにもかかわらず、コルタッサラを敢えてキアンティの中に入れたのである。1995、1997、2001年のような当たり年のものは15年の熟成にも耐えられるだろう。しっかりとした構造と香りが楽しめる2005年は、葡萄の出来がよくなかった年にしては秀逸な仕上がりである。

Chianti Classico Riserva
キアンティ・クラッシコ・リゼルヴァ
コルタッサラ同様、すばらしい味わいのワイン。実際、2005年★はこちらの方が出来がよい。それはおそらく、こちらは新しいオーク樽を使用していないからであろう（スラヴォニア産大樽が80％、新品のバリックが20％）。最高の葡萄畑から選りすぐられた葡萄によってつくられたキアンティ・クラッシコ・リゼルヴァで、洗練された上品さと卓越したバランスが感じられる。

Chianti Classico　キアンティ・クラッシコ
ふだん飲むためのワイン（90％のサンジョヴェーゼ、10％のメルローとシラー）。2006年[V]のように、このクラスのワインにしては非常に洗練され、優雅な1品。

Balifico　バリフィーコ
単一畑のスーパー・タスカン・IGT。1987年に登場して以来、「3分の2がサンジョヴェーゼ、3分の1がカベルネ・ソーヴィニヨン」という手法はまったく変わっていない。繊細かつ優雅な2005年が期待できる。

Vin Santo　ヴィン・サント
最低5年間はカラテッリで熟成される。見事なバランスで、砂糖漬けの果物およびトロピカルフルーツの風味。このジャンルの中で最高品質の1つ。

上部左、右：ヴィン・サント用の葡萄。キアンティ用の樽
左：非常に好条件の葡萄畑の中にある醸造所

カステッロ・ディ・ヴォルパイア (Castello di Volpaia)
総面積：368ha
葡萄作付面積：46ha
平均生産量：250,000ボトル
住所：Localita Volpaia, 53017 Radda in Chianti, Siena
電話：+39 05 77 73 80 66
URL：www.volpaia.com

129

CHIANTI CLASSICO | RADDA IN CHIANTI

Montevertine　モンテヴェルティーネ

マルティーノ・マネッティがオーナーになり、いまやモンテヴェルティーネは、明らかに第2世代に突入したと言えよう。第1世代の伝統を活かしつつ、それ以上のものを目指す姿勢が貫かれている。第1世代を築いたのは、キアンティ・クラッシコ現代史に多大な影響を及ぼした最も革新的な人物、故セルジオ・マネッティである。セルジオこそ、4半世紀前に原産地呼称にとらわれないワインづくりを目指し、それまでの因習を打破した人物なのだ。彼は経済的、政治的影響力を持っていたわけではない。だが、彼には神によって与えられた"声"があった。その声をそのまま発し、また書き記した結果、セルジオはトスカーナ・ワイン復活の象徴となったワイン、レ・ペルゴーレ・トルテをつくりあげたのである。

モンテヴェルティーネの物語は1967年（マルティーノ誕生の3年前）、ポッジボンシの実業家だったセルジオが、ラッダ・イン・キアンティの地所を購入したときから始まった。このとき、入札したのはセルジオ1人だったという。というのも、当時この地所は水道、ガス、電気のいずれも使用できず、マルティーノの言葉を借りれば「中世的」だったのだ。ただし、セルジオは元々この土地を本格的なワインづくりのためでなく、自分自身や友人たちが楽しむための別荘として購入したという。1968年、彼はレ・ペルゴーレ・トルテの畑に葡萄樹を植え（ただし、この名前のワインはそれから10年、表舞台に出ることはなかった）、旧友ジュリオ・ガンベッリ（いまやエノロゴ、マスター・テイスターとして有名）に指導を仰ぐことになる（マルティーノいわく「ジュリオは常に私たちのコンサルタントであり、友だちであり、神なんだ」）。70年代半ば、セルジオは宿泊所付きの醸造所を設置し、さらに植栽に励むようになる（どちらもガンベッリのアドバイスだという）。その中にはソダッチョ（のちに、この畑の名前を冠したワインが、レ・ペルゴーレ・トルテと同じくらい有名になった）の葡萄畑も含まれていた。友人たちから「経済情勢が悪化している時期に、農業に投資するなんて馬鹿げている」とたしなめられ、実際、最初の数年は困難が続いたが、それでもセルジオはあきらめなかった。この頑固ぶりこそ、息子マルティーノが「尊敬している」と語る、父セルジオの強みだったのだ。

セルジオがはじめて「特別なワインをつくる必要がある」という使命感を覚え、レ・ペルゴーレ・トルテの畑のサンジョヴェーゼ（100%）から試験的にキュヴェをつくったのは1975年のことだった。つづく1976年は見送ったが、1977年、セルジオはまたしても次の挑戦を試みる。十分な量のワインをつくり、アメリカのエージェント、ニール・エンプソンがドメーヌ・ド・ラ・ロマネ・コンティから調達してくれた5つのバリックで熟成をしたのだ。

「基本的に、レ・ペルゴーレ・トルテに関しては、今でも改めるべきところはほとんどないんだ」とマルティーノは語る。「たしかに、醸造所では醸造装置をいくつか変更した。でも、私たちは機械による温度調整はいっさい行っていない。それにマセレーションには最大3週間かけ、まだグラスライニングのコンクリートタンクで発酵を行い、バリックで6カ月、さらに大きなボッティで18カ月かけて熟成をしているんだ。ただし、ボッティのいくつかはスラヴォニア産じゃなくて、アリエ産だけどね。あと、ボトリングのときにも濾過はしていない。1999年までは、オリジナルの葡萄園から獲れた葡萄しか使っていなかった。2000年にはじめて、新しい葡萄園の葡萄も使うようになったんだ」

モンテヴェルティーネの歴史を語るとき、絶対にはずせないのが、セルジオ・マネッティがキアンティ・クラッシコ品質保護協会に挑んだ壮大な戦いだ。1981年、彼の葡萄畑の圧倒的な評判を聞きつけ、協会は彼のワインをキアンティ・クラッシコに含めようとした。やって来た試飲委員会のメンバーに対し、セルジオはレ・ペルゴーレ・トルテを「キアンティ・クラッシコ・リゼルヴァ」として認めるように要請する（当時の法律により、キアンティ・クラッシコはブレンド・ワインである必要があった。それゆえ、サンジョヴェーゼ100%のこのワインのラベルには「ヴィーノ・ダ・ターヴォラ」と記されていたのだ）。だが委員会はこれを拒否。マネッティ家の醸造所の壁には、そのときの文書（「ボトリングには不適切」）がいまだに飾られている。その翌年、激怒したセルジオはすべてのワインをDOCから撤退。独自の「ヴィーノ・ダ・ターヴォラ」という呼称（現在は「IGT」）に再分類したのである。父のこ

右：娘グロリアと伝説となった父セルジオの写真と共に微笑む、マルティーノ・マネッティ

130

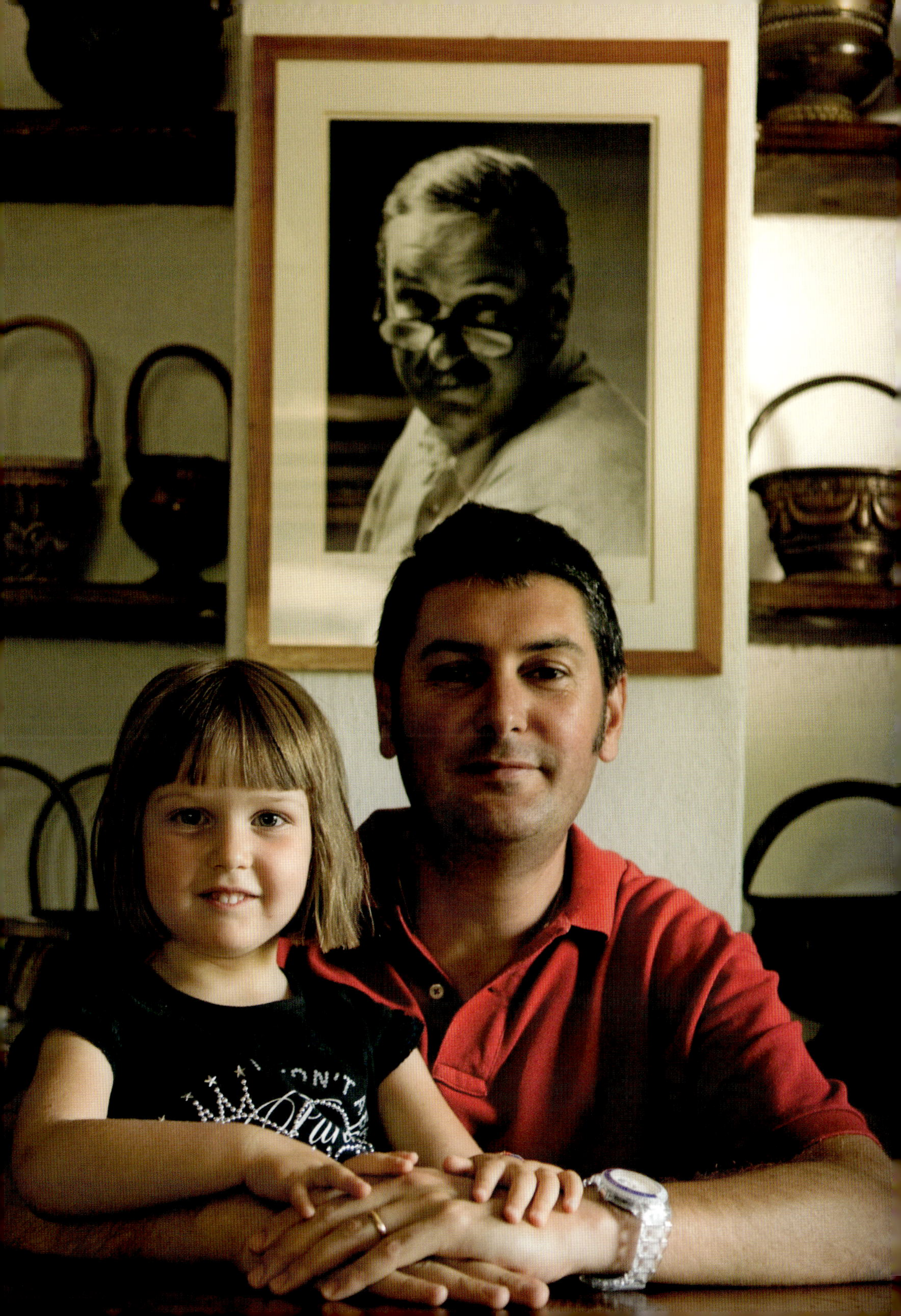

MONTEVERTINE

のポリシーを引き継いだ息子はこう語る。「父は二度とあの呼称システムに戻るつもりはなかったんだと思う。あのシステムは、本当の消費者のためではなく、ジャーナリストのためにワインづくりをしている、大規模な生産者たちによって牛耳られているのだから」さらに、彼はこう主張した。「私は自分でもびっくりしてしまうようなワインをつくりたい。優雅で、香り高く、口に含むと長く楽しめるようなワインをね。それに、そのとき口にしている食事にもぴったり合うワインがつくりたい」まさにレ・ペルゴーレ・トルテは、これらの条件をすべて満たすワインと言えよう。いや、それ以上のワインと言っても過言ではない。

極上のワイン

モンテヴェルティーネのワインは、トップ・ワインがレ・ペルゴーレ・トルテ。セカンド・ワインがモンテヴェルティーネ、ベーシック・ワインがピアン・デル・チャンポロの3つだ。かつては4番目のワイン、イル・ソダッチオもあった。畑が病害にやられて以来、このワインは復活していない。

Le Pergole Torte　レ・ペルゴーレ・トルテ

1979年までさかのぼる垂直試飲の機会を得たが全般を通じて、優雅さと純粋な果実味が強く印象に残った。少なくとも、この品種独特の個性が感じられたのだ。マルティーノが言うように「そのワインを台無しにしないよう、あらゆる手を尽くせば」、サンジョヴェーゼは十分卓越したワインを作り出せる品種なのである。

1990年リゼルヴァ★（マグナム）：セルジオ・マネッティがキアンティ法に挑んだときの摩擦の名残りが、ネック・ラベルに感じられる。本来なら「ガッロ・ネッロ（黒い雄鶏）」であるところ、これは「バッフォ・ネッロ（黒い口ひげ）」の男がラベルにあしらわれているのだ。新鮮なチェリーと地中海特有の雑木林の風味。口に含むと、最初は密やかなスタートだが、やがて果実味が爆発し、そこからすばらしい味に発展する。「これぞ真の偉大なサンジョヴェーゼだ」。

1999年：あざやかで、澄んでいる。ストロベリーとラズベリーに少し花の香りが加わる。程よい果実味と酸味のバランス、熟れたタンニン、優しいソフト・ベリーの味わい。魅力的で甘く、長いあと味。特筆すべきエレガンス。

2001年：明るく、中程度の深みの色合い。上品で地味だが、花、ハーブ、チェリーフルーツの可憐でピュアなアロマ。口に含むと、食欲をそそる酸味とサワーチェリーの味わいがいっぱいに広がる。やや厳格な味わいだが、非常に純粋なサンジョヴェーゼが楽しめる。今後が期待できる。

上：シンプルだが誇らしげなサインで示された、トスカーナにおいて特別な単一畑レ・ペルゴーレ・トルテ

モンテヴェルティーネ（Montevertine）
総面積：35ha
葡萄作付面積：15ha（3分の1は賃貸）
平均生産量：60,000～70,000ボトル
住所：Via di Barbiano 17, 53017 Radda in Chianti, Siena
電話：+39 05 77 73 80 09
URL：www.montevertine.it

CHIANTI CLASSICO | SAN CASCIANO

Fattoria Poggiopiano　ファットリア・ポッジョピアーノ

この仕事ぶりについては、多くを語る必要はない。「良質のワインをつくっている」という一言だけで十分だろう。オーナーであるバルトリ家は歯科医や靴製造業を営む一般人で、1992年、アンティノリからそう遠くない、このサン・カシャーノのやや寂れた屋敷を購入した。そして、テラスから南部フィレンツェの丘に面した絶景が楽しめる、住居と醸造所を兼ね備えた美しい住居を建てたのだ。

　最初は7haの葡萄畑からのスタートだった。ワインづくりの経験がほとんどなかった彼らは、新進気鋭のコンサルタント・エノロゴ、ルカ・ダットーマを迎える。ダットーマは、キアンティ・クラッシコをジューシーにする秘訣を心得ている人物だった（ジューシーでない点が、キアンティが憧れの対象になっても「飲みたい」とは思われない理由の1つと言えよう）。だからこそ、このワイナリーはフランス原産種をまったく使わずに、3

ポッジョピアーノの顔とも言うべきこのワインは、『ガンベロロッソ』誌でトレ・ビッキエリを何度も獲得。サンジョヴェーゼに最大15％までコロリーノを合わせたブレンド・ワインである。

種類のトップ・ワインを生み出せたのだ（とはいえ、ポッジョピアーノではフランス産バリックで熟成を行っている）。ダットーマが去った2006年、その後任になったのが、もう1人の「空飛ぶ醸造家」アッティリオ・パーリと、そのアシスタントであるヴァレンティノ・チャルラである。さらに、2008年からは葡萄栽培コンサルタントのステファノ・ディニも加わった。これだけサポート体制が整っていれば、ワインづくりが向上しない訳がないだろう。

　優れた効果をあげている彼らの"武器"と言えば、コロリーノだ。この品種はポッジョピアーノの葡萄畑の8％を占め、ここのワインに深さとしっかりした構造を与えている。特に、称賛の声が高いスーパー・タスカン、ロッソ・ディ・セーラはその典型と言えよう。一家が地所を購入した当時、畑には古い葡萄樹しか植えられていなかったが、それ以降、彼らはマッサル選抜した

ものを、フランスの有名な育苗業者ギロームに複製させて植え替えを実施したのだ。とはいえ、彼らのワインの純然たるフルーティーさは、明らかに古い畑に植えられていたサンジョヴェーゼの個性によるものだろう。現在、新たに植え替えられた畑の植栽密度は5000〜10000本/haで、CC2000プロジェクトで認可されたクローン（R23、R24）が植えられている。

極上のワイン

Rosso di Sera　ロッソ・ディ・セーラ
キアンティ・クラッシコに相当するが、商業的な理由からIGTトスカーナとして販売されている。15〜18カ月のバリック熟成。深さ、複雑さ、優雅さを兼ね備え、最低でも15年は熟成可能だろう（2004年★）。

Chianti Classico [V]　キアンティ・クラッシコ[V]
商業的に見て、上記よりもさらに重要な1品。実際、飲みやすさ・価格共に驚くほど優れている。サンジョヴェーゼに少量のカナイオーロをブレンドした、ストレートなキアンティ・クラッシコ。こちらもバリック熟成だが、主に新樽が用いられるロッソ・ディ・セーラに対し、こちらは旧樽がメインである。

Tradizione　トラディツィオーネ
最近ラインナップに加えられたワイン。品質・価格面で、ちょうど上記2つの間に位置する。"リゼルヴァ"とは異なる"キアンティ・クラッシコ・クリュ"という分類に相当。9000本/haの植栽密度の葡萄畑（「ヴィーニャ・ストレッタ」と呼ばれている）の葡萄を使用。明らかに「伝統」とは異なる豪華さ、贅沢さが楽しめる1品。

M'ama non M'ama　マーマ・ノン・マーマ
基本的に、バリックを使用しないIGT。名前の意味は「ママは私を愛してくれない」ではなく、「（ママは私を）愛している、愛していない……」という花占いの言葉のこと。程よい値段で飲みやすい、シンプルなワイン。

ファットリア・ポッジョピアーノ（Fattoria Poggiopiano）
総面積：29ha
葡萄作付面積：22ha
平均生産量：160,000ボトル
住所：Via di Pisignano 26, 50026 San Casciano in Val di Pesa, Florence
電話：+39 05 58 22 96 29
URL：www.fattoriapoggiopiano.it

133

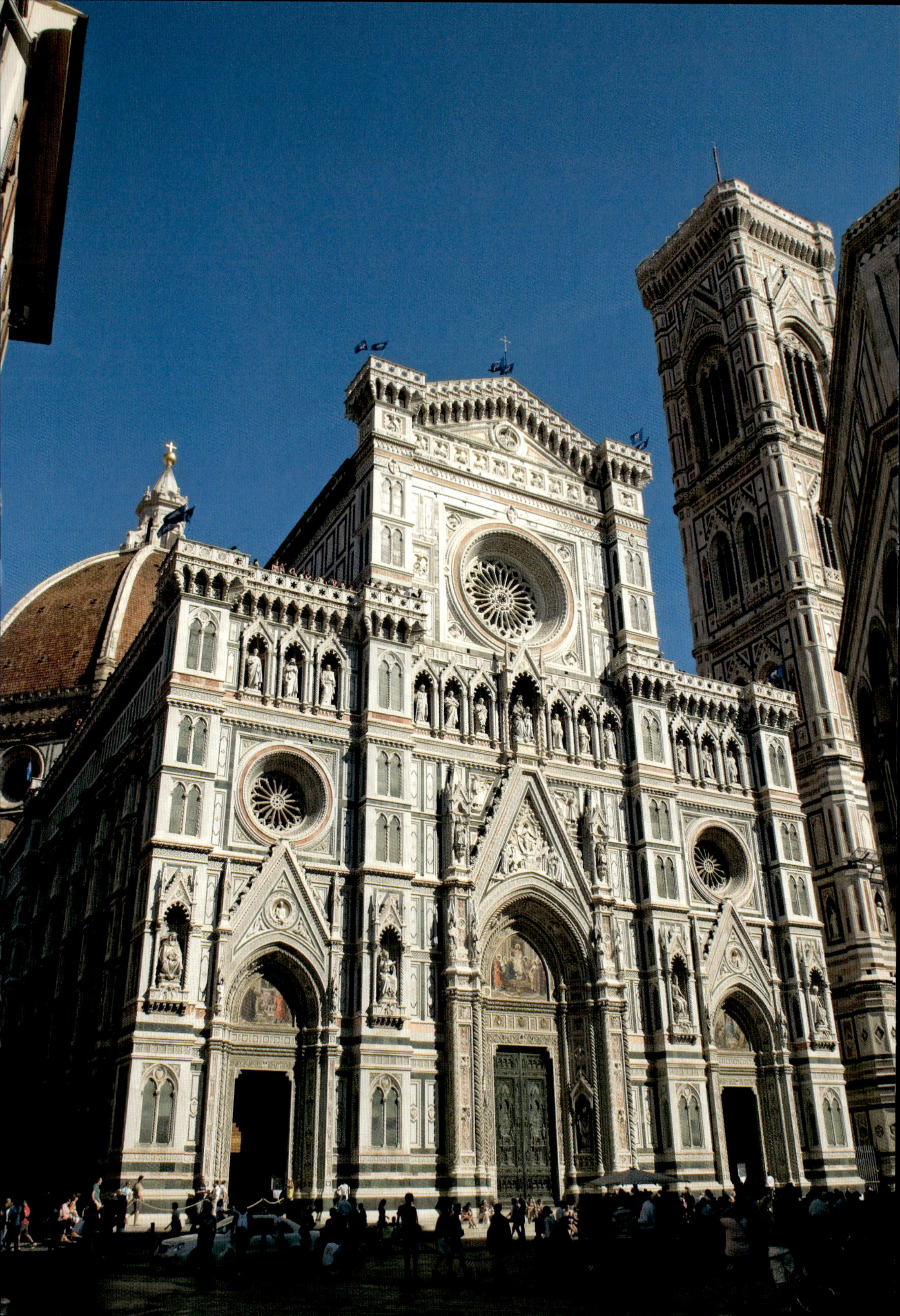

8　最上のつくり手と彼らのワイン

フィレンツェ東部・西部

こ れは正式なワイン区域の分け方ではない。むしろ「地理的にわかりやすいから」という理由による、この本のための分け方である。

フィレンツェ東部

この地域は3つに分けられる。まずはフィレンツェ、次にルフィナ（シエーヴェ川沿いに走る渓谷のやや北部にある地域。シエーヴェ川はポンタッシェーヴェのアルノ川に注いでいる）、そしてアルノ川の渓谷（別名ヴァル・ダルノ。ポンタッシエーヴェから、アペニン山脈へつながる手前の、アレッツォ県に向かって南に伸びた地域）だ。

フィレンツェ市は都会であり、実際に葡萄栽培を行うにはスペースが足りない。とはいえ、いまだにあちこちに葡萄畑の区画が存在する。このフィレンツェで最も注目すべきは、ワイン界の2人の巨人――アンティノーリとフレスコバルディ――の本部があるという点だ。彼らの葡萄畑の範囲はこの地域から拡大し、今でははるか遠くの地域まで広がっている。

ルフィナ――中程度の大きさの、典型的なトスカーナ都市――にあるのは、外観の立派さよりはむしろ機能にこだわったワイナリーである。とはいえ、その周囲を取り囲む丘陵の美しさは何ものにも代え難い。ワイン生産に関して言えば、ここは量的には最小だが、品質的には（特にクラッシコとは別の、キアンティ・ルフィナを生産するサブゾーンとして）見逃せない地域である（いつもそうなのだが、ルフィナはルッフィーノとよく混同される。まったくの偶然だが、ルッフィーノの本拠地がルフィナ地域内にあるため、よけいにややこしい）。またルフィナはもう1つのDOC（G）ゾーン、ポミーノ（ルフィナよりもずっと高い高度に葡萄畑がある）とつながっている。ちなみに、ポミーノは1716年、トスカーナ大公コジモ3世が「4つに限定した、特別なワイン生産地域」のうちの1つである。

キアンティ・ルフィナに関するワイン法は、キアンティ・クラッシコのそれとはやや異なるものの、基本的にはよく似ている。主な違いは、サンジョヴェーゼのヘクタール当たりの最大収量が75キンタル（クラッシコは80キンタル）であること、そして10％の白葡萄のブレンドが義務づけられていること（これは事実上、今日では誰も行っていない）の2点である。ポミーノ・ロッソに関するワイン法はもっと"国際的"だ。サンジョヴェーゼは最低50％、そのブレンドとしてピノ・ネーロかメルローの50％までの使用が認められている。

アルノ渓谷の生産者たちは、その種のルールをより自由に解釈している。あるいは、ルールなしで済まそうとしているようにさえ思える。

フィレンツェ西部

この部分も3つの地域に分けてある。1つはカルミニャーノ、次にルッカとモンテカルロ、そしてピサ内陸部だ。カルミニャーノは東西に伸びるフィレンツェとピストイアの間の三角地帯（モンテ・アルバーノと周辺の丘陵が平原から突き出した地域）のちょうど中心に当たる。キアンティ・モンタルバーノという銘柄の威信はすでに失われ、生産者たちはDOCGにとらわれないワインづくりに精を出しているようだ。カルミニャーノは前述のコジモ3世の「4つの限定生産区域」の1つに当たる。その後、長く停滞時期が続いていたが、その状態からの復活を見事成し遂げたのがウーゴ・コンティニ・ボナコッシである（カペッツァーナ参照）。

ルッカはいかにも中世らしい壁で守られた、とびきり保存状態のよい町で、コッリーネ・ルッケージDOC（赤と白があるが、赤の方がよい）とモンテカルロDOC（前者と異なり、誰もが正確に発音できる名称の恩恵を受けている）を生み出している。幅広い葡萄品種のラインナップの中から白ワインづくりに賭ける人々もいるが、いまだ大きな成功は見られない。

ピサのワインは、キアンティ・コッリーネ・ピサーネ（モンタルバーノ同様、威信はすでにほぼ失われている）、モンテスクダイオ（同じく威光はない）を含む"寄せ集め"である。なお、実質上、内陸スタイルのもの（ギッツァーノやサンジェルヴァジオ）と、より海岸沿いのスタイルのもの（マレンマのカステッロ・デル・テッリッチョやカイアロッサ）とはハッキリ区別して考えた方がよいだろう。

左：フィレンツェにあるサンタ・マリア・デル・フィオーレ大聖堂
次頁：キアンティのサブゾーンとして有名なルフィナの起伏に富んだ美しい風景

135

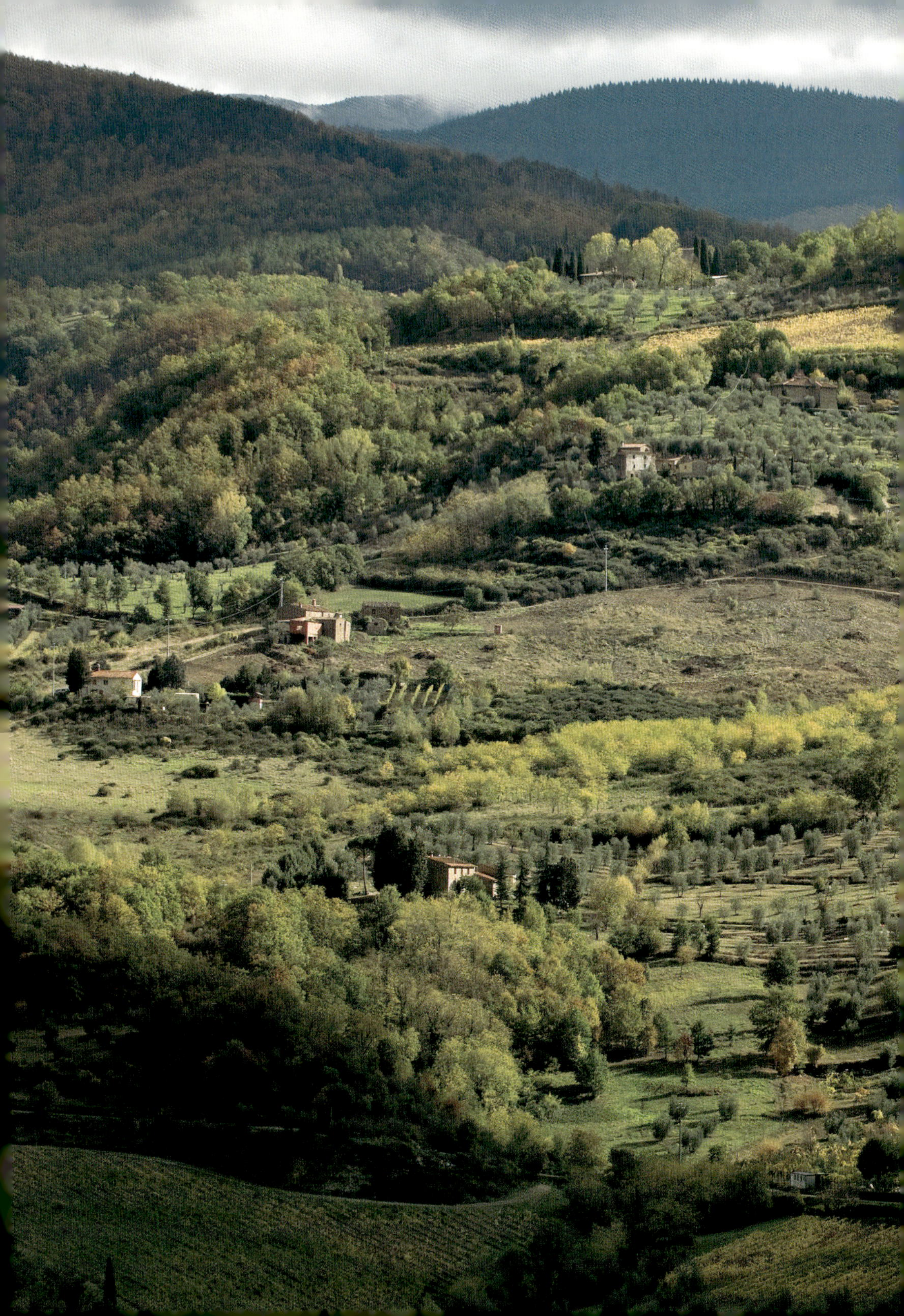

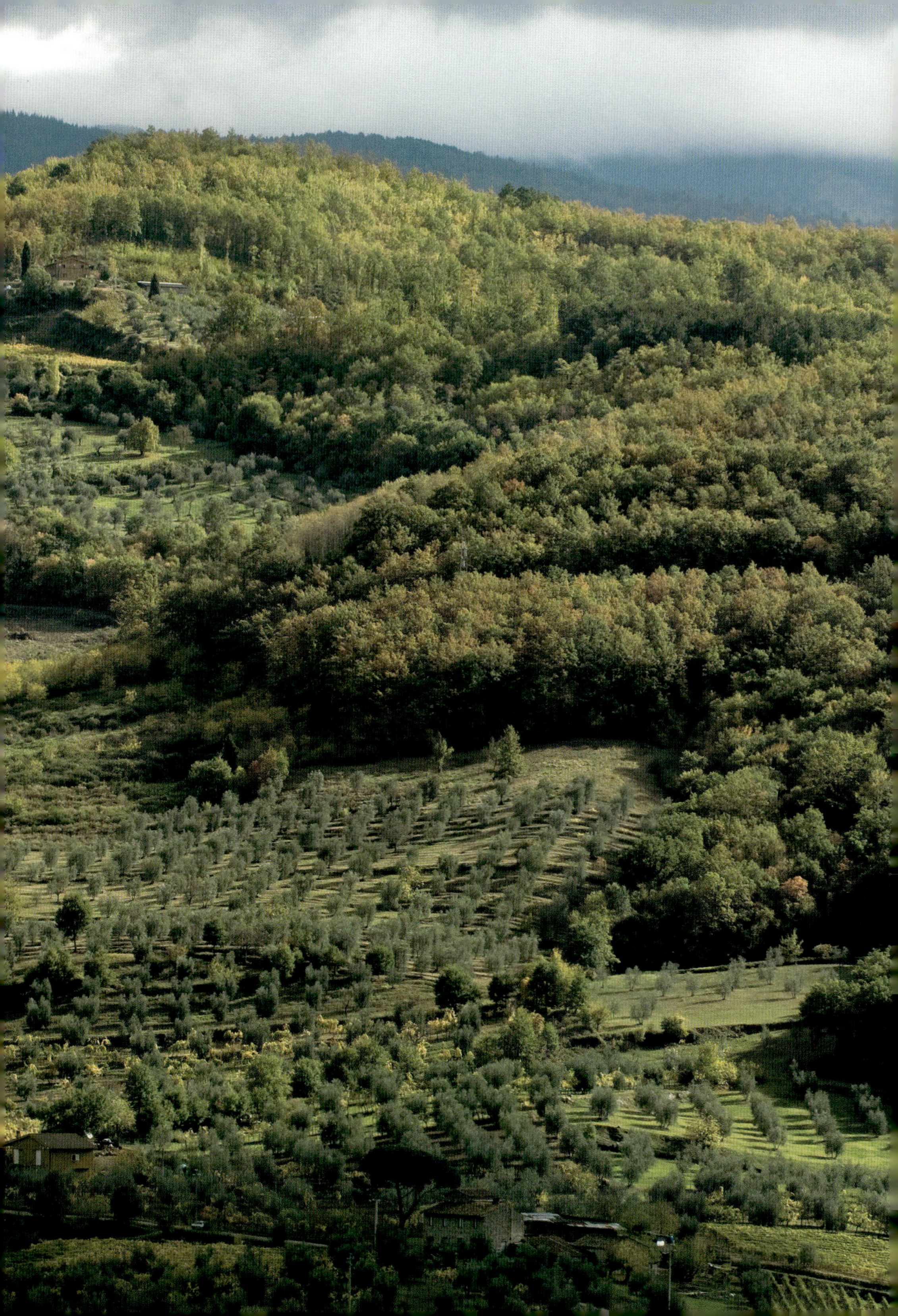

FLORENCE

Marchesi Antinori　マルケージ・アンティノーリ

　アンティノーリ。この高品質を誇る、現代イタリアワインを代表する巨人については、すでに色々なことが語られ、また記されている。おそらく、ここでそれをすべてくり返すのは時間の無駄であろう。そこで一般的な話は最小限にし、この本のために、私がアンティノーリのワイン（トスカーナだけでなく、世界中で生産されている）の中から厳選した4つの銘柄について詳説したいと思う。

　最小限にするとはいえ、まずはアンティノーリ家の歴史をざっと振り返っておく必要があるだろう。この一族に関しては、1285年、絹織物メーカーのギルドに加入したという記録が残っている（当時のフィレンツェ経済にとって、絹織物業は重要産業であり、20世紀に入ってもそれは変わらなかった）。ワインビジネスに着手したのは1385年、ジョヴァンニ・ディ・ピエロ・アンティノーリがフィレンツェ・ワイン商組合に加入した年である。1506年には、ニコロ・アンティノーリがフィレンツェ建築を最も見事に表現した宮殿を購入。これに一家の名前（アンティノーリ宮殿）を冠し、そこを本拠地にしたのだ。だが16世紀、アレッサンドロ・アンティノーリがヨーロッパおよび北アフリカで、フィレンツェのワインを安価で売り払ってしまう。そこで1898年、まじめなワイン生産者および販売者として、「ファットリア・デイ・マルケージ・ロドヴィーコ・エ・ピエロ・アンティノーリ」というタイトルのもと、組織が再編成されたのだ。26代続くアンティノーリ家は、その間ずっとトスカーナ・ワインの取引に関わってきた。だがその中でも、現当主ピエロ・アンティノーリほど大きな成功を収めた人物はいないだろう。誰もが認めるように、彼こそ世界のワイン市場でイタリアワインの基準を引き上げた立役者なのだ。彼の跡継ぎには、アルビエラ、アッレーグラ、アレッシアという非常に有能な3人の娘が控えている。この先も脈々とこの一族の伝統は受け継がれていくに違いない。

　近年、アンティノーリ家はイタリア国内での葡萄畑取得に精力を傾けている。実際、少し前まではトス

右：1506年購入以来、本拠地となっているフィレンツェのアンティノーリ宮殿でくつろぐマルケージ・ピエロ・アンティノーリ

26代続くアンティノーリ家は、ずっとトスカーナ・ワインの取引に関わってきた。だがその中でも、現当主ピエロ・アンティノーリほど大きな成功を収めた人物はいないだろう

カーナだけだったのに、今ではキアンティ・クラッシコ、モンタルチーノ、モンテプルチャーノ、コルトナ、マレンマ南部、ボルゲリ、コッリ・フィオレンティニに畑を持っているのだ（おまけに、私が本書を執筆している間にも、6つの畑を手に入れてしまった）。ではそろそろ、3つの異なる地所から生まれる、4つのワインを集中的に紹介しよう。どれもマルケージ・アンティノーリを象徴するワインである。

極上のワイン

Tignanello　ティニャネッロ

最初に紹介すべきは、やはりティニャネッロだろう。これこそ、トスカーナのワインづくりの低迷を最初に打破したワインなのだ。テヌータ・ティニャネッロ（のちに「サンタ・クリスティーナ」という名称に変更）から生まれたこのワインは、1970年、はじめはキアンティ・クラッシコ・リゼルヴァとして発売された（サンジョヴェーゼとカナイオーロおよび白葡萄のブレンドだが、フランス産バリックで熟成）。だが1971年、白葡萄のブレンドをやめ、はじめてカベルネを使用し、ヴィーノ・ダ・ターヴォラになり、今現在のブレンド（サンジョヴェーゼ85%、カベルネ・ソーヴィニヨン10%、カベルネ・フラン5%）に落ちついた（1975年以来、白葡萄は使用されていない）。つまり、これはアンティノーリが常に誇りとしている「トスカーナの魂」を保ちつつも、ボルドー・スタイルの大きな影響を受けているワインなのだ。2001年から、マッサル選抜と、自社畑や他の畑で最近開発された様々なクローンにより、植え替えプログラムが進行中。もちろん、最大5400本/haと植栽密度も高密度化している。このプログラムは新旧のバランスを保ちながら徐々に進行し、現在50haの植え替えが終了。400mという高度（特にサンジョヴェーゼの完熟が期待できる高度）のため、「アルバレーゼ（石灰岩）を砕き、畝間に岩屑を巻き、反射熱を増大させ、雑草を激減させる」という手法をとっている。

これまで様々なヴィンテージのティニャネッロを試飲してきたが、正直言うと、トスカーナの正統性を感じたことは一度もなかった。とはいえ、国際的には非常に魅力あるワインだと一目置いていたこともたしかだ。だが、今回試飲した2001年はほとんど不透明と言っていいほど深い色合いで、外観は驚くほどサンジョヴェーゼのそれであった。カベルネがいかに少量しか含まれていないかを示す証拠と言えよう。アロマはサンジョヴェーゼ特有のものではなかったが、たくさんのベリー系のそれが感じられる。口に含むと、ダーク・チョコレートとコーヒー豆の味わいがし、飲み物というよりはむしろ食べ物のような、がっしりとし、凝縮された印象である。

Solaia　ソライア

ソライアもテヌータ・ティニャネッロでつくられたワインだ。1978

140

年、100%カベルネ（80%のカベルネ・ソーヴィニヨン、20%カベルネ・フラン）としてはじめてつくられたが、それ以降、20%のサンジョヴェーゼを含めるようにしている（ただし、非常に難しい年だったため、100%カベルネに戻した2002年は除く）。だが、このワインにサンジョヴェーゼの存在は感じられない（85%のサンジョヴェーゼでさえ、15%のカベルネの味にかき消されてしまうことを考えれば、ある意味当然だろう）。しかし、2001年★を試飲したところ、同じヴィンテージのティニャネッロにはなかった確かなバランスが感じられた。ハーブ、ミント、シナモン、クローブのアロマがグラスからふんわりと立ち上る。いきいきとした心地よい酸味と、タンニンと果実味の魅力的なせめぎ合いが感じられる（後者の"せめぎ合い"が酸味に勝りつつある）。はっきりした個性と構造を持った1品。明らかに長期熟成に適している。このあとも1年ごとに試飲するのが楽しみなワイン。

Guado al Tasso　グアド・アル・タッソ

ボルゲリにある同名の畑から生まれるワイン。最初につくられたのは1990年で、現在のブレンド比率はカベルネ・ソーヴィニヨン50%、メルロー40%、シラー10%（多少の変動あり）。アンティノーリはかつてサッシカイア（ピエロ・アンティノーリのいとこのワイン）を販売していたが、そのブランドを失い、北部マレンマで同様のボルドー・スタイルのワインをつくりたいと考えた。その結果として生まれたのがこのワインである。カシス、ブラックベリー・フルーツ、ミント、甘草、ペッパー、タバコ、黒鉛など様々な要素が感じられ、新鮮で誘惑的なアロマ。口に含むと、非常に満足な味わいが広がるが、サッシカイアの繊細さ、あるいはオルネライアの華やかさには欠ける。

Cervaro della Sala　チェルヴァロ・デッラ・サーラ

アンティノーリがウンブリアに所有するカステッロ・デッラ・サーラ（オルヴィエート地域にある印象的な中世の城）の畑からできる、第1級の白ワイン。「ソライアの白バージョン」という着想に従い、フランス原産種であるシャルドネ（かつては80%だったが、2005年以降85%になった）に少量の土着種（この場合はグレケット）をブレンドした1品。「イタリアを代表する、ヴェネト南部およびフリウリの最高品質の白ワイン」の6つのうちの1つにランク付けされている。バリックで発酵し、良質の澱の中に6カ月浸してできあがったワインは実に美味。花の香りと優雅さに満ちた複雑なアロマで、口に含むと、幾重もの味わいがじっくりと広がる。ただし、ソライアでのサンジョヴェーゼ同様、グレケットのしるしは失われてしまっている。いくつかのヴィンテージを垂直試飲した結果（最初のヴィンテージが1985年）、2006年★のようなよい年のチェルヴァロは15年程度熟成可能であることがわかった。

左：アンティノーリ宮殿の中に誇らしげに飾られている家系図
上：一家の家紋が彫られた椅子。今日もまだ使用されている

マルケージ・アンティノーリ(Marchesi Antinori)
葡萄作付面積：1764ha（トスカーナ、ウンブリア、ピエモンテ、プーリア）
平均生産量：20,000,000ボトル（世界中で）
住所：50026 San Casciano in Val di Pesa, Florence
電話：+39 05 52 35 95
URL：www.antinori.it

FLORENCE

Marchesi de' Frescobaldi マルケージ・デ・フレスコバルディ

　先のアンティノーリに関する説明は、このフレスコバルディにもある程度当てはまる。彼らもまた農業および葡萄栽培のプロとして長い歴史を誇り、高級市場を開拓することで、トスカーナ・ワインの復興を導いた先駆者だ。そして20世紀後半から21世紀前半にかけて、トスカーナだけでなく、それ以外の栽培地（たとえばフリウリのコンテ・アタムスなど）にも巨額な投資をし、評判の高い地所を次々と取得する一方で、多大な努力と資金をかけて、葡萄畑と醸造所の改善に努めてきたのである。

　決して派手に宣伝されることはないが、フレスコバルディはよきライバル、アンティノーリ同様、13世紀からワイン売買に着手している。彼らの言葉を借りれば「様々な歴史的文書で証明されている」ように、ここの30代以上もの当主が、700年以上も前からワイン・ビジネスに関わってきているのだ。現に16世紀、彼らは「高名な作家、探検家、音楽家、経済家、政治家、論評家多数」は言うまでもなく、英国王室にもワインを納めていたという。19世紀には、フレスコバルディとデッリ・アルビツィ一族（フィレンツェの）の間で政略結婚が行われ、その結果、様々な恩恵がもたらされることになった。とりわけ、遠縁の叔父に当たるヴィットーリオ・デッリ・アルビツィにより、一族の畑であるカステッロ・ディ・ニポッツァーノ（ルフィナ）とカステッロ・ディ・ポミーノに「国際種（ピノ・ビアンコ、ピノ・ネーロ、シャルドネ、カベルネ・ソーヴィニヨン、メルローなど）」が紹介されたことは大きい。この結果、トスカーナの葡萄栽培に国際種が導入されるようになったからだ。

　そんな長い歴史を誇るフレスコバルディ家は、現在もワイン・ビジネスを手広く展開している。ヴィットーリオ、レオナルド、フェルディナンドの兄弟が経営を担当しているが、ランベルト（ワイン製造の責任者）やティツィアーナ（PR担当）といった、より下の世代にも責任が任されつつある。さらに、一族ではないが、主要なポジションにいるのが、コンサルタント・エノロゴのニコロ・ダッフィット（彼とは別に、この一族の栽培地のほとんどは、それぞれ住み込みのエノロゴを抱えている）

右：（左から）700年以上ワインビジネスに携わってきた名門フレスコバルディのランベルト、ヴィットーリオ、レオナルド

フレスコバルディは農業および葡萄栽培のプロとして長い歴史を誇り、
高級市場開拓によって、トスカーナ・ワインの復興を導いた先駆者だ。

とチーフ・エクゼクティブ・プロデューサーのジョヴァンニ・ゲッデス(10年前、アンティノーリからヘッドハントされた)だ。

現在、グルッポ・フレスコバルディおよびその子会社テヌーテ・ディ・トスカーナ(オルネッライア、カステル・ジョコンド、ルーチェ・デッラ・ヴィーテを管理)が所有するワインのラインナップは複雑で込み入っている。たとえ完璧に理解し、ここでその詳細を説明しても、退屈なだけであろう。そこで本書では、フレスコバルディの最も重要な5つの地所から生まれた、5つのトップワインについて詳説したい。

極上のワイン

Castello di Pomino Benefizio Pomino Bianco Riserva
カステッロ・ディ・ポミーノ・ベネフィツィオ・ポミーノ・ビアンコ・リゼルヴァ

この100%シャルドネの白ワインは、ポミーノ(シエヴェ渓谷上部からフィレンツェ北東にかけての地域)にある、平均高度700mの9haの葡萄畑で生まれる。葡萄畑に関して言えば、フレスコバルディはこの地域を独占的に支配し、108haに及ぶ栽培地を所有。アペニン山脈ならではの高度を活かすべく、作付面積の90%以上を葡萄栽培に当てている。ポミーノは元々、1716年にトスカーナ大公コジモ3世によって「トスカーナ4大ワイン地域の1つ」と讃えられた土地である。また、こここそ、前述のヴィットーリオ・デッリ・アルビッツィが国際種の研究に専念した畑なのだ。この高度ゆえ、いきいきと育ったのが白葡萄とピノ・ネーロであったことは当然と言えよう(ただし、現在では気候変動により、一部の黒葡萄も育つようになってきている)。1973年にはじめてつくられて以来、ベネフィツィオはトスカーナの数少ない古典的な白ワインの1つとして君臨し続けている。現在(2007年ヴィンテージから)はオークの使用を抑え、ミネラル分を強調する手法となり、卓越さと複雑さが増し、さらに魅力的になっている。

Castello di Nipozzano Montesodi Chianti Rùfina Riserva
カステッロ・ディ・ニポッツァーノ・モンテソーディ・キャンティ・ルフィナ・リゼルヴァ

この単一畑ワインは、ニポッツァーノ(ルフィナ地区ポンタッシエーヴェ上部にある)の240haの葡萄畑でしか収穫できない、希少なサンジョヴェーゼでできている。1974年にはじめてつくられたこのワインは、より強いスーパー・タスカンの個性(昔は違法とされたブレンドで、バリック熟成を実施していた。現在はバリック新樽による18カ月の熟成を実施)を持つにもかかわらず、ずっとDOC（G）として認定され続けている。2004★のような年こそ、キャンティ・ルフィナの持ち味が最高に出ているヴィンテージと言えよう(ちなみに、もう1つの代表例がセルヴァピアーナのプチェルキアーレだ)。今日、このワインは2度目の生まれ変わりを遂げつつある。というのもこの15年間で、モンテソーディの葡萄畑では中〜高の栽植密度で、良質のクローンの植え替えが実施されたからだ。若いワインは硬くて頑固な第一印象だが、すぐにイバラとサワーチェリーの風味が、少量の鉛筆の香りと共にたちのぼる。口に含むと、凝縮された果実味、複雑なタンニン、きりっとした酸味が感じられるが、中でも果実味がいっぱいに広がる。古典的なワインを、非常に現代的に表現した1品。明らかに長期熟成型。私は1974年を試飲したが、いまだにいきいきとした色合いで、アロマ・味わい共にチェリーフルーツが強く、興味深い第3のアロマもやや感じられた。

Castel Giocondo Brunello di Montalcino
カステル・ジョコンド・ブルネッロ・ディ・モンタルチーノ

カステル・ジョコンドは、バンフィに次いで、モンタルチーノで2番目に大きい栽培地だ。総面積815haのうち、葡萄作付面積は235haで、そのうち150ha以上にブルネッロが植えられている。フレスコバルディは1989年に、この一帯の南西の斜面を購入。この栽培地からの主要なワインには、**Brunello Riserva Ripe al Convento**(ブルネッロ・リゼルヴァ・リーペ・アル・コンヴェント)(1986年にはじめてつくられ、非常によい年しか生産されない)、メルロー100%の **Lamaione**(ラマイオーネ)(カステル・ジョコンドの12haからつくられ、トスカーナのメルロー好きには最高の評価を受けることが多い)があげられる。だが、この畑の主力と言えば、やはり **Brunello**(ブルネッロ)だろう。2004年ヴィンテージは古典的なタイプで、ワイルドチェリーのアロマ、いきいきした酸味が熟れたタンニンでしっかりと支えられた構造が特徴的。ふんだんなフレーバーとニュアンスを感じさせるこのワインは、2010年代を通じておいしく飲めるだろう。その古典的なスタイルは特筆に値する。2003年(猛暑だった年で、その影響がワインにも色濃く残っている)と比べると、その差は歴然だ。

Luce della Vite　ルーチェ・デッラ・ヴィーテ

この地所(名称は「葡萄の樹の光」という意味)は1990年代半ば、マルケージ・デ・フレスコバルディとロバート・モンダヴィによって共同創設された(ただし、その後フレスコバルディは相手を吸収合併した)。このときの目標は「モンタルチーノの高品質なサンジョヴェーゼとメルローの融合。さらに、スーパー・タスカンでは当たり前となっている、バリック新樽による、通常より長い熟成(この場合、24カ月)」であったという(この目標は現在も継続)。セカンド・ワインである **Lucente**(ルチェンテ)(少量のカベルネをブレンド)に加え、最近では **Brunello**(ブルネッロ)もラインナップに加えられた。**Luce della Vite**(ルーチェ・デッラ・ヴィーテ)自体は贅沢なパッケージの、非常に高価なワインである。深くてほとんど不透明な色合い、熟れたベリーフルーツの香り高いアロマ、いきいきとして贅沢な味わい、濃密だがシルクのようなタンニンが楽しめる。オーク(90%が新しいバリックで24カ月熟成)が的確に厳選されているため、低収量のサンジョヴェーゼならではのしっかりとした酸味に、かすかなバルサムとユーカリの香りが加わっている。2006年に代表されるように、全般的にとてもモダンな味わいで、非常に値が張るワイン。

FLORENCE

Ornellaia　オルネッライア
町の名前を冠したボルゲリの畑（葡萄作付面積97ha）を代表するワイン。元々は1980年代半ばに、アンティノーリ（特にピエロの弟ロドヴィコ）によって創設された。このボルゲリで、サッシカイアに匹敵するライバル「オルネッライア」を育て上げたロドヴィコは、この地所がロバート・モンダヴィからフレスコバルディの子会社テヌーテ・ディ・トスカーナに売却されたことを非常に残念がっていたという。それも無理からぬことだろう。2005年、「空飛ぶワインメーカー」アクセル・ハインツが経営参画して以来、この地所はどんどん力をつけてきているのだ。オルネッライアはカベルネ・ソーヴィニヨン（60％）と、メルロー、カベルネ・フラン、それに（2003年以降）プティ・ヴェルドのブレンド・ワインである。バックラベルに「生誕20周年記念」と記された2005年は、このヴィンテージから予想されるよりもよい出来だ（2005年は内陸よりも海沿いの方がよい出来だった。早摘みタイプは特にそうである）。見事に管理されたタンニンと共に、熟れたブラックカラントの実と典型的なオークの香りがふんだんに立ち上り、凝縮された味わいが楽しめ、豊かで甘いあと味である。非常に誘惑的で洗練されていて、サッシカイアよりボルドー色が感じられず、傑出した印象。20年以上熟成可能だろう。2004年★がアロマおよびフレーバーの純粋な深みが際立っている。もう1つ、オルネッライア以上にここの象徴となっているのが、複雑で誘惑的な個性の**Masseto（マッセート）**だ。色合い、アロマ、フレーバー、凝縮、アルコールすべてにおいて存在感のあるワイン。明らかに、イタリアのメルローのトップ3に入るだろう。

上：2005年の参画以来、フレスコバルディを新たな高みに導いている、オルネッライアとマッセートのワインメーカー、アクセル・ハインツ

マルケージ・デ・フレスコバルディ（Marchesi de' Frescobaldi）
総面積：4000+ha（トスカーナ）
葡萄作付面積：1000+ha（トスカーナ）
平均生産量：10,000,000ボトル（世界中で）
住所：Via S. Spirito 11, 50125, Florence
電話：+39 05 52 71 41　URL：www.frescobaldi.it

145

EAST OF FLORENCE | RÙFINA

Fattoria Selvapiana ファットリア・セルヴァピアーナ

フレスコバルディを「ルフィナ以外の土地でも広く商売をしているから」という理由で考慮に入れないとすれば、このファットリア・セルヴァピアーナこそ、ルフィナを象徴するワイナリーと言えよう。現に、ここは古くから「ルフィナのキアンティ」を体現するワインを輩出し続けている。神話が語り継がれるように、彼らのワインに対する姿勢もまた脈々と受け継がれているのだ。セルヴァピアーナについてよく語られるのが、1990年代半ば、フィレンツェで起きた出来事である。当時は、トスカーナ・ワインのビッグ・ネーム（アンティノーリ、フレスコバルディ、ビオン・サンディなど）の人気がうなぎのぼりだったが、1947年物のセルヴァピアーナに関しては、皆がこう同意するだろう。「あの年、すべての人気をかっさらったのはセルヴァピアーナのキアンティ・ルフィナだった」と。

セルヴァピアーナの現当主であるフランチェスコ・ジュンティーニ・アンティノーリは、トスカーナ・ワイン界を代表する"紳士"である一方、"型破りなオーナー"の1人でもある。"紳士"と"型破り"が共存するわけがないじゃないか」といぶかしく思った読者もいるだろう。だが、彼こそそういう人物なのだ。禁酒家である彼は、ビジネス面で鼻が利くともっぱらの評判である。その一方で、アンティノーリの一員でありながら、有名な親戚のことを考慮して、その名前を敢えて使おうとはしなかったのだ。さらに、由緒正しい貴族の血筋でありながら、彼は独身を貫き、長く農場に仕えた農夫の子供フェデリコとシルヴィア・マッセーティを養子として迎えたのである。今日ここの経営を取り仕切っているのは、養子である彼ら2人であり、いずれはここのすべてを譲り受ける予定なのだ。

2000年はじめの新しい醸造所の着工以来、フランチェスコが「私の資金を全部使い果たすつもりか」と冗談半分でフェデリコをたしなめることが増えたという。とはいえ、「何世紀も前の年代物の醸造所ではワインづくり、熟成、保管はもはや無理である」という意見で2人が一致していることに変わりはない。新しい醸造所建設の狙いはワインづくりの機械化ではなく、自社畑の葡萄から可能な限り高品質のワインを生み出すことにある。というの

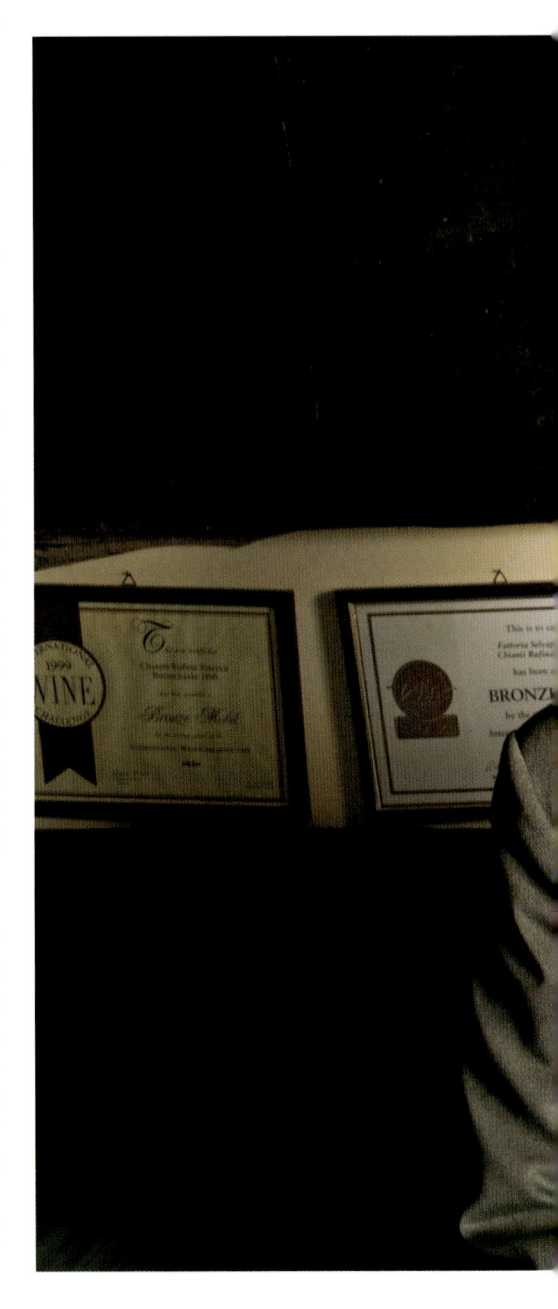

右：セルヴァピアーナの5代目当主、フランチェスコ・ジュンティーニ・アンティノーリ（左側）。エステート・マネジャーのフェデリコ・マッセーティと共に

セルヴァピアーナの現当主であるフランチェスコ・ジュンティーニ・アンティノーリは、トスカーナ・ワイン界を代表する"紳士"である一方、"型破りなオーナー"の1人でもある。禁酒家である彼は、ビジネス面で鼻が利くともっぱらの評判だ。

FATTORIA SELVAPIANA

も、セルヴァピアーナはこれまでずっと葡萄畑で圧倒的優位を誇ってきたからだ。植え替えプログラムに着手したのは1988年であり、新種のクローンと、最良の葡萄畑（ブチェルキアーレ）からマッサル選抜したものの両方が用いられた。その他の点でも、他の高品質ワインの生産者たちと比べて、セルヴァピアーナのやり方が明らかに違う点がいくつかある。1つは（非常に異例なことだが）、彼らが果房の間引きをやめ、容赦ない剪定（完全な成熟枝を40〜50cmまで切ってしまう）で収量を制限している点だ。また化学肥料を最小限にとどめ（彼らは有機栽培加工認証を得て、バイオダイナミック農法への移行を検討している）、慎重なキャノピー・マネジメントを実施している。さらに醸造に関しては、フランコ・ベルナベイ（1978年以来、コンサルタント・エノロゴを務めている）の同意のもと、32℃までの発酵温度の上昇を許している（ほとんどの生産者は30℃以下に抑えようとする）。そのうえ、トップ・クリュ（ブチェルキアーレ）にはバリックを用いているが、そのうち新樽はわずか10％だけなのだ。

極上のワイン

Bucerchiale　ブチェルキアーレ
1979年にはじめてつくられて以来、セルヴァピアーナがキアンティ・ルフィナ・リゼルヴァとして生み出し続けている、100％サンジョヴェーゼのワイン（ただし、1990年代にワイン法が改正されるまで、このやり方は厳密に言えば違法であった）。この品種ならではのしっかりとした構造を持つ、単一畑のワイン。果実味が強く、まろやかで芳醇なヴィンテージもあるが（1990年、1997年など）、最も完成され、満足できる典型的なトスカーナ・ワインと言えよう[2004年★]。

Chianti Rùfina　キアンティ・ルフィナ
1997年までは通常のリゼルヴァがあったが、現在はキアンティ・ルフィナに一本化されている。サンジョヴェーゼに少量のカナイオーロをブレンド。若いうちにより飲みやすく、それでいてしっかりした構造が保たれている。純粋なサンジョヴェーゼ派のための1品。

Fornace IGT　フォルナーチェ IGT
カベルネ・ソーヴィニョンとメルローに、20％のサンジョヴェーゼを合わせたワイン。明らかに、国際マーケットを狙った1品。

Vin Santo　ヴィン・サント
伝統的な手法でつくられ、発酵後、小さなカラテッリで5年間熟成される。このジャンルで最高の部類に入るワイン。

Petrognano Pomino Rosso
ペトロニャーノ・ポミーノ・ロッソ
セルヴァピアーナも葡萄畑を重視しているため、このワインづくりに用いられる葡萄は、ルフィナよりやや高度の高いポミーノ（ペトロニャーノという小さな集落にある）で収穫される（ポミーノでワイン生産をしているのは、あとフレスコバルディしかない）。ポミーノ・ロッソ、ポミーノ・ビアンコを含む生産が予定されている。

上：セルヴァピアーナの非常に古いボトル
右：伝統を強烈に感じさせる、数世紀の歴史を持つ醸造所の一部

ファットリア・セルヴァピアーナ（Fattoria Selvapiana）
総面積：250ha
葡萄作付面積：70ha
平均生産量：200,000ボトル
住所：Localita Selvapiana, 50068 Rufina, Florence
電話：+39 05 58 36 98 48
URL：www.selvapiana.it

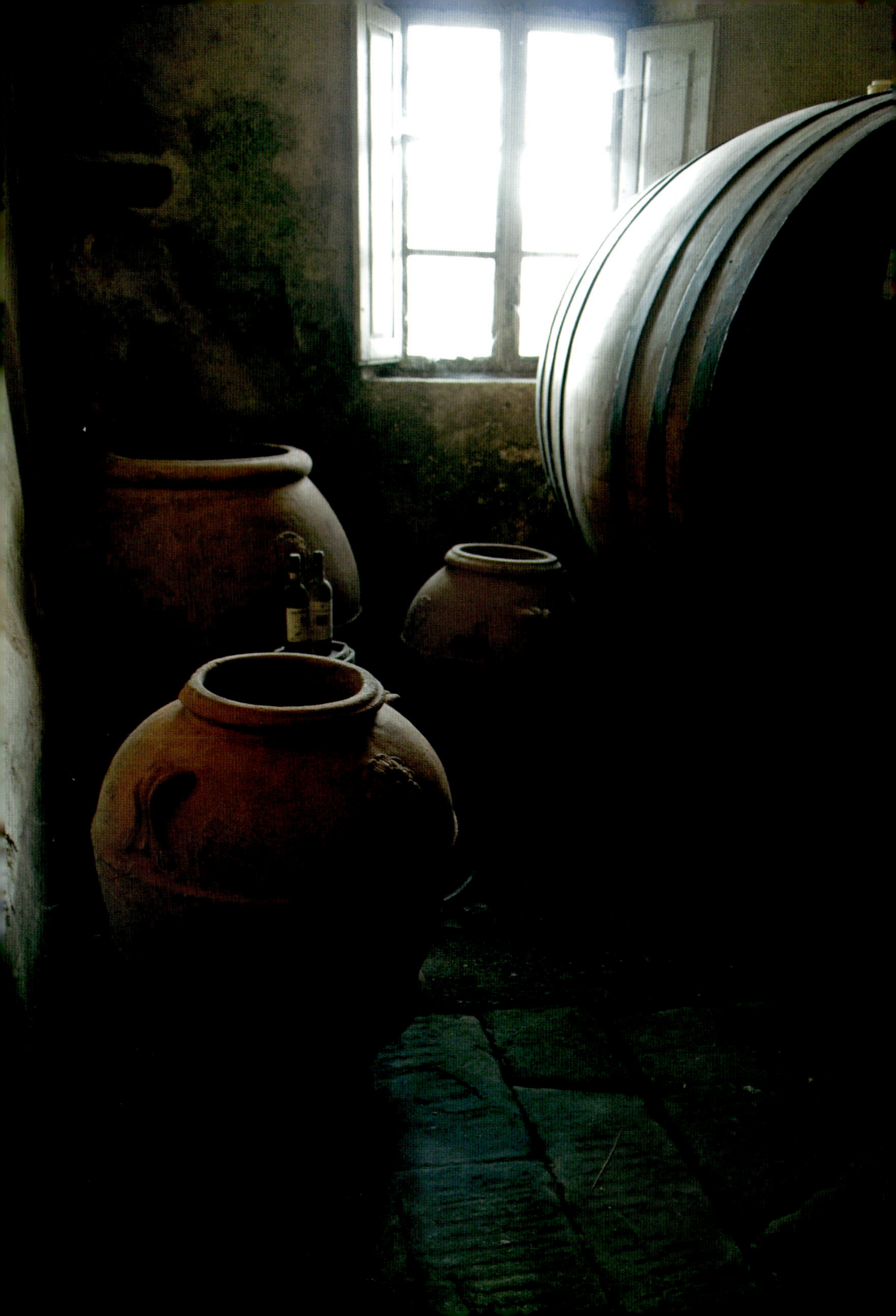

EAST OF FLORENCE | RÙFINA

Galiga e Vetrice ガリガ・エ・ヴェトリーチェ

主要なガイドブックには載っていないにもかかわらず、私が本書のリストの中に、この生産者を含めた理由は色々ある。まず1つは、彼らが私の大家であるからだ（私は今の家に住み続けたい。これは立派な理由になるだろう）。それに、私は長いこと彼らと仕事をしている（私は今の仕事を続けたい。もう1つの立派な理由）。彼らは友だちであり、信じられないほどおいしいベイクド・ポテトをつくってくれる。そして私はこれからも、彼らと一緒にそのポテトを食べ続けたい。そのうえ、彼らのオリーブ・オイルは天下一品だ。1996年、友人でオイル通のマニー・バークとこの地所を訪れて以来、マニーと私は「地球上で、ここのオイルほどおいしいものはない」ということで意見が一致している。

当主グラーティ一族は19世紀以来、5世代に渡り、トスカーナでワイン醸造に関わり続けてきた（小さな6代目の女の子、カルロッタとコスタンツァもすくすくと育っている）。曾祖父のグラート・グラーティは、古いワインづくりに執念を燃やす、トスカーナ・ワイン界の逸材である。現在、80代を迎えた彼は、このワイナリーを息子ジャンフランコに託している（前述の「おいしすぎるポテト」をつくってくれるのは、彼の妻ニコレッタだ）。また義理の孫息子ルカ・ロッシが葡萄畑の管理を、孫娘クリスティアーナと孫息子グァルベルトが醸造所の手伝いをしている。全般的に、彼らは今もグラートのやり方を忠実に守り続けているのだ。

この本にガリガ・エ・ヴェトリーチェを含めた理由がもう1つある。グァルベルトだ。実は、彼こそトスカーナの葡萄栽培にまつわる、重要な公文書保管人の1人なのだ。ミラノ大学で長年勉強を重ね、葡萄栽培および葡萄のイラストにまつわる調査を実施したことで有名な彼は、現在、フィレンツェ大学の園芸学・樹木栽培学部およびシエナ大学考古学部と協同で、ルフィナおよびその周辺の葡萄園のルーツとなった要素について調査をしている。これが非常に重要な調査であることは言うまでもない。どんなに歴史ある葡萄園も、最

右：3世代揃ったグラーティー族。曾祖父のグラート、その息子ジャンフランコ、そして孫息子グァルベルト

彼らのヴィン・サントはトスカーナでも最高の部類に入る。また彼らのキアンティ・ルフィナ・リゼルヴァは、ボッティのような大型容器で20年以上熟成させた、最後のキアンティ・ルフィナだ。

GALIGA E VETRICE

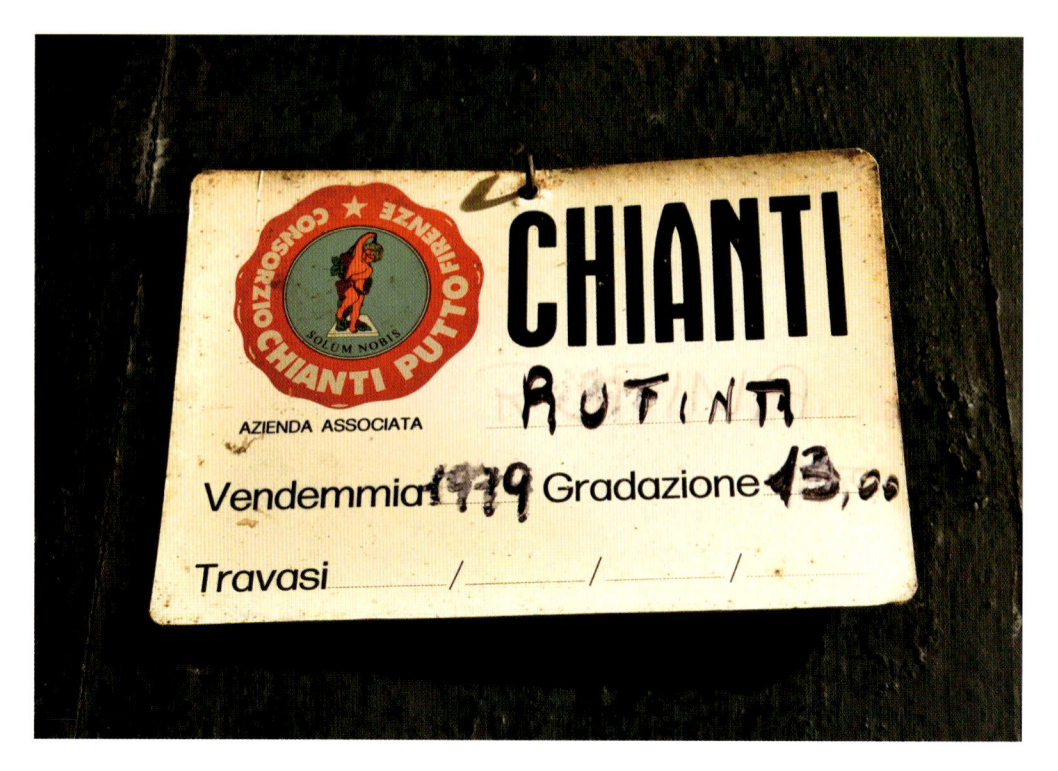

新のクローンによって植え替えられてしまっているからだ。時が経つにつれ、トスカーナ原産種にまつわる古い公文書（イラストも含めて）はどんどんなくなってしまうだろう。だからこそ、学術面ではもちろん、ワインづくりに携わる人々にとっても、今が調査の最後のチャンスなのだ。

極上のワイン

Chianti Rùfina Villa di Vetrice [V]
キアンティ・ルフィナ・ヴィッラ・ディ・ヴェトリーチェ
サンジョヴェーゼ、カナイオーロ、コロリーノから成るベーシックなキアンティ・ルフィナ。90年代に絶滅しかけたにもかかわらず、今日よさが見直されている1品。誠実で職人気質のスタイルが感じられる。しかも、リーズナブルな値段のため、購入をためらう必要はない。

Chianti Rùfina Riserva Nicolas Belfrage MW Selection and **Riserva del Signor Grato** (or simply **Grato Grati**)
キアンティ・ルフィナ・リゼルヴァ・ニコラス・ベルフレージ・MWセレクションとリゼルヴァ・デル・シニョール・グラート（または単にグラート・グラーティ）
恥ずかしながら、私自身がブレンド行程にいささか関わったワイン（これも、これらのワインをリストに含めた立派な理由になるだろう）。

「グラーティ」はボッティのような大型容器（またはグラスライニングのコンクリートタンク）により、非常に長期に渡る熟成（20年以上）が施された、最後のキアンティ・ルフィナ・リゼルヴァだ（本書を執筆している時点で、1988年リゼルヴァ★がまだ相当量残っているが、非常にいきいきとし、活気に満ちあふれている）。この種のワインは今や本当に希少だ。

Vin Santo del Chianti Rùfina Villa di Vetrice
ヴィン・サント・デル・キアンティ・ルフィナ・ヴィッラ・ディ・ヴェトリーチェ
サンジョヴェーゼ、トレッビアーノ、マルヴァジーアからつくられた革命的なワイン。10～15年間、カラテッリの中でマードレ（樽に残った酵母と澱）に浸され、熟成される。最近発売されたヴィンテージの中では、1992年★がトスカーナで最高の部類に入る。明らかに、伝統的なスタイルのヴィン・サントのトップ5には入るだろう。

上：伝統的製法にこだわりをもつグラーティ一族は、木の中で何年もリゼルヴァを保管している唯一の生産者だ

ガリガ・エ・ヴェトリーチェ（Galiga e Vetrice）
総面積：560ha
葡萄作付面積：140ha
平均生産量：700,000ボトル
住所：Via Trieste 30, 50068 Rufina, Florence
電話：+39 05 58 39 70 08
URL：www.grati.it

152

Ruffino　ルッフィーノ

ここでまた、フォロナーリ一族(グレーヴェ・イン・キアンティの「テヌータ・アンブロージョ・エ・ジョヴァンニ・フォロナーリ」参照)にまつわる地所が登場する。ルッフィーノは1913年、ブレシアのフォロナーリ家によって購入。それ以降、彼らは世界規模の巨大ワイン・ビジネスを展開することになったのだ。やがて1999年の分裂時、一族の一部メンバー(パオロとマルコ・フォロナーリ兄弟および彼らの息子たち)は、この歴史的なブランド名「ルッフィーノ」を会社名に冠し、優良な葡萄畑の獲得に力を注ぎ、今ではテヌータ・フォロナーリと同じ数――7つ――の畑をトスカーナに所有することになった。その7つとは、キアンティ・クラッシコのグレトーレ、モンテマッソ、サンテダーメ、そしてコッリ・フィオレンティーニのポッジョ・カシャーノ、コッリ・セネージのラ・ソラティア、モンタルチーノのグレッポーネ・マッツィ、そしてモンテプルチャーノのロドラ・ヌオーヴァである。

すべての畑について書くスペースの余裕がないため、ここでは彼らの葡萄栽培にまつわる活動について報告しよう。ルッフィーノは、8年間チーフ・アグロノモを務めているマウリツィオ・ボゴーニの指揮のもと、2006年に開催された葡萄栽培にまつわるシンポジウムのスポンサーとなった。そのシンポジウムで、ボゴーニは「ルッフィーノの葡萄栽培地域の3分の2にサンジョヴェーゼが植えられている。それゆえ、私たちにとってその品種を適切に育てることが何より大切なのだ」と語った。そしてサンジョヴェーゼの欠点を「高収穫になる傾向が強い。古いクローンおよびバイオタイプのものほど果房が硬く引き締まっている。フェノール類が異常に熟成する。果皮が薄いため湿気に弱くて腐敗しやすい。一般的に育ち方にばらつきがあって予測不可能」と指摘し、「だからこそ、栽培家はやるべき仕事がたくさんあるのだ」と語った。ボゴーニによれば、彼らが企画しているプロジェクトは、ゾーニングの概念を踏まえたものだという。その目的として、彼は「"葡萄とクローン"と"土壌と微気候"の間の相性を高める」「葡萄畑に多種多様なクローンを植えることで、説明不可能な、予期せぬ失敗を防ぐ」「その土壌の長所と短所を踏まえて、それに適合する台木を選ぶ」「バランスのとれた生産のために低すぎる植栽密度は避け、また維持費がかさまないように高すぎる植栽密度も避ける(最近の植栽密度の標準は5000～6700本/ha)」「バランスのよい果房、生産性の維持、手摘みや機械作業の労力削減を目標に、適切な剪定方法を決定する」などをあげた(剪定方法に関して言えば、試行錯誤の結果、彼らが出した答えはコルドン仕立てだったという。ただし、「コルドンでは最高品質は無理」と否定する別の生産者もいる)。

「多種多様なクローンのミックス」ということに関し、ボゴーニは「ルッフィーノの畑では15種類の異なるサンジョヴェーゼを用いている」と発言。このテーマについては、ルフィノ・シンポジウムに出席していたアッティリオ・シエンツァ教授もこう語っている。「我々はスーパー・クローンを探しているのではない。適切なクローンの厳選方法を探し求めている。重要なのは、生産の一貫性を達成することなのだ」またボゴーニは「そういう意味で、いくつもの葡萄園の中から広く選択できることは強みである」とし、「ルフィーナではクローンによってクローンを選択するのではなく、葡萄畑によって葡萄畑を選択するやり方を貫いている。最も重要な要素は葡萄ではなく、その土地であるからだ」と語った。「生産の一貫性が重要である」という論理はたしかに的を射ている。大型企業だからこそ、たどりついた見地と言えよう。概して、小さな規模の生産者ほど"畑ごと、そしてヴィンテージごとの違いの重要性"を語りたがるものなのだ。

極上のワイン

Chianti Classico Riserva Ducale Oro
キアンティ・クラッシコ・リゼルヴァ・ドゥカーレ・オーロ
膨大な生産量のキアンティ・ルフィノはともかく、品質面で最も重要な1品と言えば、このリゼルヴァ・ドゥカーレ・オーロであろう。1927年にはじめてつくられた、キアンティ・ストラヴェッキオの進化系である。今日、オーロはサンジョヴェーゼ(85%)にコロリーノ、メルロー、カベルネ・ソーヴィニョン(15%)をブレンドしてつくられている。1999年以前は、75%のサンジョヴェーゼにカナイオーロ、マルヴァジーア・ネッラ、コロリーノを合わせた、純粋なトスカーナ・ブレンドだった。1980年代初期までは、キアンティ同様、白葡萄も含まれていたのである。現在、オロはバリックで5カ月、ボッティで28カ月熟成される。1955年まで試飲した結果、傑出した熟成能

力があることがわかった(リコルクは約20年ごとに1度)。1955年はまだがんばっている印象である一方、1964年は高貴な成熟が感じられた。他にも1973年、特に1985年★に高得点をあげたい。私の試飲メモにはこう書かれている。「フレッシュでバランスがとれている。ふんだんな果実味、ミネラル、芳醇な香り、ハーブの香り。熟しているのに、酸味とタンニンがしっかりとした構造を保っている」より若いヴィンテージでは1990年がよい。より若々しく凝縮され、印象的なフレッシュさとドライフルーツおよび紅茶葉のアロマが感じられる。1985年に比べると、やや構造がしっかりしすぎているが、長期熟成に適していることに変わりはない。1995年は魅力的なハーブ、スパイス、マッシュルームのアロマが鼻をくすぐり、口に含むと、甘いフルーツの味わいが広がる。凝縮され、複雑な1品。1999年はフランス産品種がはじめてブレンドされた年であり、それ以降のもの(2001、2003、2004年)はより凝縮され、噛みごたえがあり、より国際的な味わいになっている(ゆえに、個人的には興味が薄れてしまった)。

Romitorio di Santedame Toscana IGT
ロミトリオ・ディ・サンテダーメ・トスカーナ・IGT
コロリーノ60%とメルロー 40%というユニークなブレンド・ワイン。非常に個性的で、イタリア産葡萄の厳格さが、ジューシーでフレッシュなメルローによって緩和されている。おそらく、今のルッフィーノのワインの中で最高に個性的なワイン。ただし、メルローをサンジョヴェーゼに置き換えれば、よりテロワールの個性が出るはずだ〔2004年★〕

Brunello di Montalcino Greppone Mazzi
ブルネッロ・ディ・モンタルチーノ・グレッポーネ・マッツィ
古い葡萄畑の一部ともっと新しい葡萄畑の一部からつくられたブルネッロのワイン。大きなオーク樽で36カ月熟成。上品で伝統的な中にも、たくましさと優雅さが感じられる。

Vino Nobile di Montepulciano Lodola Nuova
ヴィーノ・ノビレ・ディ・モンテプルチャーノ・ロドラ・ヌオーヴァ
90%のサンジョヴェーゼと10%のメルローのブレンド・ワイン。これも大きなオーク樽で熟成されるが、その期間は2～3年と短い。サンジョヴェーゼのサワーチェリーの味が中心となっている一方、メルローのソフトでジューシーな味わいも背景に感じられる。強烈さ、激しさがやや不足している印象。

右:ここの一番有名なワイン「キアンティ・クラッシコ・リゼルヴァ」のケースを背景に立つアドルフォ・フォロナーリ

ルッフィーノ(Ruffino)
葡萄作付面積:700 ha
平均生産量:14,500,000ボトル
住所:Via Aretina 42, 50068 Pontassieve, Florence
電話:+39 05 58 36 05
URL:http://www.rufino.it

1913年のルッフィーノ購入以来、ブレーシャのフォロナーリ家は巨大で世界規模のワイン・ビジネスを展開することになった。

EAST OF FLORENCE | RÙFINA

Colognole　コロニョーレ

エミリアのヴェンチェスラオ・スパッレッティ伯爵が、キアンティ地域にあるルフィナとモンタルバーノの地所（それぞれフィレンツェ東部と西部に30kmに渡って広がる地域）を購入したのは1982年のことだった。1912年には、彼の息子たちジャンバッティスタとチェザーレがワインおよびオリーブ・オイルづくりに専念するようになり、1930年代にはルフィナの町に醸造所が建てられたのである。

1950年代、60年代には、スパッレッティ・ブランド（特に**最良のワイン**に記した赤ワイン）は高品質なトスカーナ・ワインの代名詞となっていた。そしてその頃すでに、チェザーレとマリオ・コーダ・ヌンツィアンテ（現在のコロニョーレ経営者、ガブリエッラ・スパッレッティ伯爵夫人の息子たち）の祖父により、ワインの健全な国際貿易が行われていたのである。ところが1966年、その祖父が亡くなると、ガブリエッラ伯爵夫人の兄弟が「チンザノ」の所有株を売却し、そのブランドは一気に大衆市場へ転落してしまうことになった（現在は「テヌータ・フォロナーリ」の一部となり、その地位を取り戻している）。そして1990年、一族のワイン・ビジネスをより簡略化するため、ガブリエッラ伯爵夫人が再編成したのが、ここで紹介するアツィエンダ・アグリコーラ・コロニョーレなのだ。

実質、コロニョーレは3つの部分に分かれる。1つはルフィナで、シエーヴェ川沿いに広がる高度300m、総面積90haの葡萄畑（最近、ここは賃貸に出されている）。2つめは、モンテ・ジョーヴィ（ルフィナ上部1000m付近にそびえ立つ山）の急斜面にある230haの畑で、この一帯には葡萄園がない。しかし、チェザーレ・コーダ・ヌンツィアンテはよく「温暖化の影響で、じきに高度700〜900mの畑が重宝がられるようになるさ」と冗談まじりに言う。そして実際、フィレンツェ大学はすでにソーヴィニョン・ディ・ルフィナと呼ばれる白ワインの研究に着手しているのだ。最後の3つめは、元々の"コロニョーレ"の地所であり、主にモンテ・ジョーヴィの南に面した斜面に広がる、より高度の低い（280〜520m）畑である。

3つのうち、最後に紹介した畑では、1995年から15年に渡る植え替えプログラムが熱心に実施されていた。それが完了した現在、この畑には主に最新のサンジョヴェーゼのクローンと、自分自身の畑（70〜80年代前半に、ルフィナで最初に葡萄樹を植えた25haのポッジョ・レアーレの畑）からマッサル選抜した少量のコロリーノが植えられている。

コンサルタント・エノロゴのアンドレア・ジョヴァンニーニの助けを借りて、ここのワインはどんどん改良されている。「長期熟成に適したルフィナのワイン」という高い評判が示すように、彼らは1967年のスパッレッティ・キアンティ・ポッジョ・レアーレのようなボトルを、17世紀の壮麗な醸造所にいまだ貯蔵している。試飲したところ、いきいきとして、調和のとれた、信じられないような若々しさがまだ感じられた。

極上のワイン

Chianti Rùfina [V]　キアンティ・ルフィナ[V]
新鮮で、快活で、しかも驚くほどリーズナブル。この素直なキアンティ・ルフィナは、特に成功を収めている1品と言えよう。サンジョヴェーゼに少量のコロリーノをブレンドしたものを、これ専用のスラヴォニア産オーク（大樽）で熟成させている。

Chianti Rùfina Riserva del Don
キアンティ・ルフィナ・リゼルヴァ・デル・ドン
このワインの名称は、領主（ナポリ出身のガブリエッラ伯爵夫人の夫）に贈られた「とびきり最高」という賛辞にちなんでつけられたものだ。様々な葡萄畑の一番よい部分から厳選した葡萄からつくられ、ボッティおよびフランス産トノーで熟成される。ノルマーレよりもより深みがあり、凝縮感がある一方、ルフィナの優雅さもちゃんと保っている。リゼルヴァもノルマーレも、2004年★ヴィンテージが特にすばらしい。

コロニョーレ (Colognole)
総面積：700ha
葡萄作付面積：27ha
平均生産量：100,000〜120,000ボトル
住所：Via del Palagio 15, 50068 Colognole Rufina, Florence
電話：+39 05 58 31 98 70
URL：www.colognole.it

EAST OF FLORENCE｜ARNO VALLEY

Il Carnasciale　イル・カルナシャーレ

オーナーのベッティーナ・ロゴスキーはベルリン出身だが、しばらくニューヨークで暮らしていたこともある。その息子モリッツはパリ在住のファッションデザイナーだ。ワインづくりはドイツ人のピーター・シリングが担当、コンサルタント・エノロゴはトレンティーノ・アルト・アディジェ州出身のヴィットリオ・フィオーレが務めている。ここでつくられている唯一の葡萄品種はちょっと特殊だ。カベルネ・フランとメルローを親に持つため、当然ボルドー種ということになるのだが、これは1950年代、ロマーニャの農学者レミジオ・ボルディーニ（現在もイル・カルナシャーレの顧問）が、ヴェネト州のコッリ・エウガーネイで発見した「カベルロ」という品種だという説もある。ボルディーニ博士はその発見以来、「カベルロ」を表舞台には出していない。ゆえに後者の説に従えば、これはこの小さな葡萄畑でしか栽培されていない品種と考えられる。

この宝石のような地所の至るところにあふれているのは情熱にほかならない。生産者の土地とワインに対する情熱・愛情が感じられれば、その種のワインは市場でも大きな成功を収めるものなのだ。

ベッティーナ自身のワインにかける情熱は並大抵ではなく、3つの葡萄畑に植わった3400本の葡萄樹1本1本を抱擁しそうな勢いである。実際、この宝石のような地所の至るところにあふれているのは情熱にほかならない。たとえ近寄りがたい雰囲気があっても、生産者の土地とワインに対する情熱・愛情が感じられれば、その種のワインは市場でも大きな成功を収めるものなのだ（このワインはマグナムボトルでしか販売されていない。しかもつい最近まで、フィレンツェのチブレオやミシュラン3つ星獲得のパリのランブロワジーのような、厳選されたレストランでしか飲めなかった）。

彼らはつい最近ワイン・ビジネスに参入したわけではない。ベッティーナと夫ウルフ・ロゴスキー（1996年に他界）は1980年代半ば、アメリカからヨーロッパに戻ると、葡萄栽培に適した土地をあちこち探して回った。ヴェッキエ・テッレ・ディ・モンテフィリのワインを通じて、彼らはヴィットリオ・フィオーレと知り合い、彼からボルディーニを紹介され、この場所にたどりついたのだ。まだ高品質ワインの鉄則「高密度・低収量」が一般化していない時代だったにもかかわらず、このとき、ヴィットリオは彼らに10000本/haの植栽密度で植樹を行うようアドバイスしたという。さらに、彼らはアルベレッロ仕立て（支柱で縛る方式）を取り入れ、1本の葡萄樹につき、たった5つの果房しか残さないことにしたのだ。

最近の進展と言えば、2002年のピーター・シリングの加入（彼いわく「1996年を試飲して、ここに来ることを決めた」）と、より低い高度にある2つの葡萄畑への植樹だ。さらに重要なのは、まったく同じやり方でつくられたセカンド・ワイン「カルナシャーレ」の導入である。ファーストかセカンドかを決めるのは、ベッティーナ、モリッツ、フィオーレ、ボルディーニの厳しい審査のみだという。カルナシャーレは通常の75clボトルで販売されている。

極上のワイン

試飲で期待を上回る好印象を得た。**Carnasciale (カルナシャーレ)** はベルベットのようにスムースな味わいで、ジューシーだが、ベリーフルーツの香りが強い。それに比べると、**Il Caberlot(イル・カベルロ)** ははるかにしっかりとした構造で、フルーティーであると同時に風味がよい。やや渋みが感じられるが、時間と共に改善されていくであろう。ピーターが選んでくれた1996年がそのことを実証している。[2006年★]。

アツィエンダ・ヴィニコーラ・ポデーレ・イル・カルナシャーレ
(Azienda Vinicola Podere Il Carnasciale)
総面積：27ha　葡萄作付面積：2ha
平均生産量：2,500マグナム
住　所：Localita San Leonino, 82, 52020 Mercatale Valdarno, Arezzo
電話：+39 05 59 91 11 42
URL：www.kaberlot.eu

WEST OF FLORENCE | CARMIGNANO

Tenuta di Capezzana テヌータ・ディ・カペッツァーナ

1980年代および90年代、私はこの巨大なワイナリーをひんぱんに訪れたものだ。そこでは常に何かが進行中だった。試飲会、団体旅行者の訪問、ワインのセミナーや祝賀会……。それらの席に、このフィレンツェ県随一の、贅をこらした食事が付き物だったことは言うまでもない。このカルミニャーノの地から東にあるフィレンツェはさほど遠くなく、西にあるピストイアはさらに近い。それゆえ、このワイナリーはいつも訪問客（ワイン以外の記念品も購入してくれるツアーの団体客が特に歓迎される）でいっぱいなのだ。しかも、メディチ家の驚くほど美しい別荘ポッジョ・ア・カイアーノは道をすぐ下ったところにある。とにかく、ここは非常に文明化された、上品な場所なのだ。

ワインに関して言えば、カペッツァーナの特徴はいくつかある。最大の特徴は、家族全員が熱心にビジネスに携わっている点だろう。当主ウーゴとリサ・コンティーニ・ボナコッシの7人の子供およびその数えきれないほどの孫や姻戚たちが、様々なやり方でこの地所のワインづくりに関わっているのだ。ベネデッタは1998年以来、コンサルタント・エノロゴのステファノ・

80代とは思えないほど元気なウーゴ伯爵はピエロ・アンティノーリ、ジュリオ・ガンベッリ、ジャコモ・タキス同様、トスカーナ・ワイン復活劇の立役者である。

キオッチョリの助けを得ながら、ワインメーカーとして活躍している。ベアトリーチェは姪セレーナをアシスタントにセールスとマーケティングを担当し、カルミニャーノ品質保護協会の代表を2期務めた。ヴィットリオ（ベネデッタの兄弟）とフィリッポ、ベアトリーチェ、ガッド（セレーナの父）に加え、数年間は表舞台から遠ざかっていたウーゴも、最近ビジネスに復帰した。一族が織りなすピラミッドの頂点に立つのが、尊敬すべきウーゴ伯爵（彼ら一族は全員が伯爵と伯爵夫人だが、そのことを鼻にかけない）——80代とは思えないほど闊達とし、ピエロ・アンティノーリ、ジュリオ・ガンベッリ、ジャ

コモ・タキスをはじめとするトスカーナ・ワイン復活劇（ルネサンス）の立役者となった人物——である。

1945年、ウーゴがここカペッツァーナでワインづくりに携わって以来、この場所では驚くべき改革が次々と実施された。ウーゴはカベルネ・ソーヴィニヨンをカルミニャーノの葡萄品種に再導入し（彼いわく「メディチ家の時代以来、カベルネはここの品種だ」）、シャトー・ラフィットの土地でたまたま見つけた切り枝を内密に畑に植えたのだ。今日、カルミニャーノのDOC（G）（イタリアDOC委員会の代表として、ウーゴが実質的目的を考えて制定した原産地呼称）は、カベルネ・ソーヴィニヨンかフラン（最大10％まで。ただし、ヴィンテージによっては最大20％近くまで、さらにメルロー 10％をブレンドすることもある）のブレンドを義務づけている唯一のDOC（G）なのだ。カベルネは例外なく、トスカーナにある自社畑の最良区画からマッサル選抜したものが植えられている。しかしながら、ウーゴの最大の貢献は、卓越したリーダーシップをふるい、どこにでも見られるつまらない口論や嫉妬を最小限に抑え、この一族が機能的に、そして効率的に機能するよう尽力している点と言えよう。

かつて食事に魅せられ、私がひんぱんにカペッツァーナを訪れていた頃、あるイギリス人バイヤーは、ここのワインを「期待はずれの味」と手厳しく評していた。だがそれから10年が経ち、キオッチョリの指揮のもと、家族が一丸となって努力した結果、すべてがよい方向へ転換したようだ。この地域の半分がより高密度に植え替えられ（古い畑では4000本／haだった植栽密度が6200〜9600本／haまでアップ）、16世紀からある古い醸造所の一部が補修され、設備も入れ替わり、近代化された。しかも、ワインづくりも合理化されている。主要なワイン（カルミニャーノ）に集中するためにカルミニャーノ・リゼルヴァが排除され、バルコ・レアーレのような日常的なワインの品質も改善されている。

右：共に働く数多くの子供たち、孫たちに刺激を与えているウーゴとリサ・コンティーニ・ボナコッシ

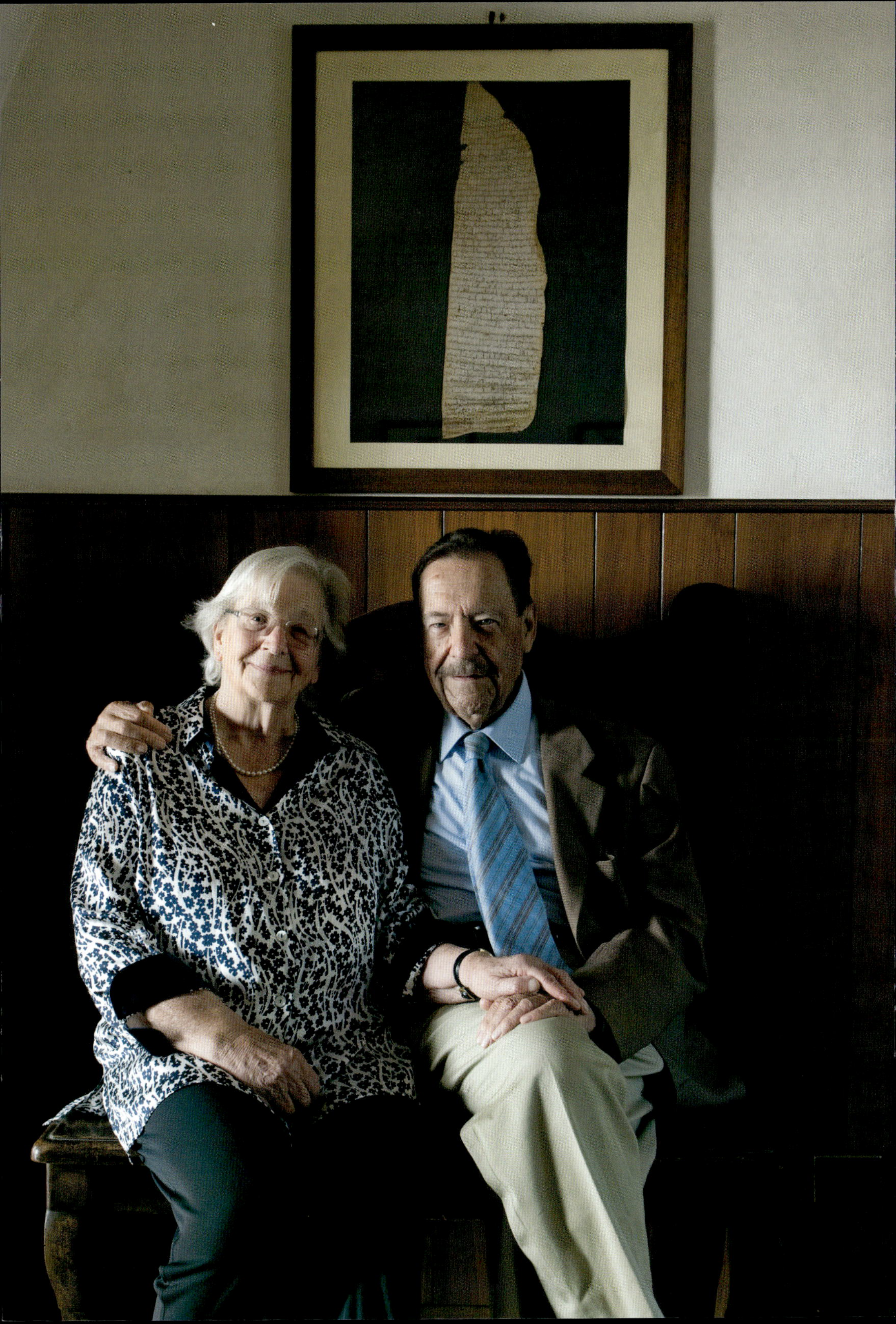

TENUTA DI CAPEZZANA

極上のワイン

Carmignano DOCG　カルミニャーノ DOCG
1925年以来、ここの代名詞となっているワイン。完全に飲み頃は過ぎたにもかかわらず、1930年代のオールド・ヴィンテージがまだ醸造所に保管されている。その当時、ウーゴはまだ低地の畑(高度200m)で穫れたサンジョヴェーゼに、長期熟成を促すカベルネをブレンドするやり方を支持していなかったのだ。サンジョヴェーゼとカベルネのブレンドを非難する人々も、このワインのブレンドの前と後を一度飲み比べるべきだろう。今日のブレンド(80%のサンジョヴェーゼに20%のカベルネで色と構造を与える)こそ、トスカーナの個性を失わずに、この2つの品種がうまく調和した、よい見本と言えよう。フランス産トノーで12カ月熟成されるが、オーク樽香が非常によく管理されていて、まったく気にならない。最近のヴィンテージでは、2001年と2004年★が特にすばらしい。2002年と2005年も非常によい。

Barco Reale del Carmignano
バルコ・レアーレ・デル・カルミニャーノ
1994年以来、DOCとしてつくられているワイン。70%のサンジョヴェーゼ、15%のカベルネ・ソーヴィニョン、5%のカベルネ・フラン、10%のカナイオーロがブレンドされ、飲みやすい仕上がりだ。最近では、複雑なフレーバーや構造、カルミニャーノのテロワールといった要素を超越した「優れた飲み物」としての役目を立派に果たしている。その典型例が2006年[V]だ。

Ghiaie della Furba　ギアイエ・デッラ・フルバ
1979年につくられたオリジナルのスーパー・タスカン(IGTトスカーナ)。最初はカベルネ・ソーヴィニョン、カベルネ・フラン、メルローを3分の1ずつの割合でブレンドしていたが、現在では50%のカベルネ・ソーヴィニョン、30%のメルロー、20%のシラーという比率になっている。フランス産バリックで14カ月熟成され、明らかにフレンチ・スタイルであるが、非常によくできた1品。2003年がすばらしいが、カルミニャーノの真髄を感じさせる2005年はさらにすばらしい。

Vin Santo　ヴィン・サント
カペッツァーナのもう1つの顔と言うべき甘口ワイン。今日、DOCカルミニャーノとして分類されている(最初のヴィンテージは1959年)。カラテッリで5年間たっぷりと熟成されるこのワインは、ドライフルーツとカラメルのとろけるようなバランスが特徴で、明らかに同タイプの中でも最高の部類に入る。

上：絶頂期のフィレンツェの、劇的なルネサンス彫刻が飾られているテヌータ・ディ・カペッツァーナ

テヌータ・ディ・カペッツァーナ (Tenuta di Capezzana)
総面積：675ha
葡萄作付面積：104ha
平均生産量：600,000ボトル
住所：Via Capezzana 100, 59015 Carmignano, Prato
電話：+39 05 58 70 60 05
URL：www.capezzana.it

WEST OF FLORENCE | LUCCA

Tenuta di Valgiano　テヌータ・ディ・ヴァルジャーノ

テヌータ・ディ・ヴァルジャーノのワイナリーは、15世紀からの歴史を誇る、中世をしのばせる壁の町ルッカの北東10kmの位置にある。このワイナリーの歴史は200年以上に及ぶが、その大半においてオーナーだったのがサニ一族だ。そして1993年、そのサニ一族から地所を買い取ったモレノ・ペトリーニが現在のオーナーである。彼は、妻ラウラ・ディ・コッロビアーノ（このワイナリーの営業面を担当）と共に、この地所内に居住している。

　最初、彼らのワインづくりに対する情熱は中程度のものだったという。ところが、最古の葡萄畑の葡萄からできあがるワインの品質に少しずつ魅せられ、やがて他の畑では得られない、ここのテロワールならではの個性の強いワインに完全にのめり込むようになったのだ。しかも、ワインメーカーで友人のサヴェーリオ・ペトリッリの貴重な手助けを得られたことも大きかった。こうして「土地に対して可能な限り敬意を払う」という姿勢のもと、ここでは1997年からオーガニック農法を導入、2002年からはバイオダイナミック農法への切り替えが行われたのである。

　今日、彼らはヴァルジャーノを農場として稼働させ、オイルやハチミツ、卵、ハム、新鮮な野菜なども生産している。彼らは自分たち自身を「伝統推進派」だと考えているようだが、過激な言い方をすれば、それは一部しか真実ではない。たしかに、彼らはサンジョヴェーゼを「単一ワインよりも、ブレンド・ワイン向きの品種」と考えている。これは、伝統的なアプローチと言えよう。だが、彼らがサンジョヴェーゼとブレンドするのは、カナイオーロ、コロリーノ、チリエジョーロではなく、シラーとメルローなのだ。さらに、熟成はコンクリートタンクとオークの樽で行っているが、オークは「大きなスラヴォニア産」ではなく、「小さなフランス産」を用いる傾向が強い。その一方で、彼らはワインに添加物を加えたり、何らかの手を加えたり、あるいは酸味を調整したりすることを明らかに避けている。それは、彼らの目的が、自分たちが信頼する"大地"とその年によって変動する"天候"がきちんと反映された、純粋で優雅なワインをつくることにあるからであろう。

　ワインづくりにハマったモレノはさらに情熱を募らせ、「グランディ・クリュ・デッラ・コスタ・トスカーナ」という委員会まで創設した。これは「ティレニア海岸沿いの数百人の生産者たちで共同の販促活動を行い、メンバー間で協力・協調し合おう」という趣旨のものである。この委員会の活動で最も注目されているのが、年1回、春にプレス向けに行われる試飲会で、いまやルッカの町の名物になっている。

極上のワイン

Tenuta di Valgiano Rosso
テヌータ・ディ・ヴァルジャーノ・ロッソ

この屋敷の周囲に広がる、高品質な葡萄畑から厳選された素材を用いたワイン。サンジョヴェーゼ（3分の2）に、シラーとメルロー（3分の1）がブレンドされている。葡萄の破砕は足で行われ、アルコールおよびマロラクティック発酵がオーク樽で行われる。また果汁はオーク樽で約1年、さらにコンクリートタンクで6カ月熟成される。2006、2005、2004年を試飲したが、どれも甘草とブラックベリーのアロマが強く、ジューシーなプラムフルーツの味わいがふんだんに感じられた。ジャムっぽくなる傾向が、タンニンのしっかりした構造によって抑えられている。2004年、2006年は20年間の熟成に耐えられるだろう。その2つに比べると、雨が多く、葡萄の出来が今ひとつだった2005年は、魅力的なアロマが感じられるものの、口に含んだときの充実感、まろやかさに欠ける。

Palistorti Rosso　パリストルティ・ロッソ

こちらもコッリーネ・ルッケージDOCだが、用いられている葡萄の年齢も品質も、テヌータのそれに比べて低い。ただし、ブレンド法や熟成法は同じである。2006年はテヌータのようにジューシーなプラムの味わいが感じられるが、早飲み用につくられているため、構造面がやや弱い。

Tenuta di Valgiano Bianco
テヌータ・ディ・ヴァルジャーノ・ビアンコ

シャルドネとソーヴィニョンに、少量のヴェルメンティーノをブレンドしたワイン（このワイナリーのもう1つの白である、コッリーネ・ルッケージDOCである「パリストルティ・ビアンコ」には、さらに大量のヴェルメンティーノと少量のトレッビアーノおよびマルヴァジーアがブレンドされている）。どちらもフレッシュでさわやかな味わいだが、テヌータの方がより刺激があり、あと味が長く、クリームのような舌触りがする。このテヌータはトスカーナ産白ワインの中でも、特に高い信頼を得ている。

テヌータ・ディ・ヴァルジャーノ (Tenuta di Valgiano)
総面積：60ha
葡萄作付面積：25ha
平均生産量：70,000ボトル
住所：Via di Valgiano 7, 55010 Valgiano, Lucca
電話：+39 05 83 40 22 71
URL：www.valgiano.it

WEST OF FLORENCE | PISA

Tenuta di Ghizzano　テヌータ・ディ・ギッツァーノ

ジネーヴラ・ヴェネロージ・ペッショリーニは、イタリア・ワイン界でも最も行動的で、ワインを愛してやまない女性である。健康上の理由で、父ピエルフランチェスコからこの歴史的な地所を受け継いで以来、ジネーヴラは、このワイナリーを「トスカーナの宝石」の1つに仕立て上げた。それが、彼女の並々ならぬ努力、知性、インスピレーション、温厚な人間関係によるものであることは言うまでもない。しかも、彼女は少なからず運にも恵まれていた。なんといっても最大の幸運は、彼女が古い歴史を誇るこの地所(9世紀、少なくともカール大帝統治時代から続いている)を、1370年以来ずっと所有する家に生まれたことだろう。ただし、ここは常に農業(葡萄栽培を含む)を専門

> ジネーヴラ・ヴェネロージ・ペッショリーニは、イタリア・ワイン界でも最も行動的で、ワインを愛する女性で、このワイナリーを「トスカーナの宝石」に仕立て上げた。

に行う栽培地だったが、そこから生まれるワインはそこそこのレベルのものに留まっていた。それは、この土地が十分な内陸部(フィレンツェ方面)にあるわけでもなく、高度200m以上にあるわけでもないため、サンジョヴェーゼ栽培には不向きだったからである。ところが、内陸でも海側でもない中庸な場所、温暖で厳しすぎない気候が、ボルドー種の栽培にはうってつけだったのだ。

"人間関係"面で言えば、ジネーヴラはトスカーナ社会の実権を握る富裕層(伯爵であるにもかかわらず、そのことをひけらかしたりしない人々)や、販促や流通の手助けをしてくれそうな人々にはたらきかけ、強力な関係を築いていった。そのうちの1人が、1998年以来、彼女にとって「エノロゴの神様」となったカルロ・フェリーニである。さらに"インスピレーション"面で言えば、彼女はいち早くオーガニック農法を導入、つい最近バイオダイナミック農法に切り替えた。そのおかげで、非常に混じりけのない、純粋な味のワインをつくり出せるようになったのだ。しかも、総面積360haという敷地の広さも幸いした。近隣の畑の化学肥料の飛沫が、気まぐれな微風に乗って彼女の畑に運ばれてくる、という恐ろしい事態も避けられたのである。

ここのファーストワインは、先祖ヴェネローゾ・ヴェロージの名前を冠した「ヴェネローゾ」である。このワインのリリース以降、ジネーヴラの言葉を借りると、ここの葡萄栽培は「革命的に進化」することになった。実際、葡萄畑(18ha)の約85%が植え替えられたのである。しかも、元々2500本／haだった植栽密度を1989年には4500本／haに、さらに最近6600本／haにし、マッサル選抜で厳選したものを植え替えた。目標は葡萄畑を20haまで拡大することだという。ただし、25haがオリーブ園で、150haが穀物畑である現状を考えると、その目標の達成は容易ではないだろう。だが、彼女達は信じているのだ。マーケットには常に、自分たちがつくる「ほんの少しだけど、とても上等な」(ジネーブラ談)ワインを求めている人もいる、ということを。

極上のワイン

Veneroso　ヴェネローゾ
地理的に見て、テヌータ・ディ・ギッツァーノの畑は、国際種・土着種共に栽培に適した位置にある。キアンティ・クラッシコやモンタルチーノのように伝統的な地域ではないが、カルミニャーノ東部の生産者たち同様、その地理的メリットを活用しない手はない。その最たる例が、温暖な土地で育ったカベルネ・ソーヴィニョンの華やかさと、低収量に抑えられたサンジョヴェーゼの厳格さ・優雅さが見事に融合されたヴェネローゾだ。美味で、トスカーナの個性が感じられる1品であり、長期熟成型である。[2004年★]

Nambrot　ナンブロ
カロリング朝時代の、彼らの先祖の名前を冠したワイン。最初はメルロー100%でつくられていたが、今日ではプティ・ヴェルド(20%)、カベルネ・フラン(10%)がブレンドされるようになった。ヴェネローゾ同様、様々なサイズのオーク樽で最長18カ月まで熟成される。2005年のようなヴィンテージは、果実味(小粒のブラックベリー系)が強調されているうえ、やや黒鉛とバルサムの香りも感じられ、上質のクラレットのようだ。

テヌータ・ディ・ギッツァーノ(Tenuta di Ghizzano)
総面積：360ha
葡萄作付面積：18ha
平均生産量：80,000ボトル
住所：Via della Chiesa 1, 56030 Ghizzano de Pccioli, Pisa
電話：+39 05 87 63 00 96
URL：www.tenutadighizzano.com

WEST OF FLORENCE | PISA

Sangervasio サンジェルヴァジオ

20世紀後半のトスカーナの多くの農場同様、サンジェルヴァジオもまた、様々な作物を扱う農業形態から発展したワイナリーだ。しかも、ここの農業の歴史は非常に古い。サンジェルヴァジオ村の創設は754年までさかのぼり、ここの城は趨勢を誇ったゲラルデスカ一族（中世初期から20世紀に至るまで、トスカーナの海岸部一帯に広大な領土を所有）によって建てられている。1960年以降（つまり、メッツァドリーア廃止直後）、ポンテデラ近くに住む実業家のトンマジーニ一家がこの地所を取得し、1990年代はじめまでは多角的な農業（当時は穀物を栽培するかたわら、オイルづくり、葡萄栽培などをするのが一般的だった）が行われていた。つまり、高品質のワインづくりへの転換を決定したのは、つい最近のことなのだ。その決断のおかげで、彼らは、有名なルカ・ダットーマ（今でもここのコンサルタント・エノロゴである）との長期的な協力関係を築くことができ、オーガニック農法から、やがてバイオダイナミック農法へと転換することになった（元々化学肥料によって制御された畑ではなかったため、彼らにとって、この葡萄園の転換は比較的簡単なことだった）。そして現在、国際的なワイン市場で称賛・絶賛されるワインを生み出すことになったのである。

ルカ・トンマジーニは、自分の畑——ヴァル・デッラの丘に広がる、切れ目のない400haの土地——を「オリーブや糸杉、カサマツ、オークなどの高木に囲まれ、独特の文化を楽しむ、常に特別な居留地」と考えるのが好きである。隣人であるギッツァーノ同様、サンジェルヴァジオもまた海に近い位置にあり、微風の恩恵（新鮮な空気を保ちながら、葡萄の光合成が最大限保証される）を受けられる一方、程よく内陸部に位置しているため、その恩恵（夕方と夜はぐっと気温が低くなる）にも預かる。

数ある葡萄品種の中でも、ここは誇りをもってサンジョヴェーゼを栽培している。だがその一方で、トンマジーニは近年高まりつつある需要（「この地域の国際種、主にメルローとカベルネのよりフルーティーで、柔らかな個性を楽しみたい」）にも敏感だ。そこで、ここは12000本／haの植栽密度で、2つの葡萄畑（1つはサンジョヴェーゼ用、もう1つはメルロー用）を所有している。他の最新の葡萄畑の大半には、厳選されたクローンが6000本／haの植栽密度で植えられている。

極上のワイン

A Sirio IGT Toscana　ア・シリオ・IGT・トスカーナ

サンジェルヴァジオのトップ・ワイン。植栽密度12000本/haの葡萄畑から穫れたサンジョヴェーゼ（95%）にカベルネ（5%）をブレンドしたこのワインは、ルカの祖父とその兄弟ラウラとクラウディオに捧げられた1品だ。複雑さと個性が際立つワインで、バリックで18カ月、ボトルで18カ月熟成される。

I Renai IGT Toscana　イ・レナイ・IGT・トスカーナ

100%メルローのワイン。個人的には、特有の厳格さが感じられるシリオの方が好みである。こちらは、むしろトスカーナ海岸沿いのメルロー独特の風味を消すことに成功している印象。シリオと同じ熟成方法で、同じく濾過されないまま販売される。おそらく、もっと時間をかける必要があるだろう。

Sangervasio Rosso IGT Toscana [V]
サンジェルヴァジオ・ロッソ・IGT・トスカーナ [V]

上記2種類に用いられなかった、高品質の葡萄からつくられる、より早飲みタイプのワイン。サンジョヴェーゼ70%、メルロー 20%、カベルネ10%をブレンド。毎日がぶ飲みするタイプではない。

Vin Santo Recinaio★　ヴィン・サント・レチナイオ★

おそらく、サンジェルヴァジオ最高のワイン。この有名なヴィン・サント・レチナイオは、80%のトレビアーノと20%のサン・コロンバーノからつくられ、醸造所の軒下にあるカラテッリで6～8年間熟成される。ファッジやカラメルを液体で飲んでいるような味わいだが、美しい酸味のおかげで、べたつきが抑えられている。

サンジェルヴァジオ（Azienda Agricola Sangervasio）
総面積：400ha
葡萄作付面積：22ha
平均生産量：100,000ボトル
住所：Localita San gervasio, Palaia, Pisa
電話：+39 05 87 48 33 60
URL：www.sangervasio.com

トスカーナの海岸地方

ワインに関して言えば、トスカーナのマレンマはつい最近までまったく無名の土地だった。ところがここ30年の間に"最先端のワインづくりの地"として突如有名になったのだ。その理由はいくつか考えられる。まず、キアンティ・クラッシコやモンタルチーノに比べて、地所が比較的購入しやすいこと。次に、海に近いため、冬が割と温暖であること。そして（これは派生的な理由だが）そこでつくられた中～高程度の価格帯のワインが世界中で有名になり、認められたことがあげられる。特にサッシカイアによる効果は見逃せない。実際、サッシカイアはボルゲリ地区北部の中心的役割を担い、いまやこの海岸沿いの長細い地域は「コスタ・デッリ・エトゥルスキ」として独自のマーケティングを実施するまでに成長している。

マレンマ北部

わかりやすく説明するために、このエリアも3つに分けようと思う。まずはピサ県の海岸付近の地域からボルゲリにかけて広がる地域（ワインのスタイルに関して言えば、単に「フィレンツェの西側」と表現するだけでは不十分な地域）である。この一帯は、ボルドー品種（カベルネ、メルロー、プティ・ヴェルドーなど）の栽培に適する一方、平均気温が高すぎて、サンジョヴェーゼ特有の個性を表現するには不向きな土地柄だ。またボルゲリに見られるように、ローヌ品種（特にシラー）の栽培の成功例も増えつつある。

2つめのエリアはボルゲリだ。カスタニェート・カルドゥッチというコムーネである美しい小さなこの村は、優れたワイナリーの宝庫と言えよう。ヴィア・アウレリアからこの村を目指すと、糸杉の続く道沿いにテヌータ・サン・グイド（サッシカイアをつくっている葡萄園）が見えてくる。アンジェロ・ガヤもまた、この地でボルドー種に挑戦する醸造家だ。彼のカ・マルカンダは、その個性よりもむしろ、外観の美しさで有名になった感がある。もう1人、ボルゲリの有名人と言えば、はるばるカリフォルニアからやってきて、アンティノーリや最近ではフレスコバルディ、フォロナーリなどで修業を積んだデリア・ヴィアデルがあげられるだろう。

3つめのエリアは、カスタニェートから数マイル南にある、スヴェレートの町ヴァル・ディ・コルニアだ。この地域の環境はボルゲリのそれとよく似ているため、やはりボルドー品種の栽培が盛んである。1990年半ば、ボルゲリの土地を獲得しようという"ゴールドラッシュ"が始まり、その後ブームがピークを迎え、土地価格が急騰した。その種の人々の大半が注目したのがスヴェレートである。20年前から今と同数のワイナリーがあったにもかかわらず、当時のワインの手引書には、この土地の名前はほとんど見あたらない。だが今日、その種の本にはこの地のワイナリーが20以上も紹介されているのだ。

マレンマ南部

便宜上、このエリアも3つの地域に分けた（くり返すが、これはあくまで本書をわかりやすくするためであって、正式な区分法ではない）。本書で言う「マレンマ南部」とは、グロッセート県の中のティレニア海岸沿いにある部分と内陸の丘陵地を指す。

海岸部やリゾート部は別にして、この地域はごつごつした丘陵や険しい岩山、森が多く、腹立たしいほど曲がりくねった道沿いに不気味な古城や中世建築物が点在する場所だ。城塞都市ピティリアーノはその代表例と言えよう。ここはトスカーナの中でも最も暗い地域で、ちょっとでも気を抜くと、アウトストラーダにたどり着く前に簡単に道に迷ってしまうエリアでもある。時間旅行をしているような、不思議な感覚に陥る場所だ。

重要なことに、この地域で栽培されているチリエジョーロは、「サンジョヴェーゼの親」として科学的に認められている。では、サンジョヴェーゼはこの地域で生まれたのだろうか——この、より壮大な問いに関する答えを見つけるのは至難の業だろう。

3つの地域の中で最も大きくて重要なのがスカンサーノ（モレッリーノ・ディ・スカンサーノDOCGの保有地）だ。モレッリーノは「サンジョヴェーゼ」を意味する現地語である（「プルニョーロ・ジェンティーレ」「ブルネッロ」「サンジョヴェート」など、他にもサンジョヴェーゼの同義語は数多くある）。この地域の葡萄畑

右：多くの有名ワイナリーが集まる海岸地域の中心地、ボルゲリ村の門

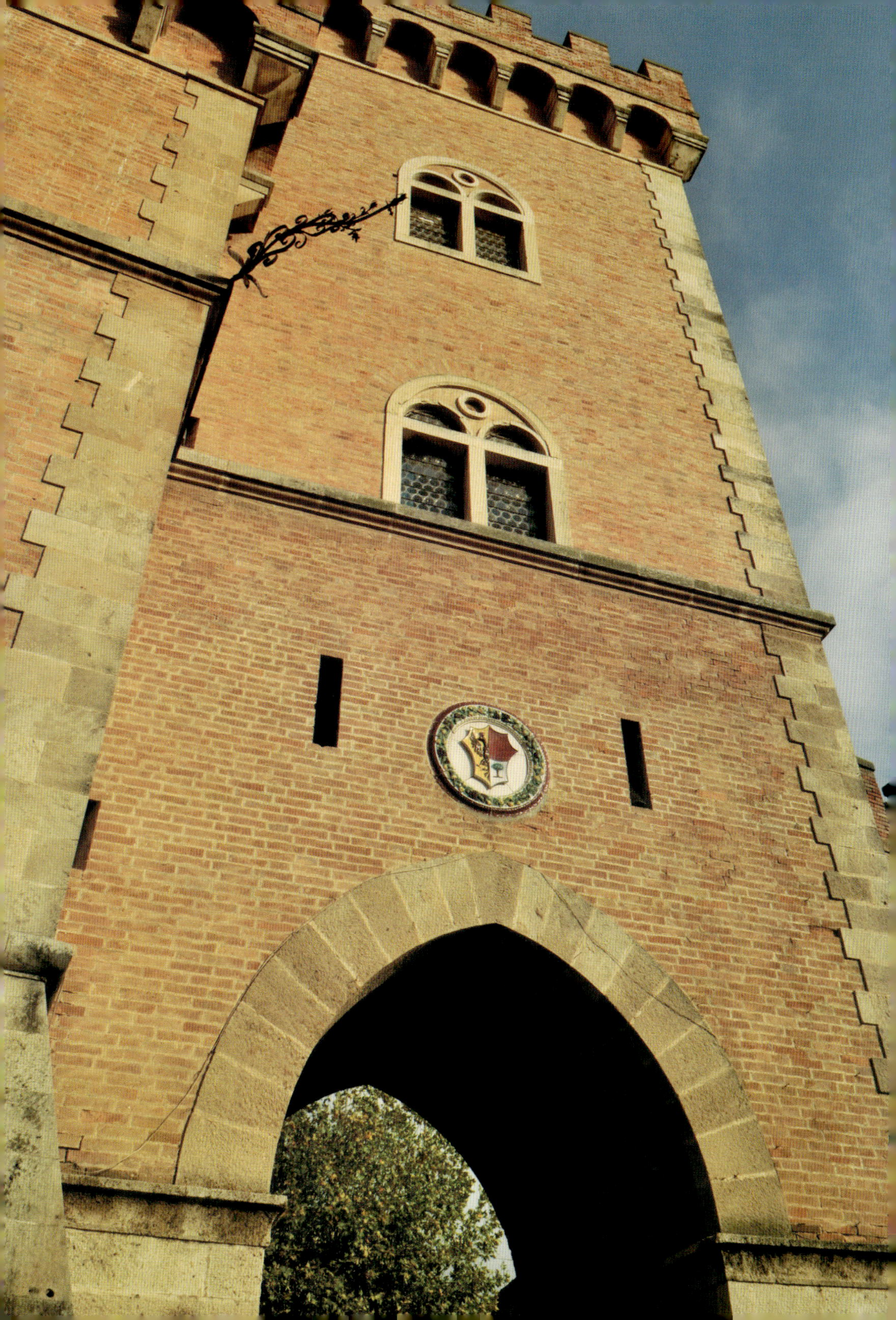

EMILIA ROMAGNA
MASSA CARRARA
LUCCA
TUSCANY
LIVORNO
PISA
GROSSETO
ITALY
TUSCAN COAST
Rome
A12
A11
A1
E80
E78
Tenuta di Valgiano
Lucca
Pistoia
Florence
Pisa
Sangervasio
Tenuta di Ghizzano
Livorno
Arezzo
Castello del Terriccio
Caiarossa
Siena
Le Macchiole
Tenuta San Guido
Michele Satta
Tua Rita
Moris Farms
Castello di Potentino
Elba
Grosseto
Fattoria Le Pupille
Castello di Montepo'
Sassotondo
N
0
30 km
0
30 miles
トスカーナの海岸地方
主要生産者
ワイン生産地域
地域境界線
県境界線
主要道路
① コッリーネ・ルッケージ生産地域
② ボルゲリ生産地域
③ ヴァル・ディ・コルニア生産地域
④ モレッリーノ・ディ・スカンサーノ生産地域

最上のつくり手と彼らのワイン

上：ボルゲリの丘陵地にある、有名なサッシカイアの葡萄畑と古城カスティリオンチェッロ

でクローンが用いられたのは、比較的最近のことである。ただし、中には非常に古い畑（フィロキセラの前の時代の畑さえ含まれている）からマッサル選抜したものを自分の畑、あるいは近隣の小さな葡萄畑で接ぎ木として用いる生産者もいる。モレッリーノの現行の規制は「いかなるブレンドワインも、サンジョヴェーゼを最低85％用いること。残りの15％の品種は生産者が自由に選んで構わない」というものだ。当然ボルドー品種のブレンドも可能だが、この地域ではその種のスタイルよりもむしろ、アリカンテやグルナッシュをブレンドしたワインが増えてきている。もちろん、サンジョヴェーゼ100％のワインも存在する。そのいずれにせよ、「DOCモレッリーノ・ディ・スカンサーノ」という肩書は、この地域の生産者たちから軽視されているのが現状だ。それは、彼らが「IGT、あるいはカベルネやメルローのブレンドワインをつくった方が利益が上がる」と確信しているからにほかならない。

残る2つの地域は、広大な「モンテクッコ」、そして「マレンマの他の地域」としか表現しようのない場所だ。グロッセート県の最南部（ラツィオとの境界線部分）にあるピティリアーノは、トレッビアーノを主体とした白ワインで有名だが、ここの生産者たちはチリエジョーロに大きな関心を抱いている。モンテクッコ（モンタルチーノの西から南に伸びている地域。アミアータ山の低部地域も含まれる）に関して言えば、赤・白共に、様々な葡萄品種による多種多様なワインが多い。スカンサーノのエリアとして、モンテクッコは1998年にDOCを取得したばかりであり、近年では、トスカーナ内陸部の歴史的地域の葡萄畑には手が出せない人々（中にはビッグネームも見られる）が畑を求めて、なだれのように押し寄せている。

167

NORTHERN MAREMMA | BOLGHERI

Tenuta San Guido (Sassicaia) テヌータ・サン・グイド（サッシカイア）

　本書を執筆するに当たり、私はここに登場する生産者はもちろん、それ以外にも相当数の生産者たちに、彼らのワイナリーの現状、歴史、生産に関する質問用紙を送った。中には回答を拒否したり、「面倒だから」と断ってきた生産者もわずかながらいて、ここで紹介するテヌータ・サン・グイド（有名な「サッシカイア」はワインの名前で、このワイナリーの名前ではない）もそうだった。おそらく、彼らはこれ以上の宣伝は必要ないと考えたのであろう。とはいえ、この本のタイトルを考えれば、サン・グイドをはずすわけにはいかない。そこで、私は雑誌『The World of Fine Wine』で過去に敢行したインタビューや試飲（「1985年ヴィンテージを20年後に試飲する」というレアな試飲も含む）の資料から重要部分をピックアップし、この記事をまとめることにした。幸い取材者は私自身だし、雑誌の出版社も本書とまったく同じであるため、この記事の掲載が訴訟問題に発展するようなことはないと信じている（自分自身の文章の"盗用"の責任を問われることなど、まずないだろう）。

　サッシカイアの創設者、マリオ・インチーザ・デッラ・ロッケッタ（現オーナーのニコロの父親）はピエモンテの葡萄栽培家で、1943年、ゲラルデスカ家出身である妻（ピエロ・アンティノーリの母親とは姉妹関係）と共に、このトスカーナの栽培地へ移ってきた。この話はすでに有名なので、ここでは手短に紹介しておこう。その当時の多くのイタリア貴族同様、マリオもまたクラレットの大ファンで、「イタリアでも高品質のワインづくりが可能なことを証明したい」という情熱に駆られていた。彼は自分の領地の砂利まじりの土壌がボルドーのそれとよく似ていること（サッシカイアとは"石の多い土地"の意味）、さらに、ボルドーのように海に近い立地のため、内陸部よりも夏は涼しく冬は温暖であること、そして日中と夜の気温差が激しいことに注目した。それらがすべて、上質なワインづくりに必要不可欠な要素であることは言うまでもない。そこで、マリオは本業（オリーブオイルと花の球根づくり）の片手間に行って

右：ワインと馬に情熱を傾けている、テヌータ・サン・グイドの現当主マルケーゼ・ニコロ・インチーザ・デッラ・ロッケッタ

サッシカイアは単独の原産地呼称、「D.O.Cボルゲリ・サッシカイア」を取得したことで、ボルゲリのみならず、イタリア全土のワインの中でも秀逸であることを証明した。このワイナリーは今も変わらず象徴的存在なのである。

TENUTA SAN GUIDO (SASSICAIA)

いたワインづくりに本腰を入れ始めた。ピサ近辺に住む貴族のサルヴィアーティ一族から贈られたカベルネの挿し木をもとに、目指したのは、伝統的なフランス式のワインづくりだ。最大収穫量を40～45hℓ/haに抑え、オープントップ型の木樽で最低20日発酵を行い、小さなオーク樽で3年間熟成を実施したのだ。

その当時、彼のワインは販売されることなく、友人や家族によって飲まれていた。あるいは、個人的な知り合いに樽かボトルで販売されるだけだった。ところが（特に熟成させたワインの）評判が広まり、1970年、ニコロはプロの手を借りるよう父を説得し、いとこであるアンティノーリのワインメーカーだったジャコモ・タキス博士を招聘することにしたのだ（1990年代にアンティノーリを離れてからも、タキスはサッシカイアの仕事を続けている）。

ここで生み出された革命的なワインの基準を作ったのは、まちがいなくタキス（現在もサッシカイアのチーフ・コンサルタント・エノロゴ）である。その基準――「約85％のサンジョヴェーゼに15％のカベルネ・フランをブレンドする」「最大収穫量は30hℓ/haに抑える（40年前のイタリアでは常識はずれの低さだった）」「熟成はフランス産バリック（マリオが好んだスラヴォニア産バリックとの差別化である）、しかも3分の1は新樽で約24カ月かける」――は、今も変わらず受け継がれている。

その後も大きな変化が続いた。サッシカイアは単独の原産地呼称、「D.O.Cボルゲリ・サッシカイア」を取得したことで、ボルゲリのみならず、イタリア全土のワインの中でも秀逸であることを証明した。さらに、セバスティアーノ・ローザ（ニコロの義理の息子）が経営に参画。またメルロー、カベルネ、ソーヴィニオンでつくった「グイダルベルト」を含む、新しいワインがいくつかリリースされた（ただし、おおむね好評だったにもかかわらず、グイダルベルトはサッシカイアほどの世界的ブームを巻き起こすには至っていない）。とにかく、イタリアワインの信用回復に大きな役割を果たしたこのワイナリーは、今も変わらず象徴的存在なのである。先代の基準を守り抜く、このワイナリーのモットーを一言で言えばこうなるだろう。「触らぬ神にたたりなし」

極上のワイン

Sassicaia　サッシカイア

1980年代、私はサッシカイアの垂直試飲を行ったが、正直きちんと評価できたかどうか自信がなかった。というのも、これは「本物の個性が現われるまで7年間かかる」と言われているワインだからである。だがつい数年前、20年を経た1985年★を試飲する機会に恵まれ、そのすばらしさ、変わらなさに衝撃を受けてしまった。そこで、ここではその85年について詳しく語りたい。

ロバート・パーカーは、イタリアワインの中ではじめてこのワインに100点をつけ、「私が試飲した世界中のワインの中でも最も偉大なワインの1つ」とコメントしている。今回だけは、私も彼とまったくの同意見だ。1985年ヴィンテージだというのに、色・味共に驚くほど若々しい。カベルネ・ソーヴィニョンの典型的なブラックカラントのアロマと、これまたフランス産オークで熟成されたカベルネの典型的な鉛筆のような香りと、ハーブやスパイス、皮革のたっぷりとした風味と見事に融合し、ふわっと立ち上る。口に含むと、目を見張るほど生き生きとした味わいで、芳醇で甘い果実味と、濃密だがスムースなタンニンが感じられる。非常に優雅である一方、より若々しさが強調された1品。私は試飲メモにこう記している。「まるで昨日つくられたかのよう」「20年前のサンジョヴェーゼでは絶対に出せない（こう言うのは辛いが）、信じられないほどのフレッシュさ。100点満点に値する」

1985年ヴィンテージのことばかり書いてしまったが、その他のすばらしいヴィンテージについても記しておこう。おすすめなのは1998年、2001年、2004年だ。どれもサッシカイアの代名詞とも言うべき高貴さ、さらに（ヴィンテージによって）第1アロマ、または第3アロマがふんだんに感じられる。

右：サッシカイアのワインの基準を設定し、今日も監督を続ける傑出したコンサルタント、ジャコモ・タキス博士

テヌータ・サン・グイド（サッシカイア）（Tenuta San Guido: Sassicaia）
総面積：2500ha
葡萄作付面積：90ha
平均生産量：430,000ボトル
住所：Localita Le Capanne 27, 57022 Bolgheri, Livorno
電話：+39 05 65 76 20 03
URL：www.sassicaia.com

NORTHERN MAREMMA | BOLGHERI

NORTHERN MAREMMA

Castello del Terriccio カステッロ・デル・テッリッチョ

テヌータ・デル・テッリッチョ(今では「カステッロ・デル・テッリッチョ」と呼ばれている。これは、侵略してきたサラセン人からの攻撃を防ぐため、中世に建設された廃城にちなんだ名称)は、ピサとリヴォルノの境界線の間にある巨大で歴史ある地所で、正確にはボルゲリの北20km付近の、ティレニア海岸沿いに伸びる、海抜300mの位置にある。1922年、現オーナーのジャン・アンニバーレ・ロッシ・ディ・メデラーナ・エ・セラフィーニ・フェッリの祖父が、プリンス・ポニャトフスキからこの地所を購入し、1975年、ロッシ博士自身がこの土地を受け継いだ。その当時、この畑は現在よりもはるかに"農場"の色合いが濃く、野菜や穀物、薬草ハーブの栽培や家畜および馬の飼育が行われていた。オリーブと葡萄もあるにはあったが、品質レベルはそこそこでしかなかった。だが今日、障害飛越レースのために飼育されている馬と共に、葡萄はこの畑のメインの生産物となっている、しかも、その品質たるや、イタリア全土をうならせるほどの高レベルなのだ。

こういった変化は一気に起きたわけではない。1980年代の終わり、ロッシ博士が不幸な乗馬事故で車椅子生活を余儀なくされ、葡萄栽培に専念しようと決心してから徐々に変化が起き始めたのである。友人であるサッシカイアのマルケーゼ・インチーザ・デッラ・ロッケッタと同じく、ロッシ博士もまたボルドー・ワインの熱烈なファンだった。彼は「ワインの世界では、伝統的なトスカーナ品種ではなく、ボルドー品種に投資するのが最も賢明なやり方だろう。なぜなら一般的に、サンジョヴェーゼをベースにしたモンテスクダイオDOCよりも、フランスのワインの方がより高値で売買されているからだ」と考えたのである。

トスカーナのコンサルタント・エノロゴで、国際的なスタイルのワインづくりの名手として知られるカルロ・フェリーニの参画で、ここのワインづくりに不可欠なパズルのピースが揃った。無類の馬好きであるロッシ博士は、フェリーニが赤ワイン「ルピカイア」の初ヴィンテージ(1993年)を評したこのコメントがお気に入りだという。「ロッシ博士、これは非常に優れた馬です。もし調教に成功すれば、第1級の競技馬になりますよ」——それ以降、テッリッチョの葡萄畑は65haまで拡大され、さらに今後は100ha拡大を目標としている。畑の約10%には、ロッシ博士が非常に重視している白葡萄(もちろんフランス産)が植えられ、白ワインのためのコンサルタント・エノロゴも雇われている(現在は、フリウリ州のジョヴァンニ・パッソーニが担当)。

極上のワイン

Lupicaia ルピカイア
テッリッチョの代名詞とも言うべきワイン。現在は85%のカベルネ・ソーヴィニョン(単一畑のもの)、10%のメルロー、5%のプティ・ヴェルドというブレンド比率である。ワインづくりは「伝統的手法を随時、

右:高品質ワイン産出に専心する、ジャン・アンニバーレ・ロッシ・ディ・メデラーナ・エ・セラフィーニ・フェッリ博士

80 / EMİL AVNİ

CASTELLO DEL TERRICCIO

最新のものに置き換える」という手法をとっており、たとえば最大4週間かけてのマセレーション、スチールタンクによるマロラクティック発酵、14～18カ月かけてのバリックおよびトノーによる熟成が実施されている。同年代の一流クラレットとは違い、これは若くてもかなりフルーティーで、十分熟成していて飲めるのが特徴だが、絶品の1997年★が示すように、ボトル熟成でさらに進化する能力も持ち合わせている。ブラックカラントのアロマは当然だが、その他にもローガンベリー、モレッロチェリー、トリュフにくわえ、明らかに近くで栽培されているユーカリの木（オーストラリアからの輸入）によるバルサム系の香りも感じられる。口に含むと、ヴェルヴェット・カーペットのような滑らかな舌触りだ。

Tassinaia　タッシナイア
ルピカイアに次ぐセカンド・ワイン的な存在だが、よいヴィンテージのものは同じくらい非常にすばらしい味。カベルネ・ソーヴィニヨン、メルロー、サンジョヴェーゼを同量ブレンドしていて、最初の2品種のアロマが優勢だが、酸味に関して言えば、明らかにサンジョヴェーゼのそれが感じられる。ルピカイアに比べれば成熟さやみずみずしさはなく、フレーバーも強烈ではないが、タッシナイアは明らかに10年以上の長期熟成が可能な1品だ。

Castello del Terriccio　カステッロ・デル・テッリッチョ
シラー（50%）を主体にしたローヌ・スタイルのワイン。ペッパーとペペロンチーノ、スパイス、ガーリックのアロマが香る。果実味はそれほどでもなく、しっかりした構造の方が目立っている。おそらく、もう少し時間が必要だろう。

Con Vento　コン・ヴェント
「コン・ヴェント」と呼ばれるソーヴィニヨン・ブランによる白ワイン。驚くほどのグーズベリーの果実の香り・味わいがするが、明るい、クエン性の酸味でバランスがとれている。

Rondinaia　ロンディナイア
バリック熟成のシャルドネで優れた味わいだが、世界中のシャルドネ・ワインと比べると、さほどワクワクするような点は見あたらない。

右：テッリッチョのワインをより国際的なスタイルにしたコンサルタント・エノロゴ、カルロ・フェリーニ

カステッロ・デル・テッリッチョ（Castello del Terriccio）
総面積：1867ha
葡萄作付面積：65ha
平均生産量：300,000ボトル
住所：Localita Terriccio, 56040 Castellina Marittima, Pisa
電話：+39 05 06 99 709
URL：www.terriccio.it

NORTHERN MAREMMA

NORTHERN MAREMMA | BOLGHERI

Le Macchiole レ・マッキオーレ

　エウジェニオ・カンポルミが40歳という若さで急逝してしまったのが遠い昔のことのようにも思えるし、つい最近のことのようにも思える。エウジェニオは、インチーザ・デッラ・ロッケッタに引き続き、この土地(ティレニア海岸から5kmほど内陸に入ったところにある、ボルゲリの丘陵地の下に横たわるなだらかな斜面)の土壌の持つ大きな可能性(粘土質なのに、しっかりとした構造)に気づいた、ボルゲリのパイオニアの1人なのだ。実際にこの丘陵地──名づけて「イタリア葡萄栽培の黄金郷(エルドラド)」──を訪れれば、どんな人でもエウジェニオの主張の正しさを確信するだろう。そこに広がるのは、1983年、父から葡萄園を受け継いで以来、エウジェニオが甚大な努力と共に植え替えを行った葡萄畑である。

　肥沃で広大な地所「コスタ・デッリ・エトゥルスキ」の所有者たちとは違い、エウジェニオは貴族でもなく、また高慢でもなかった。しっかりと地に足をつけ、率直にものを言う、ユーモアにあふれた、それでいて目的達成のためにはどんな努力も惜しまない人物であった。彼は、自分が目指す高品質のワインづくりには大変な犠牲が強いられる──ほんのわずかな収穫量にもかかわらず、栽培時期のあらゆる段階で細心の注意を畑に払わなければならない──ことに気づいていた。そして偉大なワインは偉大な葡萄からしか生まれず、トスカーナのこの地域でそういった葡萄を栽培したいなら、イタリアではなくフランスの品種しかないことも理解していたのだ。

　私がはじめてレ・マッキオーレを訪れた1990年代半ば、彼は基本的に3つのワインづくりに専念していた。すなわち、パレオ・ロッソ(カベルネ・ソーヴィニョンに10%のサンジョヴェーゼをブレンド)、パレオ・ビアンコ(ソーヴィニョンとシャルドネ)、そしてマッキオーレ(それ以外の品種のブレンド)だ。さらに、彼は小さめの樽で100%メルローと100%シラーのワインづくりも試していて、前者を「メッソリオ」後者を「スクリオ」と呼んでいた。

　この試行錯誤の段階を経て、状況は徐々に変化し

右：姉シンシアと共に、亡き父エウジェニオ・カンポルミのヴィジョンの実現を目指すマッシーモ・メルリ

176

故エウジェニオ・カンポルミは、偉大なワインが偉大な葡萄からしか生まれず、トスカーナのこの地域でそういった葡萄品種を栽培するなら、イタリアではなくフランスの品種しかないことも理解していた。

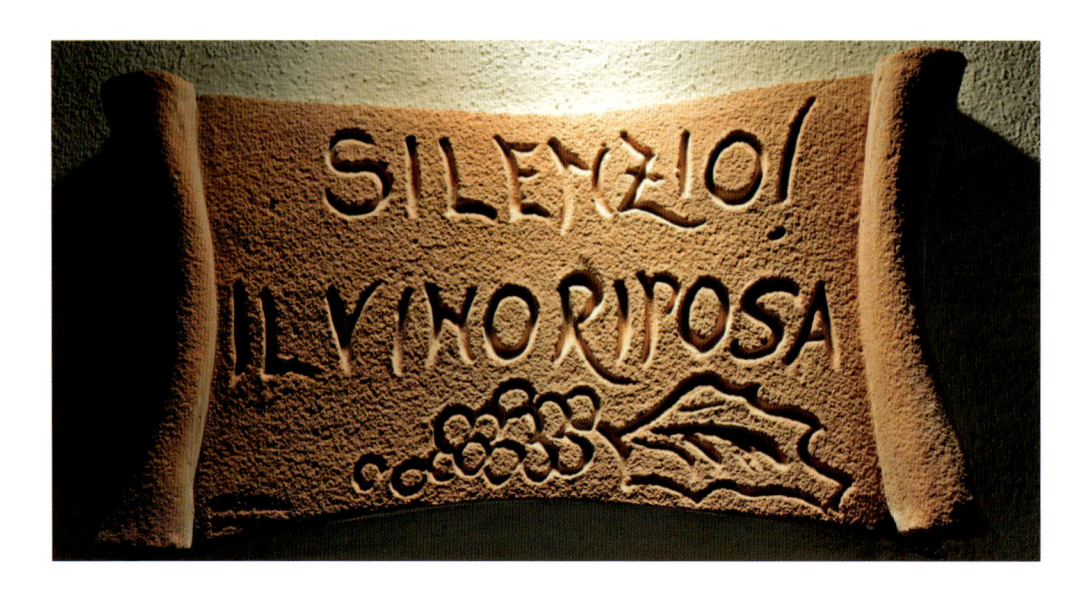

始める。まず、パレオ・ロッソにカベルネ・フランが加えられ、その結果サンジョヴェーゼの量が減らされた。次に、エウジェニオはボルゲリの地にはカベルネ・ソーヴィニョンよりもカベルネ・フランの方が適していることを確信し、2001年からフランの量を徐々に増やし、とうとう100％の単一品種ワインにしたのである。この頃までには、メッソリオとスクリオの生産量も増えていたため（とはいえ、世界中からオーダーが殺到しても、彼は当初の割当量を厳守した）、ここのトップ3のワインはすべて、単一品種ワインとなったのだ。

　今日、エウジェニオの遺志は、遺された妻チンツィア・メルリによって引き継がれている。そんな彼女を支えるのが実弟マッシモ（葡萄畑を担当）とコンサルタント・エノロゴのルカ・ダットーマ（エウジェニオの旧友で、1991年以来レ・マッキオーレを支えている）だ。初めて見たとき、近隣の華麗な醸造所に比べて"間に合わせ"のように思えた醸造所も、今では実質面を重視した建物に立て替えられた。天国のエウジェニオも、今のこのすばらしいワイナリーに満足しているに違いない。

かで芳醇なタンニンが楽しめる。15カ月バリック熟成しているにもかかわらず（そのうち10％が112lのハーフサイズ）、行き過ぎたオーク樽香は感じられない。典型的なトスカーナ・ワインではないが、典型的なフランス・ワインでもない。カベルネ・フラン100％にしては熟れすぎてジューシーであり、確かにピーマンの匂いはどこにも感じられない。2004年にリリースされた2001年★は（「世界で」とは言わないまでも）イタリアで最も偉大なカベルネ・フランのワインとして歓迎されている。

Messorio　メッソリオ
明らかに、イタリアを代表するトップのメルロー100％ワイン。口に含むと、果実味があらゆる方向へと爆発するが、熟れた、それでいてしっかりとしたタンニンによってよく支えられている。約14％とアルコール度数は高いが、そのよさが出ている。非常に官能的なワイン。

Scrio　スクリオ
オーストラリアおよびローヌでつくられるシラー・ワインの中間のような1品。前者の円熟味や果実味が、後者の厳格さと構造で支えられている印象。

　その他には、元「マッキオーレ」の**Bolgheri DOC [V]**（ボルゲリDOC [V]）（メルロー、カベルネ、サンジョヴェーゼのブレンド）と**Paleo Bianco**（パレオ・ビアンコ）（70％のソーヴィニョンとシャルドネから成る非常に独特な白ワイン）がある。

上：レ・マッキオーレでは、常にワインに対する敬意が最重視される。これは「ワインが休んでいる間は静かに」というサイン

極上のワイン

Paleo Rosso　パレオ・ロッソ
このフラッグシップ・ワインは深くて若々しい色合いだが、不透明になることはない。シーダーとベリー類の優雅なアロマで、口に含むと、非常に凝縮されたスパイシーな果実味と、プラムのような柔ら

レ・マッキオーレ(Le Macchiole)
葡萄作付面積：22ha
平均生産量：100,000ボトル
住所：Via Bolgherese 189, 57020 Bolgheri, Livorno
電話：+39 05 65 76 60 92
URL：www.lemacchiole.it

NORTHERN MAREMMA | SUVERETO

Tua Rita トゥア・リータ

1990年代半ば、私が初めてこのワイナリーを訪れたとき、ここはほとんど無名だった。正直言うと、私自身も「ヴァル・ディ・コルニア」「スヴェレート」という名前さえ聞いたことがなかった。それでも、この栽培地の近くに住む友人のワイン・ジャーナリストが「どうしても」というので、ここを訪れたのだ。トゥア・リータ（この葡萄園を夫ヴェルジリオ・ビスティと所有するリータ・トゥアの名前から名づけられた）を訪れて衝撃だったのが、その規模の小ささである。実際、これぞまさにガレージワイナリーであり、住宅に隣接している狭い醸造所は発酵のための機材や樽でいっぱいだった。試飲テーブルも事務机の2倍程度の大きさしかなく、試飲会もそこで行われた。たしか、サン月日は過ぎ、当然のことながら、トゥア・リータは「秘密のワイナリー」から「世界的に有名なワイナリー」へ変身を遂げた。実際、今ではスヴェレートで最も有名なワイナリーと言っていい。

ジョヴェーゼを主体にしたワインと、ボルドー種をブレンドした非常にすばらしいワイン、それにバリック熟成によるメルローの卓越したワイン（当時、このワインには名前さえついていなかったように思う）があったはずだ。一緒に行ったアメリカ人バイヤーは、値段も訊かずにそのワインを丸ごと買い占めようとした。私の記憶が正しければ、彼は交渉の末、全体の半分ほど買い取ったはずである。

それから月日は過ぎ、あとから思えば当然のことなのだが、トゥア・リータは「知る人ぞ知る秘密のワイナリー」から「世界的に有名なワイナリー」へ変身を遂げた。もはやガレージやブティック・サイズのワイナリーではなく、いまや葡萄畑の広さは20haまで拡大されている。実際、ここはスヴェレート――サッシカイアが君臨しているボルゲリよりも競争が激しい激戦区――で最も有名なワイナリーと言っていいだろう。彼らは最初のコンサルタント・エノロゴとしてルカ・ダットーマを起用。1998年以降はステファノ・キオッチョリが2番目

のエノロゴに就任し、ステファノ・フラスコッラ（リータとヴェルジリオの義息）が経営面に参画している。さらに、今では巨大な専用醸造所が建設され、生産量も10倍以上にうなぎのぼりだ。

だが私の脳裏に強烈に焼き付いているのは、10数年前に試飲したあのワインの味だ。どうやら、そう思うのは私だけではないらしく、パーカーポイント100点獲得後、レディガッフィは非常に高値の、入手困難な"カルト・ワイン"となった。とはいうものの、トゥア・リータの人々が心配しているのは、「レディガッフィがイタリアのメルロー・ワインの中のトップ5になるか、トップ3になるか」ではなく、「この大成功によって、自分たちの他のすばらしいワインがレディガッフィの陰に隠れてしまうのではないか」ということかもしれない。

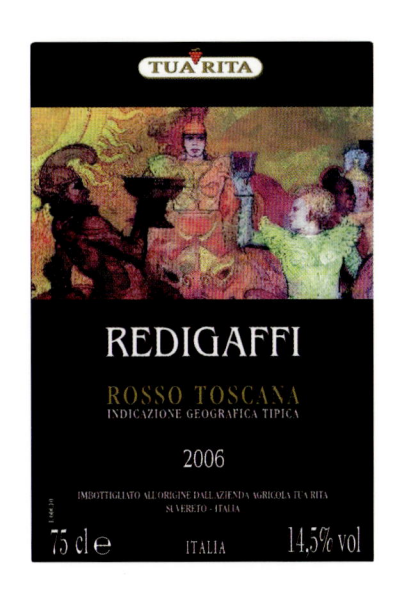

極上のワイン

Redigaffi IGT Toscana　レディガッフィ・IGT・トスカーナ
やはり最初に紹介すべきはレディガッフィ（25hℓ/haの葡萄畑に8000本/haの植栽密度で植えられたメルローを100%使用）であろう。乾燥抽出物40g/ℓ（非常に高い）、アルコール度数15%、新

TUA RITA

樽のバリックで18ヶ月熟成し、フィルタリングは行わない。2001年★のようによい年のレディガッフィはぜいたくで、華麗で、型にはまらず、色、フレーバー、アルコール、甘いタンニンのどれをとっても、テーブル・ワインで実現しうる最高の特徴を兼ね備えている。レッドベリーとブラックベリーのアロマで、ほとんどジャムのようだが、シルクのようなスムースなタンニンがしっかりとそれを支えている。さらに、あと味に炒ったコーヒーとダークデョコレートのアロマが感じられる。

Giusto di Notri IGT Toscana
ジュースト・ディ・ノートリ・IGT・トスカーナ
カベルネ・ソーヴィニョン50%、カベルネ・フラン15%、メルロー30%、プティ・ヴェルド5%のブレンドワイン。レディガッフィの特徴の多くを備えているが、こちらはやや抽出物が低い印象。深い色合いで、芳醇で凝縮されているが、レディガッフィよりも厳格さが勝り、快楽主義的な華麗さ・気ままさに欠けている。オーク新樽70%による熟成で、タバコとバニラのアロマに包まれた、熟れたブラックカラント・リキュールの果実味がよく引き出されている。

Syrah IGT Toscana　シラー・IGT・トスカーナ
レディガッフィ同様、25hℓ/haで、アルコール度数はほぼ15%、高い酸味(6.6g/ℓ)という特徴を持った1品。コート・ロティの同スタイルよりもむしろ、オーストラリアのシラーによく似た、いかにも人気が出そうなスタイル。

Rosso dei Notri IGT Toscana
ロッソ・デル・ノートリ・IGT・トスカーナ
ステファノ・フラスコッラの所有する畑からつくられるワイン。60%のサンジョヴェーゼにメルロー、シラー、カベルネ・ソーヴィニョンをブレンド。ここのラインナップの中で、最も入手しやすいワイン。まだかなり歯ごたえがある一方、熟れて、スムースな味わいの1品。

右：夫ヴェルジリオ・ビスティと共に、最初は小さかった葡萄畑を「イタリアワイン界をリードする存在」にまで押し上げたリータ・トゥア

トゥア・リータ(Tua Rita)
総面積：35ha
葡萄作付面積：22ha
平均生産量：130,000ボトル
住所：Localita Norti 81, Suvereto, Livorno
電話：+39 05 65 82 92 37
URL：www.tuarita.it

NORTHERN MAREMMA | SUVERETO

NORTHERN MAREMMA | PISA

Caiarossa カイアロッサ

　カイアロッサはたしかにイタリアにある。トスカーナ海岸部およびチェーチナの町から離れた、ひと家のない一帯——絵画のようなリパルベッラ村付近に150m以上広がる丘陵地——に存在する。だがここのすべてがイタリア一色というわけではない。2004年からここのオーナーとなったエリック・イェルヘルスマはオランダ人で（彼はマルゴー村のシャトー・ジスクールとデュ・テルトルも所有）、2006年からここの醸造とワイナリーを管理するドミニク・ジェノーはフランス人なのだ。そう聞くと、「トスカーナに対抗して、ボルドー・スタイルのワインづくりをしているのだろう」などと偏見を抱く人もいるかもしれない。実際彼らはファーストワインにフランス系葡萄を使用し、ボルドー・スタイルのワインづくりを行っている。だが、彼らのセカンドワインはほぼサンジョヴェーゼ100％なのだ。しかも、それは私が試飲した中でも最高の部類に入る出来なのである。事実、私はジェノーのサンジョヴェーゼに対する前向きな姿勢にいたく感動してしまった。特に、彼がトスカーナにいるワインメーカーの中でただ1人、「サンジョヴェーゼは"難しく"ない。少なくとも、葡萄畑において、この品種は"大いなる可能性"を持っている」と考えている点は特筆すべきであろう。

> トスカーナにいるワインメーカーの中でただ1人、ジェノーだけは「サンジョヴェーゼは"難しく"ない。少なくとも、葡萄畑において、この品種は"大いなる可能性"を持っている」と考えている。

　それはおそらく、彼らがこの土地を所有するまでに長い時間をかけて、各品種や台木にぴったり調和する土壌を選び抜いたからであろう。どの品種も成長のための最善条件を与えられているため、実にいきいきと育っているのだ（様々な地質に適した葡萄品種がモザイクのように植えられている）。この畑づくりは、コンサルタント・アグロノモであるアンドレア・パオレッティのアドバイスに基づき、ジェノーが実施した。彼らがサンジョヴェーゼをこれほど適切に栽培しているなら（しかも「海岸付近は不向き」と言われているにもかかわらず）、ト
スカーナの未来も明るいと言えよう。ただし、その明るい未来の実現のためには、生産者各自が彼らのように畑づくりの努力を惜しまない姿勢を貫く必要がある。

　もう1つ、彼らが熱心に実践しているのがバイオダイナミクスだ。とはいえ、ジェノーはナパ、ニュージーランド、そしてバイオダイナミクスで有名なアルザス・ワインの生産者ツィント・フンブレヒトのもとで修業を積んだにもかかわらず、狂信者ではない。イデオロギーというよりはむしろ品質のことを考えているようだ。

極上のワイン

Caiarossa　カイアロッサ
8品種のブレンドから成る、ここのファーストワイン。主となるのはメルロー、2種類のカベルネ（ジェノーはカベルネ・フランの大ファンである）、そしてサンジョヴェーゼ（20～25％）で、そこにプティ・ヴェルド、アリカンテ、シラー、ムールヴェドルがブレンドされている（最後の3つはほんの少量）。収穫された葡萄はすべてダブル・トリアージュされ、20～30日間の長いマセレーションで別々に醸造。長期に渡る熟成プロセス（品種によって10～18カ月間）の最後にアッサンブラージュを実施する。2004年★は洗練され、スムースで、こくがあるが滑らかなタンニンが特徴的。熟した深みのある果実を使用し、アルコール度数が高めで、オーク（25％が新樽）熟成も程よい。みずみずしくて、ボルドーとはまた異なる印象。フランス産黒葡萄を用いた、秀逸なトスカーナ海岸地方のワインの典型例。

Pergolaia [V]　ペルゴライア[V]
メインであるサンジョヴェーゼ（95％）の魅力を十二分に表現した、すばらしいワイン。メルローとカベルネを5％含有しているにもかかわらず、トスカーナの個性をしっかりと前面に打ち出している。驚くほど求めやすい価格ながら、典型的なサンジョヴェーゼの魅力の完全網羅に成功した1品。

Caiarossa Bianco　カイアロッサ・ビアンコ
ヴィオニエとシャルドネのブレンドワイン。果実味の深さ、粘性、重量がたっぷりと感じられる。2005年★が、その他多数のトスカーナ産白ワインよりも個性的で、よりよい出来。

右：トスカーナ人ではないからこそ、サンジョヴェーゼの問題点ではなく、可能性に着目したドミニク・ジェノー

カイアロッサ（Caiarossa）
総面積：40ha
葡萄作付面積：16ha（2010年までにはこの2倍になる予定）
平均生産量：50,000ボトル
住所：Localita Serra all' Olio 59, 56040 Riparbella, Pisa
電話：+39 05 86 69 90 16
URL：www.caiarossa.it

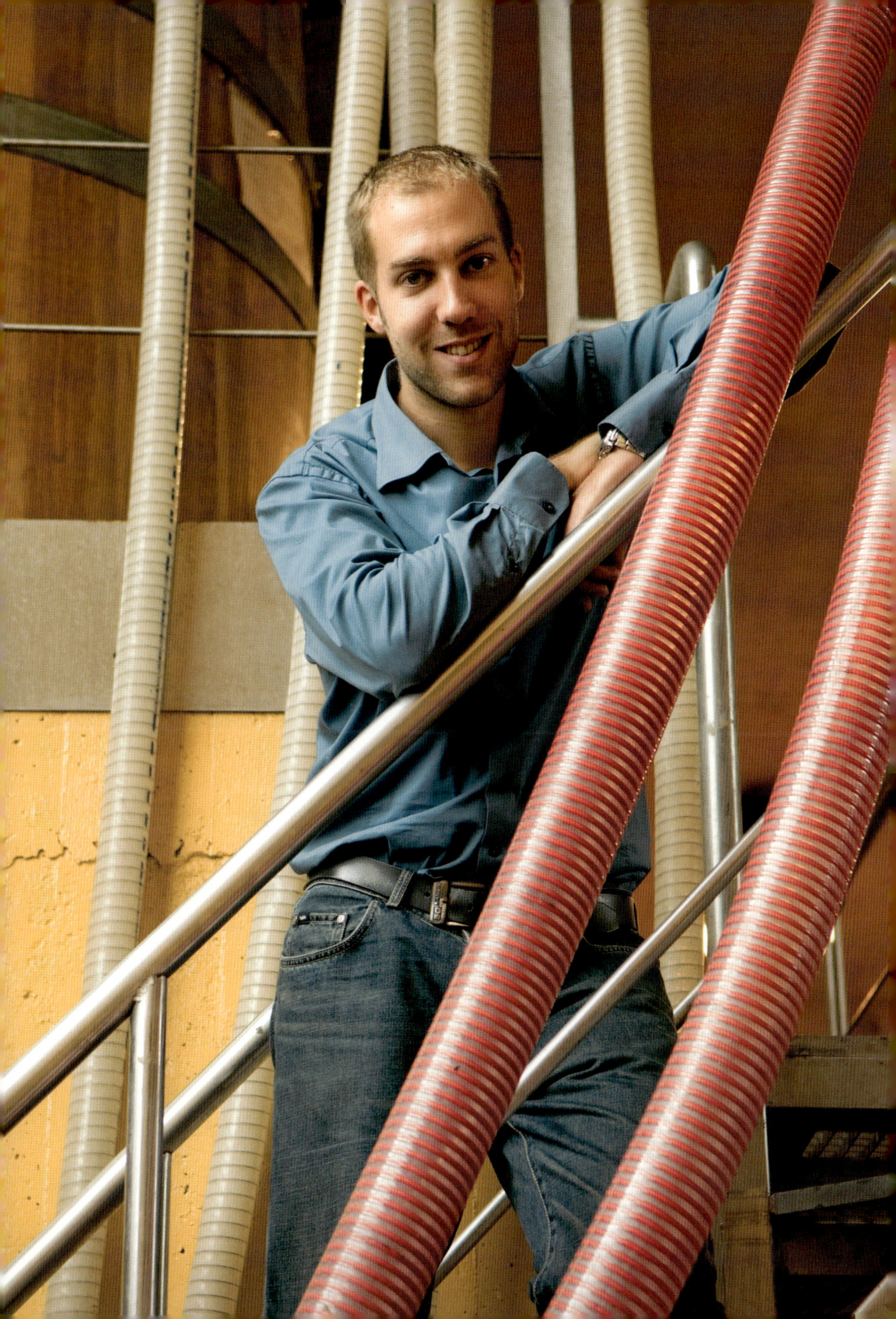

NORTHERN MAREMMA | BOLGHERI

Michele Satta　ミケーレ・サッタ

　こ数年、ボルゲリ人気によって、多くのビッグ・ネームがこの地に移転してきた。だが、ミケーレ・サッタはその1人ではない。彼がロンバルディアからこの地へ移ってきたのは1974年のことだ。大容量ワインしか売れなかったこの時代、どう考えても葡萄はマイナーな農産物だった。それゆえ、今日ボルゲリが享受している"黄金時代"の一筋の光さえ、まったく見えない時代だったのである。

　ミケーレは畑の作業員として働き始め、1983年、レンタルした葡萄畑で独り立ちをする。つまり、彼は最初にボルゲリでワインづくりを始めたパイオニアの1人なのだ。醸造所を建設し、1988年から土地を購入し始めたミケーレは、コンサルタント・エノロゴにアッティリオ・パーリを招聘（現在も彼はここで仕事をしている）。1990年からは大小様々なオーク樽を試し、1991年に初めて自分の葡萄畑にカベルネ、メルロー、シラー、サンジョヴェーゼを植えた。当時から、彼は特にサンジョヴェーゼとシラーが大好きだったが、もう1つ、驚くべきことにテロルデゴの大ファンでもあったという。

ミケーレがロンバルディアからやってきた1974年は、今日のボルゲリの"黄金時代"の一筋の光さえ見えない時代だった。

　ミケーレはこう語る。「私たちのワインの特徴は『太陽熱に恵まれているが、水には恵まれていない』という現実から生み出されている。ボルゲリの土壌でメルローはうまく育たない。急速に熟して、フェノール類が未熟なまま、全部糖分になってしまうからね。同じ理由から——つまり、水に恵まれず、一番上の土壌が砂質で孔がたくさん空いているので——丘陵の斜面に葡萄を植えるわけにはいかない。そんなことをすれば、水分ストレスの原因になってしまうからね」

　おそらく、彼のワインの中で最も有名なのは「カヴァリエーレ」だろう。2003年からは、もはやレンタルではない自分自身の畑に、古い畑からのマッサル選抜による植え付けを実施している。「海岸地方のサンジョヴェーゼを誰もが冷笑していたけれど、そういう人たちは実際本気で試そうとしていなかったんだと思う。サンジョヴェーゼの栽培には、とにかく並々ならぬ忍耐力が必要なんだ。私たちもいまだ学習中なんだよ」

極上のワイン

Cavaliere Toscana IGT　カヴァリエーレ・トスカーナ・IGT
2004年★は程よく熟した果実味が楽しめ、酸味・タンニンのバランスのよい構成がジャムっぽくなるのを抑えている。やや渋いが、果実の甘さがあるのでバランスがよく、あと味も粘性もよし。1996年からのオールド・ボトルもある種ブルゴーニュ的熟成が感じられ、長期熟成が期待できる。最近のヴィンテージは木樽（35hℓのボッティ）による熟成のため、ありがたいことにオーク樽のアロマが感じられない。

I Castagni Bolgheri Superiore DOC
イ・カスターニ・ボルゲリ・スペリオーレDOC
1997年購入の単一畑から、カベルネ・ソーヴィニョン（70%）、シラー（20%）、テロルデゴ（10%）をブレンドした1品。カシスのアロマだが、口に含むと、芳醇さ、円熟味が一気に押し寄せ、ボルドー・スタイルとはやや異なる印象。ただし、あと味はシラーの「焼けたゴム」の感じに似ている。繊細というよりはむしろ、精力的な印象のワイン。

Piastraia Bolgheri Rosso DOC
ピアストライア・ボルゲリ・ロッソDOC
サンジョヴェーゼ、メルロー、シラー、カベルネを25%ずつブレンドしたワイン。深みのある色合いで、プラムとブラックベリーのアロマ。イ・カスターニよりも酸味が高く、サンジョヴェーゼがよい仕事をしている。

2つの白ワインのうち、私が好きなのは**Costa di Giulia（コスタ・ディ・ジュリア）**（ヴェルメンティーノとサンジョヴェーゼをブレンドした、明るく快活な1品）。もう1つの**Giovin Re（ジョヴィン・レ）**（100%ヴィオニエのワイン。この名称は「ヴィオニエ」のアナグラム）は、私にはやや重たく、オーク樽香が強すぎるように感じられる。

右：ボルゲリのワインづくりのパイオニア、ミケーレ・サッタ。彼のカヴァリエーレは、サンジョヴェーゼが海岸でも栽培可能であることを実証した

ミケーレ・サッタ (Michele Satta)
葡萄作付面積：30ha（そのうち半分を所有）
平均生産量：170,000ボトル
住所：Localita Casone Ugolino 23, 57022 Castagneto Carducci, Livorno
電話：+39 05 65 77 30 41
URL：www.michelesatta.com

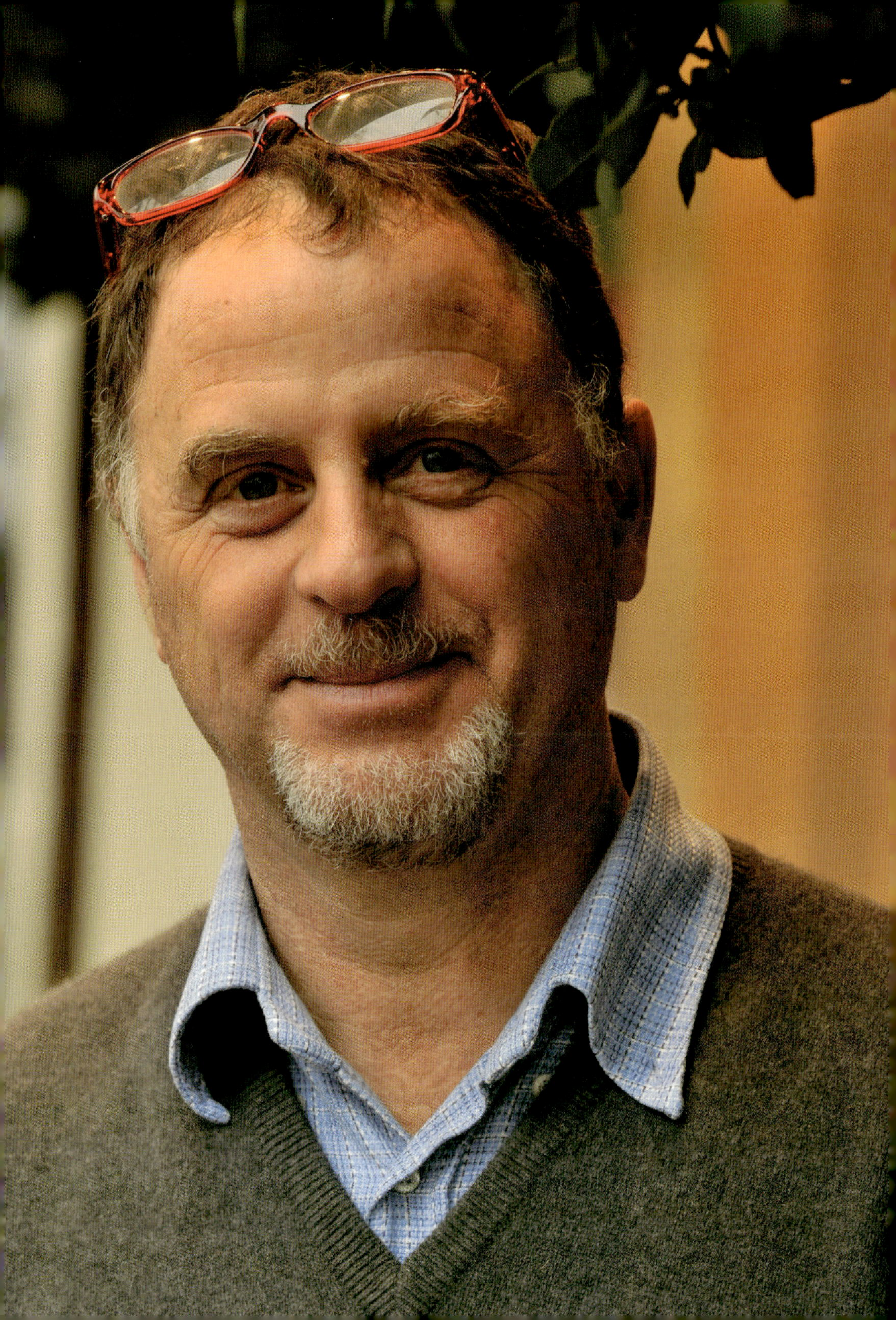

SOUTHERN MAREMMA

Castello di Montepò カステッロ・ディ・モンテポ

カステッロ・ディ・モンテポは本当に印象的な建物だ。11世紀、そしてそれに続く数世紀、ここを包囲しなければならなかった敵陣は、その威厳に震えあがったに違いない。スカンサーノのごつごつした岩山高くに突き出すこの城はいまや、戦時中、敵軍をはねつけた"とりで"としてではなく、ワインづくりにあくなき野心を燃やす"シャトー"の象徴として有名だ。

現当主ヤコポ・ビオンディ・サンティはウェブサイトをはじめ、至るところで誇らしげにこう語っている。「私の血筋は"途絶えることのない男系"で、この城と同じく、その起源は14世紀初頭までさかのぼる。その輝かしい歴史で最も偉大な人物に対し、典型的な"父と息子のライバル意識"を持ち込んでしまったことは、おそらく私の失敗と言えよう」たしかに、モンタルチーノのイル・グレッポに畑を持つ父、フランコ・ビオンディ・サンティは余人をもって代え難い人物である。その一方で、有名な父親を持った息子が、自分の地位やアイデンティティの確立にどれほど苦労し、問題を抱えてしまうかも十分理解できる。だが、おそらくヤコポを挑戦に駆り立てた最大の理由は、「父からも祖父からも何の助言も受けずに自分の思うままにやりたい」という気持ちだったに違いない。

ヤコポがグリーネ一家（現在カステッロ・ディ・ポテンティーノを所有）からモンテポを購入したのは1990年代後半のことだ。それ以前、90年代前半から、彼と父フランコとの間には、ワインづくりに関してある種の不和（詳細は今も不明）が生じていた。ヤコポは、その当時のワイン界の一般見解に従い、父のワインを「時代遅れ」「あまりに硬すぎる」と批判したのである。ヤコポ自身、すでに90年代半ばにはトスカーナの様々な地域に借りた畑の葡萄を用いて、もっと「現代的な」ワインをつくりはじめていた。そしてその頃から、以前の彼にとって"本拠地"というよりはむしろ"独立の象徴"だったモンテポが、「自分の知識に従い、自分の葡萄を植え、自身のワインづくりをするための本拠地」に変

右：いまやモンテポに移り住み、自分自身の葡萄畑で見事な成功を収めたヤコポ・ビオンディ・サンティ

ヤコポ・ビオンディ・サンティは「ワインはそれなりの時間が経ったら飲み頃になるようにすべきだ」という意見の持ち主だ。ただし、トップワインの「スキディオーネ」は100年熟成可能だと考えている。

CASTELLO DI MONTEPÒ

わったのだという(彼はかつて「私は本質的に葡萄栽培家だと思う」と語っている。とはいえ、2003年以降、コンサルタント・エノロゴを雇わず、すべての操業をルカ・マルテッリと共に行っている)。

モンテポでは大規模な植え替えプログラムが実施され、葡萄作付面積はこの10年で5倍に拡大した(最終目標は100ha)。畑のメインは、ビオンディ・サンティ・クローンBBS11を含むサンジョヴェーゼである。ある意味、これは父の仕事ぶりをヤコポ自身が支持している証拠と言えるかもしれない。というのも、今日のトスカーナで「サンジョヴェーゼのクローンだけ」というリスクを冒す生産者はほとんどいないからである。

事の是非はさておき、ヤコポの父フランコ・ビオンディ・サンティは、彼の最も有名な100%サンジョヴェーゼ・ワインについて「トップ・イヤーのものならば100年熟成可能」と主張している。一方、ヤコポはこの主張を(全面的には)認めておらず、「ある程度の品格を保つことは大切だが、サンジョヴェーゼのワインはそれなりの時間が経ったら飲み頃になるようにすべきだ」と考えている。ところが興味深いことに、つい最近試飲させてもらったトップワイン「スキディオーネ」(最良の年のもの)は、まさに100年熟成可能な印象であった。だが悲しいかな、年齢的にいって、私がそれを確かめることは不可能だ。そう、ヤコポの曾祖父がつくった1891年のブルネッロを1995年に試飲し、「まだ十分若い」と確信したのと同じようにはいかないのだ。

極上のワイン

Schidione IGT Toscana
スキディオーネ・IGT・トスカーナ

サンジョヴェーゼBBS11 (40%)、カベルネ・ソーヴィニヨン(40%)、メルロー(20%)をブレンドしたものを、24カ月間バリック熟成した濃密で凝縮感のある1品。ベリーやチェリー類のふんだんな果実味とモカ、ダークチョコレートの個性が感じられ、非常にしっかりとした酸味と熟れたタンニンの程よいバランスが味わえる。私が試飲した2000年★のように、飲む前に、栓を開けてから24～48時間おくとより進化するだろう。

Sassoalloro IGT Toscana
サッソアッローロ・IGT・トスカーナ

100%サンジョヴェーゼBBS11で、バリック熟成の期間を短くしたワイン。明らかに、典型的なイル・グレッポのワインよりもずっと早飲みが可能なタイプ。複雑さ、高潔さが感じられ、典型的なサンジョヴェーゼの酸味が楽しめるが、2005年に見られるように、タンニンはかなりソフトである。

Montepaone IGT Toscana
モンテパオーネ・IGT・トスカーナ

100%カベルネ・ソーヴィニヨンで、フランスのアロマとトスカーナの構造を併せ持つワイン。良質だが、2000年ヴィンテージを含め、これまでのところ、トスカーナのカベルネ・ワインのトップクラスには入らない。

SOUTHERN MAREMMA

Safiro IGT Toscana　サフィーロ・IGT・トスカーナ
最初に飲んだとき、新世界バージョンの多くに比べて、ミネラル分と繊細さがかなり勝っていることに衝撃を受けた1品。「トスカーナでソーヴィニョン・ブランを栽培」というのは、かなり道理にかなったやり方だと思う。ただし、私個人としては、ソーヴィニョンはトスカーナよりもむしろマレンマに適した品種ではないかと思っている。

上：明らかに難攻不落なカステッロ・ディ・モンテポ。ただし、現在ここの住人たちは戦旗よりももっと平和な"ワインづくり"という目的を掲げている

カステッロ・ディ・モンテポ(Castello di Montepo)
総面積：500ha
葡萄作付面積：50ha
平均生産量：300,000ボトル
住所：Castello di Montepo, 58050 Scansano, Grosseto
電話：+39 05 77 84 82 38
URL：www.biondisantimontepo.com

SOUTHERN MAREMMA

Castello di Potentino カステッロ・ディ・ポテンティーノ

この土地にまつわる物語は非常に多くの視点から語られているので、どこから初めていいのかわからない。カステッロ・ディ・ポテンティーノはやや不気味な外観で非常に人目を引く、ほとんど異世界のもののように思える2世紀の城だ(ただし、建設したのはエトルリア人)。この城は、オリーブオイルで有名なセッジャーノの町近くの、アミアータ山の南の斜面に建っている。建物自体は様々な一族やグループによって所有されてきたが、2000年、イギリス人女性シャーロット・ホートンが母サリー・グリーンと共にここにやってきたときは、ほとんど廃墟のような状態だったという(彼女たちがここへ来る前に売却した城こそ、前述のヤコポ・ビオンディ・サンティが購入したカステッロ・ディ・モンテポだ)。シャーロットの目的は「本物のワインをつくること」だった(「誰もが"ヴァン・ド・テロワール"について語りたがるけど、私たちはそれを実践しているのよ」)。つまり、ここの畑の「うっとりするような魅力」を最大限に、しかも、可能な限り自然に表現したワインのことだ。葡萄は最良のクローンから厳選されたものが植えられ、2003年からはコンサルタント・エノロゴのマルコ・ステファニーニの手助けにより、この畑の果実でワインがつくられている(「彼はワインに大きな影響を与えたくないからって、たまに訪ねてくるだけなの」)。

シャーロットはこの城の修復にも多大な努力を払い、「できるだけ自然に見えるように」外観を整えようとしている。実際、この場所には様々なゲスト(昼間はワインづくりの職人になり、夜は祝宴の参加者に変身する)が訪れ、活性化された印象だ。

とはいえ、シャーロットの本当の興味は城だけに留まらない。芸術や文化に精通した彼女は、この城を中心とした「文化的なイベント」を色々開催したいと考えている。また葡萄樹(彼女自身が手入れをしている)、ワイン、オリーブオイル(100年前からあるオリヴァストラ・セッジャーノという稀少品種を使用)の他に、彼女はトスカーナ初期のワインづくりの資料の研究にも情熱を注いでいる。数年前、彼女は山の火山石の中から古代

右:ポテンティーノの未来を救ったと同時に、その過去をも掘り起こしたイギリス人女性、シャーロット・ホートン

シャーロットの目的は「本物のワイン」（「誰もが"ヴァン・ド・テロワール"について語りたがるけど、私たちはそれを実践しているのよ」）、つまり、自分の畑の「うっとりするような魅力」を最大限に、可能な限り自然に表現したワインをつくることだった。

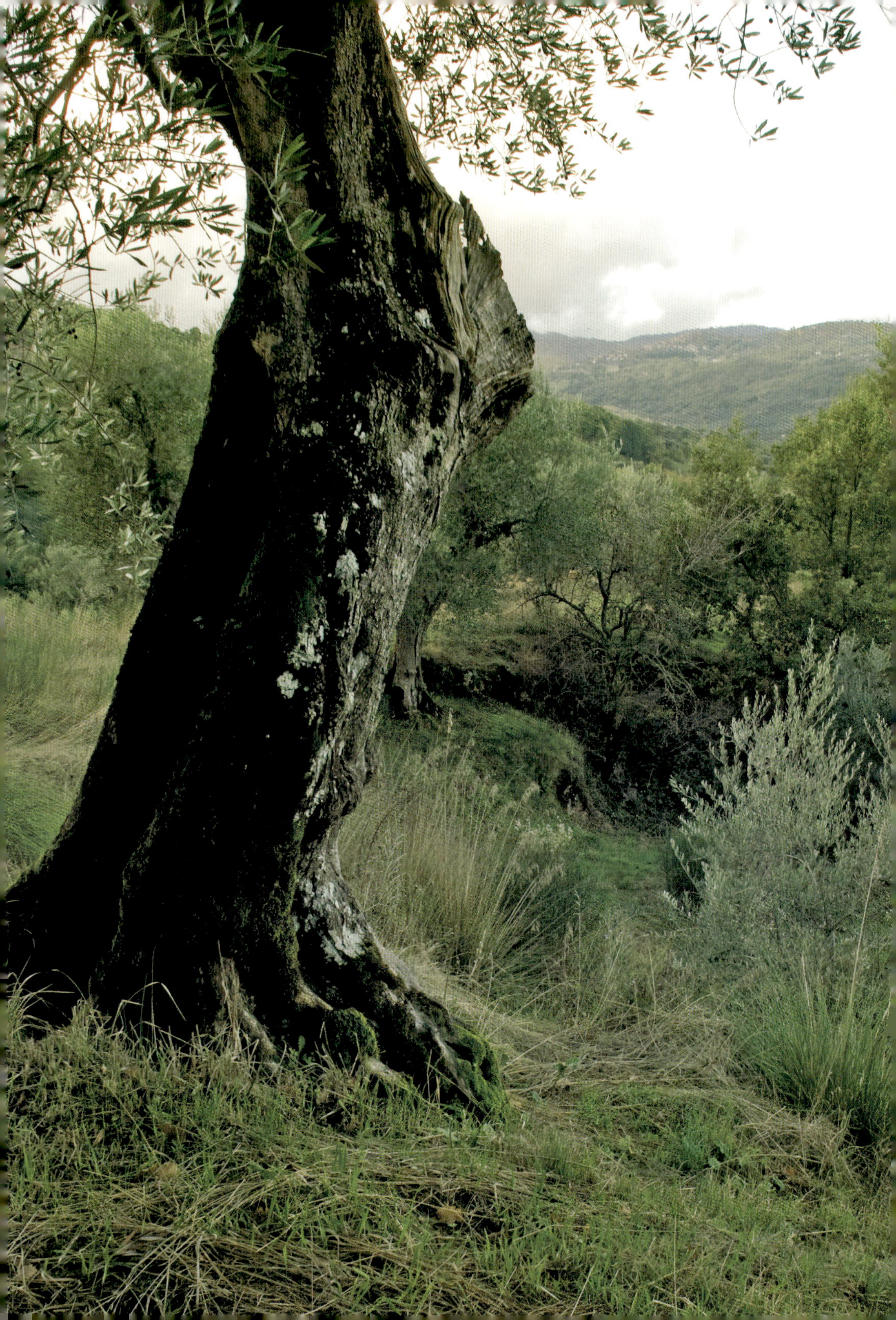

のワインづくりに用いられていた大樽を発見。さらにそのあと、ヴィーヴォと呼ばれる細流（彼女の地所を流れている）の近辺で他にも数個の樽を見つけている。これらの容器の起源や年代はエトルリア時代かもしれないし、そのあとかもしれないが、何世紀も前のものであることに変わりはない。その正確な時代判定については、いまだ議論が続けられている。

葡萄樹（シャーロット自身が手入れをしている）、ワイン、オリーブオイル（100年前からある稀少品種を使用）の他に、彼女はトスカーナ初期のワインづくりの資料の研究にも情熱を注いでいる。

極上のワイン

もしシャーロットが目指す「本物のワイン」が"エトルリア時代の容器に入れた葡萄を足で圧搾したもの"だとすれば、彼女はすでにそれをつくっている。ただし、彼女は商業的な目的のために、この他にも2つのワインを生産している。1つが**Montecucco DOC Sacromonte（モンテクッコ・DOC・サクロモンテ）**（「聖なる山」という意味）で、彼女いわく「ごくごく飲むための」100％サンジョヴェーゼ・ワイン。もう1つが**IGT Piropo（IGT・ピローポ）**（炎のようなルビー色を表現した名称）で、彼女はこれを「サンジョヴェーゼとピノ・ネーロ、アリカンテで私のワイン哲学を表現したもの」と語っている。どちらもしっかりした構造のワインだが、それでいてアロマとフレーバーの複雑さが感じられる。これこそ、彼女が強調する「独創性」の成せる業であろう。色を"改善"するための作業はいっさい行わず、酵母を使用し、プレス・ワインも添加しない。醸造と熟成には50hlのフランス産オーク樽を活用する（サクロモンテは16カ月、ピローポは24カ月）。「オーガニック農法についてどう思うか」と訊くと、シャーロットはこう答えた。「私たちが重視しているのはワインそのもの。イデオロギーではないの」

左：かなり最近植え替えられた葡萄樹は、四方を古いオリーブの樹に囲まれている。ただし、この地所のワインづくりの歴史は何世紀も前にさかのぼる

カステッロ・ディ・ポテンティーノ(Castello di Potentino)
総面積：22ha
葡萄作付面積：4ha
平均生産量：20,000ボトル
住所：58038 Seggiano, Grosseto
電話：+39 05 77 84 82 38
URL：www.potentino.com

193

SOUTHERN MAREMMA

Fattoria Le Pupille ファットリア・レ・プピッレ

エリザベッタ・ジェッペッティは卓越したエネルギー、決断力、そしてビジョンを持った女性である。1985年、スカンサーノ地区ペレタ付近にある、家族所有の2haの葡萄畑を任されたとき、彼女はまだ20歳だった。当時はトスカーナ・ワインの低迷期で、スカンサーノの葡萄畑など地図にも載っておらず、しかも、女性のワインメーカーなどほとんどいなかった。だが、ジャコモ・タキス（アンティノーリとサッシカイアのチーフ・ワインメーカー）からアドバイスを受けるという運に恵まれ、エリザベッタはこの愛する土地を見事に復活させたのだ。オリジナル・ワインは、もちろん「モレッリーノ・ディ・スカンサーノ」。伝統を重んじる彼女の意向が感じられるこのワインは、現在もここの主力商品だ。彼女の確かなテイストは国際種でも遺憾なく発揮された。その代表が、マレンマ初のスーパー・タスカン「サッフレディ」（1985年に初めてつくられ、

エリザベッタ・ジェッペッティは卓越したエネルギー、決断力、そしてビジョンを持ち、愛するこの土地を見事に復活させた女性である。

初リリースが1989年）である。その後も斬新なワインを生み出していったが、「国際種のブレンドを15％まで認める」というモレッリーノのワイン法があるにもかかわらず、エリザベッタはサンジョヴェーゼがベースのワインと国際種のそれとの区別をきっちりつけるよう細心の注意を払っていた（ペロフィノは除く）。おそらく、サッフレディのあとに加わった最も重要なワインは「ポッジョ・ヴァレンテ」と呼ばれている、単一畑のモレッリーノ・ディ・スカンサーノであろう。これは、ペレタのオリジナルの葡萄畑（古いサンジョヴェーゼの葡萄樹が大半を占める）を、新しいクローンやマッサル選抜による新たな葡萄樹で活性化させてつくったものだ。

どういうわけか、彼女は今の仕事だけでは不十分だとばかりに、さらに5つのワインの"子供"を生み出し、常に葡萄畑の品質向上に努め、現代的な醸造所をイスティア・ドンブローネに建設し（2001年より操業開始）、自分の葡萄園とこの地域の宣伝のために世界を飛び回っている（1990年代には、モレッリーノ・ディ・スカンサーノ品質保護協会の会長まで努めている）。そのうえ、5人の本物の"子供"もきちんと育てているのだ。そんな彼女の頑張りを応援する人は多い。1994年にタキスが退いたあとはリッカルド・コタレッラ、さらに2000年からはクリスチャン・ル・ソマー（ディケム、ラトゥールのコンサルタントを歴任。現在はコンサルタントとして、ラフィット・ロートシルトの国際活動に従事）の協力を得ることができた。さらに日々の運営を滞りなく行うために、2001年からセルジオ・ブッチが葡萄畑と醸造所のサポート役を務めている（私が訪れたときも、セルジオは非常に明解な説明をしてくれた）。

極上のワイン

Morellino di Scansano [V]
モレッリーノ・ディ・スカンサーノ[V]

このベーシックなモレッリーノ・ディ・スカンサーノは、88％のサンジョヴェーゼにマルヴァジーア・ネッラとアリカンテ（グルナッシュのことだが、この地域ではこの名称が一般的）をブレンドしたワイン。木樽による熟成は行わず、生産から3年以内に飲めるようにつくられている。エリザベッタは「フレッシュでフルーティなワインは、モレッリーノ・ディ・スカンサーノが過去にも常にそうであったように、毎日の食卓に欠かせない、手が届きやすいものであるべきだ。しかも、よりよい味にしなければならない」という考えの持ち主だ。そのことは2007年ヴィンテージがハッキリと証明している。

Morellino di Scansano Riserva Poggio Valente
モレッリーノ・ディ・スカンサーノ・リゼルヴァ・ポッジョ・ヴァレンテ

このクリュ・ワイン（サンジョヴェーゼ97％、マルヴァジーア・ネッラ3％）は、イル・ポッジョよりもはるかに厳粛なやり方──スキン・コンタクト（搾汁前の果皮浸漬）をより長くし、バリック（40％が新樽）熟成を15カ月間実施──でつくられている。そのヴィンテージにもよるが、若いうちはタンニンがかなり強い。ただし、高度250mの畑から生まれているため、海岸地方のサンジョヴェーゼにありがちなジャムのような感じはまったくない。それゆえ、かなりの長期熟成型。つい最近試飲した2005年は忍耐力と時間をかけるほど、その恩恵が得られるだろう。

Saffredi IGT Maremma Toscana
サッフレディ・IGT・マレンマ・トスカーナ

45％ずつのカベルネ・ソーヴィニョンとメルローに少量のアリカンテ

とシラーをブレンドした、いまやスーパー・タスカンを代表する最高傑作。ポッジョ・ヴァレンテと同じ地域の葡萄畑から生まれ、同じ個性を持っているが、こちらは主に新しいバリックで18〜20カ月熟成される。特筆すべきは、他のボルドー種と違い、ここのカベルネが非常に伝統的な味を再現していることだ（地元では"Bordò"という面白いアクセントの呼び名までついている）。構造、凝縮度、アルコール度数どれをとっても立派だが、酸味とタンニンの程よいバランスにより、エレガンスが感じられる。2001年★は20年以上熟成可能だろう。

Pelofino　ペロフィノ

最近ラインナップに加わった、唯一の土着種と国際種のブレンドワイン（サンジョヴェーゼにカベルネ・ソーヴィニョン、カベルネ・フラン、シラー）。非常に豊かな色合いでコクがあり、クリーミーでスムースなタンニンと新鮮な酸味が楽しめるワイン。非常に新世界のスタイルに似ていて、ブラインド・テイスティングではサンジョヴェーゼの存在がわからないだろう。「では、なぜサンジョヴェーゼを入れたのか」と問いたい気持ちになるかもしれない。早飲みのための1品。

上：家のワイナリーを引き継いだことで、スカンサーノを見事復活させたエリザベッタ・ジェッペッティ

ファットリア・レ・プピッレ (Fattoria Le Pupille)
総面積：400ha
葡萄作付面積：65ha
平均生産量：450,000ボトル
住所：Piagge del Maiano 92A, Localita Istia d'Ombrone, 58100 Grosseto
電話：+39 05 64 40 95 17
URL：www.elisabettageppetti.com

SOUTHERN MAREMMA

Moris Farms　モリス・ファームス

モリス・ファームスの所有する地所は、グロッセート県の離れた場所に2つある。モリス家は何代にも渡って農業に従事してきた(ただし、葡萄栽培に着手したのは比較的最近だが)、スペイン人を祖先に持つ一家だ。「モリス(Moris)」の"r"の数が、通常の英語(Morris)に比べて1つ少ないのもそのためである。

彼らの最初の地所「ファットリア・ポッジェッティ」は、中世の町マッサ・マリッティマのすぐ近くにある、雄ブタの飼育で有名な農園だ。晴れた日にはエルバ島やコルシカ島が見えるこの地所は、祖父ガルティエ・モリスによって1937年に植えられた3600本もの糸杉に囲まれている。約37haの畑の3分の2にサンジョヴェーゼ(1990年以降のクローンを用いて、ほとんどが植え替えられている)が植えられ、その他の区域の15％にはカベルネ・ソーヴィニョン(彼らいわく「どれだけ前から植えられているのか詳細は不明」)、さらに10％にシラー(「マッサの粘土質の土壌に非常に適しているが、もう1つの畑の方はさらに育ちやすい」)が植えられている。この「もう1つの畑」とは、1971年に先見の明を持つ(あるいは「運に恵まれていた」と言うべきか)ガルティエが購入した、モレッリーノ・ディ・スカンサーノにある「ポッジョ・レ・モッツィーネ」(砂質で水はけのよい土壌が特徴)のことだ。

過去30年間、農場はモリス家ではなく、モリス家の農夫であるアドルフォ・パレンティーニによって経営されてきた。その彼の助っ人として、1988年からはコンサルタント・エノロゴのアッティリオ・パーリ、1996年からは「空飛ぶワインメーカー」アンドレア・パオレッティ、さらに最近では営業面で彼の息子ジュリオが参画している。モリス・ファームスは20年ほど前から、ファットリア・レ・プピッレ(マレンマの高品質ワインのパイオニア)がフランスの葡萄品種を"改良"し、バリック熟成の技術を駆使して賢明なワインづくりを行っていることに注目。そして賢明にも「よりタンニンが強くてしっかりとしたモンテレージョに比べると、レ・モッツィーネでできる軽い味わいのワインは、バリック熟成期間を短くする(あるいはやめる)べきだ」と気づいたのだ。

トスカーナ南部のワイン復興以前からワインづくりをしてきた彼らにとって、「量から質へ」というマインドセットの転換はそう容易ではなかった。しかも1990年代初期は、葡萄の摘み手たちに7月に果房の間引きを、さらに収穫期にも同様の仕事を行うよう説得するのがまだ困難な時代だったのだ。だが今日では、この農場にもはるかに近代的な手段が導入され、収穫作業も機械がメイン(全体の約80％)で行われている。

極上のワイン

Avvoltore IGT Toscana
アッヴォルトーレ・IGT・トスカーナ
このトップ・クリュ(ポッジェッティ)から生まれたワインの名称は、鷲に似たタイプの競技鳥の名前にちなんで名づけられた丘からとったものだ。最初のヴィンテージは1988年で、サッフレディと共にマレンマ初のスーパー・タスカンとなった。サンジョヴェーゼ75％にカベルネ20％、シラー5％をブレンドしたもの(1995年まではカベルネ25％だった)を、バリックで12カ月熟成。複雑で個性豊かであり、リッチなのに円熟味のある、トスカーナの現代ワインを代表する第1級品だ[2004年★]。

Morellino di Scansano　モレッリーノ・ディ・スカンサーノ
このワイナリーの主力商品。90％のサンジョヴェーゼ(レ・モッツィーネで収穫)に「その他色々」をブレンドしたもの。軽くてフルーティーで飲みやすいこのワインは、オーク熟成を行っていない。良い年にはリゼルヴァとなり、最低でも2年間熟成される。

Monteregio di Massa Marittima DOC
モンテレージョ・ディ・マッサ・マリッティマ
モレッリーノよりも味がよいにもかかわらず、売上げ高ははるかに低い、サンジョヴェーゼ90％とカベルネのブレンドワイン。満足できるが、特別興奮するような要素はない。

Scalabreto Passito Rosso VDT
スカラブレト・パッシート・ロッソ・VDT
ヴィーノ・ダ・ダーヴォラゆえ、生産年、品種、あるいは畑の名前さえ明記が許されていないが、ここで種を明かすと、11～12月に遅摘みされたシラーとモンテプルチャーノのブレンドワイン。鮮やかなピンクの色合いで、強烈な甘さとしっかりした酸味のバランスがよい、刺激的な1品。

なお、モリス・ファームスは、マッサ・マリッティマの北部にあるゴルゴッテスコという丘陵地で、トスカーナ原産種を試験的に植えている。結果が楽しみである。

モリス・ファームス(Moris Farms)
総面積：476ha
葡萄作付面積：70ha
平均生産量：400,000ボトル
住所：Fattoria Poggetti, Localita Cura Nuova, 58024 Massa Marittima, Grosseto
電話：+39 05 66 91 91 35
URL：www.morisfarms.it

SOUTHERN MAREMMA

Sassotondo　サッソトンド

数年前行われた、トスカーナ海岸地方のトップワインの試飲会で、サッシカイアやオルネライアの名だたるワイン以上に私に衝撃を与えたのは、このワイナリーの主力商品サン・ロレンツォだった。そのあとすぐに、サッソトンド――中世の雰囲気がまだ残る城塞都市ピティリアーノにほど近い、マレンマ南部の辺境の森林地にひっそりと隠れた地所――を訪れたとき、私にはここのワインが特別である理由を発見したのである。

なんといっても、主な理由は、ここがチリエジョーロ――「トスカーナ最古の園芸産物の1つであろう」と言われている品種であり、DNA鑑定の結果、サンジョヴェーゼの"親"であることが判明した品種でもある（第3章参照）――を用いていることだ。これは栽培が困難な葡萄である。果房が小さく引き締まっている割に果粒が大きく、しかも多産の傾向が強い。ところが適切に扱えば、チリエジョーロは驚異的なネクターの味わいを生み出してくれるのだ。これまでのところ、その快挙を成し遂げたのは、ここサッソトンドのオーナーだけであろう。

「トスカーナ最古の園芸産物」と言われているチリエジョーロは、驚異的なネクターの味わいを生み出す。サッソトンドのオーナーはそのことを見事に実証した。

2つめの理由は、ここの所有者2人――カーラ・ベニーニとエドアルド・ヴェンティミリア――にある。ワインづくりに情熱を燃やす彼らは、ローマでの快適な生活を捨てて、1990年にマレンマ南部のこの地所を購入、それから一心に自然との孤独な戦いを続けてきた。コンサルタント・エノゴにアッティリオ・パーリ（その道の第一人者）を迎えたことが大きな前進だと言えよう。もう1歩の重要な前進は、有機農法での葡萄栽培システムを確立し、また今、バイオダイナミック農法への切り替えが着々と行われていることである。サン・ロレンツォの古い畑からマッサル選抜で厳選したものだけを使い、次々と植え替えを実施している。

3つめの理由は、ここの土壌である。凝灰質が至る所に堆積された地質のため、土壌には高濃度のカリウムとマグネシウム、また少量のマグネシウム塩が含まれ、それがワインに深い色合い、高濃度の抽出物、豊かな風味、そしてペッパーのようにスパイシーな風味をもたらすのだ。またこの醸造所も、この地域のトゥファ（石灰華）を掘り起こして建造されている。そこではトンネルや洞穴、墓等々、かつてここに文明（新石器時代、エトルリア時代、ローマ時代、中世）が存在したことの証拠が散見される。ちなみに、「サッソトンド」は、この地所の真ん中にある巨大な丸石にちなんでつけられた。

極上のワイン

San Lorenzo　サン・ロレンツォ
100%チリエジョーロ（古い葡萄樹による単一畑）のワイン。高潔なワインではあるが、エレガンスが感じられる。フランス産バリック（75%が新樽）で24カ月熟成。贅沢な果実味に対し、しっかりした酸味・タンニンが対照的。良い年ほどこの傾向が強くなる。その典型例が優雅なのに力強く、それでいて若い2001年★だ。

Ciliegiolo [V]　チリエジョーロ [V]
この若々しい赤ワインはスチールタンクだけで熟成され、1年目にすぐリリースされるという、ある意味"怪物"とも言うべき1品だ。アルコール度数13.4〜15%で、リッチで深くフルーティーであり、ペッパーや熱さを感じ（冬が温暖なフュージャ・スタイル）が特徴。値段も中程度で、イタリアの名物ワインの中でも最もコスト・パフォーマンスがよいだろう。

Franze　フランツェ
DOCソヴァーナ（最低50%のサンジョヴェーゼが義務づけられている）だが、実際はサンジョヴェーゼ100%のような味わいのブレンドワイン。マレンマのおいしいサンジョヴェーゼが、パートナーであるチリエジョーロに調和した興味深い実例である。

Numero Sei　ヌーメロ・セイ
ソーヴィニヨン・ブランとグレコからつくられる唯一の白ワイン。グレコは一部マセレーションされたもの（4日間）を用い、バリック熟成される。シトラス・ピールと熟れたアプリコットの、酸味の中に甘さが感じられるアロマ。口に含むと、その厳格さ、ドライさに衝撃を受ける。かなりの変わり種。ヨスコ・グラヴネール（カルト的人気を誇るフリウリの生産者）の白ワインが好み、という人々にすすめたい。

サッソトンド (Sassotondo)
総面積：72ha
葡萄作付面積：11ha
平均生産量：40,000ボトル
住所：Azienda Agricola Carla Benini, Pian di Conati 52,58010 Sovana,Grosseto
電話：+39 05 64 61 42 18
URL：www.sassotondo.it

197

モンタルチーノ

モンタルチーノはブルネッロと共に、現代イタリア・ワイン界で華々しい成功物語を綴ってきた。まさに、ここはイタリア中央部最高のワイン地域なのだ（これがこの章に多数のつくり手が登場する理由である）。そう聞いて「では、この地域もキアンティ・クラッシコやモンテプルチャーノのように長いワインの歴史を誇るのだろう」と期待した人もいるだろうが、実際のところ、ブルネッロ・ディ・モンタルチーノという名前が有名になったのは19世紀後半に過ぎない。

モンタルチーノ自体は非常に歴史ある町だ。高い丘陵の頂上に残る要塞からは、眼下に広がる広大な土地を見下ろすことができる。発掘調査では、この地域からエトルリア人とローマ人の遺跡が発見されている。町の起源ははっきりしないが、有名なサンタンティモ修道院にその所領であったという814年の記録が残されている。13〜17世紀にかけて、現在のような町の形に整い、特に1462年、教皇ピオ2世（ピッコロミーニの血を引く地元人）によって教区を置かれてから発展を遂げた。この間、モンタルチーノはシエナ共和国とフィレンツェの間でその領地の支配権を巡って争われ、400年近くも大変な緊張を強いられることになったが、その後訪れた平和の中で、農業を中心としたビジネスが発展していくことになる。

もちろん、この町では葡萄も栽培されていたが、それは数ある収穫物の中の1つに過ぎなかった。ただし、19世紀半ば以前にも、ここの赤ワイン「ヴェルミリオ」の品質の高さがイングランド王ウィリアム3世の目に留まった、という文献が残されている。たとえばキアンティのようなトスカーナの他の部分と同じく（ちなみにモンタルチーノにはキアンティ・コッリ・セネージの畑がある）、モンタルチーノのワインもまた様々な品種（サンジョヴェーゼ、カナイオーロ、コロリーノ、テネローネ、ゴルゴッテスコ、トレッビアーノ、マルヴァジーアなど）をブレンドする傾向が強い。またモンタルチーノ原産の葡萄から作られる特別な1品が、甘口の「モスカデッロ」だ。

19世紀初め、さらに高品質のワインづくりを目ざし、グレッポの領地を購入して、葡萄樹と醸造スタイルの試行錯誤を始めたのは、地元の薬剤師クレメンテ・サンティだった。その仕事は孫息子フェルッチョ・ビオンディ・サンティに引き継がれることになる。フェルッチョは「100年飲めるワインをつくりたい」という夢に触発され、サンジョヴェーゼ・グロッソのクローンから「ブルネッロ」（収穫期に葡萄の色が茶色になることからついた名称）と呼ばれるワインを生み出した。1888年、1891年という当たり年にも恵まれ、フェルッチョは子孫に、自分の夢の正しさを実証するボトルを残すことができたのだ。

フェルッチョのあとを継いだのが息子タンクレディである。彼は才能あるエノロゴであると同時に、あまたの生産者たちをまとめあげ、フィロキセラの被害に見舞われたブルネッロを救った功労者である。だが1920〜30年代にかけて、今度は戦争がワインビジネスを直撃した。それゆえ1967年、ブルネッロが晴れてDOCに認定されたときも、モンタルチーノのワイン生産者は数えるほどしかいなかったのだ。

拡大、派閥、法律

1980年代になってようやく、ブルネッロの人気が高まり始めた。外国から資本が流入し、我先にと葡萄畑が購入され、この地域の建築様式に配慮した建物の修復、建設が行われるようになった（非常に美しく雄大な景色と見事な建築物が残るモンタルチーノは、たとえワインに関心がない人でも、観光するだけで十分満足できる町だ）。今日のモンタルチーノDOCG地域は、総面積3000haのうち葡萄作付面積が1900haに達して一種の飽和状態と言えよう。だがブルネッロは世界のトップ・レストランのワインリストには必ず（しかもかなりの高額で）載っており、実際2008年に経済危機とスキャンダルに見舞われるまでは天国のような状態が続いていた。だがその年を境に、モンタルチーノは商業面において、最悪の土砂降りに急襲されることになってしまったのだ。

拡大開始と共に派閥が対立するようになった。1つはブルネッロ独自の概念（単一品種で長期熟成型ワインづくりを目指す。100年とは言わないまでも、最低5

右：トスカーナで最も有名なワインの町、モンタルチーノ。周囲を囲む丘陵地から絶景が楽しめる

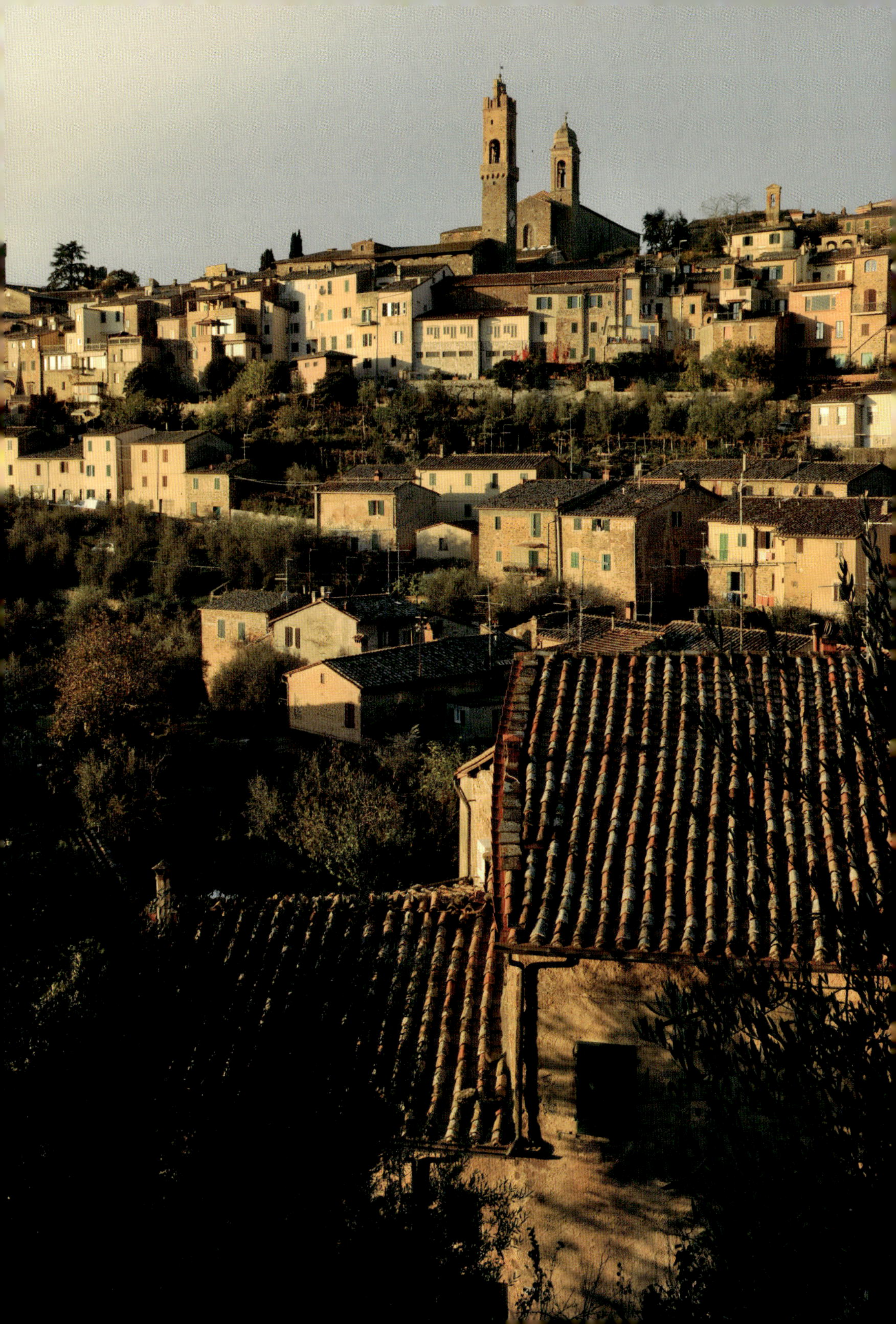

200

〜10年は寝かせるようにする)に忠実であろうとするグループ。もう1つは、それに反対する(醸造面にも国際的手法を取り入れ、すみやかにリリースできるようにする)グループだ。後者に当たる"現代主義者"は、オーク熟成期間を4年から2年に短縮し、よりバリックを活用することで、ワインにまろやかさ、シルクのような舌触りをつけ加えることに成功。さらに(彼ら自身はこれを認めてはいないが)、バリックの内部をある程度焦がさなければ実現し得ないヴァニラ、ウッドスモーク、コーヒー、ダークチョコレートのアロマ(つまり、一般人が好むアロマ)をつけ加えることにも成功している。これに対し、"伝統主義者"は4年間という熟成期間を遵守し、ほとんどが巨大なオークのボッティを活用。2年間のボトル熟成をしている現代主義者との差を打ち出している。さらに、伝統主義者は「ブルネッロもロッソも100%サンジョヴェーゼのワインでなければならない」という考えを信奉。一方、現代主義者は「20世紀後半からの"改良のためのブレンド"という新たな伝統を取り入れ、ときに扱いが困難で厄介なサンジョヴェーゼに円熟味やまろやかさを加えるべきだ」と主張している。彼らは「現に19世紀のモンタルチーノでは、ボルドー種の方が一般的であった」「1966年、ブルネッロDOC規制の最初の案文では、10〜15%の他の黒葡萄品種のブレンドが認められていた。しかも、キアンティ地区(コッリ・セネージ)ではこれがまだ認められている」と指摘している。聞くところによると、この最初の案文を却下したのは、当時このモンタルチーノで最大の重要人物——フランチェスキー族の領地イル・ポッジョーネの故ピエルルイジ・タレンティ——だ。彼は何よりも高品質のサンジョヴェーゼにこだわり、他の品種とのブレンドを嫌がっていたという。

現代主義者は「市場が求めているのだから、ブレンドは正当化されるべきだ」と主張する。たしかに、多くの顧客がそれを求めていることは間違いない。これに対し、伝統主義者はこう答える。「市場なんて困らせてしまえばいい。私たちは芸術としてのワインづくりに携わっている。たとえ高価で排他的であっても、独自の個性を守り、その他のトスカーナ地方とは違う味わいのワインをつくるためにそれは不可欠なことだ」とたえ現代主義者の言い分が正しいとしても(私個人としては、そうは思わないが)、現行の法律ではそれは違法行為に当たる。法律では、ブルネッロにサンジョヴェーゼ以外の品種をブレンドすることが禁じられているからだ。

ブルネッロ・スキャンダルとその後

「ブルネッロ・スキャンダル」は2008年に勃発した醜聞だ。モンタルチーノの多くのワイナリーが調査され、4社の主要なワイナリーから2003年ヴィンテージのブルネッロが押収されてしまったのだ。本書を書いている時点では、その後の進展は何もない。程度の差はあるが、疑惑をかけられたワイナリーはすみやかにビジネスに復帰している(彼らは少なからず"政治的なはたらきかけ"をしたと思われる)。だが捜査はまだ続けられており、この醜聞の余波が長引く可能性もある。というのも、ワインに未承認品種が混入されていないか調査する技術が日に日に改善されているからだ。押収されたのは2003年だけだが、当然2004年、05年、06年とワインはつくられている。それらに何かブレンドされていないか、というドラマはまだ続きそうだ。

モンタルチーノでは、一番有名なブルネッロの他にも、ロッソ・ディ・モンタルチーノなどのワインがつくられている。ロッソは最近「サンジョヴェーゼ100%使用」が義務づけられたが、熟成期間が「最低1年」とずっと短くなり、オークを用いなくてもよくなった。ちなみに、ブルネッロのブレンドに反対する生産者の中でも、ロッソのこの改定には反対していない者もいる。真の意味の"ブレンド・ワイン"が飲みたい人は、DOCサンタンティモ(様々な品種のブレンドが許されている)に惹かれるかもしれないが、これらの中で特筆すべき銘柄は見つからない。むしろ、IGTトスカーナの方がおいしいワインが見つかるだろう。

モンタルチーノ独自の、歴史ある甘口ワイン——モスカデッロ——を復活させた生産者たちもいる。モスカート・ダスティのように軽い発泡性のものから、干し葡萄からのものまで造られる。

Biondi-Santi (Tenuta Greppo) ビオンディ・サンティ (テヌータ・グレッポ)

フランコ・ビオンディ・サンティのグレッポはモンタルチーノの象徴的存在であり、80代でなお現役の彼自身もまた伝説的存在である。ワインづくりに関して、彼は息子ヤコポからの手助けが得られなかった。父の根っからの伝統主義に疑問を抱いた息子は、マレンマのカステッロ・ディ・モンテポを購入、そこで自分なりのワインづくりに打ち込んでいる。それゆえ、フランコはこの地所で「創始者ではなく継承者」という立場から、今でもアグロノモとワインメーカーの管理・指導に当たっている。彼はふとこうこぼした。「こんな歳になっても、忙しく走りまわらなくてはいけない。リタイアしたいが、そのタイミングが見つからないんだ」

印象的なグレッポのワイナリーは、モンタルチーノの町からさほど遠くない、南部の高度380〜500mの位置にある。現代のモンタルチーノの基準から考えれば、ワイナリー自体は大きくはない。だが、その外観は、ボルドーのプルミエ・クリュ・シャトーのそれのように威厳がある。そのワイナリーにおいて、フランコは「継承者」として、1969年に父タンクレディが始めた様々なシステムを忠実に守っている。たとえば、植え替えが必要な場合はマッサル選抜で厳選されたビオンディ・サンティ独自のクローン（ほとんどが「BBS11」）を用いている。また「ブルネッロ・リゼルヴァの葡萄は最低でも樹齢25年以上のもの、ブルネッロ・アンナータの葡萄も樹齢10年以上のもの」というルールも遵守し、「ワインは100年間トップ・ヴィンテージのままでいられる」と主張している。さらに、酵母を守るために除草剤や殺虫剤の使用は禁止。リゼルヴァ・ワインの発酵はオーク（木樽）で行い、驚くべきことに、マセレーションは15日間という短さだ。さらに電子機械に頼って温度調整するよりも、リモンタッジョ（ポンプによる葡萄果汁の成分抽出法）の方を好み、二酸化硫黄以外の添加物は認めない。熟成はもちろん、スラヴォニア産オーク（大樽で、中には非常に古い年代物も）で最低3年間行っている。

「私がつくるのは忍耐強い人たちのためのワインなんだ」とフランコは言う。というのも、ここのワイン・ボトル（少なくともリゼルヴァ）は、開栓前に少なくとも数十年適切な場所に寝かしておく必要があるからだ（つまり、ときどきリコルクする必要があるということだ。フランコはジャーナリストを集めて、これをセレモニーのように実施している）。さらに、彼はワインの飲み方についてもこう主張している。「少なくとも24時間前には抜栓して、慌ててではなく、ゆっくりと味わうべきだ」

この地所のワインの流通は、ビオンディ・サンティ・Spaが一手に引き受けている。ちなみに、この会社はヤコポの姻戚、タリアブーエ一族（彼ら自身も「ヴィラ・ポッジョ・サルヴィ」というブランドを所有）による経営だ。

極上のワイン

Biondi-Santi Brunello di Montalcino Riserva
ビオンディ・サンティ・ブルネッロ・ディ・モンタルチーノ・リゼルヴァ
私は1994年と2006年に、この有名なワインの垂直試飲を実施した。これがトスカーナを代表する良質のワインであることを考慮し、ここではその詳細を伝えておきたい。

2004年：試飲時（木樽から）にはあまりに若過ぎて判断不可能。ただし、フランコはこのワインを「最高のヴィンテージに匹敵するだろう」と考えている。
1999年：閉じたアロマだが、口に含むと、熟れて芳醇な果実味としっかりとした酸味が感じられる。もう少し時間が必要。
1995年：ハーブとマッシュルームに少量のシナモンが混じった新鮮なアロマ。口に含むと、しっかりした構造だが豊かな果実味も感じられる。熟成しつつも、引き締まった風味。長寿が期待できる。
1985年：まだかなり若々しい色合い。花とハーブの純粋なアロマ。非常に構造がしっかりしているが、すばらしい若々しさ、深み、エレガンス同様、凝縮された果実味も感じられる。まだ進化するだろう。
1975年★：いまだに最も深い色合い。サワーチェリー、紅茶葉、少し盛りを過ぎた花のアロマと共に、皮革とマッシュルームの香りもする。口に含むと、優雅で、複雑で、凝縮されたサンジョヴェーゼの典型的でいきいきとした味わい。マイケル・ブロードベントMWはこう表現した。「いかなる第1級の栽培地の基準もはるかに越えた最高級品」
1964年：この非常に良いヴィンテージに関して、私の鼻はやや矛盾した印象を弾き出した。1994年の試飲時には「驚異的な構造、凝縮されていきいきとした果実味、非常に若々しい。さらに時間が必要」とメモに書き留めてある。ところが再び試飲した12年後、私はこのワインをさほど好きになれなかったのだ。理由は、自分が期待しているほど、このワインが熟成しておらず、非常に硬いままだった

右：過去40年間、象徴的なワイナリーの伝統を守り続けているフランコ・ビオンディ・サンティ

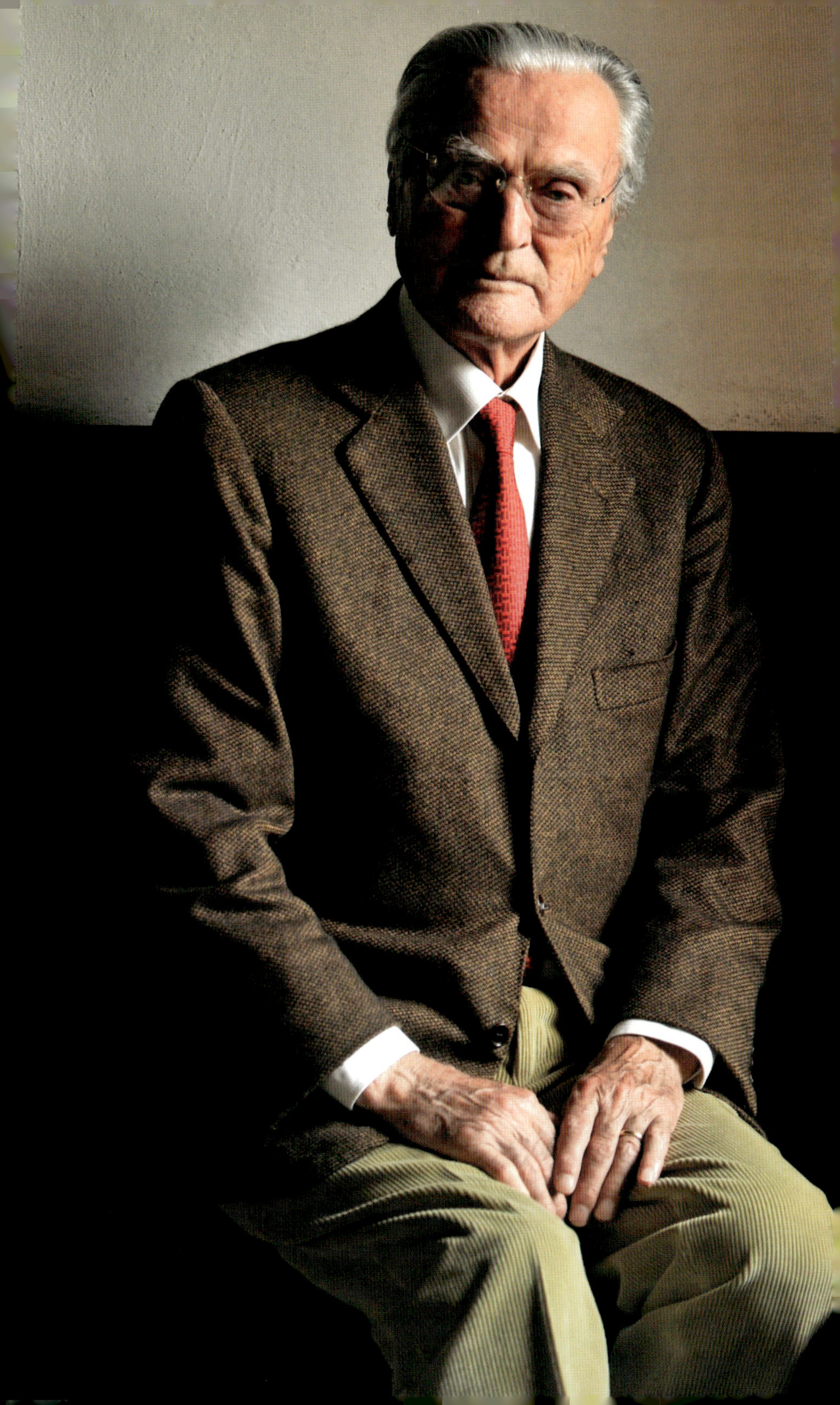

BIONDI-SANTI (TENUTA GREPPO)

からである。なるほど、「100年熟成可能」というのは本当かもしれない。

1955年：他の試飲者の中では「好み」という人もいたが（マイケル・ブロードベントいわく「どんな基準から見てもまさに古典的な味わい」）、私は1994年の試飲時にこう記している。「すでにかなり後熟しており、凝縮された優雅な果実味（ほとんどがドライフルーツだがかすかにタールも感じられる）。バランスのとれた、甘いあと味」一方、2006年の試飲時では、やや強烈なタンニンが感じられ、色合い・味わい共に"やや年老いた"印象だった。「100年熟成可能かどうか疑問。前より下り坂の印象」

1945年：最初の試飲時には、年老いたアロマを感じ、果実味が失われ、タールやミネラルが強い印象を受けた。12年後、以前よりはるかによくなったように思う。

1925年：黄褐色の色合い、タールとマッシュルームのアロマ。「長いあと味とエレガンスが特徴の、魅力的なワイン」

1891年：1994年の試飲時、私はこのワインに最高点をつけた。実際、試飲メモにはこう書いてある。「黄褐色の色合いだが、薄くローズ色がかっている。タールとマッシュルームのアロマ。しっかりとした酸味でタンニンは失われている。口に含むと、愛らしく、甘く、若々しくさえ思える果実味。印象的な、長いあと味。人間ならば、103年間もこんな若々しさは保てない！」他のテイスターたちも、この例外的な品質に舌を巻いていた。アンソニー・ディアス・ブルーは96点（彼の最高点）、「ガンベロ・ロッソ」のガッブリエッリとチェルニッツィは95点（1955年の97点に次ぐ2番目に高い得点）をつけていた。

1994年の試飲時、他のリゼルヴァ・ヴィンテージで高評価だったのは1988年、1982年、1971年である。

右：ブルネッロ・ディ・モンタルチーノ発祥の地で、現在も完璧な操業をつづけているテヌータ・グレッポ。堂々たるドライブウェーが美しい

ビオンディ・サンティ（テヌータ・グレッポ）（Biondi-Santi/Tenuta Greppo）
総面積：150ha
葡萄作付面積：22ha
平均生産量：60,000～70,000ボトル
住所：Tenuta Greppo,53024 Montalcino, Siena
電話：+39 05 77 84 80 87
URL：http://www.biondisanti.it

204

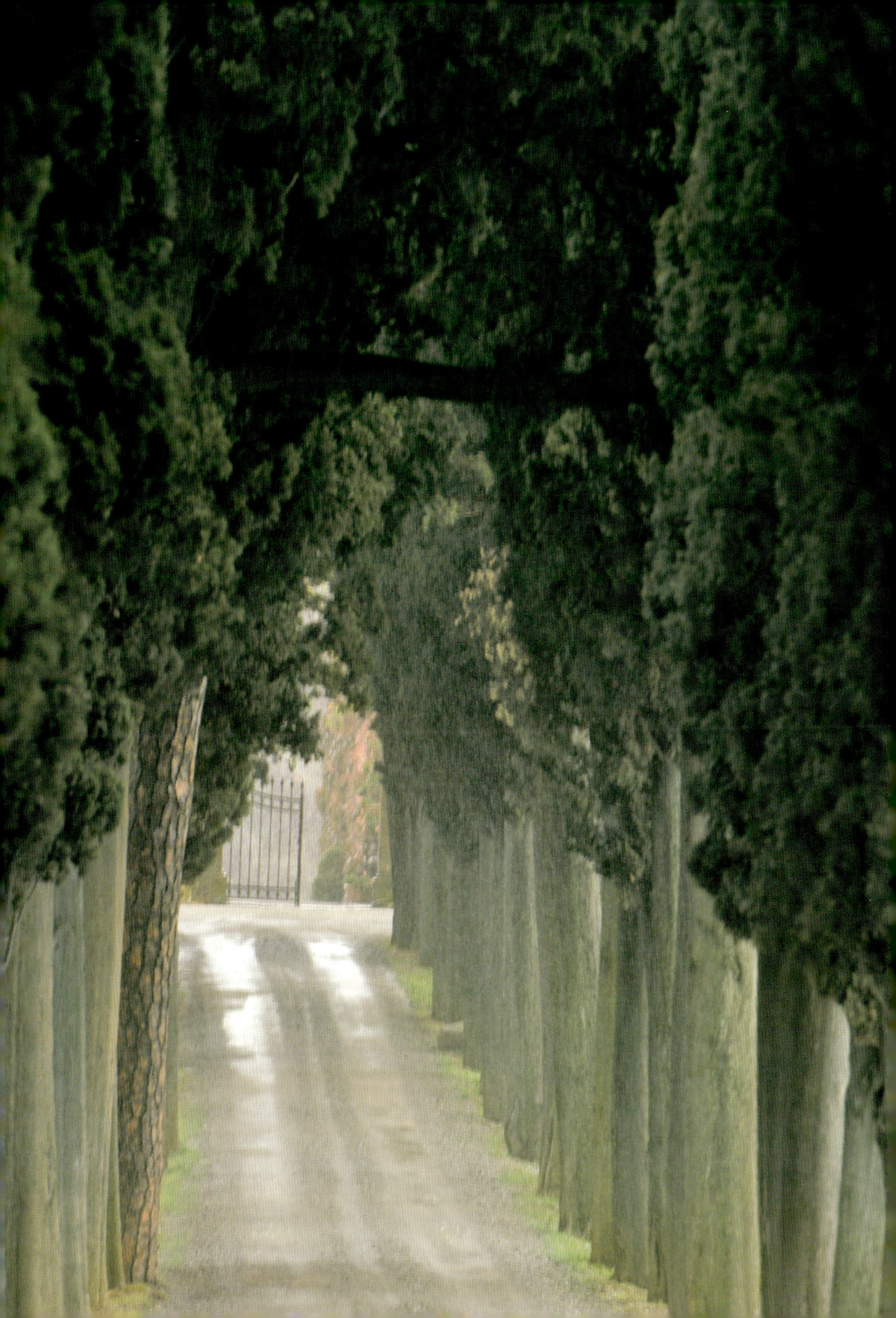

MONTALCINO

Camigliano カミリアーノ

控えめさが魅力のワイン同様、カミリアーノ（ブルネッロ・ディ・モンタルチーノの最も初期の生産者メンバー）のワイナリーもまた、モンタルチーノの最も人里離れた地域——町の南西部の、多種多様なバンフィの葡萄畑を見下ろす場所——にひっそりとある。だが、ここは多くの理由から一番の尊敬を集め、目標とされているワイナリーなのだ。

第1の理由は、近年台頭した多くの生産者たちとは異なり、カミリアーノが歴史ある地所だからである。ここは城の一部であり（バンフィのポッジョ・アッレ・ムーラもその一部だ）、中世時代に物見やぐらとして使われていた建物で、この村自体、起源がエトルリア時代にさかのぼると言われている。ここの古びたアーチをくぐり、石造りの脇道に沿って歩けば、誰もが時間の感覚

近年台頭した多くの生産者たちとは異なり、カミリアーノは歴史ある地所だ。ここを訪れたら、時間の感覚を失ってしまう。

を失ってしまうだろう。この周辺はほとんど動きもなければ、物音も聞こえない。それでも、ここが打ち捨てられた場所ではないことは誰の目にも明らかだ。この建物の内側に入り、奥深くにある醸造所に進むと、いきいきと稼働するワイナリーに行き当たる。伝統的な石造りの農場内では、30人ほどの人々が居住し、洗濯物を干したり、老婦人方は世間話をしたりしている。一見何もないように思えるが、ここにはレストランも併設されているのだ。

カミリアーノは巨大な地所だ。総面積は500ha、葡萄畑はほぼ100ha、さらに大きなオリーブ園も広がっている。モンタルチーノ最大ではないが、トップクラスの広さを誇っていることは明らかだ。

ミラノ人ウォルター・ゲッツィ（現オーナー、グアルティエロ・ゲッツィの父）が、この不規則に広がる領地を購入したのは1957年——ちょうどメッツァドリーアが廃止されたばかりの頃——だった。その当時、ここ近辺の家々は電灯照明の不足に悩んでいたという。そ

う、1990年代、トスカーナで最も裕福なコムーネにのしあがる前、モンタルチーノはイタリア国内で最も貧しい地域だったのだ。地元経済において、ワインは信じられないほど小さな役割しか果たしておらず、この地所を購入したウォルターも、トスカーナ牛や豚、七面鳥を飼育するための家畜小屋や、有機栽培の菜園をつくるつもりだったという。

ブルネッロの最初のヴィンテージは1964年である。だが、ここのワインづくりが本格化したのは、グアルティエロが父から地所を受け継いだ1980年代に入ってからのことだ。これ以降、グアルティエロは妻ラウラと共に植え替えプログラムに着手し（現在5500本/haの植栽密度）、この村と醸造所を立て直したのである。

もう1つ、このワイナリーの重要な転換期となったのが2001年、コンサルタント・エノロゴのロレンツォ・ランディを迎え入れたときである。ランディはサイアグリーコラ・グループ所有の様々な地所のエノロゴとして頭角を現し（ファットリア・デル・チェッロ参照）、フリーのコンサルタントとなった今でも、その仕事を続けている。彼のワインの特徴は、飲みやすさとまじめさの融合であろう。そして、それは今日のカミリアーノのワインの最大の特徴でもあるのだ。

極上のワイン

Brunello di Montalcino
ブルネッロ・ディ・モンタルチーノ
もう1つ、カミリアーノのワインの特徴を表現するなら、それは「信頼性」である。それを体現したのが、本当に良質のサンジョヴェーゼを使った、このフラッグシップ・ワインだ。1999年、そして特に2001年と2004年★がすばらしい。チェリー、皮革、ハーブのアロマで、じっと包み込むような構造。実際「オークのボッティ（大樽）による熟成」という伝統的な手法でつくられたブルネッロにもかかわらず、木のフレーバーはいっさい感じられない。リリース直後でも楽しんで飲めるヴィンテージがほとんどだが、15〜20年寝かせると、さらにうまみが増すだろう。

Gualto グアルト
最近ラインナップに加わったワインで、よいヴィンテージにしかつく

右：妻ラウラと共に、カミリアーノをブルネッロ随一のワイナリーに育て上げたグアルティエロ・ゲッツィ

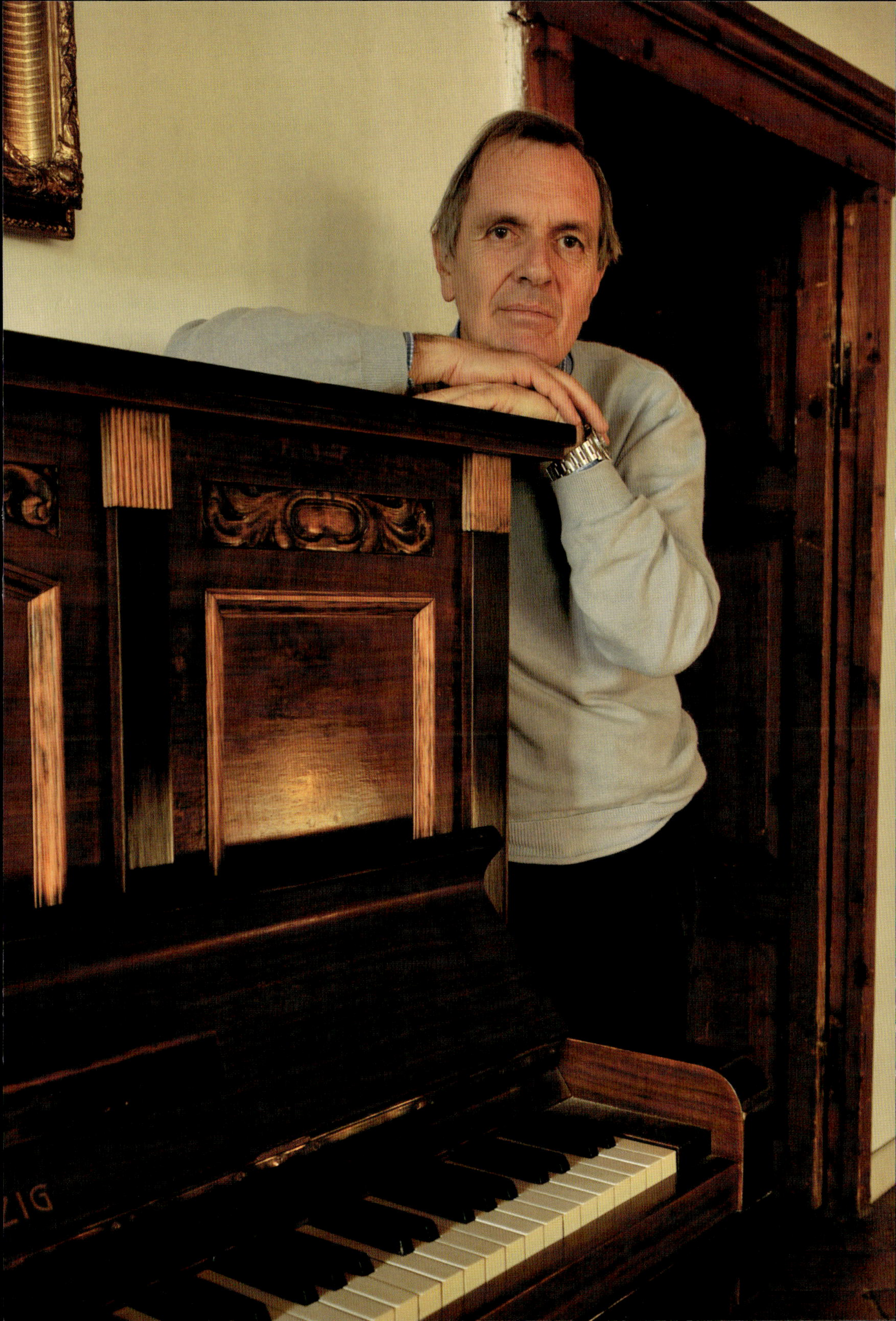

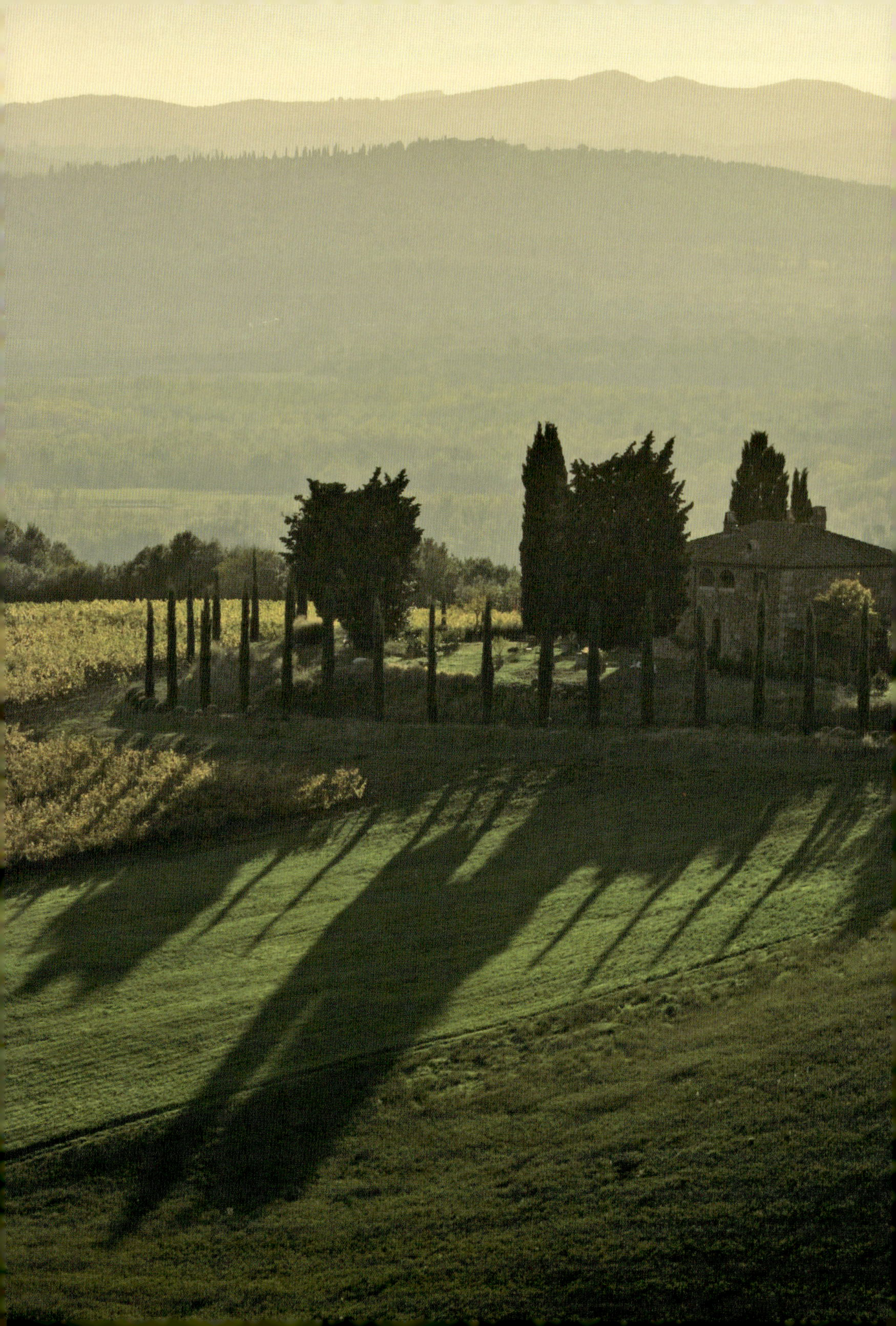

モンタルチーノ

られない。ゲッツィによる特別セレクション。リゼルヴァではないが、ブルネッロのノルマーレよりも1年遅くリリースされる。2001年と2004年が、ノルマーレよりも凝縮感・深み共にすばらしい。「限られた量のバリック熟成」という現代性が好ましい。ただし、ワイン自体は国際的というよりは、むしろ伝統的なトスカーナの基準により近づいている印象。

Rosso di Montalcino　ロッソ・ディ・モンタルチーノ
ロッソも上記2つとほぼ同じような印象。凝縮感、複雑さ、重量感はブルネッロほどではなく、飲み手に何かを問いかけるワインでもない。2年目からはおいしく飲めるワインだが、5〜10年は優に熟成可能だ。

Poderuccio [V]　ポデルッチョ [V]
対照的に、最後に紹介する2つの赤ワインはどちらも、非常に国際的なスタイルである。いわば「ミニ・スーパー・タスカン」のようなポデルッチョは、サンジョヴェーゼ60％、カベルネ・ソーヴィニョン20％、メルロー20％のブレンドで、一度使用したバリックで数カ月熟成される。ロッソ同様、かなり早い時期から飲めるようつくられている。特に興味深いのは、その価格の求めやすさだ。

Sant'Antimo DOC [V]　サンタンティモ・DOC [V]
カミリアーノは、モンタルチーノの中でも一番早くにカベルネ・ソーヴィニョンを植えたワイナリーだ。新品のバリックで熟成される、この100％カベルネワインは、トスカーナの中でも最高品質の1つである（おそらく、コスト・パフォーマンスも最高であろう）。

> カミリアーノは、モンタルチーノの中でも一番早くにカベルネ・ソーヴィニョンを植えたワイナリーである。この100％カベルネワインは、トスカーナの中でも最高品質の1つだ（コスト・パフォーマンスも最高）。

左：カミリアーノ周辺の風景。元は中世の物見やぐらだった建物が、いまやモンタルチーノ随一のワイナリーとなっている

カミリアーノ(Camigliano)
総面積：530ha
葡萄作付面積：90ha
平均生産量：350,000ボトル
住所：Via d'Ingresso 2, Localita Camigliano, Montalcino, Siena
電話：+39 05 77 84 40 68
URL：www.camigliano.it

209

MONTALCINO

Il Poggione イル・ポッジョーネ

　イル・ポッジョーネは、誰もが思い描く「典型的なブルネッロ」を生み出すワイナリーだ。他のブルネッロは過度にオーキーであったり、期待はずれだったり、価格がとんでもなく高かったり、過小生産だったり、水や噴霧の撒き過ぎだったり、人工的に果汁濃縮していたり、メルローを加えていたりするが、イル・ポッジョーネのブルネッロに限って言えばそんなことはない。ワインビジネスを知り尽くす謙虚な人々がつくった本物を、リーズナブルな値段で買い求めることができるのだ。「典型的」というのは、このワインが「当たり障りがない」という意味ではない。むしろ、これはブラインド・テイスティングをしても、すぐに見分けられるワインだ。これこそ基準である。これよりおいしいワインは見つかるかもしれないが、これほど正統派のブルネッロは他には見当たらないに違いない。

　規模の大きさではモンタルチーノでも五本の指に入る造り手である。この街では、ここ数十年で、ほんのひと握りだったワイン生産者が数えきれないほどに増えた。だがその種の生産者たちとは異なり、イル・ポッジョーネには脈々たる歴史がある。オーナーであるフランチェスキ一族はすでに5代目であり、しかも、1958年にフランチェスキ家兄弟の間で土地問題が起こり、分割されてしまう前はさらに広大な領地だったのである（分割されたもう一方は、現在「コル・ドルチャ」と呼ばれている）。だがイル・ポッジョーネにとって、1958年は別の理由で重要な1年だったと言えよう。偉大なエノロゴ、故ピエルルイジ・タレンティが参画したのがまさにこの年だったのだ。それから1999年に永眠するまで、彼はこのワイナリーに高い基準を設け、その評判を不動のものにし、最高責任者としての使命を全うしたのである。その流れは途切れることなく、彼のアシスタントだったファブリツィオ・ビンドッチ（1976年以来、タレンティのもとで畑拡大の責任者を務めてきた人物）によって引き継がれた。現在ビンドッチはエノロゴも兼任し、「醸造所での介入を最小限に抑えて偉大なワインをつくる」という師匠の教えを守り抜いている。

右：最大級のワイナリーから典型的なブルネッロを生み出している、ワインメーカーのファブリツィオ・ビンドッチと息子アレッサンドロ

イル・ポッジョーネのブルネロは、「ワインビジネスを知り尽くす謙虚な人々がつくった本物で、値段もリーズナブル」と安心して買うことができる。

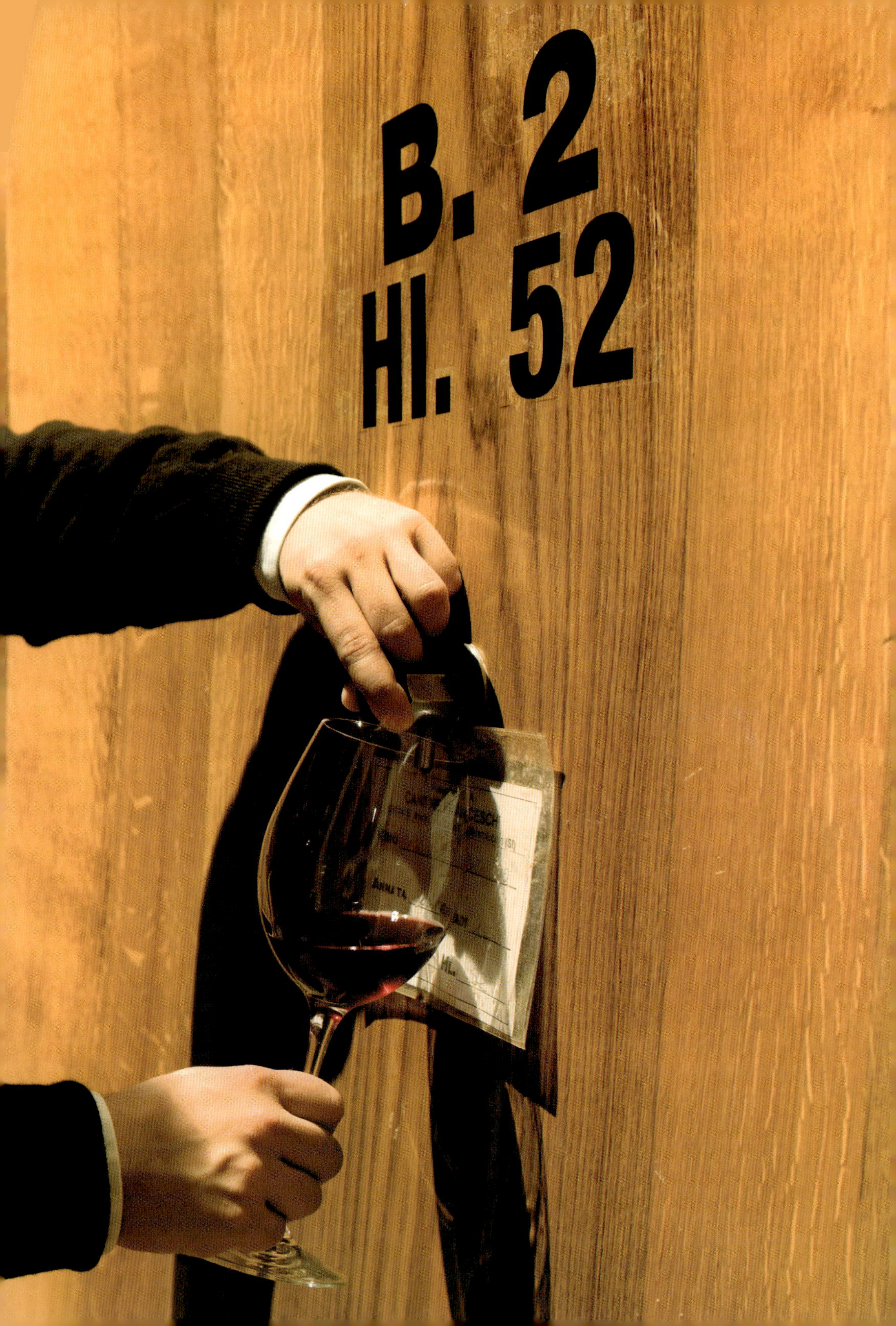
B. 2
Hl. 52

それゆえ、明らかにここの葡萄の品質は卓越している。だからこそ、他の生産者が嫌がるような手段も、ここなら採用できるのだ。その1つがダブル・アーク仕立ての剪定法で、彼らは「この仕立てだと、葡萄が太陽光によりさらされ、熟成度が高まる」と主張している。また、畑の植栽密度を10000本/haに近づけようとする生産者が多い中、イル・ポッジョーネは「干ばつに陥りやすいのに緊急の灌漑が許されていないモンタルチーノ南部では、これでやり通すしかない」と主張し、5000本/haの低密度に抑え続けている。

クローンに関しては、1990年、モンタルチーノで実施された様々な実験による最高のクローンを植えて以来、マッサル選抜を実施している。それらのうちの2種類(R5とR6)がここの畑の起源を持つもので、タレンティとビンドッチがマッサル選抜した畑から自ら育てたものであり、最近、北イタリアのラウシェド(苗木生産協同組合)によって提供されたものだ。

醸造所でも、タレンティの時代からいくつか変化はあったが、劇的な変化は起きていない。ブルネッロは今も巨大なボッティによる3年熟成で、ブルネッロ・リゼルヴァは4年である。ただし、オークはスラヴォニア産よりもフランス産のものが用いられるようになった。1997年からは、葡萄果汁の発酵過程において"斬新"というよりもむしろ"昔懐かしい"方法——カッペッロ・ソッメルソ(果帽を果汁に沈める作業)——を採用している。モンタルチーノ広しと言えど、この伝統的なシステムをいまだ用いているのは、おそらくここだけであろう。

極上のワイン

Brunello di Montalcino
ブルネッロ・ディ・モンタルチーノ

ここの主力商品(毎年平均200,000本を売り上げる)。2004年は強さ、バランス、優雅さ共にこの生産者ならではの出来。私が試飲した古いヴィンテージの中で、優れたワインは以下である。

1997年：よい色合い。皮革とサンダルウッドの、最近流行の第3のアロマが感じられ、口に含むと、甘く熟したふんだんな果実味が押し寄せる。おそらく今がピークだが、あと10年は飲めるだろう。
1991年：アロマがやや弱く、数分すると立ち消えてしまう。1997年と同じ香りだが、やや弱々しい感じ。口に含むと、風味も弱いが、個性的なエレガンスは保たれている。

1988年★：色と成熟度で言えば、試飲した中でも若々しい印象。まだかなり肉厚だがチェリーフルーツとリキュール、さらに少しコーヒーのアロマも感じられる。口に含むと、フレッシュフルーツとドライフルーツの熟れて甘い風味が感じられる。その一方で、しっかりしたタンニンと十分な酸味があるので、あと20年は熟成可能であろう。
1980年：皮革、タバコ、そしてジューシーで甘いレーズン系フルーツの風味。ほぼ30年を経てやや下り坂だが、なんとも"高貴な衰退"である。
1970年：皮革とサンダルウッドの第3のアロマが感じられるが、魅力が消えかけつつあるワイン。口に含むと、まだいきいきとしているため、あと数年は熟成可能だろう。ただし、もう改善は期待できない。
1966年：中心部がオレンジ色の明るい色合い。トフィーとドライフルーツ(イチジク、プルーン)のアロマが感じられ、口に含むと、甘くて非常においしい風味。構造も十分しっかりしているので、まだまだ熟成可能だろう。

Brunello di Montalcino Riserva
ブルネッロ・ディ・モンタルチーノ・リゼルヴァ

1964年に植樹された、「イ・パガネッリ」という単一畑から厳選されたもので、トップイヤーにしかつくられないワイン。
2001年★：繊細でバランスよく、それでいていきいきしたワイン。セラーでしばらく寝かしたあとの方が、よりおいしく飲めるだろう。
1999年：深い色合い。タバコとチョコレートのアロマが前面に押し出されている。口に含むと、ギュッと凝縮されたフルーツの味わいとクリームのような舌触りで、刺激的な長いあと味。これも時間が必要だが、2012～2030年頃には飲み頃となるであろう。

Rosso di Montalcino [V]
ロッシ・ディ・モンタルチーノ[V]

売上げが少しずつ落ちているが、それでもこの「厳格なのに飲みやすい」という特徴は、典型的なブルネッロのそれである(これもまた年平均200,000本を売り上げる)。

San Leopoldo IGT Toscana
サン・レオポルド・IGT・トスカーナ

サンジョヴェーゼに2種類のカベルネをブレンドしたものをバリック熟成した、スーパー・タスカン式ワイン。

左：昔ながらの、巨大な木樽の1つからサンプルを注ぐ。この樽により、ここのワインの伝統的スタイルが守られている

イル・ポッジョーネ(Il Poggione)
総面積：588ha
葡萄作付面積：116ha
平均生産量：550,000ボトル
住所：Localita Sant'Angelo in Colle, 53024 Montalcino, Siena
電話：+39 05 77 84 40 29
URL：www.tenutailpoggione.it

MONTALCINO

Sesti（Castello di Argiano）セスティ（カステッロ・ディ・アルジャーノ）

ジュゼッペ・マリア・セスティは普通のワイン栽培家ではない。ヴェネツィア出身の彼の専門はワインではなく、天文学と音楽であった。だが1970年代に、この13世紀に建てられた城（より有名なノエミ・チンザノのアルジャーノと混同しないように）を購入したため、彼は自らこのワイナリーのコンサルタント・エノロゴ兼ワインづくりの最高責任者の役割を買って出たのだ。とはいえ、彼が葡萄畑のことを真剣に考えるようになったのは1991年のことである。その年、彼は1980年代にコッレのサンタンジェロ（アルジャーノのサブゾーンがある）で実施された調査プログラムから厳選されたデータを用いて、植樹を行ったのだ。

彼に天文学の知識があることを考えれば、ここが天体の運行を考慮した葡萄栽培法を取り入れているのは当然と言えよう。ただし、ここで働く人々は「うちのやり方はバイオダイナミック農法とは違う」と強調する。というのも、セスティは「バイオダイナミック農法の基本となったシュタイナーの天文学は、間違ったデータに基づくものだ」と考えているからだ（セスティ自身、著書でそう主張している）。現に、ここのワインボトルには"有機農法"の記述がない。ただ「環境に最大限の敬意を払っている」ことを表すために"エコ・フレンドリー"という表記がなされている。

その他の点に関しては、取り立てて珍しいことはない。むしろ、ここのワインづくり（少なくともサンジョヴェーゼに関して言えば）は非常に伝統的である。マセレーションおよび熟成を30hlのボッティで長期間実施し、ブルネッロ・リゼルヴァの場合は60カ月、ブルネッロの場合は40カ月、ロッソの場合は18カ月、その他は12カ月かけてボトル熟成を行っている。

私は1990年代後半と2000年代後半に、このワイナリーを訪れたことがある。ハッキリ言って、最初の訪問時には、特に印象に残るワインがなかった。どれも技巧に走りすぎているような気がしたのだ。だが2回目の訪問時には、試飲したどのワインもはるかに好印象に変わっていた。スタイル（サンジョヴェーゼに関しての）が

右：天文学の知識をワインづくりに活用している、ジュゼッペ・マリア・セスティ（ただし、バイオダイナミック農法ではない）

ジュゼッペ・マリア・セスティは普通のワイン栽培家ではない。ヴェネツィア出身の彼の専門はワインではなく、天文学と音楽であり、彼のつくるワインはボルドー的解釈ではなく、むしろブルゴーニュのそれに近いのだ。

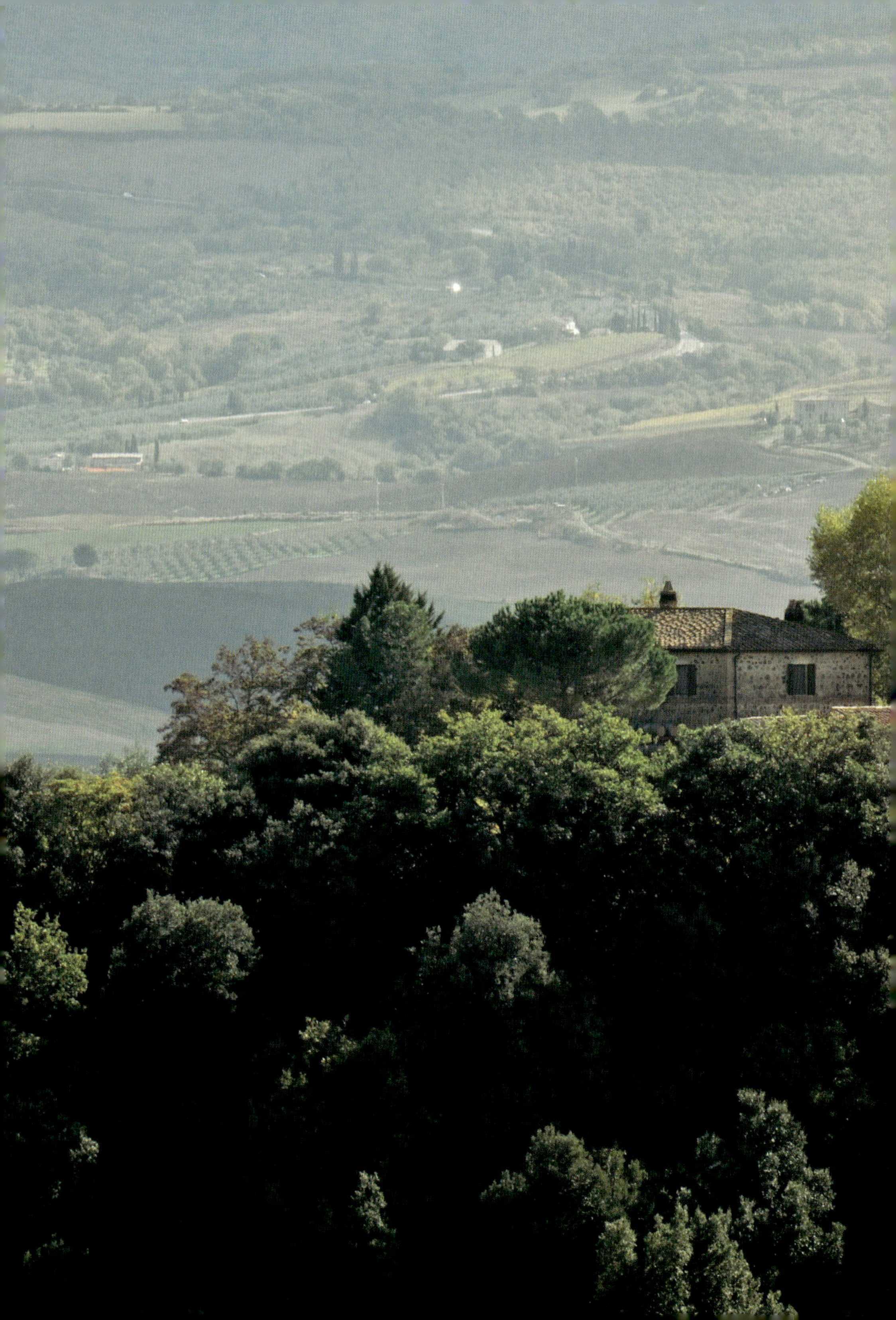

明らかに、ボルドー的解釈ではなく、ブルゴーニュのそれに近づいていたのだ。ほとんど退廃的とさえ言える成熟した甘い果実味が、ヴェルヴェットのような魅惑的なタンニンによってよく支えられていたのである。

極上のワイン

Brunello Riserva Phenomena
ブルネッロ・リゼルヴァ・フェノメナ

ここのトップワイン、「ブルネッロ・リゼルヴァ・フェノメナ」はその年の天体の動きをテーマにつくられている。たとえば2001年ヴィンテージのラベルには、2001年11月に起きたしし座流星群が描かれているのだ。スタイルは非常に個性的。チェリー・リキュールのアロマがいつまでも残り、口に含むと、果実の強烈な酸味が押し寄せてくる。1口目は強烈な印象だが、やがてすべての要素が調和し、あと味は長い。今が飲み頃かもしれないし、あるいは、20年間長期熟成が可能かもしれない。あまり人に知られていないワインを好む人にはまさにうってつけの1品だ。

Brunello　ブルネッロ

ここの主力商品は「ブルネッロ・アンナータ」で、これはリリースされた瞬間から、見た目・味わい共に成熟さが感じられるワインである。といっても、これは「長期熟成向きではない」という意味ではなく、きちんと管理すれば、しっかりとしたタンニンの構造により、かなりの長期熟成が可能であろう。2003年はまろやかで円熟味があり、ほとんどジャムのようだが(このヴィンテージの特徴)、新鮮な酸味と厳しいタンニンによってきちんと支えられている。さらに、この土地の味(ここのテロワール独特の印象)も感じられる1品だ。

Rosso di Montalcino　ロッソ・ディ・モンタルチーノ

ブルネッロと同じ葡萄からつくられたワイン。当然ながら、ブルネッロより凝縮感が弱いが、ソフトで大変飲みやすくなっている。

Terra di Siena Sant'Antimo
テッラ・ディ・シエナ・サンタンティモ

メルローとカベルネのブレンドをバリック熟成した、ボルドー・スタイルの赤ワイン。よくできているが、私はサンジョヴェーゼを用いたワインの方がおいしいと思った。

左:カステッロ・ディ・アルジャーノ周辺の風景。このワイナリーは「環境に最大限の敬意を払っている」

セスティ(カステッロ・ディ・アルジャーノ)(Sesti: Castello di Argiano)
総面積:102 ha　葡萄作付面積:9ha
平均生産量:60,000ボトル
住所:Localita Castello di Argiano,53024 Montalcino, Siena
電話:+39 05 77 84 39 21
メール:elisa@sesti.net

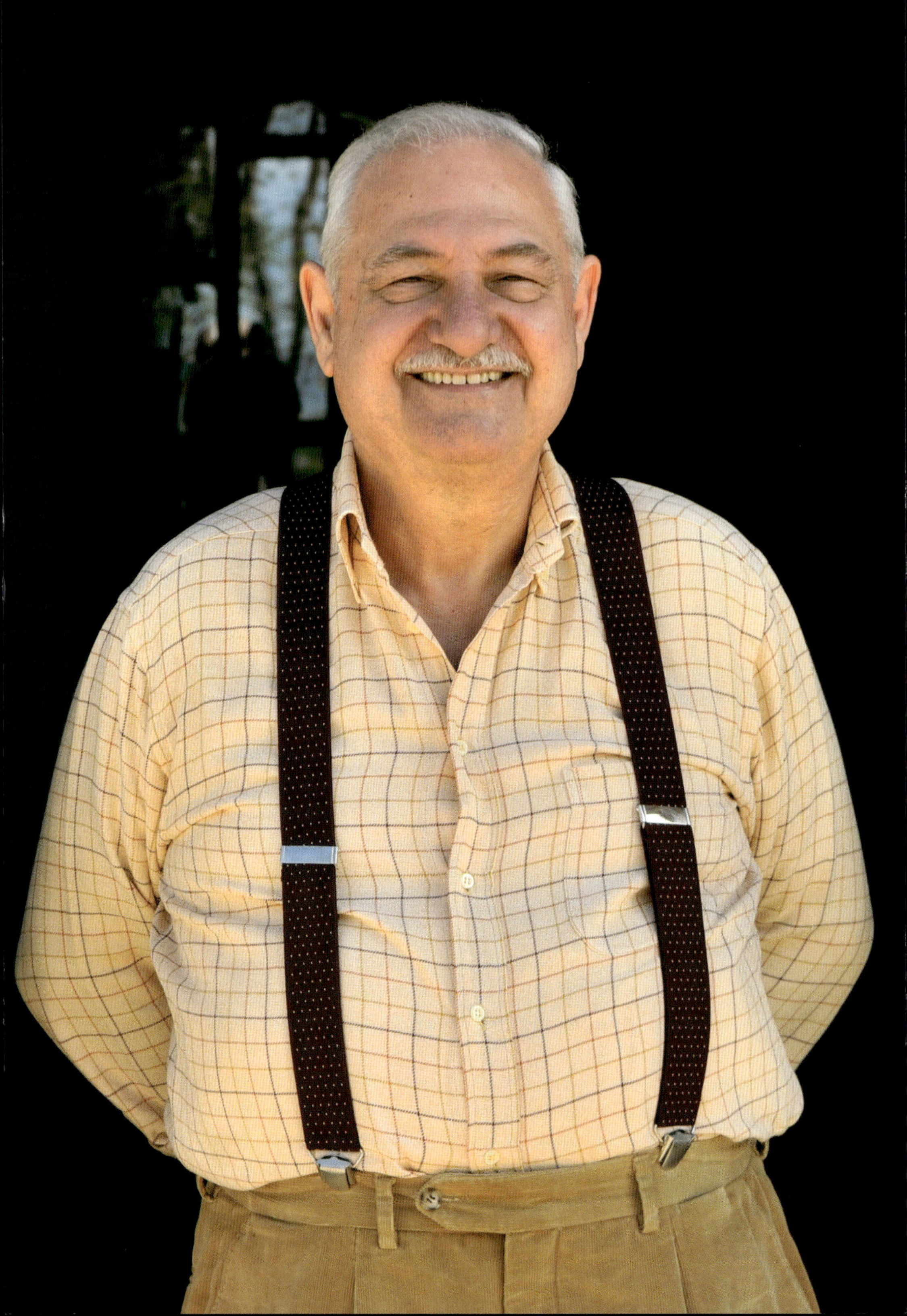

Soldera（Case Basse） ソルデラ（カーゼ・バッセ）

この畑の総面積や平均生産量と同じく、ジャンフランコ・ソルデラは小柄だ。だが、彼こそ、ここモンタルチーノを代表する重要人物の1人にほかならない。トスカーナ出身でもなく、農夫でもなく、飲むこと以外はワインと無関係だったにもかかわらず（ただし、彼はその頃から他の人々のワインづくりを批判していたという）、ソルデラは1972年、園芸を愛する妻グラツィエッラと「世界最高のワインをつくるために」小さな畑を探しに、ミラノ（2003年まで、彼はこの地で保険ブローカーとして働いていた）からモンタルチーノにやってきた。長い調査のあと、2人はついにモンタルチーノ南部の高度320mの場所に、現在の"小さな楽園"を見つける。といっても、当時、その畑は未開墾で、葡萄樹も植わっていなかった。だが、それでも彼は少しもひるまなかった。誰かを頼るのではなく、自分自身を頼りに、彼はこのワイナリーの運営すべての責任を自分で負うことを望んだのである。

偉大なワインに欠かせない要素は「健康で完全に熟した葡萄」だ。そして葡萄の健康と成熟は、それがつくられる畑の生態系によって決まるのだ。

偉大なワインに欠かせない要素について訊ねると、ソルデラは穏やかに、だが彼にしかできない表現でこう答えた。「どの葡萄も健康で完全に熟させることだよ」これは、単に「シーズンを通して葡萄樹の様子を1本ずつ観察する」という意味ではなく、「畑でも醸造所でも、厳しい目で葡萄を厳選するプロセスを確立する」という意味だ。葡萄の健康と成熟は、それがつくられる畑の生態系によって決まる。だからこそ、ソルデラはあらゆる努力をして土壌を活性化させ、昆虫や鳥が常にいる環境づくりを目指したのだ。この点に関しては、2haの驚異的な美しさの庭園（多くの動植物が共棲する池もある）をつくりあげた妻グラツィエッラが頼もしい援軍となった。ちなみに、彼女は新種のバラを発見した、熱心な植物学者だ。

他人を簡単に信頼しない性格にもかかわらず、ソルデラはワインづくりで強力な味方を得ることになった。ポッジボンシの偉大なマスター・テイスター、ジュリオ・ガンベッリだ。2人の出会いは1976年、ソルデラが最初の収穫をした年（1975年）の直後である。ガンベッリのテクニックは、ソルデラがほぼ同意できるものであった。彼らは「干渉を最小限に抑え、自然なプロセスに任せる」をモットーに、発酵時の温度調整も行わず、果皮のマセレーションは長期的に実施し、熟成はスラヴォニア産オークの巨大なボッティで行う（ときには5年以上かけることもある）ことを心がけた。言い換えれば、有名だがよく誤解されがちな「ワインそのものに成長を任せる」というやり方を実践したのである。

それゆえ、自分のワインづくりについて説明する場合、ソルデラはよく「〜しない」という言葉を口にする。「マストの濃縮は行わない。清澄剤も入れないし、フィルタリングもしない。バリックもなし。サンジョヴェーゼ以外の葡萄は使わない。他の誰かの畑の葡萄も使わない」余談だが、もし彼のワインをワイナリーで試飲するときは、絶対に吐き出してはいけない。「カーゼ・バッセでは『悪いワインのときだけ吐き出す』というルールを適用している。だから、ここでは誰もワインを吐き出さないんだ」（私の前著『Brunello to Zibbibbo』より引用）

先ほど、ソルデラは「モンタルチーノを代表する重要人物の1人」と表現したが、彼の名前を聞いて（怖れから、あるいは怒りから）震え上がる人々がいるのは事実だ。ブルネッロとサンジョヴェーゼ100％の因果関係が議論になると、たとえほんの少量でもブレンドを行っている生産者にとって、ソルデラは執念深くて策略に富む、実に厄介な"敵"になってしまうのだ。大規模な生産者の中には、2008年、捜査当局に通報して「ブルネッロ・スキャンダル」を巻き起こしたのは彼ではないかと疑っている者もいる。もちろん、ソルデラ自身はそのことを否定し、我関せずという態度をとっている。だが、生産者組合にサンジョヴェーゼの"100％ルール"を徹底させるよう戦略を練っているのは事実だ、と誇らしげに明言している。おそらく近い将来、その成果が

左：ゼロからモンタルチーノの楽園をつくりあげ、卓越したブルネッロを輩出し続けるジャンフランコ・ソルデラ

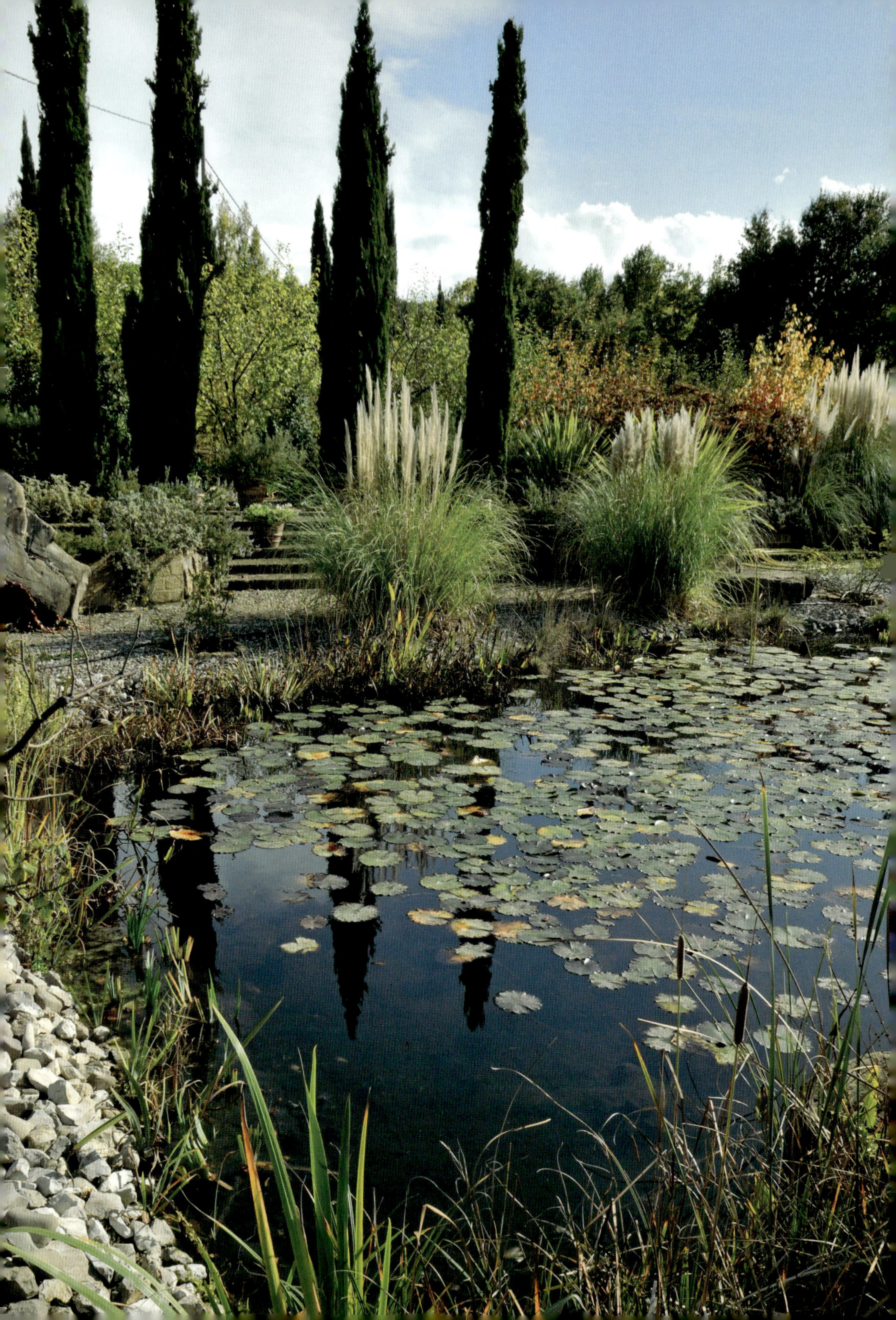

MONTALCINO

ブルネッロのワインに現れてくることだろう。

極上のワイン

Case Basse and Intistieti
カーゼ・バッセとインティスティエティ

ソルデラはブルネッロ・リゼルヴァづくりに全身全霊を捧げている。これはインティスティエティの畑から、あるいはカーゼ・バッセの畑から生まれるワインだ。たまに、彼は「ペガソス」というIGT・トスカーナをつくることもある。リゼルヴァとの違いは熟成期間が短いことだ(2005年は33カ月だった)。サンジョヴェーゼ100％ゆえに、彼のつくるワインは明るい色合いで、ボッティで数年熟成されたあとは皮革、スパイス、フレッシュ・フルーツ、ドライ・フルーツ、マッシュルーム、紅茶葉の複雑なアロマが香る。口に含むと、構造は常にしっかりとしているが整っており、ヴィンテージによって程度の差はあるが、ワイン自体は凝縮され、強い個性を持つ。貧弱な品質の葡萄を許さないシステムの管理下で、はずれ年のワインでさえよい出来だ。現に、彼は2002年と1987年(はずれ年)のものさえ試飲を快諾してくれ、どちらも本当においしかった。1999年★、2001年、2004

年、2006年、2008年のようなトップイヤー(最後の3つは、難しい年だった2005年、2007年と同じく、この本執筆のために樽から試飲させてもらった)のものは酔いしれるような強いアロマで、口に含むと、深淵な感情(ほとんど畏怖の念)を引き起こすほど複雑な味わいである。明らかに、ソルデラはこれらのワインを通じて「私のブルネッロを飲まなければ、本当にブルネッロを飲んだことにはならない」と主張している。たしかに高値ではあるが、彼の主張は正しい。

上左と左頁：カーゼ・バッセの美しい庭園
上右：コンサルタントを長年務めるジュリオ・ガンベッリ

ソルデラ(カーゼ・バッセ)　(Soldera: Case Basse)
総面積：23ha
葡萄作付面積：10+ha
平均生産量：15,000ボトル
住所：Localita Case Basse,53024 Montalcino, Siena
電話：+39 05 77 84 85 67
URL：www.soldera.it

MONTALCINO

Villa Argiano ヴィッラ・アルジャーノ

ヴィッラ・アルジャーノは、自らを「モンタルチーノ最古のワイナリー」と称している。人目を引く建物はコッレのサンタンジェロの下、モンタルチーノから南西8kmほど行ったところにある高原（ローマ時代には「ヤヌスの祭壇」と呼ばれていた。またかつてはローマのアルジャー族に所有されていた）にある。非常に見晴らしのいい土地にあるこの邸宅は1581年に建てられたが、それ以来、所有者がめまぐるしく変わることになった。現オーナー、ノエミ・マローネ・チンザノが購入したのは1992年のことだ。ロンドン在住の伯爵夫人であるノエミは、ワインづくりを様々な専門家たちに任せてきた。まずはセバスティアーノ・ローザ（現在は、義父ニコロ・インチーザ・デッラ・ロケッタのテヌータ・サン・グイドで働いている）、2002年からはジャコモ・タキス（これ以上望めないほどのエキスパートだ）、そして2003年からはボルドーで修行を重ねたハンス・ヴィディング＝ディエルスが招かれている。

アルジャーノだけでなく、モンタルチーノ全体にとって、近年で最もめざましい新機軸の1つはスオーロ（イタリア語で「土壌」の意味。このワインがアルジャーノのテロワールを表していることを表現）である。

タキスが参画したことで、アルジャーノがボルドー種に並々ならぬ関心を寄せるようになったのは無理からぬことと言えよう。そのことと、2008年に、ここの2003年産ブルネッロが警察当局に押収されてしまったこととの関係は定かではない。とにかく、アルジャーノ側は「うちのブルネッロは常にサンジョヴェーゼ100％」と主張している（たしかに、本書のために私が試飲したワインでは決定的な判断がつかなかった）。ゆえに、今はそういった疑念は脇に置いて、説明を続けたいと思う。

このワイナリーの人々が"フランス寄り"であることは、葡萄畑の30％にカベルネ・ソーヴィニョン、メルロー、シラーが植えられていること、そしてそれらの品種をメインにした2種類のワイン（ソレンゴとノン・コンフンディテュール）がつくられていることからも明らかであろう。

そのうえ数年前から、熟成には高品質のフランス産バリックが活用されているのだ（ソレンゴとスオーロの場合はマロラクティック発酵にも用いられている）。その一方で、彼らはブルネッロ熟成のために、より大きなボッティも続けて活用している。

実際ソレンゴとスオーロは、おそらくアルジャーノの中で最も興味深いワインと言えよう。どちらもまったく異なる意味で"特異体質"と言えるからだ。ソレンゴ（「1匹の野生のイノシシ」の意味）は1998年に、1995年ヴィンテージ（サンジョヴェーゼ、カベルネ、メルロー、シラーという革命的なブレンド）が初めてリリースされた。サンジョヴェーゼの量が抑えられているゆえ、当然国際的な味わいのワインであるが、にもかかわらず、非常においしい。「ファーストワイン」「セカンドワイン」というボルドー・スタイルを確立すべく、このソレンゴ（ファーストワイン）には畑の最高の区画で穫れた最高品質の葡萄が用いられている。セカンドである「ノン・コンフンディテュール」は「混乱しないで」というラテン語で、これはおそらく「ソレンゴと間違えないで」という意味でつけられたものだろう。たとえサンジョヴェーゼが20％入っていても、これをサンジョヴェーゼ100％のブルネッロと間違える人は誰もいないはずだ。

だがアルジャーノだけでなく、モンタルチーノ全体にとって、近年で最もめざましい新機軸はスオーロ（イタリア語で「土壌」の意味。このワインがアルジャーノのテロワールを表していることを表現）である。これは、ハンス・ヴィディング＝ディエルスが、このワイナリーの最古の葡萄樹から生み出したサンジョヴェーゼ100％のワインだ（だがブルネッロでもロッソ・ディ・モンタルチーノでもなく、IGTである）。醸造の妙により、通常のサンジョヴェーゼでは考えられないほどスムースでクリームのような舌触りだが、それでいて「まったくサンジョヴェーゼとは違う」という訳ではない。このワインの解釈について、伝統主義者の友人と口論になったほどだが、それでも私はスオーロは正真正銘サンジョヴェーゼのワインであ

右：近年のモンタルチーノで最も革新的なワインを生み出した、ヴィッラ・アルジャーノのワインメーカー、ハンス・ヴィディング＝ディエルス

222

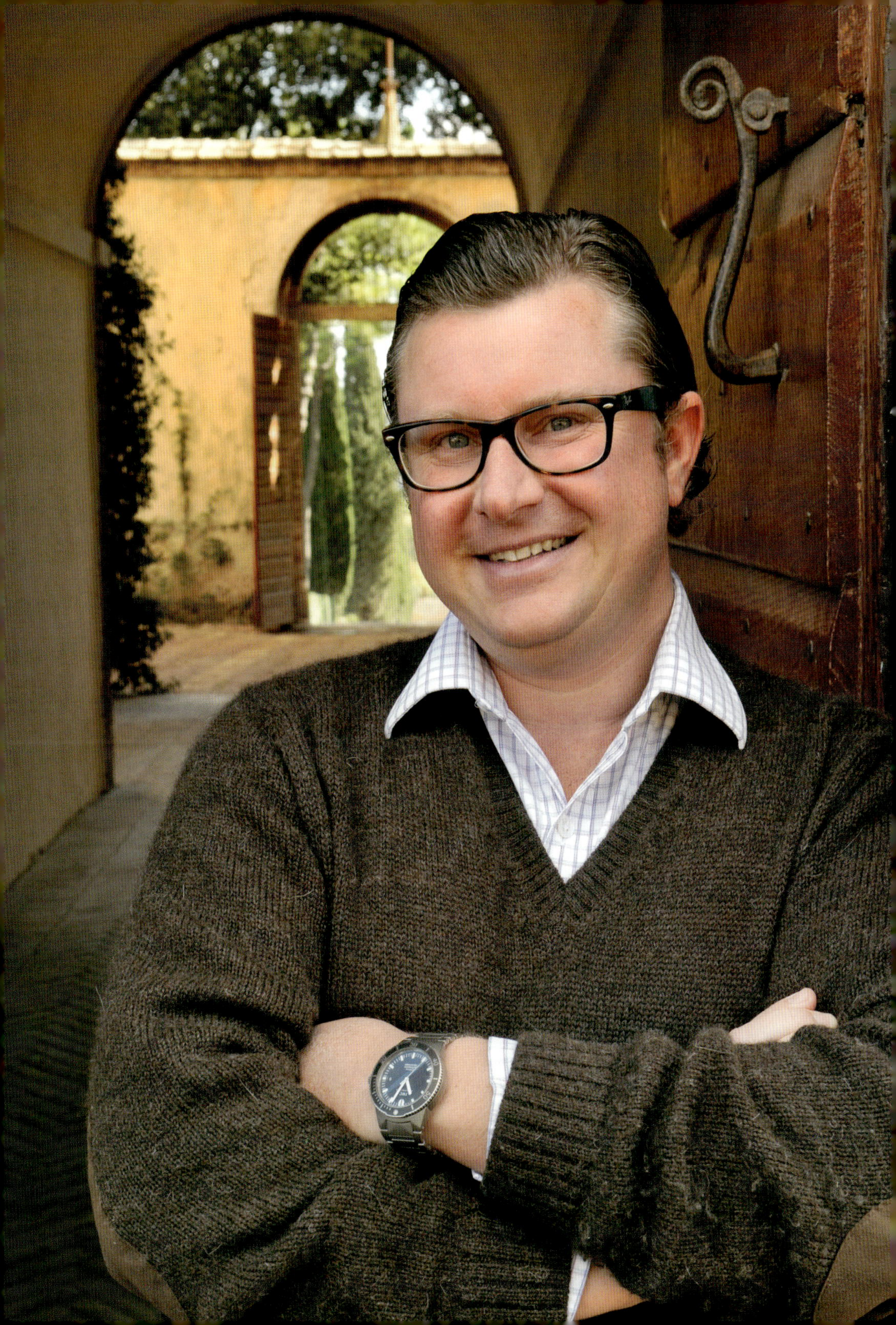

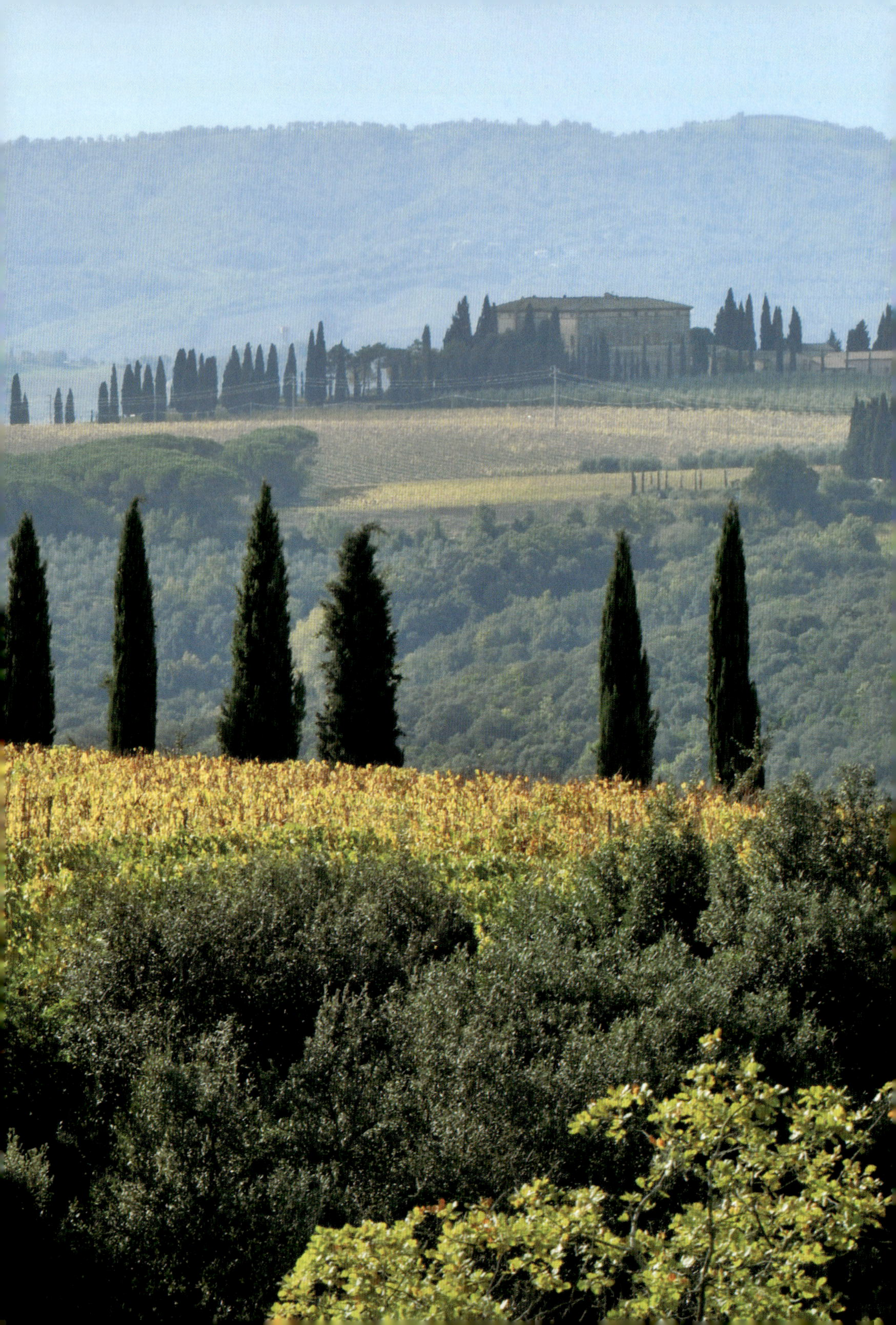

MONTALCINO

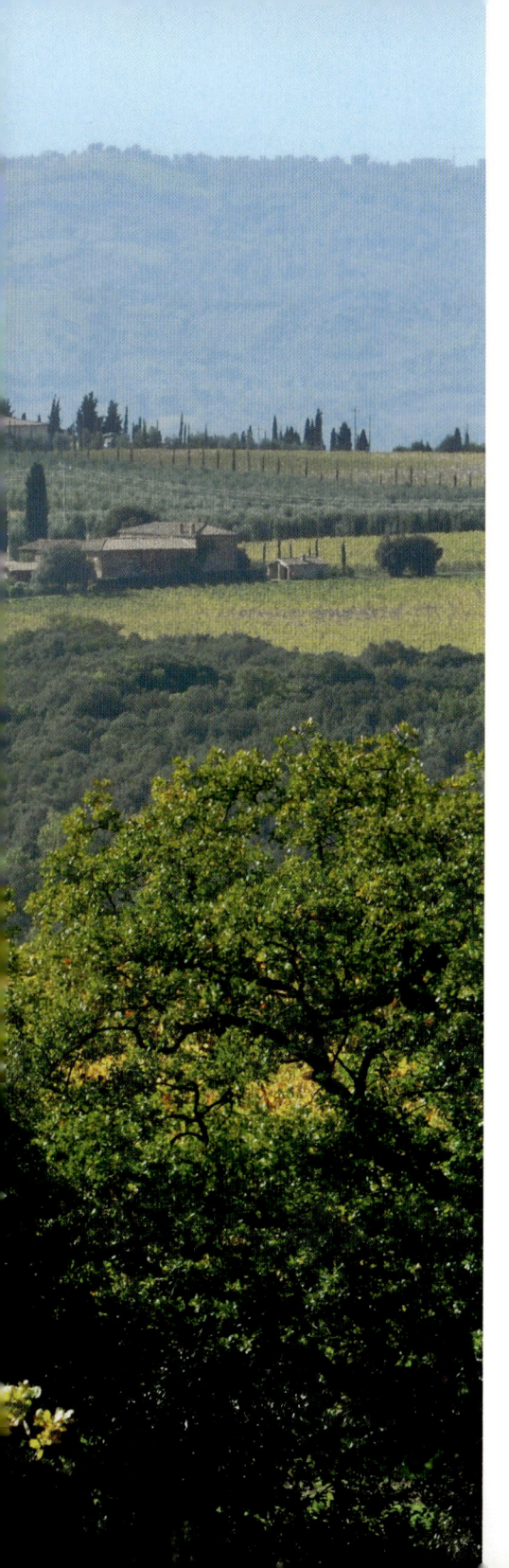

り、実際この品種の(少なくとも、舌触りの面で)冒険的表現だと考えている。ただし、初期のヴィンテージでは新樽のアロマがややきついのが気になった。

極上のワイン

Suolo　スオーロ
好き嫌い、認める認めないにかかわらず、サンジョヴェーゼを理解したい人なら誰でも試してみるべきワイン。特に、扱いにくいトスカーナの葡萄で、ワイン通の玄人を喜ばせたいと思う人にはおすすめだ。ごく初期のものは好きになれなかったが、最近のものはおいしく感じられ、「モンタルチーノのワイン発展のきっかけになるだろう」と確信するに至った。ブルネッロを名乗っていないのだから、典型的なブルネッロの特徴に欠けていることを批判してはいけない。[2005年★]

Brunello di Montalcino　ブルネッロ・ディ・モンタルチーノ
スオーロ同様、試飲時に、サンジョヴェーゼの個性と長所を正確に表現していることに衝撃を感じてしまった1品(2003年のものでさえそうだった)。スオーロも卓越したワインであることを考えると、この2種類を並べて試飲するべきだと思う。そうすれば、サンジョヴェーゼの可能性の広さがより理解できるだろう。

Solengo (ソレンゴ) の趣旨はわかるが、私とはモンタルチーノ・ワインに求めているものが違うと思った。Non Confunditur (ノン・コンフンディテュール) はさらに強くそう思った。

上：古くからの歴史を誇らしげに伝える、アルジャーノの紋章
左：周辺の風景を圧倒する、16世紀に建てられた堂々たる大邸宅

ヴィッラ・アルジャーノ (Villa Argiano)
総面積：134ha
葡萄作付面積：51ha
平均生産量：300,000ボトル
住所：SantAngelo in Colle,53024 Montalcino, Siena
電話：+39 05 77 84 40 37
URL：www.argiano.it

Castello Banfi　カステッロ・バンフィ

　このモンタルチーノの巨人は、何かにつけてワイン生産者やマスコミ、大衆の愛憎の対象になってきた。実際、アメリカ人オーナーのマリアーニ一族(ランブルスコで財を築いたジョンとハリー兄弟、そしてその子供のクリスティーナとジェームズ)は、それまで停滞しきっていたトスカーナの葡萄栽培シーンを動かした、見逃せない存在なのである。悲いかな、持たざる者たちは、持てる巨人をやっかんでしまうものだ。特に、後者がその大きさを誇示した場合はなおさらである。バンフィは、かつて「ポッジョ・アッレ・ムーラ」と呼ばれていたディズニーランド風の城を「カステッロ・バンフィ」に改称し、そこに旅行者のための複合施設(レストラン、宿屋、博物館、アグリツーリズモ)を建設した。そのうえ、彼らのその居城は、毎年2月に開催される国際イベント「ベンヴェヌート・ブルネッロ」(ブルネッロ協会主催の試飲会)の舞台にたびたび選ばれ、大勢のジャーナリストやマスコミ関係者を迎え、豪華なガラ・ディナーを開催したりしているのだ。

モンタルチーノの巨人、カステッロ・バンフィは、それまで停滞しきっていたトスカーナの葡萄栽培シーンを動かした、見逃せない存在だ。

　サンジョヴェーゼのスペシャリストであるモンタルチーノに、バンフィはあまりに国際的すぎる文化(特に国際種の葡萄)を持ち込み、ひいては「ブルネッロ・スキャンダル」を引き起こしてしまった、と非難する人々もいる。実際、ここの葡萄畑のうち、約500haをカベルネ、メルロー、シラー、シャルドネ、ピノ・グリージョ、そしてソーヴィニヨンが占めている(黒く、非常に色の濃いアブルッツォの葡萄、モンテプルチャーノには95haがあてられている事は言うまでもない。アペニン山脈西部でこの品種を最大量栽培しているのはバンフィである)。それでは、やはりあのスキャンダルは事実なのかと考える人も多いだろう。だが(予想通り)バンフィの答えはこうだ。「そのような違法なブレンドは行っていない。国際種はうちのスーパー・タスカンと、消費者の好みに合わせたワインにしか用いていない。それに古い文献も示すとおり、モンタルチーノではすでに19世紀からボルドー種が植えられていた」

　もう1つ、バンフィがモンタルチーノに及ぼした"国際化"の影響として、常に非難の的になるのがフランス産バリックだ(彼らは特別デザインの350lタイプのバリックを約7000個所有している)。バンフィ側の言い分は(やはり予想通り)こうだ。「このバリックを用いれば、ワインに適度な酸化をもたらすため、その色素を安定させると同時に、サンジョヴェーゼが持つ強烈なタンニンをソフトにし、円熟味をもたらす助けとなる。しかし、伝統的なボッテを捨てた訳ではなく、14,000hℓの容量を持つ巨大なスラヴォニア産オーク樽も保有している」。

　さらに、バンフィについてよく言われるのが「1970年代後半および80年代、彼らがモンタルチーノの地に葡萄栽培帝国を築き上げたとき、ブルドーザーを多用して元々の丘を切り崩し、等高線を勝手に変更し、この土地ならではの土壌の個性を潰してしまった」という非難である。バンフィ側は(予想外だったが、非常に勇気あることに)この点を公式ではないにせよ、こっそりと「実際にあれは間違いだった」と認めている。

クローンおよびゾーンの調査

　しかし、私はここでバンフィを非難するつもりはない。トスカーナ(特にモンタルチーノ)の葡萄栽培調査における彼らの貢献は非常に大きく、上記の批判を相殺してしまえるほどだからだ。1982年、まだキアンティのCC2000プロジェクトが軌道に乗る前に、すでにバンフィはミラノ大学(シエンツァ教授ら)と協同で、サンジョヴェーゼのクローン調査に取りかかっていたのである。彼ら所有の葡萄畑(以前のオーナーから購入したポッジョ・アッレ・ムーラ)から、600以上もの「推定ク

右:かつては「ポッジョ・アッレ・ムーラ」という名称で有名だったカステッロ・バンフィ。広大な葡萄園と両脇に木が立ち並ぶ印象的な道が続いている

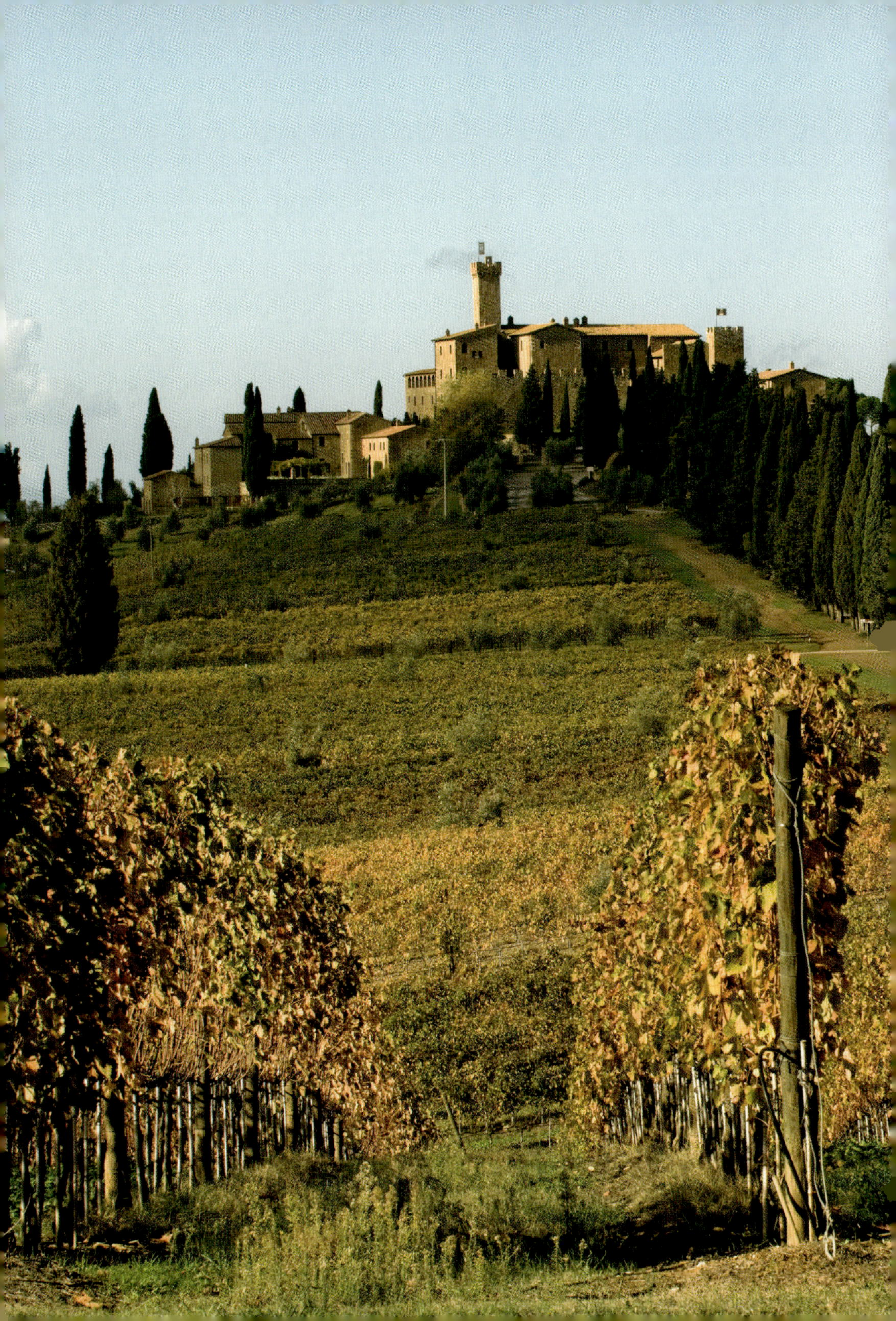

CASTELLO BANFI

ローン」が発見された。彼らはその中から180を厳選し、分析および微量醸造を実施し、さらに15まで絞り込んだのだ。同時に、彼らは土壌分析プログラムも実施。自社畑の土壌を構成している29種類の要素(固体粘土、石、砂など)を抽出した。さらに1992年からは、古い畑の植え替えプログラムに着手。葡萄園ごとにマッサル選抜を3～4回実施し、主な土壌タイプに従って最適なクローンを厳選していった。そのプロセスを一歩前進させたのは、それぞれ際立った特徴を持つ、異なる3種類のクローン(Janus50, Janus10, BF30)の発見である。それらは繁殖され、ラウシェドやその他の育苗業者で入手可能になったのだ。これら3種類は「ポッジョ・アッレ・ムーラ」というブルネッロに用いられている。この他にも、バンフィは様々な事柄——植栽密度(彼らはサンジョヴェーゼに適しているのは4500本／haであると主張。これは他の調査結果より低密度だが、バンフィは他の葡萄園よりずっと機械化されていることを忘れてはいけない)、剪定、台木、キャノピー・マネジメント、灌漑など——に関する調査を色々な大学との共同で実施し、その結果を公表している。

極上のワイン

バンフィは3種類のブルネッロ・ディ・モンタルチーノと、同じく3種類のスーパー・タスカン・ブレンド(サンタンティモ・ロッソ)、さらに2009年に導入されたIGT・トスカーナ(「ベルネロ」という名前：90%のサンジョヴェーゼと10%の"その他の品種"のブレンド)をつくっている。試飲した印象では、後者2つが前者を上回る出来ばえだ(興味深いことに、バンフィのホームページでも、この2つがブルネッロより先に紹介されている)。その理由として考えられるのは、モンタルチーノ最南端の、高度のかなり低い場所(海抜約250m)による中気候だ。これはマレンマのように、サンジョヴェーゼよりもむしろ、ボルドーやローヌ品種に適した条件である。だからこそ、バンフィは賢明にも、多くの葡萄園でカベルネ、メルローなど幅広い品種を植えているのだろう。実際、彼らの栽培したフランス産品種で最も成功しているのはシラーである。100%シラーのワイン「コルヴェッキオ」は、まるでローヌワインのような味わいが楽しめる。

Summus　スムス
「最高の」という意味の名称が示すとおり、サンジョヴェーゼ、カベルネ、シラーによる、ここのブレンド・ワインの最高傑作。2005年と2001年★が豊かで贅沢な果実味(レッドベリー、チェリー、プラム)としっかりした構造、さらに非常に長い余韻が楽しめる。

Excelsus　エクセルスス
カベルネ・ソーヴィニョン60%、メルロー40%のブレンド・ワイン。スムスと同じくらいよい出来。2001年は、熟れてはいるがバランスのよいブラックカラントの果実味と、濃厚だがしっかりした構造のタンニン、さらにほのかなウッドスモークの香りと中程度の長さの余韻が楽しめる。

Cum Laude　クム・ラウデ
カベルネ・ソーヴィニョン、メルロー、サンジョヴェーゼ、シラーのブレンド・ワイン。試飲した2つのヴィンテージ(2002年と2005年)はあまり印象に残らなかった。その他のヴィンテージ(特に2002年)もあまり大きな期待はできないかもしれない。

Brunello di Montalcino Poggio alle Mura
ブルネッロ・ディ・モンタルチーノ・ポッジョ・アッレ・ムーラ
2002年と2003年、このワインはその年の猛暑に苦しみ、良質の果実をベースにしながらも、本物のフィネスに欠けていた。古典的なヴィンテージの2001年の方がはるかによい出来。

Brunello di Montalcino Poggio all'Oro
ブルネッロ・ディ・モンタルチーノ・ポッジョ・アッローロ
ラ・ピエーヴェという単一畑からつくられる、最良のブルネッロ。構造のバランスがよく、エレガントで、チェリーとプラムがふんだんに感じられる果実味と繊細なパワーが楽しめる。

Brunello di Montalcino　ブルネッロ・ディ・モンタルチーノ
ベーシックなブルネッロは、驚異的な出荷数を誇る(700,000本以上)。あくまでも私見だが、それは当然であろう。もしお金を払ってブルネッロを飲むなら、やはりその代表である、ここのクリュのものを選んだ方がよい。

カステッロ・バンフィ (Castello Banfi)
総面積：2830ha
葡萄作付面積：945+ha
平均生産量：10,000,000+ボトル
住所：53024 Montalcino, Siena
電話：+39 05 77 84 01 11
URL：www.castellobanfi.com

MONTALCINO

Col d'Orcia コル・ドルチャ

数字が示すとおり、コル・ドルチャはモンタルチーノでも最大を誇る地所の1つだ（実際、葡萄畑の広さで言えば、バンフィ、カステルジョコンドに次いで第3位）。アルベルト・マローネ・チンザノ伯爵が、フランチェスキ家からこの地所を購入したのは1973年のことである。モンタルチーノの南側にある葡萄畑は高度320〜350mで、南に面した斜面に位置し、20世紀初期からずっとブルネッロ栽培とワインづくりが行われている。1933年には、コッレの"ファットリア・ディ・サンタンジェロ"という名前で、初めての「イタリア・ファイン・ワイン博覧会」にも出品したという老舗なのだ。

コル・ドルチャはモンタルチーノでも最大を誇る地所の1つで、20世紀初期からずっとブルネッロ栽培とワインづくりに携わっている。

だが、その歴史や位置づけよりももっと大切なのは、コル・ドルチャの精神、そしてその精神を維持しようと協力している人々であろう。実際このように大規模な葡萄園を経営していくうえで、その種の要素は必要不可欠なものなのだ。おまけに、アルベルトの息子で現当主のフランチェスコ伯爵、さらに彼のチーム——コンサルタント・エノロゴのマウリツィオ・カステッリ、すぐに近所のバンフィで経験を積んだ醸造責任者のパブロ・ハッリ、取締役のエドアルド・ヴィラノ（30年以上、コル・ドルチャに勤務）——は伝統と革新のバランスを程よく保つ"境界線"をきちんと心得ているのだ。

畑に関して言えば、彼らはフィレンツェ大学と共同で、様々な最先端の調査に熱心に取り組み、最近では、特別に厳選したクローンと、自社畑の遺伝種族から生み出されたサンジョヴェーゼとモスカデッロの葡萄樹を植樹した。現在はミラノ大学のアッティリオ・シエ

右：慎重に厳選されたクローンが植えられた、コル・ドルチャのバンディテッラの葡萄畑。ここから、あの秀逸なロッソが生み出される

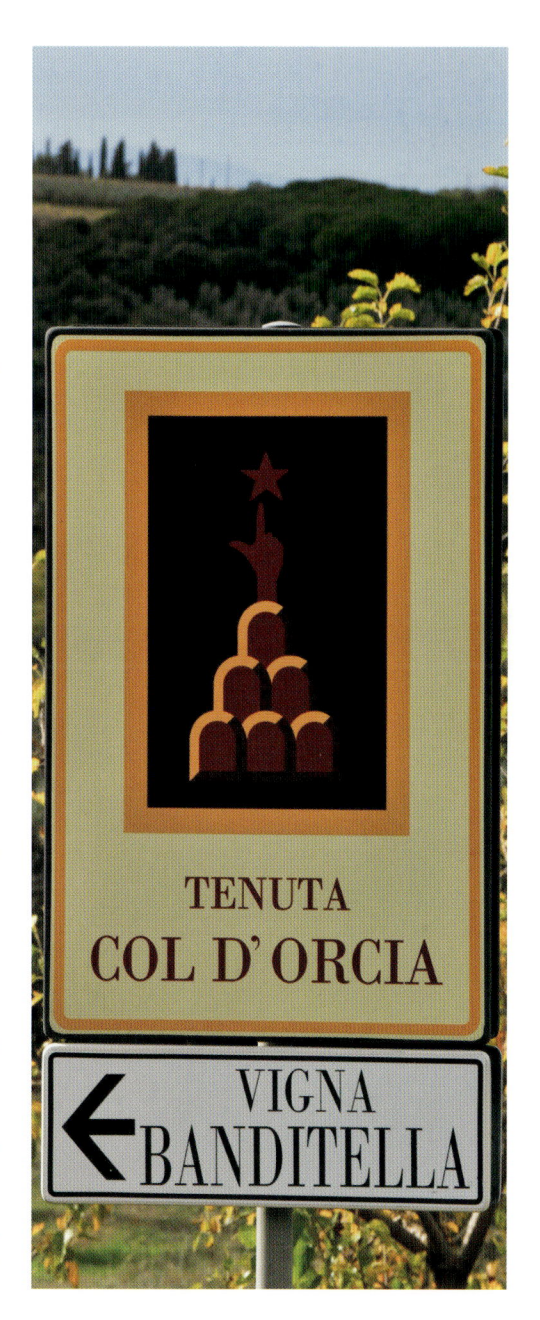

229

COL D'ORCIA

ンツァ教授の監督のもと、最高7000本／haの植栽密度の実験(2500本／haの低密度の植栽と比較)をしている。さらに、どの土壌にどの台木が合うかを専門的に調べている。また畝間は草で覆う、根覆いをする、果房を間引きする、さらに果房と葡萄を厳選する(畑においても、醸造所に到着した時点でも)といった作業は、いかなる年でも行われている。

　ここの醸造所では、特別設計による温度調節可能なステンレス鋼の発酵槽を活用している。幅が広く、背の短い形ゆえ「その果汁と果皮の接触面積が理想的なポリフェノール類や色素の抽出を可能にしている」という。だがマセレーションはかなり長く(果皮を25日間浸す)、そのあと熟成が行われる。ブルネッロの場合、メインはスラヴォニア産オークのボッティで、あとはフランス産バリックが10％程度用いられる。期間は、トップクリュのポッジョ・アル・ヴェントの場合、4年(法定最低期間の2倍)である。

その歴史や位置づけよりももっと大切なのは、コル・ドルチャの精神、そしてその精神を維持しようと協力している人々であろう。

極上のワイン

Brunello di Montalcino Riserva Poggio al Vento
ブルネッロ・ディ・モンタルチーノ・リゼルヴァ・ポッジョ・アル・ヴェント
コル・ドルチャの誇りと喜びがつまったワイン。1974年に植樹された、高度350mの単一畑から生み出されている。最良のヴィンテージにしか生産されず、しかも本来の魅力をフルで味わうためには、熟成にある程度の年月(10年程度)をかける必要がある。まさにこのケースが当てはまるのが卓越した2001年★で、つい最近の試飲で、私はその複雑さ、アロマ、骨格、若々しさに高得点をつけた。その他のよいヴィンテージのものは、ワイルドチェリーのアロマにマッシュルーム、そしてある種の(許容範囲内の)薬品系のニュアンスが混ざっている。タンニンが強くて酸味もしっかりしているが、ふんだんな果実味で、長期熟成型だ。

Brunello di Montalcino ブルネッロ・ディ・モンタルチーノ
販売面から見てはるかに重要なのが、リゼルヴァよりも若いうちから飲める、このノン・リゼルヴァのブルネッロ・ディ・モンタルチーノだ(年間生産量230,000ボトル)。ただし、こちらもよいヴィンテージのものは、果実味と骨格が調和するようになるまで6年間は必要であろう。9年経った1999年を試飲したが、まだつぼみが開きかけたばかりの印象だった。試飲メモには「非常にサンジョヴェーゼらしい。とてもエレガント」と記してある。その半分も経っていない2004年は典型的な味わいだが、やはり閉じた感じがして、明らかにもう少し時間が必要な印象だった。

Rosso di Montalcino Banditella and Rosso
ロッソ・ディ・モンタルチーノ・バンディテッラとロッソ
もう1つ、コル・ドルチャの特徴的ワインとも言えるのが、年間生産量25,000ボトルのロッソ・ディ・モンタルチーノ・バンディテッラだ(よりシンプルで、早飲みタイプのRosso (ロッソ)は120,000ボトル)。厳選された高品質のクローンを植えたブルネッロの畑から生まれるワインで、フランス産トノーとバリックで熟成される。国際種とモンタルチーノのスタイルが見事に融合した1品。その典型例とも言えるのが2006年[V]である。

St Antimo Cabernet Sauvignon Olmaia
サンタンティモ・カベルネ・ソーヴィニョン・オルマイア
コル・ドルチャは、1984年に植樹された葡萄畑から生み出される、サンタンティモ・カベルネ・ソーヴィニョン・オルマイアも非常に誇りにしている。芳醇で力強く、典型的なダークチョコレートとコーヒーのあと味が楽しめる。バリック熟成された(この場合は18カ月)カベルネ・ソーヴィニョンならではの円熟味。明らかに、イタリア中央部の同タイプの中で、最高の部類に入る1品。2005年が特に成功しているように思える。

右:才能豊かなチームを率いて、この巨大で歴史的なモンタルチーノのワイナリーの指導に当たるフランチェスコ・マローネ・チンザノ伯爵

コル・ドルチャ (Col d'Orcia)
総面積:540ha
葡萄作付面積:142ha
平均生産量:750,000ボトル
住所:53020 Sant'Angero in Colle, Montalcino, Siena
電話:+39 05 77 80 891
URL: www.coldorcia.it

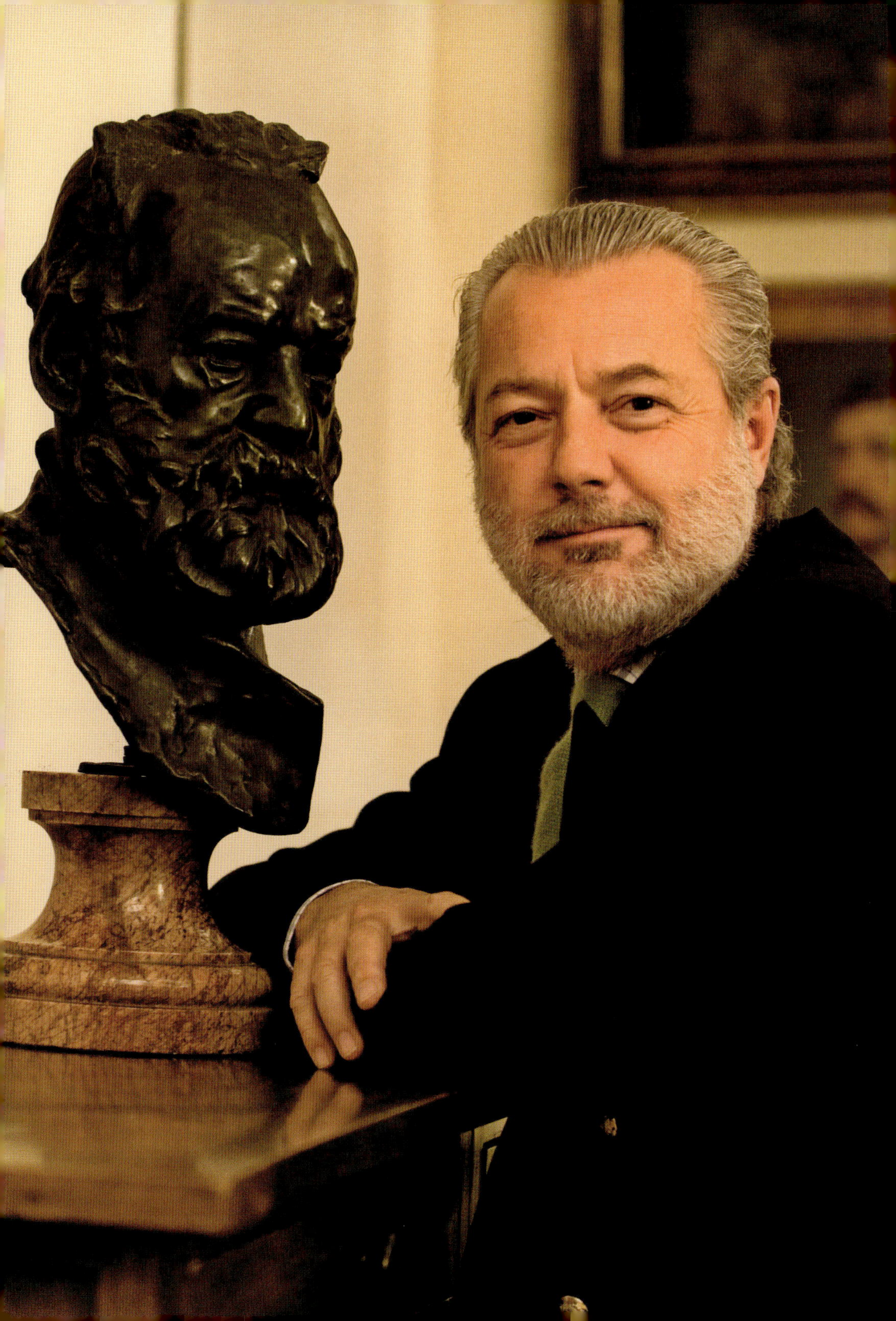

MONTALCINO

Salvioni (La Cerbaiola) サルヴィオーニ（ラ・チェルバイオーラ）

サルヴィオーニのワインは生産数こそわずかだが、それを補って余りある品質のよさを誇っている。まるで、ここのオーナーであるジュリオのようだ。彼は巨大な醸造所や豪華な地所こそ持っていないが、それを補って余りあるウィットとショーマンシップの持ち主なのである。ディナーやいかなる類いの集まりでも、ジュリオ・サルヴィオーニは機知に富んだ発言でその場を魅了してしまう（場合によってはシニカルな発言で、周囲のひんしゅくを買ってしまうこともあるが）。

小規模な操業にもかかわらず、地球規模の評判を呼んでいるこのワイナリーでは、常に最高品質の、しかもモンタルチーノだからこそできる純粋なワイン（正真正銘の手摘みで、伝統的手法を厳守してつくられる）が提供されている。

サルヴィオーニの葡萄畑は、モンタルチーノの南東へしばらく行った、平均高度400mの位置にある。そこに植えられているのは、100%サンジョヴェーゼだ。ここではよい年にはブルネッロのみ、ややよい年にはほんの少量のロッソ（最高の素材はトップワインのために確保される）、またよくない年にはロッソのみが生産される。

ラ・チェルバイオーラは、サルヴィオーニ家が数世代（「数世紀」ではないが）に渡って所有してきた（ちなみに、ジュリオの祖父の名前もまたジュリオだ）。現オーナーのジュリオがワイン（そしてオリーブ。ここには3haのオリーブ畑もある）づくりに注目し、コンサルタント・エノロゴとしてアッティリオ・パーリを招いたのは、1980年代前半のことだ。ファースト・ヴィンテージは伝説の1985年で、リリースされたのは1990年（ちょうど彼の父——息子のワインがボトルになるのを楽しみにしていた——が亡くなった年）である。今日、ジュリオの息子デヴィッド（経験を積んだアグロノモ）が葡萄畑を引き継いでいる。畑では、数年ごとに最新で最良のクローンを用いて、少しずつ植え替えが実施されている。

右：サルヴィオーニの小さな醸造所。ワインの純粋さに貢献している、巨大なスラヴォニア産オークのボッティ（容量約20hℓ）が置かれている

小規模な操業にもかかわらず、地球規模の評判を呼んでいるこのワイナリーでは、常に最高品質の、しかもモンタルチーノだからこそできる純粋なワインが提供される。

SALVIONI (LA CERBAIOLA)

最近植え替えられた畑は、元々の畑の2倍(5300本/ha)の植栽密度である。

ジュリオ自身は、モンタルチーノの町のピアッツァ・カヴォールにある自宅兼醸造所にこもっていることが多い。

サルヴィオーニのワインを試してほしい。たしかに、高くつくだろう。だが、それでも1度は試してほしい。もし気に入ったなら、他の生産者のスタイルと比べ続けてほしい。もし気に入らなかったら、あなたはブルネッロが好みでないということだ。

極上のワイン

Brunello di Montalcino　ブルネッロ・ディ・モンタルチーノ
評判の高いサルヴィオーニのブルネッロ・ディ・モンタルチーノに、今さら何の説明をつけ加えればいいのだろう？　猛暑だった2003年★でさえ、すばらしい出来なのだ。敢えて説明するなら、これはステンレス製発酵槽でのサブマージド・キャップ・マセレーション(20〜30日間)を経て、スラヴォニア産オークのボッティで3年半かけて熟成される(法定では2年が最低期間だが、ジュリオいわく「しっかりした構造のワインなら、木樽にちょっと長く入れておいたって何の害もない」)。これらの樽は約20hℓの容量(「これが木樽とワインの間のやりとりを一番活性化させる大きさなんだ」)である。また彼はバリックを「絶対に」使わず、培養酵母も用いず、冷却システムも使わず(ただし、発酵槽内の温度が急激に上がってしまう怖れがあるため、槽の周囲を水で冷やす手法は用いている)、フィルタリングも行ってはいない。
そう、どうしてもつけ加えるとすれば、こう言いたい。サルヴィオーニのワインを試してほしい。たしかに、高くつくだろう。だが、それでも1度は試してほしい。もし気に入ったなら、他の生産者のスタイルと比べ続けてほしい。もし気に入らなかったら、あなたはブルネッロが好みでないということだ。

左：自宅兼醸造所でくつろぐジュリオ・サルヴィオーニ。彼はここから地球規模の名声を確立した

サルヴィオーニ(ラ・チェルバイオーラ) (Salvioni:La Cerbaiola)
総面積：20ha
葡萄作付面積：4ha
平均生産量：15,000〜20,000ボトル
住所：Piazza Cavour 19,53024 Montalcino, Siena
電話：+39 05 77 84 84 99
メール：aziendasalvioni@libero.it

MONTALCINO

Brunelli (Le Chiuse di Sotto) ブルネッリ (レ・キウーゼ・ディ・ソット)

ジャンニ・ブルネッリは、ちょうど私が本書の仕上げにかかっていた頃、享年61歳という若さで逝ってしまった。死者を褒め讃えるのはこの世の常であり、ジャンニに対しても多くの称賛の声が寄せられたが、彼の場合、それはしごく当然のことであり、誰もが心の底からそうしていたように思う。というのも、彼はまるでモンタルチーノ・ワインのために生まれてきたような人物だったからだ（だいたい「ブルネッリ」という名前からしてすごい）。しかも、彼の父親もまた、戦後の困難な時代に、レ・キウーゼ・ディ・ソットにある葡萄畑に植樹を続けた気骨の人だったのである。ジュリオ自身はカンポ広場（シエナ）のすぐ近くにあるレストラン「レ・ロッジェ」で懸命に働き、見事成功を手にした。だが、ジャンニの究極の野心はモンタルチーノに戻って、「添加物も、殺虫剤もいっさい使わず、ただ勇気を持って自然の恵みを信頼しながら」葡萄やオリーブ、おいしい野菜をつくることだった。彼は、この土地の食材に人を喜ばせる力があることを知っていたのだ（「私は食卓にモンタルチーノの土地の味を届けたいんだ」）。彼のワインづくりも、これと同じルールに基づいていた。畑に無理を強いることなく、大地に優しく、サンジョヴェーゼには敬意を払い、エレガンスと厳格さという個性を大切に、スラヴォニア産オークの中サイズのボッティで熟成を行うことでワインを生み出したのである。ジャンニは土壌のミネラル分やその他の要素によってもたらされる果実味と複雑さを追求し、葡萄栽培面ではラウラ・ベルニーニから、また醸造面ではパオロ・ヴァガッジーニからアドバイスを受けた。パオロのアドバイスは、まさにモンタルチーノの多くの人が求めているものだったという。なぜなら、彼は自分のワインのスタイルを押しつけず、栽培家の手に委ねたからだ。

ジャンニはモンタルチーノへの帰郷の準備を整え、ついに1987年、レ・キウーゼ・ディ・ソットにある家族の2haの畑——中世の町の城壁の上にぬっと姿を現す、なだらかな斜面——を買い戻した。小さい畑であったため、彼はさらに1996年、ポデルノヴォーネにある4.5haの堂々たる畑を購入。それはまさに夢のような場所で、ジャンニは最愛の妻ラウラと最後の日々をそこで過ごしたのだ。彼はこんな言葉を遺している。「私はこの心をモンタルチーノに埋めてほしい。ウーンデッド・ニーに定住するアメリカ先住民のように」

そしてとうとう彼は逝ってしまった。ラウラはそんな夫のことを「私たち遺された者からすれば、彼は逝き急いだように思えるけれど、きっと夫は自分の運命を全うしたんだと思う」と語る。ラウラが夫に捧げた歌の歌詞を読めば、たしかにそうだったことがわかる。「彼はただやみくもに他人を利用するような、愚かな人生を生きたのではない。真の意味で、他人の心と気持ちを見事につかんでしまう人生を生きたのだ」

極上のワイン

Brunello di Montalcino ブルネッロ・ディ・モンタルチーノ
ジャンニ・ブルネッリの代名詞とも言うべきワイン。定番のブルネッリ・スタイルに何か独特のもの（ジャンニのプライドと謙虚さが反映されているのだろう）が加わった印象。またワイン自体にもエレガンスと独自の個性（芳醇な果実味と切れ目のない、ヴェルヴェットのような舌触り）が感じられる。本当のブルネッロ好きのための1品。その典型例が2004年のようなグレート・ヴィンテージのものである。

Brunello di Montalcino Riserva
ブルネッロ・ディ・モンタルチーノ・リゼルヴァ
例外的に葡萄の出来がよい年はリゼルヴァもつくられる。一番最近のものは2001年★（2002年も2003年もつくられていない）。エレガンスと激しさが共存するこのワインは、ジャンニの傑作（シェ・ドゥーヴル）としか言いようがない。まさに、偉大なブルネッロだ。

Rosso di Montalcino [V] ロッソ・ディ・モンタルチーノ[V]
もう1つ、このタイプで成功を収めている1品。しっかりした構造である一方、軽くてフルーティーで、10年以上の熟成が期待できる。

Amor Costante アモール・コスタンテ
このワインの名前は、まさにジャンニとラウラの関係を表現している。サンジョヴェーゼとメルローのブレンドで、ジャンニが生涯貫いた繊細さや、その喜びに満ちた人生が感じられる1品。

ジャンニ・ブルネッリ（レ・キウーゼ・ディ・ソット）（Gianni Brunelli: Le Chiuse di Sotto）
総面積：15ha　葡萄作付面積：6.5ha
平均生産量：25,000ボトル
住所：Azienda Agricola Le Chiuse di Sotto, Localita Podernovone, 53024 Montalcino,
電話：+39 05 77 84 93 42
URL：www.giannibrunelli.it

MONTALCINO

Cerbaiona　チェルバイオーナ

　ロンバルディア州パヴィア県出身のディエゴ・モリナーリがワインの虫に取り憑かれたのは1960年、アリタリア航空のパイロットとして勤務していたときだった。ワインコースで1カ月間学ぶうちに、彼はブルゴーニュの熱烈なファンになってしまったのだ。1970年半ばには都市（ローマ）暮らしにも、時差ぼけにも、機内でのわがままな客にも飽き飽きしていた彼は、ワインづくりに対する情熱をあきらめきれず、ついに1977年、モンタルチーノにささやかな葡萄畑を購入し、ワイン栽培に専念するようになる。彼にとって、それはさほど大変なことではなかった。当時、この地域にはほとんど生産者がいなかったうえ、彼はテクノロジー面での興味は持っておらず、ただ「葡

モリナーリはメール・アドレスを持たない、モンタルチーノでは珍しい生産者の1人である。彼は21世紀ではなく、明らかに20世紀寄りの態度を貫いている。

萄栽培をし、それらをワインに仕上げる（むしろ、それらがワインになるのを見守る）」ということのみに興味があったからだ。そう、モリナーリは21世紀ではなく、明らかに20世紀寄りの態度を貫いている。いまだにメール・アドレスも持たない、モンタルチーノでは珍しい生産者の1人である。また公的書類にサインを忘れてしまったため、自分のワインがIGTトスカーナに格下げされてしまったこともある。年に1度行われる試飲イベント「ベンヴェヌート・ブルネッロ」への参加も拒否している。それに、ジャーナリストによる試飲会で吐器を用意するのも拒否している（私が知る限り、これはジャンフランコ・ソルデラやジュゼッペ・クインタレッリなどの大御所グループ以外、イタリアでは誰も行っていないことだ）。
　あまりよい健康状態に見えない彼に対し、ワイナリーの管理は誰がするのか訊ねたところ、「私さ」という答えが返ってきた。「ルーマニア人数人とね。自分自身が畑で農夫の役割を果たし、そのあとワインの醸造ま

で手がけるようにしている。バリックも用いないし、化学肥料も使わないし、ほとんど手は何も加えない。ただ葡萄が育ったら、それらを発酵させ、スラヴォニア産ボッティでワインを熟成させる。その他にはいっさい何もしないんだ」
　実際、彼のワインは目を見張るようなできばえだ。何とも言えない複雑さに満ちているうえ、もちろん「テロワール」が強烈に感じられる。だが、これこそ彼のブルゴーニュ偏愛志向をはじめ、その他のこだわりが生み出した結果にほかならない。モリナーリのワイン（決して安くはない価格だ）を買うときは、常に用心した方がいい。彼のワイン・マジックに1度はまってしまうと、次も飲まずにはいられなくなる。ディエゴ・モリナーリは、どこかバローロのカリスマ、故バルトロ・マスカレッロをほうふつとさせる人物なのだ。

極上のワイン

モリナーリは**ブルネッロ・ディ・モンタルチーノ**、**ロッソ・ディ・モンタルチーノ**、そして少量の**チェルバイオーナ・サンタンティモ・ロッソ**（サンジョヴェーゼに少量のカベルネ、メルロー、シラーをブレンド）をつくっている。

ブルネッロは明らかに、同タイプの中では突出した出来だ。試飲した1998年★ヴィンテージは、最高品質であることを証明していた。口に含むと、フレッシュ・フルーツとドライフルーツの果実味と、いやみのない円熟さ、芳醇さ、官能的な感じが楽しめる。最低でも、あと10年は改善し続けるだろう。実際、モリナーリは「私のワインは熟成20年くらいが一番おいしい」と語っている。それゆえ、一緒に試飲した2004年（まだリリースされていない）は未熟な印象がした。口当たりはすばらしいが、アロマは本来の魅力が出るまでにまだ時間が必要だろう。2003年は甘く、このヴィンテージのジャムのような個性が出ていて、酸味も低く、フレッシュさもあまり感じられないが、2004年に比べればはるかに飲みやすかった。

チェルバイオーナ(Cerbaiona)
総面積：14.5ha
葡萄作付面積：3ha
平均生産量：16,000ボトル
住所：Localita Cerbaiona, 53024 Montalcino, Siena
電話：+39 05 77 84 86 60

MONTALCINO

Ciacci Piccolomini　チャッチ・ピッコロミーニ

実を言うと、この本の取材のためにここを訪れるまで、私はこの巨大で絵画のような歴史ある地所が、ここのワインラベルに記された貴族の所有なのだろうと考えていた。それゆえ、真相を聞いて本当に驚いた。1985年、跡取りがないままに亡くなったエルダ・チャッチ・ピッコロミーニ・ダラゴーナ伯爵夫人の遺言により、ゼネラル・マネジャーだったジュゼッペ・ビアンキーニがここのすべてを相続したのである。

おそらく、ジュゼッペはそのような事態のために準備を重ねていたのであろう。相続後、すぐに家族を17世紀に建てられた大邸宅に呼び寄せ、不動産の合理化に着手。中央部から離れた土地は売却し、邸宅の醸造所のすぐ近くにある畑で葡萄づくりに専念するようになった。その後、様々な試行錯誤の結果（特にコンサルタント・エノロゴのロベルト・チプレッソと、その後任パオロ・ヴァガッジーニのおかげで）、このワイナリーの評判は徐々に高まっていったのだ。

> 今日、チャッチ・ピッコロミーニは現代主義者と伝統主義者の中間的な位置と見なされている。サンジョヴェーゼをメインにしつつ、フランス原産種とのブレンド研究も熱心だ。

2004年、ジュゼッペが他界し、現在では、その子供であるパオロとルチア・ビアンキーニが父の遺志を引き継いでいる。

今日、チャッチ・ピッコロミーニは現代主義者と伝統主義者の中間的な位置と見なされている。「伝統主義者」の側面として、彼らはモンタルチーノの畑と、さらに2001年に購入したモンテックコの畑において、サンジョヴェーゼをメインにしたワインづくりを行っている。新しい畑では、4500～5000本／haという中程度の植栽密度で植え付けを実施。醸造面でも"伝統的システム"にのっとって、長めのマセレーション（3週間）、ブルネッロは濾過を行わない、などの手段を用いている。なお、年代物の広々とした醸造所では容量85hℓのボッティを用いて、ブルネッロは3年間、ロッソは1年間かけて熟成を実施している。

一方で、このワイナリーはサンジョヴェーゼとフランス原産種のブレンド・ワインでも最先端を行っている。1989年に発売された「アテオ」（「無神論者」という意味。伝統的ルールにとらわれず、サンジョヴェーゼにカベルネとメルローをブレンドしたため）は、いまや、ここの代名詞となっている。国際種を用いた最近のヒットは「ファビウス」（100％シラー）であろう。このどちらも、カステルヌオーヴォの下部にある新しい醸造所内で、バリック（フランス産とアメリカ産）で熟成される。なお、現在この醸造所では、ボッティによる熟成以外の、あらゆる醸造面での作業が実施されている。

極上のワイン

チャッチは、約12haの畑から厳選した葡萄でBrunello di Montalcino; a Brunello Pianrosso [2001★]（ブルネッロ・ディ・モンタルチーノとブルネッロ・ピアンロッソ）[2001年★]を、そして非常に出来の良い年だけ、同じ畑からBrunello Riserva Vigna di Pianrosso（ブルネッロ・リゼルヴァ・ヴィーニャ・ディ・ピアンロッソ）をつくっている。これらすべてが力強さと優雅さを兼ね備えており、特にピアンロッソは凝縮感がすばらしく、かなり長寿と思われる（リゼルヴァは特に）。

個人的には、「革命的」と評されることが多いAteo（アテオ）もFabius（ファビウス）も抽出物が多すぎる気がして、一度も好きになったことがない。だがRosso di Montalcino（ロッソ・ディ・モンタルチーノ）は新鮮なチェリーフルーツの果実味が感じられ、非常に飲みやすくて好みである。ただし、アルコール度数が14.5＋％と高いのでご注意を。

チャッチ・ピッコロミーニ（Ciacci Piccolomini）
総面積：200ha
葡萄作付面積：40ha
平均生産量：200,000ボトル
住所：Localita Molinello,53024 Montalcino, Siena
電話：+39 05 77 83 56 16
URL：www.ciaccipiccolomini.it

MONTALCINO

Il Colle イル・コッレ

　この小さなワイナリーは、モンタルチーノ随一の伝統主義者である。1972年、シエナの貴族アルベルト・カルリによって購入されて以来、イル・コッレのオリジナルの畑は(昔も今も)町の南側にある。すぐにオリーブと葡萄が植樹され、1982年には初のブルネッロをリリース。だが厳冬だった1985年、霜害で多くのオリーブ樹が全滅してしまい、元々はオリーブと葡萄の混作だった畑は葡萄がメインとなったのである。

　その年はまた、カルリがマスターテイスターであるジュリオ・ガンベッリを招聘し、「伝統主義者」というカラーをはっきりと打ち出した年でもある。おそらく、彼らは伝統主義にこだわりすぎていたのかもしれない。高度450mで、北向きのイル・コッレの葡萄畑から生み出されるワインは酸味が強すぎ、薄っぺらな印象が強かった。そこで1998年、彼らはもう1つ、カステルヌオーヴォ・デッラバーテ近くにもっと南向きの、より低い高度(220m)の畑を購入する。オリジナルの畑よりも10日間早く熟するこの畑の葡萄は、前者の葡萄の特徴である香りとエレガンスとは対照的なコクと引き締まりを特徴とし、ワインに程よいバランスをもたらすことになった。

　2001年のアルベルト・カルリ他界に伴い、娘カテリーナがこのワイナリーの経営を引き継いでいる。彼女もまた「現代主義」はまったく眼中にないようだ。ワインの世界で、父親の伝統主義に反旗を翻す多くの息子たちとは対照的である。むしろ、彼女は決然と父のやり方に従い、そのことを誇りにしているようだ。たとえば、マセレーションは3週間以上実施する、野生酵母しか使わない、ブルネッロの熟成は4年かけて大型のスラヴォニア産(そしてフランス産)ボッティ(容量15〜50hℓ)で行う、ときにはマロラクティック発酵は2年目に持ち越されるロッソ・ディ・モンタルチーノを含むすべてのワインでフィルタリングは行わない、といった父のルールを遵守している。

極上のワイン

ガンベッリ自身がロッソ・ディ・モンタルチーノを"ブルネッロ"のレベルで評価していないことを考えると、ここで最も重要なワインは**ブルネッロ・ディ・モンタルチーノ**だと言えよう。なお、**ブルネッロ・ディ・モンタルチーノ・リゼルヴァ**は傑出した年だけつくられるワインだ。また**サンタンティモ・ロッソ**はサンジョヴェーゼにメルローを少量ブレンドしたワインだが、カテリーナは「これまで試してきたブレンド・ワインの中で、納得できる出来のものはまだない」と語っている。

今回、私は樽およびボトルから若いブルネッロを試飲した。どれもここ独特の純粋さと、今日の「力強さ崇拝」のせいで見られなくなったエレガンスが感じられた。珍しいことに、今回の試飲は最も古いヴィンテージが2004年★だった。サンジョヴェーゼの正確な色(深くはないが、明るい赤)が出ていて、ワイルドチェリーと紅茶葉のアロマがし、口に含むと、熟れた果実味がふんだんに感じられるが、しっかりした酸味とタンニンによって程よく支えられている。若飲みが可能なワインだが、最低10〜12年寝かせておくとその恩恵が受けられるだろう。

イル・コッレ(Il Colle)
総面積：20ha
葡萄作付面積：7.5ha
平均生産量：40,000ボトル
住所：Localita Il Colle 102B, 53024 Montalcino, Siena
電話：+39 05 77 84 82 95
メール：ilcolledicarli@katamail.com

238

MONTALCINO

Fuligni フリーニ

モンタルチーノのフリーニ家は、18世紀以来トスカーナに領土を持ち、ワインづくりに携わってきたヴェネツィアの子爵一家に由来する。20世紀初め、マレンマからモンタルチーノに移り住んだ彼らは、自分たちの葡萄畑がモンタルチーノの伝統的な"認定地区"にあることを誇りにしている。その畑は1923年、現当主であるマリア・フローラ・フリーニの父が、ゴントラーノ・ビオンディ・サンティから購入したものだ。マリア・フローラは誇らしげにこう宣言する。「ブルネッロはここで生まれたのよ」——東および南東に面したこれらの畑は、町からそう遠くない、海抜380〜450mという絶好のロケーションだ。熟成は2つの場所で実施される。1つはコッティメッリにある、試飲やレセプション用に改築された建物内だ。かつて修道院だったというこの場所には5hℓのトノーともう少し小さいボッティが置かれ、オーク熟成の初期を担当している。

ここ最近、フリーニのワインは様々な評論家やガイドブック(特にアメリカとイタリア)から高評価を得ている。当然と言えば当然なのだが、ここの伝統的スタイルを考えると、これは驚くべき結果と言ってもいい。

さらに重要なもう1つは、この一家がモンタルチーノ市街に所有する、18世紀のメディチ家の地下室であったセラーである。ここでは、より大きなスラヴォニア産オークのボッティで、大量のワインの仕上げが行われている。

ここ最近、フリーニのワインは様々な評論家やガイドブック(特にアメリカとイタリア)から高評価を得ている。『ザ・ワイン・アドヴォケイト』『ワイン・スペクテーター』『ワイン・エンスージアスト』や『ガンベロ・ロッソ』『エスプレッソ』『ヴェロネッリ』などがこぞって、ここのワインを褒め讃えているのだ。当然と言えば当然なのだが、同時に、これは驚くべき結果と言ってもいいだろう。ここのコンサルタント・エノロゴはモンタルチーノ一帯で仕事をしているパオロ・ヴァガッジーニで、彼のような伝統主義寄りのスタイルは、その種のマスコミ関係には好まれないことが多い。実際、こういった雑誌や批評家たちは(ごく最近まで)、典型的なサンジョヴェーゼを用いた、ほぼブルゴーニュ風スタイルのワインの持つ色合いや凝縮されたフレーバー、オークのアロマや肉厚の構造を見抜けず、オレンジっぽい色合い、サワーチェリー、繊細さ、退廃的な魅力を無視してしまっていた。それが正当な評価を受けるようになったのは、ロベルト・グエッリーニ(マリア・フローラの感じのいい甥)の力によるところが大きいかもしれない。シエナ大学で犯罪法律の教授も務める彼は、いかなるチャンスも積極的に活用し、一族の葡萄園がワイン界で正真正銘の評価を受けるよう尽力している。

極上のワイン

Brunello di Montalcino Riserva
ブルネッロ・ディ・モンタルチーノ・リゼルヴァ
この葡萄園最古の畑から、誇りと喜びと共に生み出されるのがリゼルヴァだ。新世紀にまたがるヴィンテージを試飲したが、どちらもすばらしい出来だった。特に1999年★は永続性と高貴な退廃が共存する構造、フレッシュおよびドライフルーツやハーブ、スパイス、少量の皮革、そして(ありがたいことに)ほんの少しのオークなどの幅広いアロマが楽しめた。10年程度で飲み頃になるワインだが、軽くその2倍は長生きするであろう。

Brunello di Montalcino ブルネッロ・ディ・モンタルチーノ
リゼルヴァが3年なのに対し、オークで2年半熟成される、より若いワイン。それゆえ、より新鮮で、もっと直接的な魅力が感じられる。2004年ヴィンテージに見られるように、リゼルヴァと同クラスの味わいだが、強靭さに欠ける1品。

Rosso di Montalcino ロッソ・ディ・モンタルチーノ
かつてエニシダ(ginestra)がたくさんあったことから、畑の名前「ジネストレート」の愛称を持つワイン。フランス産トノーで6カ月という短めの熟成による早飲みタイプ。これと同じく非常に飲みやすい、サンジョヴェーゼとメルローによる**San Jacopo** (サン・ヤコポ)というIGTもある。

フリーニ(Fuligni)
総面積：100ha
葡萄作付面積：11ha
平均生産量：40,000ボトル
住所：Via S Saloni 32,53024 Montalcino, Siena
電話：+39 05 77 84 80 39
URL：www.fuligni.it

MONTALCINO

Lisini リジーニ

リジーニ・クレメンティ一族がこの領土を獲得したのは16世紀のことだ。そう、リジーニはモンタルチーノでも歴史あるワイナリーなのである。また、ここは最も伝統を重んじ、サンジョヴェーゼと少量のマルヴァジーア・ネーラ、ヴィン・サント用のトレッビアーノ（彼らは「プロカニコ」と呼ぶ）だけを栽培している葡萄園でもある。

90歳代の現当主エリナ・リジーニの祖父が、キアンティからモンタルチーノにやってきたのは19世紀半ばのことだ。エリナ（モンタルチーノ・ワインの創世記のメンバーの1人であり、ブルネッロ品質保証協会長を務めたこともある）は、この祖父の教えを忠実に守り、サンジョヴェーゼ100％の赤ワインをつくりつづけている。

エリナの甥と姪であるロレンツォ、カルロ、ルドヴィカ・リジーニ・バルディは時代の流れに完全に逆らい、先祖よりもさらに伝統主義を信奉している。彼らが数年前、コンサルタントのフランコ・ベルナベイ（トスカーナでは現代主義から一番かけ離れていると思われる人物）を「うちにはあまりに現代的すぎるから」という理由で解雇したのはその端的な例と言えよう。彼らは、長年アグロノモを務めているフィリッポ・パオレッティにあとを引き継ぐよう要請したが、フィリッポはこれに対し、彼らに最も偉大な伝統主義者ジュリオ・ガンベッリを招聘するようリクエストをしたのである。それ以来、パオレッティは1年に2回、ガンベッリの許可を得るために、すべてのリジーニのワインをポッジボンシまで運んでいる。一方のガンベッリは、詳しいつくり方などはいっさい質問せず、ただそれらのワインを試飲して「イエス」「ノー」で判断を下すという。ちなみに、「ノー」というのは「私の指示に正確に従わなければならない」という意味である。

リジーニの畑はコッレのサンタンジェロとカステルヌオーヴォ・デッラバーテの間、海抜300～350mに位置する。すべての葡萄畑には、より古い畑からマッサル選抜されたものが植えられている（ただし、フィリッポがビオンディ・サンティのクローンを試験している部分は除く）。成長しきった畑は3300本／haの植栽密度で、75年前までの葡萄樹が植えられ、そのうち60％が平均樹齢30年を越えるものだ。これもまた、ほとんどのワイナリーが実践している概念に逆行するやり方と言えよう。

醸造はグラスライニングのコンクリート製タンクで行われる。またマセレーションの期間は、そのワインにもよるが18～26日間。熟成はスラヴォニア産オークの巨大なボッティ（11～40hℓ）で行われ、ブルネッロの場合は36カ月実施されている。

極上のワイン

Brunello di Montalcino Ugolaia
ブルネッロ・ディ・モンタルチーノ・ウゴライア
最良の年にしかつくられない、いまやリジーニが最も誇りにしている1品。かつて彼らはこのワイナリー最高の葡萄からモンタルチーノ・リゼルヴァをつくっていたが、それをやめて単一畑ワイン「ウゴライア」に切り替えた。最初のヴィンテージは1990年。ウゴライアはオークで42カ月、さらに栗樽（この木は以前は広く用いられていたが、細心の注意を払わないと渋味が加わりすぎる傾向がある）で6カ月の熟成を経て、ボトルで長期間熟成される。非常に深い色合いで、特徴的なレンガ色に変わる。若いうちは、酸味とタンニンのどっしりとした構造をベースにした、チェリーとプラムの凝縮された果実味が楽しめる。その堂々とした構造のおかげで、非常に長寿が期待できる。2009年のはじめ、樽から試飲した1995年★について、私はこう記している。「これまで試飲したサンジョヴェーゼの中で最高の部類に入る。皮革、マッシュルーム、トリュフのアロマと、熟れたフルーツとスムースなタンニンの味わいだが、一貫してサンジョヴェーゼ特有のいきいきとした酸味が感じられる」

Brunello di Montalcino ブルネッロ・ディ・モンタルチーノ
ウゴライアよりは親しみやすいストレートのブルネッロ。エレガンスが感じられる2004年は、ベリー類、かなり高いアルコール類、酸味、タンニンの対比が鮮やか。非常にサンジョヴェーゼっぽく、サワーチェリーの味がふんだんにする。

Rosso di Montalcino ロッソ・ディ・モンタルチーノ
ブルネッロとウゴライアより飲みやすいが、そうは言っても非常にまじめなワイン。**San Biagio**（サン・ビアージョ）（トスカーナ・IGT。マセレーションを短縮し、木樽を用いない）よりもはるかに存在感がある。

リジーニ(Lisini)
総面積：200ha
葡萄作付面積：18ha
平均生産量：100,000ボトル
住所：Sant'Angelo in Colle,53020 Montalcino, Siena
電話：+39 05 77 84 40 40
URL：www.lisini.com

MONTALCINO

Mastrojanni マストロヤンニ

私は本書を執筆中に、このワイナリーのオーナーが変わったという一報を聞いた。マストロヤンニ家がカステルヌオーヴォ・デッラバーテ近くの、モンタルチーノ最南東の畑(アッソ川がちょうどオルチャ川と合流する渓谷の上部にある地域で、南からはアミアータ山がぬっと顔を出している)で操業を始めたのは1975年のことだった。まさにドラマチックなワインを生み出すのにうってつけな、ドラマチックな環境と言えよう。マストロヤンニ家は当初から、この畑で高品質のワインづくりを目指してきた。だが残念ながら、近年はその当初の目的を果たせていたとは言いがたい。そこで、彼らはこの地所をグルッポ・イリー(ワインではなく、コーヒーで有名な企業)に売却することを決めたのだ。マストロヤンニの新社長となったフランチェスコ・イリーは、レ・リピという場所の近くに小さなワイン会社を所有している。

ドラマチックなワインを生み出すのにうってつけな、ドラマチックな環境において、マストロヤンニ家は当初から、この畑で高品質のワインづくりを目指してきた。

　フランチェスコは、かねてから尊敬していたアンドレア・マチェッティ(1992年以降、マストロヤンニのワインづくりに携わっている男性)をマネージング・ディレクター(ここの管理運営や生産にまつわるすべての決定の責任者)に任命した。そしてマチェッティは以前と同じく、コンサルタント・エノロゴのマウリツィオ・カステリ(長年マチェッティと共に仕事をし、ここのテロワールを熟知した人物)からの助言を得ている。言い換えれば、所有者以外はあまり大きな変化がないということだ。名称も「マストロヤンニ」が用いられているし、生産ラインナップもそのままである。さらに、コル・ドルチャのカステッリの種族を基にフィレンツェ大学によって厳選されたクローンを今後も使い続ける方針である。また熟成もこれまでどおり、ブルネッロはアリエ(フランス)産オークのボッティ(16〜54hℓ)で3年、ロッソはシュティリアン(オーストリア)産オークのカスクで約8カ月熟成される。ワインのラインナップもほぼ同じだが、「ヴィーニャ・ロレート」というブルネッロの単一畑ワインが加えられ、2007年ヴィンテージが2012年にリリース予定である。ただし、これはこのワイナリーが売却される前に企画されていたワインのため、正確には「新商品」とは言えない。

極上のワイン

Brunello di Montalcino ブルネッロ・ディ・モンタルチーノ
生産量においても、ベーシックラインとしてもこのワイナリーの主力ワイン。ただし、これは受け入れるのがあまり簡単なワインではない。その理由の1つはアロマの複雑さにあり、また酸味とタンニンのあまりにしっかりした構造にもある。だが、これは保存し続ければ必ずその恩恵に預かれる1品だ。11年寝かされた1997年ヴィンテージを試飲したところ、アロマは第3のアロマ(皮革、地中海のハーブ、マッシュルーム、ドライフルーツ)により近づいていた。

Brunello di Montalcino Schiena d'Asino
ブルネッロ・ディ・モンタルチーノ・スキエーナ・ダジーノ
上記よりもいっそう複雑だが、すばらしいエレガンスを保っている1品。毎年つくられるが、ベスト・ヴィンテージにしかリリースされない(つまり、ベースのブルネッロにはブレンドされない)。リゼルヴァではない、単一畑のワイン(木樽による熟成はベーシックなブルネッロと同じだが、リリース前にさらに時間をかけてボトル熟成する)。複雑さとハーモニーが共存する、ワイン通のためのブルネッロ。著書『Brunello to Zibbibbo』にも書いたが、1990年★が「これまで試飲したブルネッロで最高の部類に入るできばえ」であり、この意見はいまだに変わっていない。

Rosso di Montalcino ロッソ・ディ・モンタルチーノ
このワイナリー特有のフィネスが感じられるが、若い頃でもはるかに飲みやすい1品。

San Pio IGT Toscana サン・ピオ・IGT・トスカーナ
カベルネ・ソーヴィニョン80%とサンジョヴェーゼ20%のブレンドだが、アリエ産オークのボッティで18カ月熟成され、この組み合わせで想像するよりもはるかにトスカーナ色が強く、国際種の影響があまり感じられない。

マストロヤンニ(Mastrojanni)
総面積:90ha
葡萄作付面積:24ha
平均生産量:90,000ボトル
住所:Poderi Loreto e San Pio,Castelnuovo dell' Abate, 53024 Montalcino, Siena
電話: +39 05 77 83 56 81
URL: www.mastrojanni.it

Pian dell'Orino ピアン・デッロリーノ

1997年から、このワイナリーはアルト・アディジェ州のカロリーネ・ポビツァーの所有となり、アグロノモとエノロゴの2役をドイツ人の夫ヤン・ヘンドリック・エルバッハが務めている。ヤンはガイゼンハイムでワインにまつわる知識を学び、フランスで数年間修行を重ね、2000年にこの地にやってきたのだ。ある意味、この2人はモンタルチーノのビッグ・ネーム——ビオンディ・サンティとソルデラ——の両人と少なからぬつながりがある。前者とのつながりは「彼らの畑のメインの部分（4つの異なる畑に分割されているうちの、高度450mに当たる部分）がビオンディ・サンティの有名なグレッポに隣接している」というシンプルな点だ。後者とのつながりは「彼らの葡萄栽培に対する真摯な（狂信的すぎない）姿勢が、気難しいジャンフランコ・ソルデラのそれとよく似ている」という点だ。

「オーガニック農法」という表現はあまりに生易しすぎて、このワイナリーには似つかわしくない。というのも、ここで働く人々は皆、バイオダイナミック農法の徹底的な実践者だからだ。カロリーネ自身の言葉を借りれば、ここは「畑、気候、土壌、そして人々が最高のハーモニーを奏でて」いるワイナリーである。月の満ち欠けに従って日常の作業が行われ、有害な要素（除草剤や殺虫剤など）は全面的に避け、葡萄樹の免疫システムを蜜蝋、イラクサ、つくし、ノコギリソウによって保護・活性化し、菌類・バクテリア類に対抗できるよう育てているのだ。

カーゼ・バッセのように、ここでも畑に花が植えられ、蜂や蝶、その他昆虫がやってくるのを奨励している。剪定は厳しく、葡萄樹一本につき4つの果房しか残さない。また平均収穫高は750mℓ/本（植栽密度5000本／haなので、換算すると37.5hℓ/ha）である。収穫期にはすべての果房が点検され、かびのはえた葡萄は取り除かれる。丸形の新しい醸造所（2007年ヴィンテージから稼働）では野生酵母しか使わず、すべてのワインにオーク樽醸造、あるいは、少なくともマロラクティック発酵までが実施されている。ガンベッリの法則に従い、ブルネッロは発酵時にも温度調整は行わず、マセレーション（ブルネッロの場合は8週間）、熟成（大きなスラヴォニア産オーク樽で40カ月）共に長期的に行われ、当然ながらフィルタリングは実施しない。それゆえブルネッロもロッソも、驚異的に純粋な味わいが楽しめる。

極上のワイン

Rosso di Montalcino ロッソ・ディ・モンタルチーノ
純粋なベリーとチェリーの魅惑的なアロマがふんだんに感じられるワイン。フランス産トノーで14カ月熟成しているにもかかわらず、木の臭いはまったく感じられない。アルコール度数は高いが（約14％）、危険なほどの飲みやすさである。[2005年V]

Brunello di Montalcino ブルネッロ・ディ・モンタルチーノ
ここのトップワイン。一般的なブルネッロよりたくましく、構造がしっかりとし、さらなる時間が必要。猛暑のヴィンテージだったにもかかわらず、2003年★はその兆候さえ感じられない。これもまた抗しがたい1品。

ピアン・デッロリーノ(Pian dell'Orino)
総面積：11ha
葡萄作付面積：6ha
平均生産量：25,000ボトル
住所：Localita Piandellorino 189,53024 Montalcino, Siena
電話：+39 05 77 84 93 01
URL：www.piandellorino.it

MONTALCINO

Agostina Pieri アゴスティーナ・ピエリ

アゴスティーナ・ピエリは、父アレッサンドロの遺言により、モンタルチーノのピアンコルネッロにある貴重な葡萄畑を相続した3人姉妹の1人である。このワイナリーは1991年、他のワインメーカーに葡萄を卸す生産者として誕生した。それから程なくして、アゴスティーナの長女の息子フランチェスコ・モナチがワインづくりに携わるようになり、「自社ワインの葡萄栽培とボトリングの両方を行う」という現在の基礎ができあがったのだ。

当初、ワインづくりは伝統主義にのっとって行われた。初めてのワインはロッソ・ディ・モンタルチーノで、当時「ふんだんな果実味とオークのアロマがほんのり香るモンタルチーノの赤ワイン」としてすぐにマーケットの関心を集めることになった。また1999年になってようやく、1994年ヴィンテージのブルネッロが初リリースされたのである(現在と同じく、一部はバリックとトノーで、また一部は大きなボッティで熟成される)。

フランチェスコ・モナチは果実の品質に完璧を求めている。現に、彼のワインには高度の低い、南部地方ならではのテロワールの特徴が如実に現れているのだ。

その一方で、フランチェスコは葡萄栽培の面で"テクノロジーの虫"に取り憑かれ、アドバイザー(2001年はフェルナンド・ソヴァリ、2002年からは新しいコンサルタント・エノゴのファブリツィオ・モルタルド)の意見をもとに、新たな方向転換を図った。たとえば、収穫した果実を厳選するためのツールを揃えたり、発酵時に自由に温度調整をするための機材を購入したり、熟成用の木樽のリニューアルを常に心がけたりするようになったのだ。

だが、フランチェスコの情熱はここで終わったわけではなかった。なんと、彼は「自動ワインメーカー」(一度セットしたら、ひとりでにデレスタージュや果帽の破砕などを行ってくれる電気システム)を導入したのである。「"彼"(フランチェスコはその機械をこう呼ぶ)は何を

すべきか、自分で判断するんだ。このマシンがひとりでワインをつくるんだよ!」——様々なコンピュータ技術のおかげで、フランチェスコがそのヴィンテージの雨量と湿度のデータを入力するだけで、この機械は収穫した葡萄を破砕する前に、どの程度の期間低温環境に置いておくべきか、という答えまで割り出してくれるという。

フランチェスコとヤコポ(彼の弟)はこの種の機械化を"常識"のように考えているふしがある。裏を返せば、それだけフランチェスコは果実の品質に完璧を求めていると言えよう。現に、彼のワインには高度の低い、南部地方ならではのテロワールの特徴(ヴェルヴェットのように滑らかなタンニン、スパイスやハーブのアロマ)が如実に現れている。

極上のワイン

Rosso di Montalcino ロッソ・ディ・モンタルチーノ
強烈さと純粋なフルーティーさが感じられる一方で、このジャンルのものにしては珍しい、際立った円熟味も楽しめる1品。2007年★が一番よいが、その前のヴィンテージもそれぞれいい(厄介な2003年と2002年のものも含む)。

Brunello di Montalcino ブルネッロ・ディ・モンタルチーノ
ロッソよりも力強く、深みがあり、よりリッチだが、優雅さとフルーティーさという特徴も兼ね備えている。豪雨にたたられ、多くのワイナリーがブルネッロづくりを断念した2002年でさえ、フランチェスコは非常に魅力あるワインを仕上げた。

Sant'Antimo J&F サンタンティモ J&F
最近ラインナップに加えられた、カベルネとメルローのブレンド・ワイン。ジューシーで円熟味があり、中期熟成型。

アゴスティーナ・ピエリ(Agostina Pieri)
総面積:18ha
葡萄作付面積:10.5ha
平均生産量:70,000ボトル
住所:Via Fabbri 2,Localita Picancornello, 53020 Castelnuovo Abate, Siena
電話:+39 05 77 84 39 42
URL:www.pieriagostina.it

MONTALCINO

Poggio Antico　ポッジョ・アンティコ

4半世紀でなんと多くの変化が起こりうるものだろう！ ミラノの投資銀行家ジャンカルロ・グローデルが、1970年に別荘代わりに取得した小ぶりの地所から乗り換え、モンタルチーノの4.5km南にあるこの地所を購入したのは1984年のことだった。前の所有者は彼の友人であり、電気や水道の設備は整っていたし、地所には葡萄畑も含まれていた。ただし、その友人は、その畑で生まれたワインを流通業者GIVを通じて販売する契約を結んでいたのだ。グローデルは「自分独自のワインをつくりたい」という意欲に燃えていたが、あいにく、1984年は葡萄の出来がよくない年だったうえ、専属のワインメーカーの死という不幸まで重なってしまった。それでもグローデルはへこたれることなく、1985年、GIVとの販売契約を破棄したのだ。

ポッジョ・アンティコは、モンタルチーノでも最も高い位置にある。ティレニア海に近いため、よく晴れた日にははるか彼方まで見渡すことができる。

しかし、グローデルにワインづくりの経験があったわけではない。そこで1987年、彼は末娘パオラにこのワイナリーを継がせることを決意し、彼女を説得する。20歳そこそこの、ミラノの学校を卒業したばかりのパオラは、当時タンニンとアントシアニンの区別もつかなかったが、旺盛な学習意欲の持ち主だった。1年間、パオラはマネージャーの息子クラウディオ・フェッレッティ（ポッジョ・アンティコ生まれ）の手助けを借りながら、葡萄畑で働きづめ、1日の終わりにはオフィスに戻って雑務をこなす日々を続ける。それから10年後、彼女は夫アルベルト・モンテフィオーリと出会い、ワインづくりに関して夫に助けてもらうことになったのだ。といっても、彼女同様、アルベルトもエノロゴの経験はなかった。幸運にも、フェッレッティとコンサルタントのパオロ・ヴァガッジーニが監督役を引き受けてくれたのである。

パオラの自慢は、ポッジョ・アンティコがモンタルチーノで最も高い位置にあること（平均高度450m）だ。ティレニア海に近いため、よく晴れた日にははるか彼方まで見渡すことができるという。心地よい微風が畑を湿気と昆虫から守ってくれるうえ、南南西という畑の向きや、石灰質および片岩という典型的な土壌などの好条件が重なり、かなり遅い時期の収穫にもかかわらず、熟れていきいきとした葡萄ができあがることになる。なお、このワイナリーのもう1つの特徴は年中無休であり、この地域で最もおいしいレストランが併設されていることであろう。

極上のワイン

Brunello di Montalcino Riserva
ブルネッロ・ディ・モンタルチーノ・リゼルヴァ
30年前の古い畑から厳選された葡萄を用いたトップワイン。ワインづくりには伝統主義が半分ほど取り入れられている（フランス産バリックで1年間、さらに大きなスラヴォニア産オークのボッティで2年半の熟成）。2001年★は7年間の熟成を経てもまだ若々しく、口に含むと、新鮮な果実味がふんだんに広がり、熟れたタンニンと程よい酸味が楽しめる。時間が必要な、エレガントなワイン。

Altero　アルテロ
バリックで2年間、ボトルで2年間熟成される、このワイナリーで一番モダンなブルネッロ。ずっと以前から"セカンドワイン"としてとらえられていて、樽熟成の期間もブルネッロに比べて、必要最低限しか実施されない（ブルネッロが4年のところを2年に短縮）。当初はIGTに分類されていたが、法規制の改定でブルネッロを名乗れることになった。

Brunello di Montalcino　ブルネッロ・ディ・モンタルチーノ
ここのブルネッロに使用されるのは、すべて同じ畑の葡萄である（彼らはごく少量の**Rosso**（ロッソ）もつくっている。パオラはこれを「ブルネッロとは一線を画すワイン」と考えている）。スラヴォニア産オークのボッティで3年間、さらにボトルで1年間の熟成を実施。比較的若いうちから飲めるが、非常に古典的なタイプで、良質な果実味としっかりした構造が特徴である。2004年が非常によい。

Madre　マードレ
「母」という意味の名称だがヴィン・サントではなく、カベルネ・ソーヴィニョンとサンジョヴェーゼをブレンドしたIGT・ロッソ。まさにパオラの言うとおり、「トスカーナ風アメリカン」スタイルの1品。

ポッジョ・アンティコ(Poggio Antico)
総面積：200ha
葡萄作付面積：32ha
平均生産量：120,000ボトル
住所：53024 Montalcino, Siena
電話：+39 05 77 84 80 44
URL：www.poggioantico.com

Poggio di Sotto ポッジョ・ディ・ソット

明らかに、ピエロ・パルムッチはモンタルチーノ随一の"妥協しない伝統主義者"だ。彼は「ビジネスで儲けたい」という理由ではなく、「葡萄から美しいワインをつくりたい」という志を持った完璧主義者である。1989年、このモンタルチーノの地にやってきて以来、彼の原動力となっているのは、まさにこの志にほかならない。

彼自身が言うように、ピエロは「まったくの別世界」、すなわちコンテナ輸送業界から転身し、短期間で葡萄栽培に最適な土地探しを行った末に、このカステルヌオーヴォ・デッラバーテ近くにある、最愛のポッジョ・ディ・ソットにやってきた。今日、彼はこの地所からの絶景(アミアータ山とオルチャ渓谷)と、高度200～400mに広がる、有機栽培による葡萄とオリーブの畑の美しい風景を堪能している。

他の品種は植えないのかと私が訊ねると、パルムッチは即座にこう答えた。「それは侮辱だよ。サンジョヴェーゼに他の葡萄品種をブレンドすることを考えただけでぞっとしてしまうんだ」おまけに、数年前、彼はベンヴェヌート・ブルネッロ(ブルネッロ協会主催の、マスコミ向け試飲会)への参加をやめた。協会(彼は離脱した)が適切な配慮をもってこの試飲会を開催する能力に欠けているからだ。というのも、このイベントが2月——ワインが凍ってしまったり、ドロドロしてしまう時期——に行われているからだ(実際、当局もこの問題を修正しようとしているようだ。だがパルムッチはまったく復帰するつもりはない)。

パルムッチがポッジョ・ディ・ソットに最初にやってきたとき、ここは3.5haの葡萄畑であった。自分が素人であることを自覚していた彼は、市場調査を通じて最高のコンサルタントを探し、ついにミラノ大学関係者に行き着く。それがブランカドロ博士であり、前にも登場したアッティリオ・シエンツァ教授だったのだ。この畑の様々な区画の土壌を少なくとも2.2mの深さまで分析し、適切なクローンを推奨し(6～10種類)、そのために必要な台木を指示したのは彼らである。1997年、これらの指示に従った3haの畑が、さらに1999年にも、同じエリアにまた3haの畑が追加されることになった。

パルムッチは自分のワインの醸造をジュリオ・ガンベッリの手に委ねている。前述のとおり、80代のマスターテイスターであるガンベッリは「ワインへの介入は最小限に抑え、温度調整は行わずに長めのマセレーションを行い(4週間程度)、伝統的なスラヴォニア産オークの大きなボッティで熟成を行う」という信念の持ち主だ。バリックを忌み嫌うパルムッチは、容量20～45hℓまで様々なサイズを試し、結局30hℓの楕円形のバレルを活用している。ガンベッリのもう1人のクライアント——カーゼ・バッセのジャンフランコ・ソルデラ——と同じく、パルムッチもブルネッロを4年間木樽で十分熟成させている。リゼルヴァにはさらに時間をかけ(といっても、彼は当たり年しかリゼルヴァをつくらない。実際つくられたのは2004年、1999年、1995年のみだ)、ロッソでさえオークで2年熟成する徹底ぶりだ。もちろん、フィルタリングはいっさい行わない。

極上のワイン

Brunello di Montalcino ブルネッロ・ディ・モンタルチーノ
パルムッチは2002年はこのワインをつくらず、2003年もごく少量しかつくらなかったため、2001年★のあとに飲めるのは、2008年にリリースされた2004年のものしかない。力強さというよりはむしろ、バランスとエレガンスが特徴のワイン。アルコール度数14度で、やや明るめの色。花のようなかぐわしさとピノ・ノワールのようなアロマが、地中海の低木林の匂いに包まれている。まだタイトでピンと張りつめていて、しっかりした酸味と熟れて豊富なタンニンが特徴的。ボトルでもう少し熟成可能な印象。数年前、ディナーの席で試飲した1999年リゼルヴァは繊細だが複雑、この世のものとは思えない極上の味わいであった。同じテーブルにいた6人のジャーナリストのうち、5人が「すばらしい」と絶賛したが、残りの1人だけ(当時、この人物は非常に有名なアメリカ人ワイン批評家と仕事をしていた)は「特筆すべきことはなにもない」と判断。ワインとはこういうものだ。

Rosso di Montalcino ロッソ・ディ・モンタルチーノ
ブルネッロとほぼ同じ手法でつくられているため、どうしても「ミニ・ブルネッロ」と表現したくなってしまう1品。複雑で非常に個性的なすばらしいワイン。値段と同じく、スタイルもブルネッロより軽いため、より早く、気軽に飲める。

ポッジョ・ディ・ソット(Poggio di Sotto)
総面積:33ha
葡萄作付面積:21ha
平均生産量:40,000ボトル
住所:Castelnuovo dell' Abate,53024 Montalcino, Siena
電話:+39 05 77 83 55 02
URL:www.poggiodisotto.com

Le Potazzine　レ・ポタッツィーネ

若々しい夫婦2人が運営するレ・ポタッツィーネは、特に驚くような、例外的なワイナリーではない。強いて言うなら、ここがレ・プラータというコムーネ(モンタルチーノの町の南西部4kmに広がる)にある非常に小さな葡萄園であること、そして所有者である夫婦が街の中心でヴィネリア(ワインバーのようなもの)を経営していることだろう。その店では様々なロッソやブルネッロ(彼らがつくったものだけではない)が、シンプルな地元料理と共に味わえるのだ。

実際このワイナリーは、いかにも読者が喜びそうなハッピーエンドの物語によって生まれた。すべての冒険を終えたヒーローがついに安住の地を見つけ、そこで暮らし始めた……一言で言えば、そんなあらすじである。ワイン好きにとって、これほど歓迎すべき物語はないだろう。

レ・ポタッツィーネのワインを試飲すれば誰でも、このワイナリーの特徴である満足と調和を味わうことができる。リーズナブルな値段で売られているため、飲みたいときに気軽に飲めるワインなのだ。

ジュゼッペ・ゴレッリは農業と醸造学の学位を持ち、ブルネッロのコムーネで15年間修行を重ねた経歴の持ち主である。1990年はじめ、彼は妻ジリオーラと共にレ・プラータの土地を購入し、1993年、3haの畑にサンジョヴェーゼを植え、さらに1996年、サンタンジェロ・イン・コッレ近くに2haの畑を購入する。この後者の畑について、ジュゼッペは「レ・プラータの果実の"エレガンスとアロマ"に"構造"をつけ加えるために買った」と語っている。この93年、96年という節目の年は、奇しくも彼らの2人の娘の生誕年と一致する。そこで、彼らはオリジナルの地所を長女の「ヴィオラ」、あとから購入したレ・ポタッツィーネの地所を次女の「ソフィア」と呼ぶことにしたのだ(ラベルに描かれた2羽の小鳥たちも彼女たちの存在を暗示している)。

畑はコルドン仕立てにより、5000本／haの植栽密度で植えられたもので、特に変わった点はない。最近完成した醸造所は機能的で、しかも郊外の雰囲気を損なわず、こちらも別段珍しい点はない。平均生産量は約50,000ボトル(ロッソとブルネッロ)で、小規模な生産者としては当然の数字である。ワインづくりに関して異例な点があるとすれば、ジュゼッペがロッソだけにバリックを用い、ブルネッロは中型と大型のボッテでの熟成を好んでいる点と言えよう。

極上のワイン

Brunello di Montalcino and **Rosso di Montalcino**
ブルネッロ・ディ・モンタルチーノとロッソ・ディ・モンタルチーノ
レ・ポタッツィーネのワインを試飲すれば誰でも、このワイナリーの特徴である満足と調和を味わうことができるだろう。私はブルネッロの1997年から2001年までを試飲したが、1998年を除いてどれも甘さ、成熟さ、深みがまだ出ておらず、早飲みには不向きな印象を受けた(これは「熟成が不十分」という意味ではない)。ふんだんな果実味と卓越した品種のうまみがあるにもかかわらず、大げさな"見せかけ"をしていないため、かなりリーズナブルな値段で売られている。ロッソははるかに個性的で、彼らのワインバーに一番よく似合う。飲めば必ず、幸せな物語がずっと続くようなハッピーな気分になれるだろう。

レ・ポタッツィーネ(Le Potazzine)
葡萄作付面積:7ha (賃貸分3haを含む)
平均生産量:40,000ボトル
住所:Tenuta Le Pottazzine,53024 Montalcino, Siena
電話:+39 05 77 84 61 68
URL:www.lepotazzine.it

MONTALCINO

Salicutti ポデーレ・サリクッティ

小さいが驚異的なこの領地を購入することに決めたとき、フランチェスコ・レアンツァはワインづくりについて何も知らなかった。過去に農業を少し学んだことはあったが、それはシチリア島で家族がかんきつ類を栽培していたからだ。ローマで化学者としてのキャリアを積んだ彼は、ワインを分析したことはあってもつくったことはなかったのである。ところが、彼はモンタルチーノという土地に激しく惹かれ、何度か訪れるうちにどうしてもその土地が欲しくなってしまった。そしてついに1990年、彼はその誘惑に抗しきれず、平均高度450mの、神秘的なアミアータ山に向かう南向きの急斜面の畑を購入したのだ。

1994年、彼は畑の一部に、偉大なる故ピエルルイジ・タレンティが開発したクローンを植えつけた。さらに1996年、ローマから完全にこの地へ引っ越してきて、1999年には醸造所を完成させた。それ以来、このワイナリーの全システムが稼働するようになったが、彼はそれだけでは飽き足らず、ヤン・エルバッハ（ピア

フランチェスコ・レアンツァのもの静かで学問好きな一面が、葡萄の品質への執念を生み出している。だが彼の求める品質は、努力だけでどうにかなるものではない。

ン・デッロリーノ参照）や現在のコンサルタント・エノロゴであるパオロ・ヴァガッジーニの指導のもと、様々な書物から葡萄栽培とワインづくりの原則を学んでいったのである。さらに、彼は醸造所建設も自ら監督する一方、「モンタルチーノ初の有機栽培を取り入れた畑」（1996年から）として宣伝することも忘れなかった。

この有機栽培について、レアンツァは「イデオロギーというよりも、品質を考えて取り入れた」と主張している。実際、彼のもの静かで学問好きな一面が、葡萄の品質に対する執念を生み出していると言えよう。だが、彼はよく「私が求めている品質とは、努力してどうにかなるものではない。神に適性を与えられた土地のワインだけが、偉大なワインになるんだ」という言葉を口にする。「ワインづくりには情熱と感情が必要だ。理性だけではつくれない。独自の個性を出すためには、

独自のテロワールを反映させなければいけないんだ」

レアンツァの意見は"科学者"の持つ一般的なイメージとは大きく異なるし、実際、彼には炎のような感情の激しさが感じられる。そんな彼が毛嫌いするものの1つが、このワイナリーにやってきては横から口を挟み、彼のような"職人"が絶え間ない労働を重ねて生み出した葡萄を尊大な態度で評し、マーケットに誤った期待を植えつけてしまうジャーナリストたちなのだ。「ジャーナリストはモンタルチーノの魂を誤解している。力強さと深みじゃなく、本当はエレガンスとアロマ、ブルゴーニュのような軽妙なタッチこそ、このワインの真髄なんだ」と彼は言う。まさにそのとおりである。

極上のワイン

Brunello di Montalcino Piaggione
ブルネッロ・ディ・モンタルチーノ・ピアッジョーネ
基本的に、レアンツァはワインづくりに手を加えない主義である。少なくとも2003年から野生酵母を活用し、SO2（亜硫酸。しかも非常に低レベル）以外のものは添加せず、ファイニングも濾過も冷却による安定化も行っていない。彼が認めている唯一のテクノロジーは、ステンレス鋼発酵槽における温度調節である。熟成は木樽で、**Brunello di Montalcino Piaggione**（ブルネッロ・ディ・モンタルチーノ・ピアッジョーネ）（近隣を流れる川の名前にちなんだ名称）にはボッティ（10〜40hℓ）が、ほぼ同量をつくる**Rosso di Montalcino**（ロッソ・ディ・モンタルチーノ）にはトノー（4分の1が毎年リニューアルされる）が用いられる。ブルネッロはリリース前に1年ボトル熟成されるが、新規発売予定の**Brunello Riserva**（ブルネッロ・リゼルヴァ）はさらに熟成期間を延ばす予定だという。

これらの葡萄による"芸術"を判断しようなどという気はさらさらない。とはいえ、レアンツァのワインはブルゴーニュの繊細さと軽妙なタッチをたしかに兼ね備えている。この私の批評に、彼自身が異を唱えることはないだろう。特に2004年ブルネッロ・リゼルヴァ★はモンタルチーノ・ワインの中でも、最も私の好みである。ただし、**Cabernet Sant'Antimo Rosso Dopoteatro**（カベルネ・サンタンティモ・ロッソ・ドーポテアートロ）は、私の好みではないようだ。

ポデーレ・サリクッティ（Podere Salicutti）
総面積：11ha
葡萄作付面積：4ha
平均生産量：17,000ボトル
住所：Localita Podere Salicutti 174, 53024 Montalcino, Siena
電話：+39 05 77 84 70 03
URL：www.poderesalicutti.it

MONTALCINO

Siro Pacenti シロ・パチェンティ

ジャンカルロ・パチェンティは、モンタルチーノに住む両親の間に生まれた。彼の父シロ・パチェンティは、1971年にペラグリッリ（丘の頂上に建てられた中世の町モンタルチーノの北東部に当たる）の葡萄畑（現在では7ha）でワインづくりに着手した人物で、1967年に創設されたブルネッロ協会の創始者メンバーの1人でもある。一方、彼の母グラツィエッラはピエリ家（サンタンジェロ・スカロ付近のピアンコルネッロ南部出身）の一家で、3姉妹の1人として、父アレッサンドロから13haの葡萄畑を譲り受けた。ちなみに、残りの3分の2の畑はアゴスティーナ・ピエリ（p.243参照）とシルヴァーナ・ピエリ（ピアンコルネッロというワイナリーの所有者）に分けられたのだ。

ジャンカルロがワインづくりに初めて携わったのは1988年、ペラグリッリにおいてだった。「モンタルチーノの現代主義者の旗手」と見なされることが多い彼だが、そのイメージは彼のワインづくりの真実を無視した

ジャンカルロは「モンタルチーノの現代主義者の旗手」と見なされる。だがオーク熟成だからというだけで、シロ・パチェンティのワインを飲まないのはもったいない。

ものと言えるだろう。たしかに、彼は古典的なフランス手法に多大な影響を受けている。定期的にボルドーを訪れるし、ブルゴーニュの真価も認めている。だが、古典的なフランス手法と新世界のそれはまったくの別物と言えよう。彼のワイン醸造面での師は、ボルドー大学醸造学科の短期コースに入学したときに師事したイヴ・グロリエ教授である。なるほど、グロリエ教授はバリック熟成の熱心な信奉者だ（もちろん、ジャンカルロもそうだ）。だが、ここで現実を見なくてはいけない。"香りづけを行う装置"としてよりもむしろ、"ポリフェノールを管理するためのデバイス"として小さな樽を活用する技術に関して言えば、フランスはまさにエキスパートであり、イタリアはまだ新参者に過ぎないのだ。実際、ジャンカルロのワインの魅力を飛躍的に高めている要因の1つは、彼の知識——ワインと、樽から引き出される

アロマとタンニンとのバランスをとるためのノウハウ——にほかならない。

「バリック熟成は現代主義の代名詞」と言うなら、たしかにジャンカルロは現代主義者ということになるだろう。だが彼はこう主張する。「サンジョヴェーゼによって表現される、うちの土地の個性を最大限に引き出すことこそ、私の真の目的なんだ」彼はマセレーションの短縮もしないし（平均15〜20日間）、"力強さ"よりも"古い葡萄樹に由来する究極の複雑さ"に強い憧れを抱いている。そして実際、サンタンジェロ・スカロに40年以上前の、またペラグリッリにも30年以上前の葡萄畑を所有しているのだ。

常に卓越さを追い求めているジャンカルロは、フィレンツェ大学のロベルト・バンディネッリ教授による調査（サンジョヴェーゼの異なるバイオタイプ特定のためのプログラム）に携わっている。バンディネッリによれば、1960年代にジャンカルロの祖父によって始められた畑には70種類もの異なるタイプがあるという。ジャンカルロはそれらのうちの50種類を試験農場に植え、その実験結果をミクロ醸造に活かそうと考えている。

極上のワイン

ジャンカルロは葡萄の品質の高さを誇りにしている。というのも、ここの葡萄は3つの段階を経て厳選されているからだ。まず、畑では最高の葡萄しか摘まないよう徹底している。次は醸造所の選別ベルトの上で、最初に不完全な果房を、さらに貧弱な果粒を容赦なくはじくようにしているのだ。だからこそ、彼の **Brunello di Montalcino（ブルネッロ・ディ・モンタルチーノ）** は葡萄の純粋な味わい——華やかでハッキリとしたフレーバー、果実味と酸味の鮮やかなバランス、オーク樽香より明らかに勝っているワイルドチェリーとハーブのアロマ——を完全に表現できているのだ。オーク熟成だからという理由だけで、シロ・パチェンティのワインを飲まないのはあまりにもったいない[2004★]。

シロ・パチェンティ（Siro Pacenti）
総面積：60ha
葡萄作付面積：20ha
平均生産量：60,000ボトル
住所：Localita Pelagrilli, 53024 Montalcino, Siena
電話：+39 05 77 84 69 35
メール：pacentisiro@libero.it

MONTALCINO

Valdicava　ヴァルディカーヴァ

　ヴィンチェンツォ・アップルッツェージは、かつて祖父ブラマンテ・マルティーニから聞かされた「20世紀初め、モンタルチーノの人々がいかに貧しかったか」という話を鮮やかに覚えている。ブラマンテ自身、少年時代は朝5時に起床し、数キロ歩いて牛乳を搾りに行き、学校に行く幼い兄弟たちの付き添いに間に合うよう慌てて戻らなければならなかったのだ。だが、成人したブラマンテは食肉を扱うようになり、特にトスカーナのキアーナ牛の商いで収入を得るようになっていく。

　1953年、ブラマンテは今日のヴァルディカーヴァに該当する地所を購入。主な収入源は牛肉だったにもかかわらず、その畑に葡萄を植樹し始めた。たちまち醸造の虜となった彼は1967年、ブルネッロ協会の設立にも尽力し、モンタルチーノ・ワイン創成期の立役者（タンクレディ、フランコ・ビオンディ・サンティ、ファットリア・バルビのコロンビーニ博士たち）と親しくつき合うようになる。ヴィンチェンツォの記憶によれば、1967年、祖父のブルネッロは、イル・ポッジョーネとバルビのそれに劣らない味であったという。だがさらに思い返すと、1964年はビオンディ・サンティ以外においしいブルネッロはなかったというのだ。

　1975年、ヴィンチェンツォは14歳のときに、祖父ブラマンテの醸造所の手伝いを始め、1980年にはフルタイムで働き出し、寸暇を惜しんで仕事に励むようになった。それゆえ、1987年には現金をかき集め、かなり抑えられた価格の地所を購入できるまでになったのだ。ワイナリーを引き継いだ彼は、コンサルタント・エノロゴのアッティリオ・パーリに参画を依頼する。やがてすばらしい出来の1990年ヴィンテージがリリースされ、ヴィンチェンツォ・アップルッツェージは真の意味で"始動"し始めたのだ。

　ヴィンチェンツォは「すばらしいワインはすばらしい葡萄を通じてつくられる」ということに初めて気づいた1人だった。試験農場に4種類の台木と4種類のバイオタイプによる16通りの組み合わせをすべて植え、その後の植樹もすべてこの素材の知識をもとに実施したのだ。のちにこの知識を活用し、さらに拡大するために、彼はアグロノモのアンドレア・パオレッティを雇い入れたが、畑での日常的な仕事の采配は自分自身と16人の働き手が決めることにしている。なお、ヴィンチェンツォは自分のことを「モンタルチーノで数少ない手摘みの1人」だと表現している。

　今日、ヴァルディカーヴァの、つい最近植えられた畑の植栽密度は5500本／haである。ヴィンチェンツォは葡萄樹1本当たりの収穫を1キロ未満に抑え、選別後の平均収量を30hℓ/ha（フランス最良の畑の標準よりも低い値）になるようにしている。とはいえ、彼が本当に熱を入れているのはワインの凝縮感と複雑さ、そして色の深みをさらに増すことにほかならない。それゆえ、ここのワインの色合いは驚くべき深み――正真正銘のサンジョヴェーゼの色――をたたえているのである。

極上のワイン

ヴィンチェンツォはよく「私は5つのブルネッロと4つのロッソをつくっている」と言う。これは、醸造と熟成の目的別に分けられた彼独自の分類法だが、商業面から見ると次の2つに絞り込めるであろう。

Brunello di Montalcino　ブルネッロ・ディ・モンタルチーノ
はずれ年を除いて毎年つくられる、力強く、フルーティーなスタイルのブルネッロ。しっかりした構造なのに、エレガンスがまったく失われていない。1999年は古典的な味わい。2000年は先が楽しみな出来である。

Brunello Riserva Madonna del Piano
ブルネッロ・リゼルヴァ・マドンナ・デル・ピアーノ
よりよい年につくられるリゼルヴァ。「これがサンジョヴェーゼかと当惑してしまうほど」（ヴィンチェンツォ自身の言葉）さらにリッチで深い色合い。ベンヴェヌート・ブルネッロで試飲をしたジャーナリストの多くが、2001年は100％サンジョヴェーゼではないと考えたようだ。だがヴィンチェンツォは「これは断じてブレンドではない」と断言する。そのまったく気取らないシンプルな説明に、私は衝撃を受けてしまった（彼いわく、深い色合いは「畑での重労働と当たり年のおかげ」）。1999年★は力強さと抑制のバランスが程よい。

とにかく、ここのワインにはすばらしい持続力がある。1990年ヴィンテージの両方のブルネッロを試したあと、私はこうメモをしている。ノルマーレについては「マッシュルーム、皮革、ドライフルーツ、ハーブ、しっかりしたタンニンがふんだんな果実味に包み込まれている。まだかなり若々しく、さらに時間が必要」リゼルヴァについては「しっかりとして、尖った感じさえする酸味。非常にフレッシュ。古典的で典型的なサンジョヴェーゼの味わい。よくできたワイン。秀逸」

ヴァルディカーヴァ（Valdicava）
総面積：43ha
葡萄作付面積：20ha
平均生産量：50,000ボトル
住所：Localita Val di Cava,53024 Montalcino, Siena
電話：+39 05 77 84 82 61
URL：www.valdicava.it

モンテプルチャーノ

トスカーナの中でも、「歴史上有名な」という表現が最もぴったりくるワイン地域——それがモンテプルチャーノだ。この町は、ローマの高名な歴史家リウィウスが2000年前に書いた"ローマ建国史"の中に登場する。9世紀末には、葡萄畑の権利譲渡にまつわる書類にも登場している。1350年には、モンテプルチャーノ・ワインの輸出入にまつわる条件が制定されている。さらに16世紀になると、ローマ教皇パウルス3世の食料番であったサンテ・ランチェリオが、モンテプルチャーノのワインを「教皇が偏愛する完璧なワイン」と記している。だが、この地域のワインに関する記述で最も有名なのは、フランチェスコ・レディが著書『Bacco in Toscana』に書き記した「ワインの王様」という一言であろう。はたして、いつからここのワインは「ノーブル(高貴な)」ワインとして有名になったのか？　その答えを知る人は誰もいないが、19世紀初頭には、この形容詞がここのワインにつけられるようになったと考えて間違いない。ヴォルテールは『カンディード』の中でモンテプルチャーノ・ワインについて言及し、トーマス・ジェファーソンはここのワインを嬉々として飲んだという。たしかに、これらはすべてモンテプルチャーノの宣伝パンフレットなどで目にする断片的な情報であり、私は本書にそれらを掲載するに当たり、調査に携わった関係者の名前さえ表示していない。実際、これらすべてが、「モンテプルチャーノのワイン」を"高貴な"イメージにするよう、情報を操作して人々の心理を巧みに操る専門家たちが仕掛けた戦略の可能性すらある。かつて私の友人で、これを「刷り込みの技術」だと評した者もいる。だが「ノーブル(高貴な)」というのが、非常に耳に心地よい言葉であることに変わりはない。

では、これだけ歴史上有名な地域なのに、なぜ20世紀後半から21世紀にかけて、モンテプルチャーノ・ワインのイメージは、シエナ県にあるもう1つのワイン地域——モンタルチーノ——のそれに遅れをとってしまったのだろう？　現代の"ワイン神話"を数々生み出したアメリカのワイン専門誌が「歴史はあるが、やや古くさいイメージの地域」よりも「100年熟成可能なワインを生む地域」に注目したからだろうか。それとも、ワインのスタイルに関することなのか。

モンタルチーノのワインはモンテプルチャーノのそれより値段が2倍高い(だがおいしさも2倍だろうか?)が、そのことを抜きにして考えても、たしかに前者は後者よりも洗練された味わいが楽しめる。木樽による長い熟成(モンテプルチャーノの1〜2年に比べて、モンタルチーノは最低でも2〜4年)により、タンニンが丸みを帯び、柔らかくなる。一方、ブルネッロに比べて、ヴィーノ・ノビレの酸味は攻撃的でまとまりがない。実際、特別な環境下に置けば、ヴィーノ・ノビレの酸味とタンニンの構造は優に100年は変わらないであろう(言っておくが、これはブルネッロの話ではない)。私自身、至る所で公言しているが、この構造上の"厳格さ"にいかに対処するかが、今後のヴィーノ・ノビレの重要課題なのだ。

では、その種の厳格さが生まれてしまう理由とは何なのか。モンテプルチャーノはモンタルチーノに比べてはるかに内陸部にあり、海岸からの微風の恩恵を受けることはない(モンテプルチャーノの近くに巨大なトラジメノ湖があっても同じことだ)。高度と土壌タイプは似たような混合タイプだが、モンテプルチャーノ周辺の葡萄畑は、東向きであるヴァリアーノ地区の砂質に比べてはるかに粘土質で硬質である。また雨量はモンテプルチャーノの方が多く(あるいは「モンタルチーノが少雨で有名」と言うべきかもしれない)、平均気温はモンテプルチャーノの方がやや低い(気候変動の効果を期待したいところだ)。

両者の違いは、葡萄の用い方にもある。ブルネッロが100%サンジョヴェーゼであるのに対し、ヴィーノ・ノビレはサンジョヴェーゼが70〜100%で、土着種ではカナイオーロやマンモロ、国際種ではメルローやカベルネがブレンドされている(土着種より国際種のブレンドの方が圧倒的に多い)。法律では10%のトレッビアーノやマルヴァジーアもブレンドが許されているが、それらはほぼ誰も活用していないのが現状だ。

さらに重要なことに、モンテプルチャーノは、サンジョヴェーゼの派生種である「プルニョーロ・ジェンティーレ」(「穏やかな野生のプラム」という意味。その厳格さから考えると、実に興味深い名前と言えよう)を誇りにし、多用している。ただし、この違いさえも、2つの地域のワインの違いを説明するには不十分だ。というのも、10〜

右：モンタルチーノのワインに比べて、モンテプルチャーノのワインが厳格になる原因は数々あるが、平均気温の低さもその1つだ

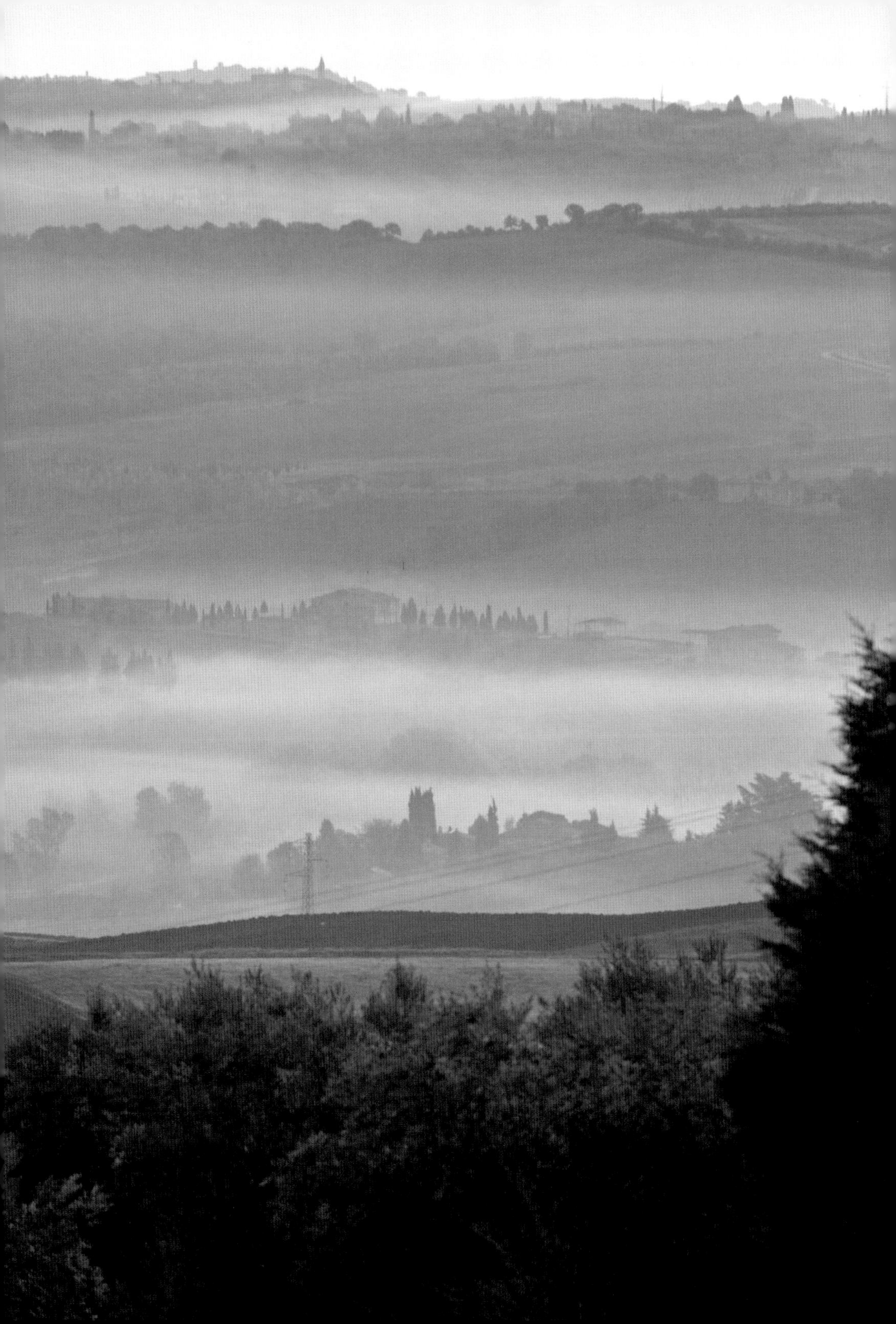

モンテプルチャーノ

- ■ 主要生産者
- ━━ モンテプルチャーノのワイン生産地域
- ┄┄ 鉄道
- A1 主要道路

15年前にトスカーナの他の地域がそうだったように、現在、モンテプルチャーノの畑の多くが植え替え中で、その植え替えにはプルニョーロ・ジェンティーレのための特別なクローンではなく、大学や育苗業者、あるいはCC2000プロジェクトのような調査グループによって開発されたクローンが用いられているからだ。

とはいえ、約40の生産者たちから成るモンテプルチャーノ品質保護協会(キアンティ・クラッシコやモンタルチーノに比べて非常に少人数)は、これまでサンジョヴェーゼのモンテプルチャーノ版クローンの調査を熱心に実施してきた。そしてようやく最近、そのクローンが植え替えに使用されるようになっているのだ。はたしてどのような葡萄とワインができあがるのか。現時点では時期が早過ぎて、その結果を判断することはできない。

最後に、モンテプルチャーノのセカンドワイン「ロッソ・ディ・モンテプルチャーノ」について触れておく必要があるだろう。ロッソ・ディ・モンタルチーノ同様、こちらも早い時期にリリース可能なワインである(ちなみに、ヴィーノ・ノビレの熟成もブルネッロの半分で済むが、ワインとしての重要性も半分になってしまっている)。モンタルチーノのほぼすべての生産者がロッソをつくっているのに対し、モンテプルチャーノではほとんどロッソはつくられていない。それはおそらく、市場で「モンテプルチャーノ・ダブルッツォ」(異なる葡萄を用いたワイン)と混同されるのを懸念してのことであろう。モンタルチーノ同様、モンテプルチャーノのその他の良質なワインもまた、IGT・トスカーナのジャンルに含まれている。

右:歴史的に有名なモンテプルチャーノには、伝統を厳しく重んじるワイナリーがいくつかある。これはそのうちの1つ、カンティーネ・コントゥッチのドア

252

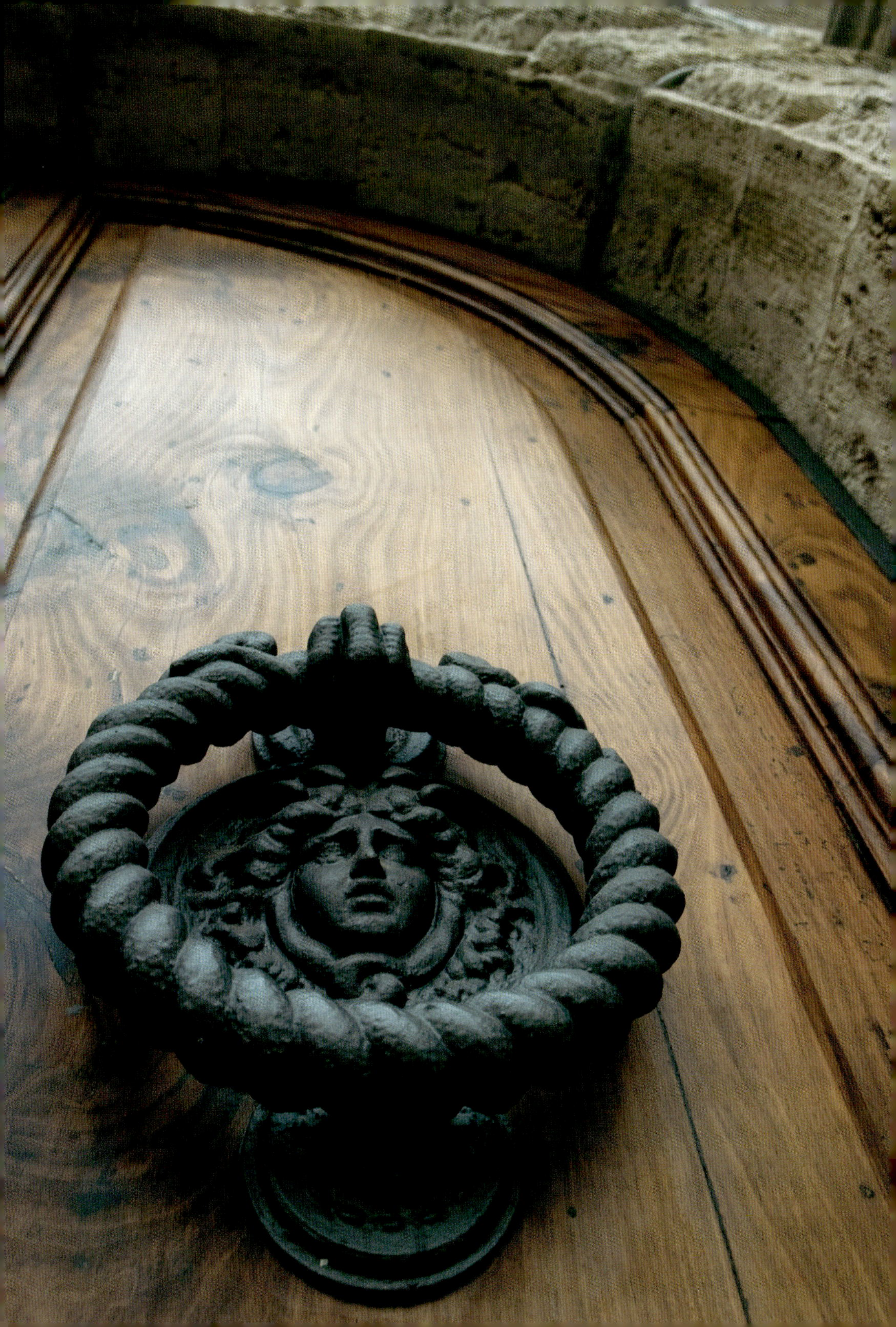

MONTEPULCIANO

Poderi Boscarelli　ポデーリ・ボスカレッリ

デ・フェッラーリ候爵家はジェノヴァに起源を持つ一族で、ティレニア海に面したその町を本拠地としてきた。そして彼らもまた多くの北部人と同じく、メッツァドリーア廃止に伴い、1962年、低価格で売却されたトスカーナの土地——モンテプルチャーノ——を取得した幸運の持ち主なのだ。実際、この土地を購入したのは現当主パオラ・デ・フェッラーリの父である。しかし、1967年の父親の早すぎる死のあと、このワイナリーの面倒をみてきたのは彼女と夫だった。それから16年間、この夫婦は週末や休日になるとジェノヴァからモンテプルチャーノに駆けつけ、この葡萄園の改善と保護のために努力を惜しまなかった。そしてその努力の甲斐あって、1980年代はじめには、彼らは混作による葡萄畑と9haの葡萄専用畑を操業するようになっていたのだ。

1984年、パオラはトスカーナのトップ・コンサルタント・エノロゴであるマウリツィオ・カステッリ(キアンティ・クラッシコ協会の前顧問であり、最初のフリーランス・エノロゴの1人)を招聘する。このときをきっかけに、ボスカレッリが周辺のヴィーノ・ノビレ生産者の注目を集めるようになったと言っても過言ではない。そして1988年、ワインづくりに興味を持っていたパオラの長男ルカがワイナリーを引き継ぎ、醸造面の責任を負うことになった(引き続き、カステッリのアドバイスは受けている)。さらにこのあと、アグロノモの資格を取得した次男ニコロもこの地所に住み込み、経営に参画するようになった。一方、パオラとルカは今でもジェノバからこの地に通い続けている。

ボスカレッリは基本的に非常に小さな地所だが、カステッリはそれを"恵み"であると考えている。「彼らが幸運だったのは、一度も畑を拡大しなかったことだ。大きな地所で高品質のワインをつくるのは難しくない。なぜなら、畑が広い分、色々な選択肢があるからさ。だが本当に個性的なワインをつくるには、こぢんまりとした畑に限るんだ」

1970年代、醸造所の体制を整えて以来、彼らはその体制のままでワインづくりを行っている。唯一の重要な変化と言えば、ステンレス鋼発酵槽の導入だろう。

ただし、1990年代はじめ、トスカーナのあらゆる生産者がそうだったように、彼らも「葡萄の品質の向上」を第一目標として掲げていた。ゆえに、彼らは1991年からすべての葡萄畑において植え替えプログラムを徐々に実施し、特に最良の区画には一部マッサル選抜によるサンジョヴェーゼを植えるようにしたのだ。一方で、このワイナリー最古の葡萄畑(サンジョヴェーゼ、カナイオーロ、コロリーノ、マルヴァジーア・ネーラ、マンモロ、チリエジョーロが植えられた1975年の畑)もまだ現存する。もちろん、この畑の葡萄がワインづくりに用いられることはないが、すべての品種がいまだにきちんと区分され、植えられている。さらに、彼らはフランス産およびイタリア産の様々な葡萄品種を"試験的に"植えた畑も所有している。当初の植栽密度は2000〜3000本/haだったが、現在では6000〜7000/haまで引き上げられている。

今日、彼らは葡萄樹当たりの収量を700〜800gに抑えようと努力し、またコルドン仕立てからギュイヨ仕立て(シングルまたはダブル)に切り替えた。これは「コルドンで育ったワインに偉大なものはない」というカステッリの教えに従ったからにほかならない。

極上のワイン

Vino Nobile di Montepulciano Nocio dei Boscarelli
ヴィーノ・ノビレ・ディ・モンテプルチャーノ・ノーチョ・デイ・ボスカレッリ
葡萄の構成に関して言えば、ボスカレッリのワインは常に変化と革新を追求し続けている。このワインは2001年以降、サンジョヴェーゼ100%となった。長期のマセレーション(40日以上)と熟成(トノーとバリックで18カ月)が実施される、よいヴィンテージしかつくらない、このワイナリーのファーストワイン。以下は、2004年から垂直試飲した結果である。

2004年：非常に洗練された優雅な果実とハーブのアロマ。深みと構造が十分あり、フレーバーも芳醇だが、まだ寝かせておく必要あり。2012年まではそっとしておいた方がいいだろう。
2001年：大地とスパイス、プラムが混ざり合ったアロマで、口に含むと、ふんだんな上品さが感じられる。良質な果実味がしっかりとした構造に支えられ、むしろモンテプルチャーノの厳格なスタイルと

右：このワイナリーのトップを務めるパオラ・デ・フェッラーリとその息子たち、ルカ(左)とニコロ

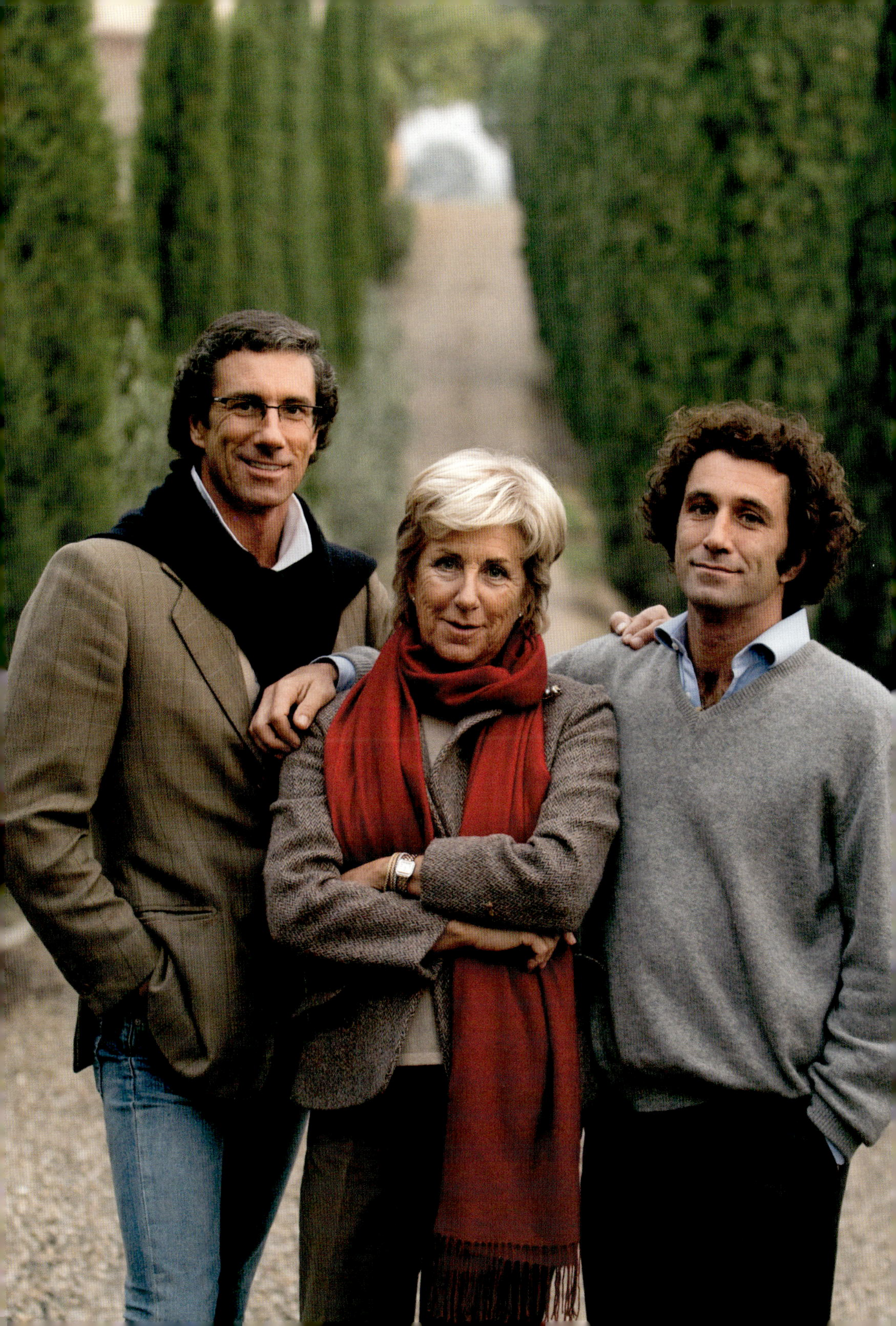

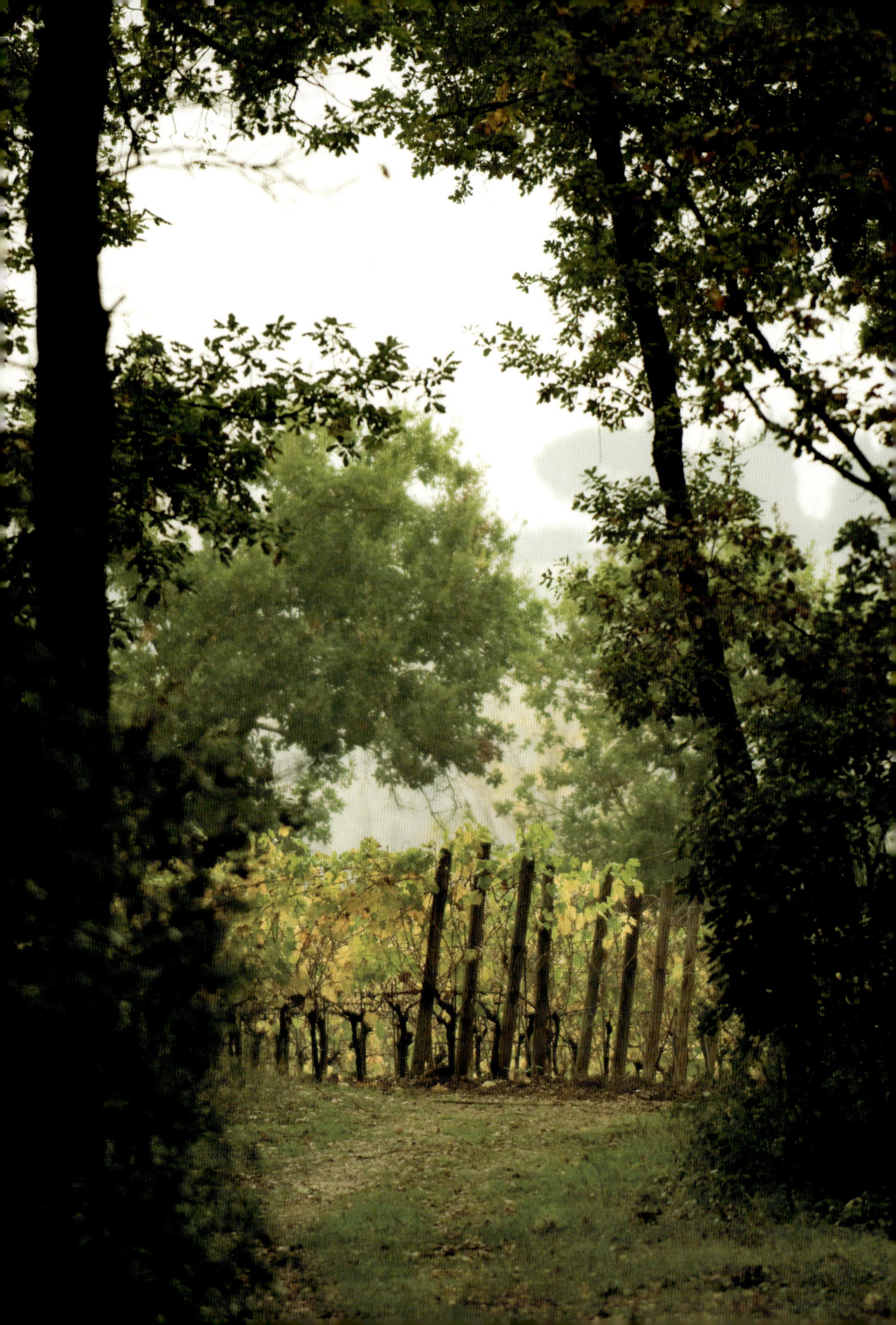

MONTEPULCIANO

は一線を画する。「肉厚だが非常にエレガント」と私がコメントすると、カステッリは「それはサンジョヴェーゼだからさ。エレガントじゃないと困るよ」と答え、おどけた仕草をしてみせた。
1999年：約7％のメルローが含まれたワイン。それゆえ、色はより深く、紫がかっている。2001年よりも非常に若々しい印象。ふんだんな甘い果実味だが、モンテプルチャーノの厳格さもまたふんだんに感じられる。2001年に比べて、ややこの地域の個性が薄い気がするのは、やはりメルローのせいなのだろう。10年熟成すれば、飲み頃になる1品。

1991 Vino Nobile Riserva Vigna del Nocio
1991年ヴィーノ・ノビレ・リゼルヴァ・ヴィーニャ・デル・ノーチョ
メルローとマンモロが含まれたワイン。やや色褪せているが(ヴィンテージのせいであろう)、良質なピノ・ノワールに匹敵するほど甘くてやや退廃的なアロマ。「サンジョヴェーゼはボルドー種ではなく、むしろピノ・ノワールやネッピオーロに匹敵する個性だ」というカステッリの主張が実証された1品。

1983 Riserva　1983年リゼルヴァ
ヴェジタル、皮革などの複雑で誘惑的なアロマで、口に含むと、いきいきした味わい。サンジョヴェーゼの個性が蓄積され、確実に届けられる、すばらしいオールド・ボトル。

Vino Nobile Riserva　ヴィーノ・ノビレ・リゼルヴァ
今日のヴィーノ・ノビレ・リゼルヴァは、サンジョヴェーゼ(90％)とメルロー(10％)のブレンドである。私見だが、後者は2004年ヴィンテージに見られるように、トスカーナの個性を激しく損ね、ただ甘さと凝縮感をつけ加えただけである。優れた1品だが非常に典型的。果実味・凝縮感共にノーチョよりも上だとしても、モンテプルチャーノの"真の子供"とは言いがたい。ただし、個人的には高く評価した。あと数年ボトル熟成が必要。

Boscarelli　ボスカレッリ
このIGT・トスカーナも葡萄の構成が変わりやすい。様々な比率でサンジョヴェーゼ、メルロー、カルメネーレがブレンドされる。2005年はこの地所の土壌(かなりしっかりしたタンニン)とフランス的要素(オーク樽香とベリーの甘味)が好対称の1品に仕上がった。非常に由緒正しいスーパー・タスカン。実際ボスカレッリは、私がこのワイナリーで試飲した最良のワインであり、特に1985年ヴィンテージ(当たり年：当時は100％サンジョヴェーゼ)がすばらしい。適切な環境で熟成されると、この葡萄の能力がいかに高貴なものになるかを体現した傑作。魅力にあふれ、飲みやすい。ハーブ、スパイス、果実味がいちどきに感じられる、華やかで忘れられない1品。

Vino Nobile di Montepulciano
ヴィーノ・ノビレ・モンテプルチャーノ
90％サンジョヴェーゼにマルヴァジーア・ネーラ、コロリーノ、マンモロ、カナイオーロという伝統的なブレンドによる、ストレートなヴィーノ・ノビレ。2005年は典型的なサワーチェリーのアロマで、口に含むと、幾重にも及ぶ、複雑で凝縮された興味深い果実味が広がる。タンニンは典型的なモンテプルチャーノ・スタイルの厳格さで、あと味にハーブのアロマと少量のうまみが感じられる。一言で言えば、「よくできた、しかも興味深いボトル」。

上と左頁：最高品質の果実によるワインづくりを目指しているポデーリ・ボスカレッリ

ポデーリ・ボスカレッリ(Poderi Boscarelli)
総面積：18ha
葡萄作付面積：13ha
平均生産量：70,000ボトル
住所：Via di Montenero 28,53040 Cervognano di Montepulciano, Siena
電話：+39 05 78 76 72 77
URL：http://www.poderiboscarelli.it

257

MONTEPULCIANO

Fattoria del Cerro ファットリア・デル・チェッロ

サイアグリコーラは農業保険会社SAI社が興したワイナリーだ。1978年、ファットリア・デル・チェッロの最も重要な畑のいくつかを購入し、中央イタリアに4つの畑を所有することになった（1つはウンブリアで3つはトスカーナ）。右肩上がりのビジネスに見合うように、ファットリアはさらにモンテプルチャーノ近くのアックアヴィーヴァに地所を購入。こうしてモンテプルチャーノ最大の個人生産家が生まれたのである。以来、ここの高度350〜450mの葡萄畑からは、良質のワインが次々と生み出されている。まさに「効率のよい畑のモデル例」と言っていいだろう。

このワインの品質に貢献しているのが、サイアグリコーラの全ワイナリーでコンサルタント・エノロゴを長年務めているロレンツォ・ランディと、その同僚でフランス人醸造学者のドゥニ・デュブルデューとクリストフ・オリヴァーだ。つい最近ここを訪れた私は、彼らのとらえどころのない熱意のようなものをひしひしと感じた。また住み込みの若いエノロゴ、ロベルト・ダ・フラッジーニにも研究に対するひたむきな熱意が感じられた。

ダ・フラッジーニは「私たちの目的は、ヴィーノ・ノビレの個性的な、それでいて典型的なスタイルを追求することだ。テロワールを反映させ、喜びと共に飲めるような、うちのワインにしか感じられない"独自の言語"のようなものを持つワインをつくりたい」と語る。その追求のために、彼らはフィレンツェおよびピサ大学と協同で、最古の葡萄畑からマッサル選抜したサンジョヴェーゼの研究・開発だけでなく（その研究結果はプルニョーロ・ジェンティーレのさらなる研究にも活かされている）、その他の土着種（コロリーノ、アブロスティーノ、プニテッロなど）の研究・開発も行っているのだ。ちなみに、イタリア中央部で最もコロリーノを生産しているのはこのワイナリーである（ランディはこの品種を「ブレンドに最適だ」と絶賛）。またダ・フラッジーニによれば、1990年代以降、ファットリア・デル・チェッロの約85％の畑が平均5000本／haの植栽密度で植え替えられている。

当然、醸造所にも様々な最新装置が設置されているが、ワインづくりに関して言えば、ここは伝統主義と現代主義のエッセンスをうまく取り入れている。3種類のヴィーノ・ノビレのうち、フランス産の葡萄を使用しているものは1つもない。ノルマーレとリゼルヴァは、コロリーノとサンジョヴェーゼのブレンドにマンモロを加えたものを、バリックとスラヴォニア産オークのボッティを併用して熟成する。またアンティカ・キウジーナはバリックで15カ月熟成後、さらに1年間ボトル熟成する。

極上のワイン

Vino Nobile di Montepulciano
ヴィーノ・ノビレ・ディ・モンテプルチャーノ
デル・チェッロの代名詞とも言うべき1品。厳格さと飲みやすさの程よいバランスが感じられ、最高の部類に入るヴィーノ・ノビレ。紅茶葉、チェリー、花の香りを含む多様なアロマが、熟れてかなりスムースなタンニンに支えられている。ただし、相当厳選された果実を使っているにもかかわらず、口に含んだときの印象がやや弱いように思えた。

Vino Nobile di Montepulciano Riserva
ヴィーノ・ノビレ・ディ・モンテプルチャーノ・リゼルヴァ
上記のノルマーレと同じくアロマがふんだんだが、果実のジューシーさの面ではこちらがはるかに上である。[2006年V]

Vino Nobile Vigneto Antica Chiusina
ヴィーノ・ノビレ・ヴィニェート・アンティカ・キウジーナ
トップ・セレクションを誇る1品（もはや単一畑ワインではない）。ヴェルヴェットのように滑らかなタンニンと凝縮感がオーク樽香を完全に包みこみ、さらにベリーフルーツ、プラム、バルサムのアロマが楽しめる。[2004年★]

他にもこのワイナリーのワインは数多くあるが、私個人としては、単一品種の**Sangiovese IGT Manero and Merlot IGT Poggio Golo**（サンジョヴェーゼ・IGT・マネロとメルロー・IGT・ポッジョ・ゴロ）はどちらもトップレベルに達しているとは思えなかった。

CÒLPETRONE　コルペトローネ

サイアグリコーラの2番目に重要な地所が、ウンブリア州モンテファルコのグアルド・カッタネーオにあるコルペトローネだ。140haのうち、63haにサグランティーノ、サンジョヴェーゼ、メルローが植えられている。**Montefalco Rosso DOC**（モンテファルコ・ロッソ・DOC）はサグランティーノ15％、サンジョヴェーゼ70％、メルロー15％のブレンドワイン。2つの主要なワインである**Montefalco Sagrantino and Montefalco Sagrantino Passito**（モンテファルコ・サグランティーノとモンテファルコ・サグランティーノ・パッシート）はどちらもDOCGであり、100％の単一品種ワイン。これらはすべてしっかりとした骨格を持ち、特に（ロッソ・DOC）はポートワインのようなあと味が熟れたタンニンに重なり、非常に印

右：サイアグリコーラの最高経営責任者グイド・ソダーノ（左）と、長く勤めているコンサルタント・エノロゴのロレンツォ・ランディ

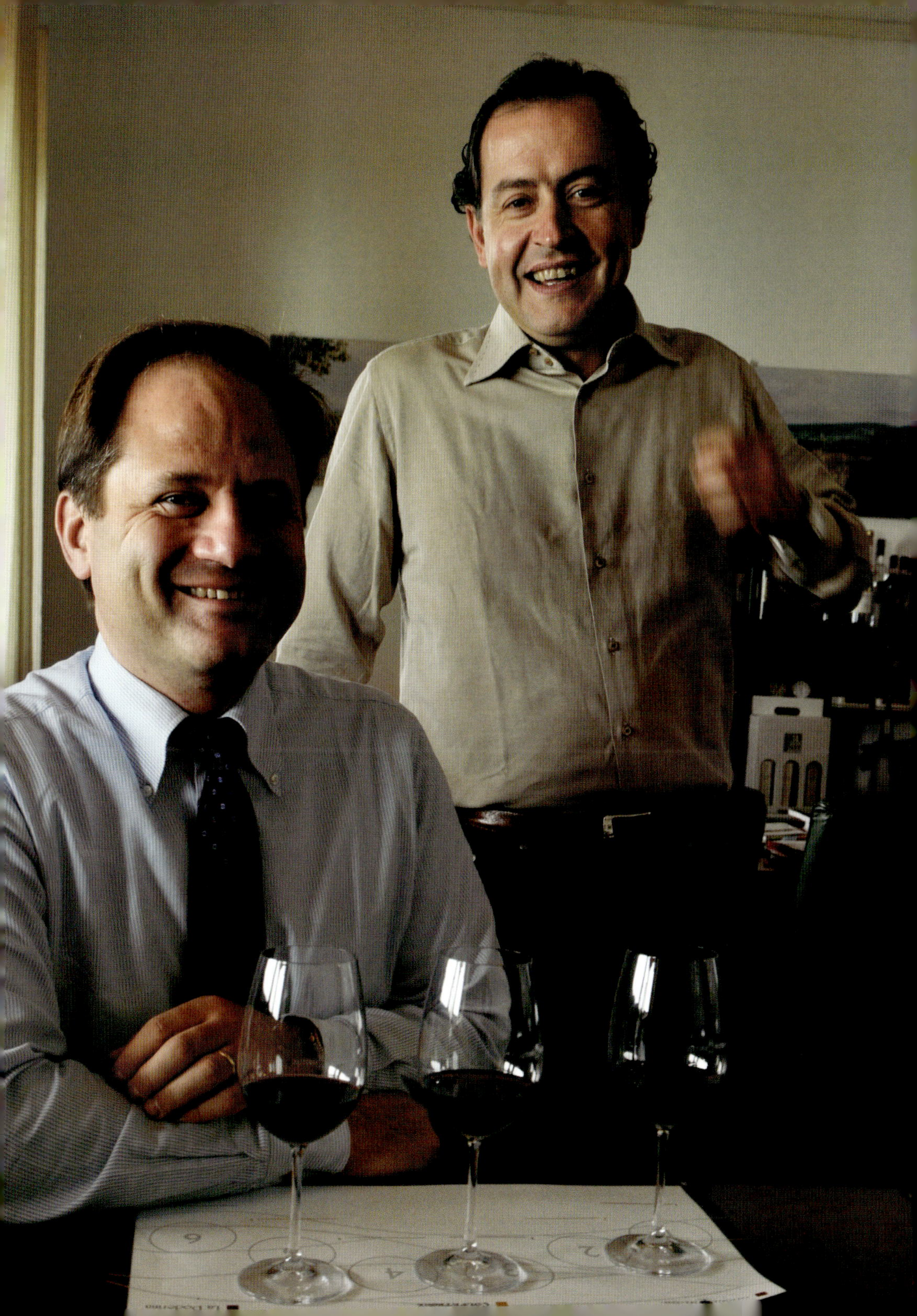

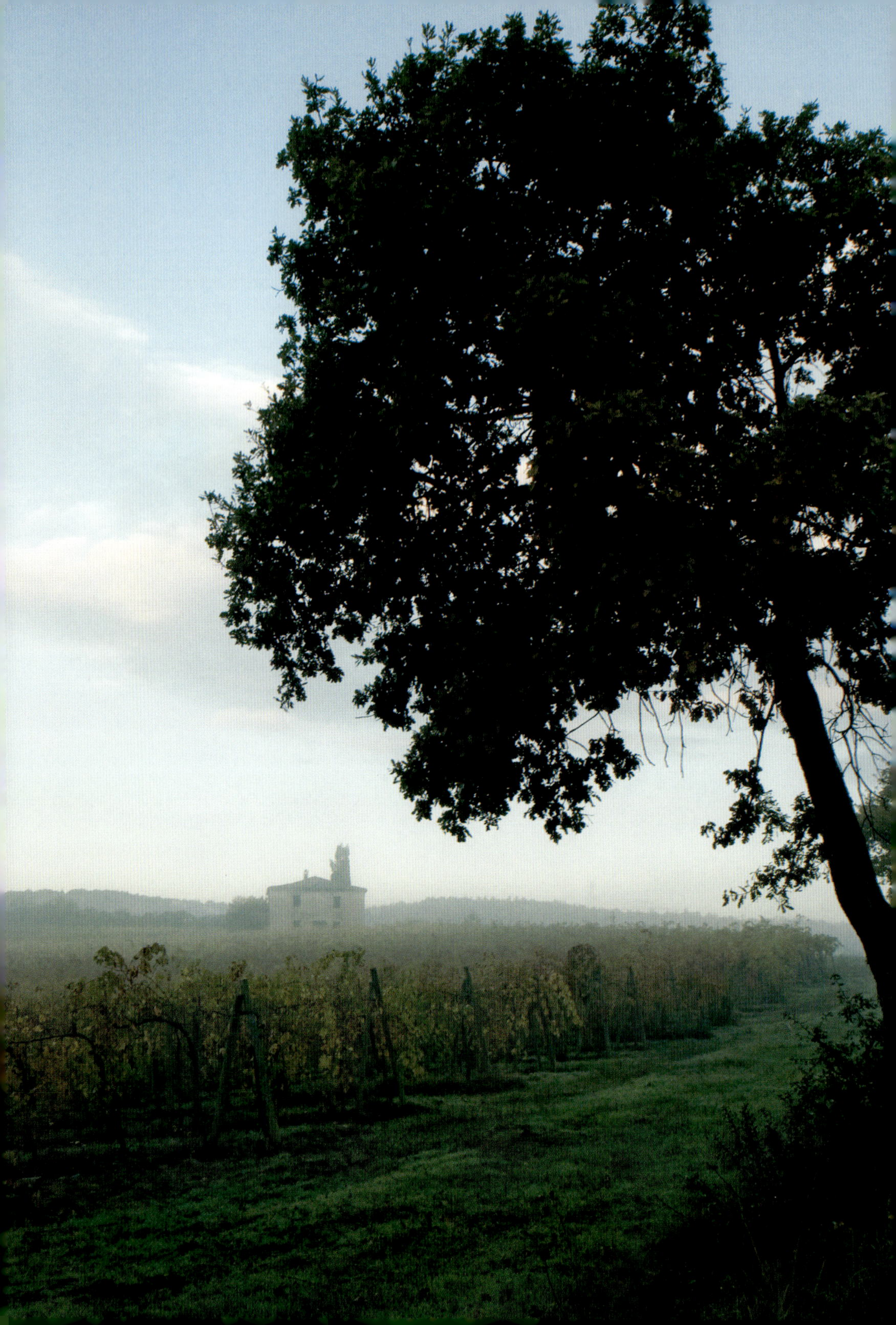

MONTEPULCIANO

象的。長いあと味ととろけるような食感が楽しめる。最近、新たにリリースされた**Montefalco Sagrantino Gold（モンテプルチャーノ・サグランティーノ・ゴールド）**はトップイヤーのみ、2つの葡萄畑から厳選された最高の葡萄でつくる特別なワイン。私が試飲した1品は非常に保守的な味わいだったが、「ゆくゆくは偉大なボトルになるのでは」という確かな可能性を感じた。パッシートはレチョートのように2カ月間日陰干しした葡萄からつくられるが、個人的には糖分があまりに高過ぎて印象に残るものではなかった。

LA PODERINA　ラ・ポデリーナ

このグループの3番目の畑は、カステルヌオーヴォ・デッラバーテ近くのモンタルチーノの領域にある。49haの敷地のうち、ほぼ半分がブルネッロの名前で登録されている。メインのワインは**Brunello di Montalcino（ブルネッロ・ディ・モンタルチーノ）**（オークで2年熟成、ほとんどがボッティ）で凝縮感とエレガンスが楽しめるが、同タイプの中で特に目立つ特徴はない。**Brunello di Montalcino Poggio Banale（ブルネッロ・ディ・モンタルチーノ・ポッジョ・バナーレ）**（バリック・スタイルの現代的な1品）は同タイプの中でも凝縮感が増し、ダークチョコレート、挽きたてのコーヒーのアロマが楽しめる。

MONTERUFOLI　モンテルフォリ

これは、ピサ県モンテヴェルディ・マリッティモにある1000haの地所で、そのうち16haに葡萄樹が植えられている。最近、ここからは2つのワインが生み出されている。1つは辛口の白でヴェルメンティーノ・IGTである**Redenzione（レデンツィオーネ）**［2008年★］。これはオークを用いないのが特徴で、試飲したところ、フレッシュ感、清潔感、さらにふんだんな海の塩を感じるミナラリーなアロマが楽しめた。もう1つは、サンジョヴェーゼにカベルネとメルローをブレンドした**Malentrata（マレントラータ）**で、こちらは熟れた果実味が欠けていた。試飲メモに私はこう書き留めている。「最初からやり直した方がいい」

左：「モンテプルチャーノ最大の個人生産家」というステイタスからは想像できないほどシンプルな、ファットリア・デル・チェッロの周辺風景

ファットリア・デル・チェッロ／サイアグリコーラ（Fattoria del Cerro/Saiagricola）
総面積：600ha　葡萄作付面積：170ha
平均生産量：800,000ボトル
住所：Via Grazianella 5,53040 Acquaviva di Montepulciano, Siena
電話：+39 05 78 76 77 22
URL：www.saiagricola.it

261

MONTEPULCIANO

Avignonesi アヴィニョネージ

アヴィニョネージの名前は、モンテプルチャーノのワインサークルの中でも最も歴史あるものだ。古きよき時代、アヴィニョネージを含むヴィーノ・ノビレの生産者たち数人は、町の城壁の内側に醸造所を持っていた。そしてその伝統は、今でもコントゥッチによって引き継がれているのだ。だが1970年に入ると、モンテプルチャーノのワイン全般がそうであったように、アヴィニョネージのワインも世間から評価されなくなってしまったのである。

ちょうどその困難な時期に、結婚によって、キアンチャーノ・テルメ出身のファルヴォ兄弟がこのワイナリーにやってきた。このエットーレとアルベルト・ファルヴォ兄弟こそ、1992年から専属のワインメーカー、パオロ・トラッポリーニの助けを得ながら、葡萄栽培と醸造の両面での改革をし、数年かけてこのワイナリーを「由緒正しいワイン地域で最も誉れ高い存在」に押し上げた立役者なのだ。2008年、ファルヴォ兄弟は90％の所有株をヴィルジニー・サーヴェリーズに売却している。

世界的に有名なヴィン・サント「オッキオ・ディ・ペルニーチェ」は、「何事も経験だ。短気は損気」を地でいくベニス気質によってつくられている。

今日、アヴィニョネージは4つの葡萄畑を所有し、土着種および国際種の両方を栽培している。イ・ポッジェッティは彼らのメインの畑であり、ヴィーノ・ノビレのためのサンジョヴェーゼ（プルニョーロ・ジェンティーレ）、マンモロ、カナイオーロの栽培が行われている。ラ・セルヴァ（コルトーナ地区）とラ・ロンバルダの畑では国際種が栽培され、その大半をメルローが占めているが、カベルネ・ソーヴィニョン、ピノ・ネーロ、シェルドネ、ソーヴィニョンも含まれている。だがおそらく一番興味深いのは、このワイナリー最小の畑レ・カペッツィーネであろう。それにはいくつか理由がある。

まず、レ・カペッツィーネが観光客に開放されていることだ。このワイナリーの印象的な醸造所も必見だが、それとは別に、「おいしい」と評判のレストランやそこで開催される料理教室、またワイナリー見学といった催し物も興味深い。さらに、ワインの観点から見て興味深いのは、この7haの畑が古代ギリシャの方法"セットンチェ・スタイル"を採用していることだ。これは「1本の葡萄樹を基本にして、それを中心に正六角形を描き、その各頂点に木を植える」という作業を重ねることで、葡萄樹をアルベレッロ仕立てで等間隔にきれいに整列させる方法である（植栽密度は7158本／ha）。この方法だと、1本1本の樹が等間隔に並び、かつ針金を使わずに済むため、トラクターの自由な作業が可能になるのだ。もう1つ、レ・カペッツィーネの注目すべき特徴は「ヴィーニャ・トンダ」と呼ばれる円形状の畑だ。これは植栽密度と台木の適性を実験するための新手法だが、紙面の都合上、詳細は割愛する（詳しくはアヴィニョネージのホームページを参考にしてほしい）。しかも、この畑には、モンテプルチャーノや周辺地域の古代の土着種が試験的に栽培されているのである。

だがレ・カペッツィーネの最も驚異的な特徴は、専用蔵「ヴィンサンタイア（vinsantaia）」であろう。この蔵では、世界的に有名なヴィン・サント「オッキオ・ディ・ペルニーチェ」がカラテッリ（50ℓ）に入れられ、ブレンドと瓶詰の前に10年もかけて熟成される（ワイン・ツアー参加者でもラッキーな人は、この甘口ワインを少量試飲できる場合もある）。明らかに、彼らは「何事も経験だ。短気は損気」を地でいくヴェニス気質と言えよう。ここのヴィン・サントは年間でハーフボトル1000本未満しかつくられない。まさに値段を超えた価値のある1品なのだ。

極上のワイン

Vino Nobile Riserva Grandi Annate
ヴィーノ・ノビレ・リゼルヴァ・グランディ・アンナーテ
名称が示すとおり、グレート・イヤーしかつくられない、ここのトップワイン。これまで生産されたのは2004、2001、1997、1990年（ファースト・ヴィンテージ）のみ。サンジョヴェーゼ（85％）とカベルネ・ソーヴィニョン（15％）のブレンドワインで、新しいバリックで30カ月熟成される。そう聞いて「サンジョヴェーゼには長過ぎるのでは」と思う向きもあるだろうが、実際にこれでうまくいっている。アロマも風味もオーク樽香が支配的ではあるが、それを非常に良質

右：モンテプルチャーノで最も有名な生産者「アヴィニョネージ」のワインメーカー、パオロ・トラッポリーニ

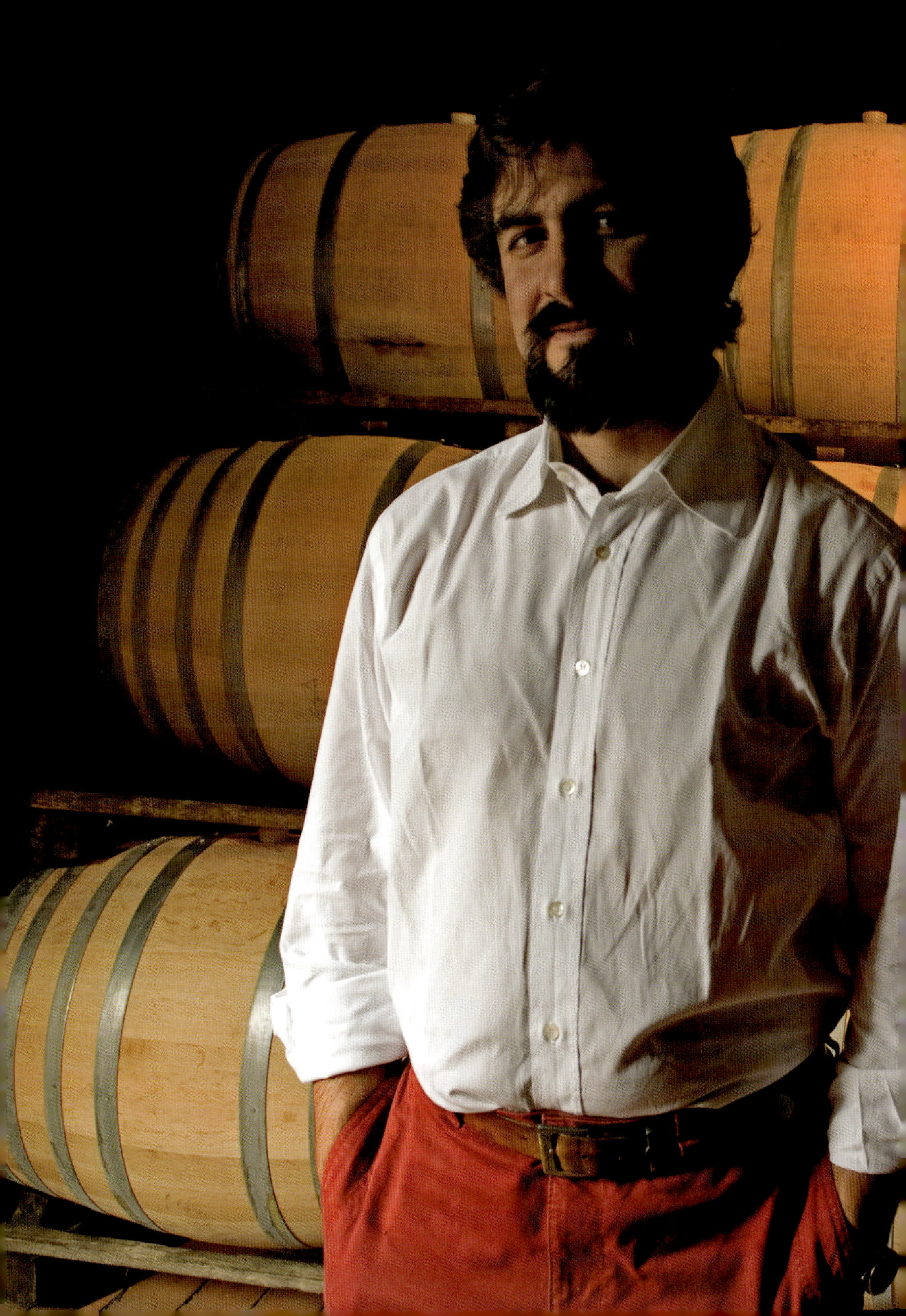

のプラムとチェリーフルーツ、さらに隠れたハーブの深みがうまくカバーしている。少なくとも2012年までは寝かせておく必要があるだろう。

Vino Nobile (*normale*) 　ヴィーノ・ノビレ(ノルマーレ)
試飲した印象では、リゼルヴァよりも、2005年ヴィーノ・ノビレ(ノルマーレ)の方がおいしかった(あまりよくないヴィンテージだったため、50％をボッティで、残りの50％をバリックで熟成)。こちらもサンジョヴェーゼは85％だが、残りの15％はカナイオーロとマンモロで構成される。はつらつとした表現豊かなワインで、フレッシュフルーツとガーデン・ハーブのアロマが特徴的。タンニンがかなり支配的であるが、荒さはない。非常に典型的ですっきりとした長寿型の1品。これぞヴィーノ・ノビレといった印象。

Desiderio　デジデリオ
100％メルローのワイン。2005年ヴィンテージを試飲したが、私の好みではない。ふんだんな果実味だが、やや単調で、長寿も期待できない。トスカーナにはこれ以上のメルローがもっとある。

Occhio di Pernice　オッキオ・ディ・ペルニーチェ
サンジョヴェーゼ100％でつくられる、非常に珍しいヴィン・サント。試飲したのは1992年で、他のヴィン・サント(グレケット、マルヴァジーア、トレッビアーノからつくられたもの)とは明らかな違いが感じられた。いくら褒めても褒め足りない、最高のワイン。深い茶色の色合い。香りのヴォリュームは強く、高い揮発性のマジック・トフィーやクレーム・カラメル、ドライ・アップルなどのエステル系のアロマ。もはや飲み物というよりは食べ物といった印象。最高得点以上の点をつけたい1品。

上：アヴィニョネージの代名詞であるヴィン・サント「オッキオ・ディ・ペルニーチェ」の樽。蝋で封印され、10年間寝かされる

アヴィニョネージ(Avignonesi)
総面積：225ha
葡萄作付面積：109ha
平均生産量：700,000ボトル
住所：53040 Valiano di Montepulciano, Siena
電話：+39 05 78 72 43 04
URL：www.avignonesi.it

MONTEPULCIANO

Contucci コントゥッチ

コントゥッチという名前は「トスカーナ・ワインの伝統の代名詞」と言っていい。「うちは、ここモンテプルチャーノで2番目に歴史があるワイン生産者なんだ。1925年創業のファネッティも、私たちより900年ほど歴史が浅いんだよ」上機嫌な笑みを浮かべてそう語るのは、現当主アラマンノ・コントゥッチだ。「私たちは"運"と"賢明さ"の両方に恵まれているんだと思う。常にバトンを渡せる後継者、それも喜んでバトンを受け取ってくれる後継者がいたことは"運"のおかげとしか言いようがない。一方で、あとの世代に引き継げるようなビジネスをしてきたのは"賢明さ"のおかげだと思う」

彼らが現在本拠地に使っているのは、16世紀にアントニオ・ダ・サンガッロが建てた堂々たる大邸宅だ。だが、これも彼ら一族の歴史に比べれば「360年しか経っていない」ということになる。この非常に印象的な建物

この地域が悪い方向へ先走りすぎていると感じたときは、ブレーキをかける役割を担う必要がある──アラマンノ・コントゥッチ

は、中世の町として有名なモンテプルチャーノの城壁の内側の、大聖堂市庁舎がある広場の端に位置している。中に入ると、至るところに発酵槽や容器が所狭しと置かれ、映画のセットで組まれた醸造所のような雰囲気だ。このワイナリーの売上の60%が、いまやこのセラーを訪れる個人客によるものという事実もうなずける。

「私たちの哲学は」アラマンノは続ける。「『常に時代を動かし、揺るがす者として行動せよ』ということだ。特に、この地域が死の危機に瀕したときは"革命家"の役割を果たすべきだと考えている。だがその一方で、この地域が悪い方向へ先走りすぎていると感じたときは、ブレーキをかける役割を担う必要があるんだ。ここ25年間、すべての伝統をかなぐり捨てるのがいいというような風潮が続いている。たしかに、伝統が間違っているときもあるだろう。だが、そのすべてを捨て去ってしまうのはよくないことだと思うんだ」

「たしかに、そういう姿勢を貫いてきたことで、私たちが代償を払わなければならなかったときもある。ここ20年間は、ワイン業界やマスコミの容赦ない批判を浴びることになった。だが脈々と続いている歴史のおかげで、私たちが大変だと聞くと、昔ながらのクライアントが必ず助けの手を差し伸べてくれる。だからこそ、私たちは生き残り、それ以前よりもよい状態に──それも、かなりよい状態に──戻ることができるんだ。もちろん、それだけではないけれど、間違いなく、これが私たちのやり方だと思っている」

アラマンノは当然ながら(だがまったく自慢げではなく)、コントゥッチは「最も厳格な意味で」トスカーナの伝統を守るワイナリーであると説明した。葡萄やワインをよそから買うことなく、ワイン同様、オリーブオイルや農作物(主に小麦)を自社で生産しているという。1950年代まで、小麦は彼らの主力商品であり、今でも重要なアイテムなのだ。

ワインに関して言えば、彼らは伝統的な葡萄──プルニョーロ(彼は「サンジョヴェーゼ」とは言わない)、カナイオーロ、マンモロ──にこだわりつづけていて、コリーノの栽培も増やしている。フランス産の品種は決して用いない。

25年間、ヴィーノ・ノビレ・ディ・モンテプルチャーノ品質保護協会の会長を務めてきたアラマンノは、プルニョーロ・ジェンティーレのクローン研究・開発に尽力してきた。その結果、モンテプルチャーノの様々な畑の、色々な区画から採取された140種類のうち、今ではすでに3種類のクローンが正式に認可されている。彼はこれらのクローンが畑で成長し、ワインづくりに使われるようになったときこそ、モンテプルチャーノのワインが数世紀前と同じような優位を享受することになるだろうと確信している。同時に、プルニョーロ・ジェンティーレは決して"マーケティング上の小道具"ではなく、間違いなくサンジョヴェーゼの派生種であることも信じて疑わない。「果房や葉を見れば(その差は)一目瞭然さ。その違いを言葉でうまく表すことはできないが、畑に行って、それをきみに見せることはできる。新しいクローンでつくったワインが生産されるようになったら、その違いはすぐに明

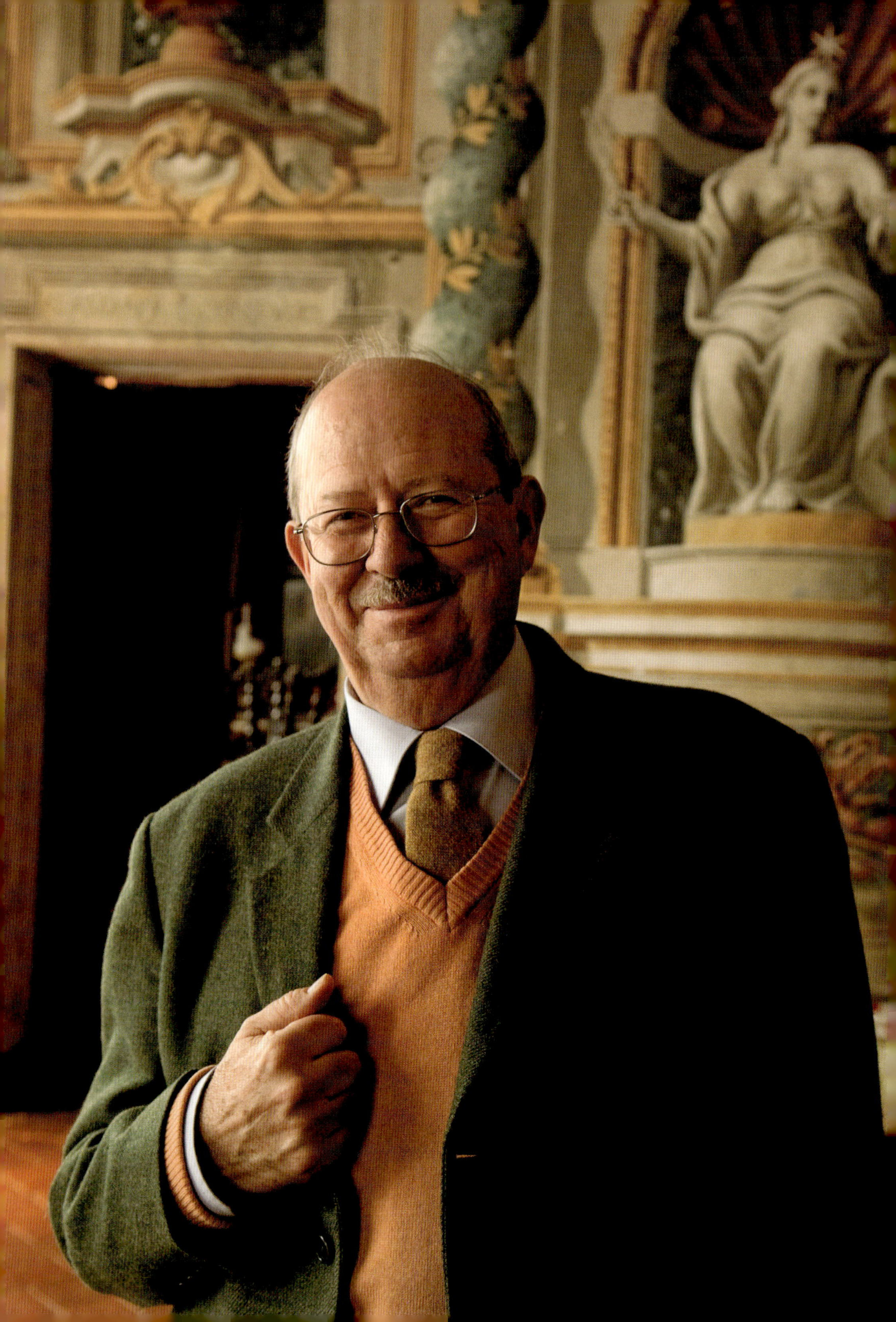

MONTEPULCIANO

らかになるだろう」
　アラマンノ・コントゥッチは、彼の特徴である、控えめな笑いを浮かべながら次のように語った。「うちの一族は仕事を続けている。私の息子は畑で働いているし、娘は管理運営に携わっている。それに私の甥は営業面で私を助けてくれている。もうすぐ、うちの歴史は1千年を迎えるが、さらにもう1千年は続くかもしれない。だって、そうならない理由が見つからないんだよ」

極上のワイン
Vino Nobile di Montepulciano
ヴィーノ・ノビレ・ディ・モンテプルチャーノ
明らかに、ここの主力商品。プルニョーロ・ジェンティーレ80％に20％のカナイオーロ、コロリーノ、マンモロをブレンドしたワイン。1967年の「ヴィーノ・ノビレ・リゼルヴァ・スペチャーレ」まで垂直試飲をした(この呼称はもはや無く、この頃はかなりの割合で白葡萄が含まれていた)。コントゥッチのスタイルとは、徹底的な伝統主義へのこだわりがあり、やや肉厚で、ときどき少し乾いたタンニンと程よく引き締まった酸味が感じられ、口に含むと、やや不思議な苦み(おそらく栗樽によるもの)も感じられる。だが、ワイン自体は非常に純粋な果実味(サワーチェリー、摘みたてのブラックベリーやブルーベリー)が豊富で、豊かな個性と長寿の可能性が確かに感じられる。もちろん、行き過ぎたオーク樽香は感じられない。「私たちは、このヴィーノ・ノビレをある一定のレベルに保ってきた」とアラマンノは言う。「それに侮辱されてもまったく気にしないようにしてきた。私たちには私たちなりのマーケットがあるし、うちのワイナリーの生産は限られている。だからこそ、たとえ流行に逆らってでも、私たちは自分たちが納得のいくワインづくりを続けてこられたんだ」私が今回試飲してみた結果、「コントゥッチの古いワインは秀逸だ」と断言できるまでには至らなかった。しかし、あの年代もののセラーにある例外的なボトルの中には、必ずやそう感じさせる1本があるだろう。そのことだけは十分にわかった。

Vino Nobile Pietra Rossa
ヴィーノ・ノビレ・ピエトラ・ロッサ
上記と同じブレンドから成る1品。出来がよい年に、最良の葡萄を厳選してつくられる。また単一畑ワインの**Mulinvecchio**(ムリンヴェッキオ)[2004年★]もある。もっと入手しやすいのが**Rosso di Montepulciano**(ロッソ・ディ・モンテプルチャーノ)だ(プルニョーロ80％に20％のカナイオーロとコロリーノをブレンド)。

上：16世紀からある、コントゥッチ宮のセラー
左：革命家でありながら、伝統主義を遵守するアラマンノ・コントゥッチ

コントゥッチ(Contucci)
総面積：172ha
葡萄作付面積：21ha
平均生産量：100,000ボトル
住所：Via di Teatro 1,53045 Montepulciano, Siena
電話：+39 05 78 75 70 06
URL：www.contucci.it

267

Poliziano ポリッツィアーノ

この大きなワイナリーは、伝統主義者たちから何かと批判を浴びることが多い。というのも、オーナーのフェデリコ・カルレッティが徹底した合理主義で葡萄栽培をとらえているからだ。だがポリッツィアーノの知名度は高まるばかりで、彼の笑いは止まらない。

1961年、フェデリコの父ディーノがこのモンテプルチャーノに22haの畑を取得し、このワイナリーの歴史が始まったとき、これほどの大成功を誰が予想しただろう？当時は、トスカーナの良質のワインにまったく光が当たらない暗黒時代だった。今にして思えば、それは「夜明け前が一番暗い」からだったことがよくわかる。だが、所詮それは後知恵というものだ。それでもディーノはくじけずに、フェデリコの言葉を借りれば「この地域ではじめて葡萄専用畑を開拓した」のである（敢えて言わせてもらえば、コントゥッチでもこれと似たような話を聞かされた）。

カルレッティは醸造分野で最先端技術を駆使し、その恩恵を享受しているが、熱心にこう主張する。「私たちがやっていることはすべて、このモンテプルチャーノという土地の個性を高めるための作業なんだ」

フェデリコは1978年、フィレンツェ大学で農業学の学位をとったが、すぐに家業を継いだわけではない。彼がこのワイナリーを継いだのは1980年、「葡萄畑、品種、ワインにどれほどの可能性が秘められているのか確かめよう」という志を持って、「当時の経済恐慌にもかかわらず、敢えて試練を受けようと思い立った」のだ。それ以来、彼は最古の畑からマッサル選抜した素材や認可された最新のクローンを用いながら、植樹と植え替えをくり返している。畑の植栽密度は、最古の畑の3300本／haから比較的最近の6000本／haまでと実に幅広い。

このワイナリーの成功は、フェデリコの大学時代の旧友カルロ・フェリーニ（今日トスカーナで最も成功しているコンサルタント・エノロゴの1人。現在もフェデリコにアドバイスをしている）とマウリツィオ・カステッリ（同じく人気エノロゴ）のアドバイスに寄るところが大きい。

フェリーニと同じく、カルレッティもまた「ブレンドワインの"改善"のためにボルドー品種を少量活用するとよい」と信じているが、そのことに固執しているわけではない。たとえば、彼のトップワイン「ヴィーノ・ノビレ・アジノーネ」は、最良年のプルニョーロ・ジェンティーレだけでつくられている。品質面から見てやむを得ない場合（つまり、サンジョヴェーゼ100%では物足りない場合）に限り、メルローやカベルネの手助けを借りるようにしているのだ。彼は、この"困ったときの頼みの綱"の活用を楽しめないモンタルチーノの生産者を心から気の毒に思っているという。

さらにフェリーニと同じく、カルレッティもまた「モンテプルチャーノのワインの悪名高き厳格さは、小ぶりなフランス産（またはアメリカ産）オーク樽活用により、色合いとタンニンを滑らかにすることで改良可能だ」と信じている。ただし、彼はこのことにも固執しているわけではない。現に、彼はヴィーノ・ノビレの約3分の1を「伝統的なボッティ」で熟成しているのだ。

カルレッティは醸造分野で最先端技術を駆使し、その恩恵を享受している。1990年代後半に完成した、シミ1つない整然とした醸造所には、自動でパンチダウンやポンプオーバーを行う円錐型の発酵容器がずらりと並んでいて壮観だ。だが、彼は熱心な口ぶりでこう主張する。「私たちがやっていることはすべて、このモンテプルチャーノという土地の個性を高めるための作業なんだ。私たちは機械に使われているわけじゃない。ただ常に効率的でありたいと思っているだけさ。それのどこが悪いんだい？」

極上のワイン

Vino Nobile di Montepulciano
ヴィーノ・ノビレ・ディ・モンテプルチャーノ
年間生産数200,000本を誇る、ここの主力商品。ヴィーノ・ノビレの厄介な酸味とタンニンの渋みについて訊ねたところ、カルレッティはこうコメントした。「私たちは、このワインを構造のしっかりした、長期熟成型に仕上げている。ただし、このワインを風刺するようなやり方ではなく、トスカーナの起源を感じさせるような風味で、大地と人、文化の間に架けるようなやり方でね」要約すると、こういうことだ。「典型的な味であり、これはすでに十分飲めるヴィーノ・ノビレだ」

右：最新技術を駆使した、モンテプルチャーノ最先端の醸造所でくつろぐフェデリコ・カルレッティ

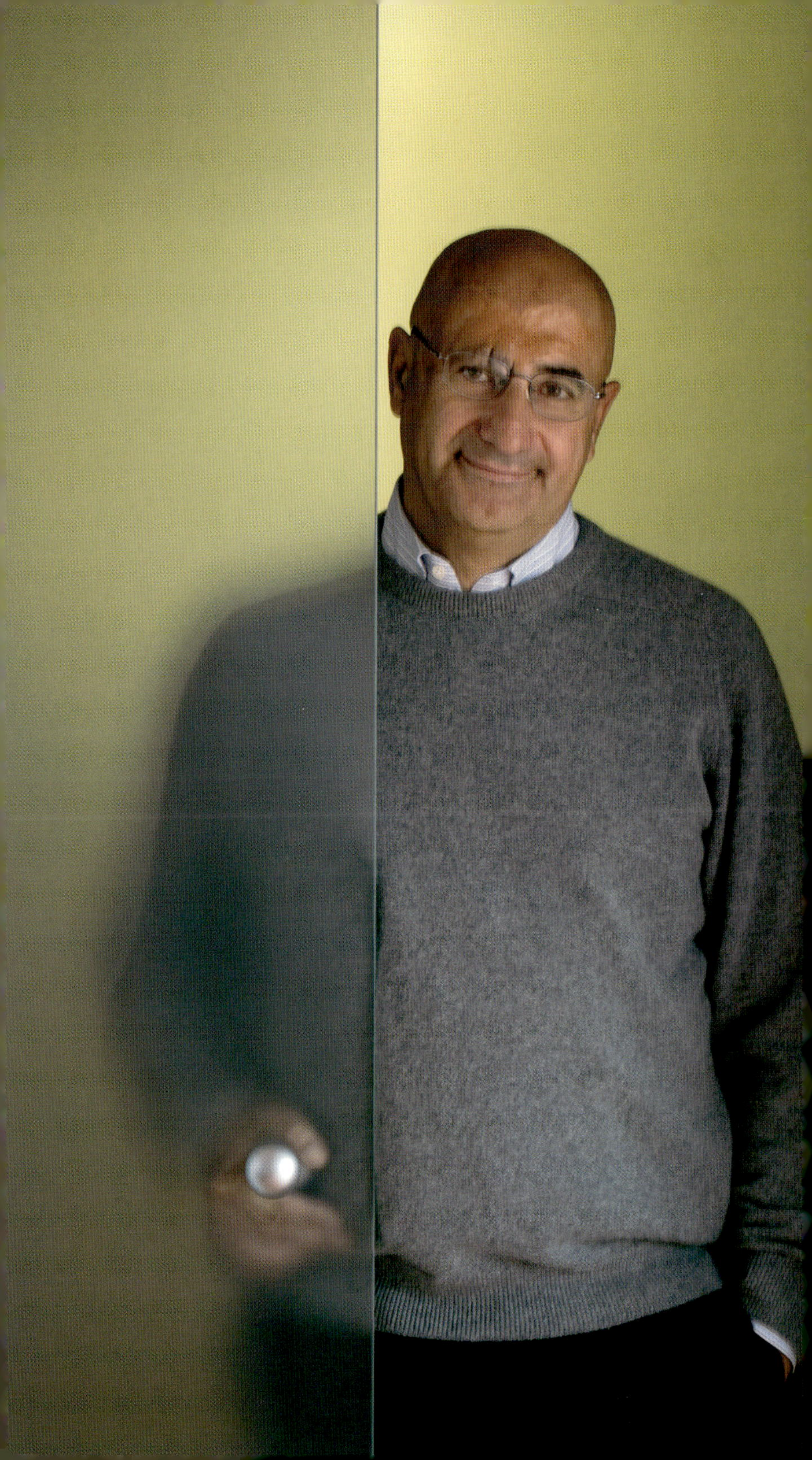

Vino Nobile Asinone ヴィーノ・ノビレ・アジノーネ
最良年だけ、巨大な単一畑から厳選された葡萄からつくられる、生産数限定（最大で45,000本）の特別なワイン。1983年ヴィンテージにリゼルヴァとしてはじめてつくられたこのワインを、カルレッティはこう評した。「ここの伝統、領地、そして醸造面での革新が完全に統合されたワイン」要約すると、こういうことだ。「より大きな満足と共に飲めるワインだが、さらに関心を高めて長く待つほど恩恵が得られる」［2004年★］

オリジナルの畑からつくられるその他のワインには、非常に口当たりのよい **Rosso di Montepulciano [2007 V]**（ロッソ・ディ・モンテプルチャーノ）［2007年★］、色が濃くて噛みタバコのようなエレガンスが感じられるカベルネ・ソーヴィニョンのワイン、**Le Stanze IGT Toscana**（レ・スタンツェ・IGT・トスカーナ）がある。さらに、カルレッティのマレンマの畑から生まれるワインを忘れてはいけない。その畑で、彼は最良のモレッリーノ・ディ・スカンサーノをつくっているのだ。

上：ヴィーノ・ノビレの3分の1をボッティで熟成しているものの、カルレッティは「モンテプルチャーノのタンニンを和らげるためにバリック活用は不可欠だ」と考えている

ポリッツィアーノ（Poliziano）
総面積：240ha
葡萄作付面積：140ha
平均生産量：600,000ボトル
住所：Via Fontago 1,53040 Montepulciano Stazione, Siena
電話：+39 05 78 73 81 71
URL：www.carlettipoliziano.com

MONTEPULCIANO

Dei デイ

夏になると、中世の街シエナには、慌ただしい日常から逃れるために、全世界から旅行者がどっと押し寄せる。それゆえ、シエナ人は人混みを避けるために、のどかで涼しいトスカーナ郊外に避難する。デイ一族がこの壮麗なワイナリーを購入したのもそういう目的だった。ここならば、旅行客の喧噪から十分離れて、円形の庭園から中世の雰囲気がそのまま残るモンテプルチャーノの宝石のような景色を堪能できるからだ。

アリブランド・デイがこのワイナリーを購入したのは1964年のことだった。だが、当時がヴィーノ・ノビレの最悪の低迷期だったことを考えると、彼がワインづくりの野心に燃えていたとは思えない。せいぜい家族や友人と楽しむ分だけのワインをつくるつもりだったのだろう。実際、彼はボッソーナの畑に植樹をしたが、黒葡萄と白葡萄を低い植栽密度で一緒に植えただけでなく、その葡萄をワインづくりには活用せず、果実として販売してしまっている。街にある醸造所を借りて、一族初

デイはボッソーナ、マルティエナ、ラ・キアルリーナ、ラ・ピアッジアという4つの葡萄畑から、洗練された、エレガントなワインを生み出している。土壌の違いから幅広いスタイルが可能となっているのだ。

のワインを元詰めしたのは彼の息子グラウコだった。しかもこのとき、彼は偶然にも1985年というグレート・ヴィンテージに恵まれたのである。1980年代後半、グラウコは自分自身の醸造所を建設し（現在、この代わりとなる新しい醸造所が建設中）、トスカーナ・ワインのイメージアップに伴い、次々と新たな葡萄畑を獲得していった。こうして起こした行動すべてが、現在のこのワイナリーの高評価につながっているのだ。

現在、このワイナリーは4つの葡萄畑（ボッソーナ、マルティエナ、ラ・チャルリーナ、ラ・ピアッジア）を所有し、洗練されたエレガントなワインを生み出している。畑の平均高度は300mで、土壌の違いから幅広いスタイルが可能となっている。1991年、このワイナリーの所有者がグラウコの娘マリア・カテリーナになり、1992年からはコンサルタント・エノロゴとしてトスカーナ出身のニコロ・ダッフリットが参画している。この15年間で、マッサル選抜したサンジョヴェーゼと最新のクローンを用いて、畑の大半の植え替えも完了した。現在はカナイオーロやマンモロよりも、メルローやシラーといったフランス原産種の方が多く植えられている。明らかに、ヴィーノ・ノビレではなく、IGTのための葡萄のラインナップと言えよう。

極上のワイン

Vino Nobile di Montepulciano
ヴィーノ・ノビレ・ディ・モンテプルチャーノ

商業的に見て最も重要なワイン。サンジョヴェーゼに約20％のカナイオーロとマンモロをブレンドし、伝統的なスラヴォニア産オーク（33hℓ）で24カ月熟成した1品。典型的なヴィーノ・ノビレの特徴である"ふんだんな果実味"よりもむしろ、"エレガントな香り"が強調されたスタイル。葡萄の出来のよいヴィンテージのものなら、よく熟成した果実、しっかりとした骨格が堪能できるだろう。

Riserva Bossona　リゼルヴァ・ボッソーナ

ヴィーノ・ノビレの極致を表現した1品。最古の畑のサンジョヴェーゼのみでつくられる、生産数限定のリゼルヴァ。木樽での熟成期間はノルマーレと似ているが、こちらはアリエ産トノー（7.5hℓ）で実施。若いうちは飲みにくくても、時間と共に複雑さが増大していくだろう。

Sancta Catharina　サンクタ・カタリーナ

「シエナの聖カタリーナ」にちなんで名づけられた1品。オーナーのカテリーナは、自分と同じ名前のこのワインを特に誇りにしている。サンジョヴェーゼ、カベルネ・ソーヴィニョン、シラー、プティ・ヴェルドーのブレンドによるスーパー・タスカンで、フランス産バリックで1年間熟成される。「このワインで、サンジョヴェーゼはどんな役割を果たしているのか。こんな強烈な香りの品種とブレンドしてしまったら、本来の香りは消えてしまわないか」と訊ねたところ、カテリーナは「サンジョヴェーゼは1つの品種だけが突出しないよう、他の品種を抑制する役割を果たしている」と答えた。我ながら意外だが、試飲してみて「サンジョヴェーゼの典型的な味わいは不足しているものの、これこそ、このワイナリーの最高のワインだ」と感じた。

デイ（Dei）
総面積：100ha
葡萄作付面積：40ha
平均生産量：200,000ボトル
住所：Villa Martierna, 53045 Montepulciano, Siena
電話：+39 05 78 71 68 78
URL：www.cantinedei.com

MONTEPULCIANO

Palazzo Vecchio パラッツォ・ヴェッキオ

　このワイナリーはヴァリアーノ(ヴィーノ・ノビレ・ディ・モンテプルチャーノDOCG地域の東部にある、より小さなゾーン)にある。「パラッツォ・ヴェッキオ」とは「古い宮殿」という意味で、実際その印象的な建物の中庭に入ると、15世紀の宮殿が出迎えてくれる。

　現当主マルコ・スベルナドーリは大柄で、心優しく、温厚な男性で、ワインに対する想いを情熱的に語ってくれた。もともと、彼はロンバルディア州オルトレポー・パヴェーゼの出身で、幼少時代から葡萄の収穫時期を楽しんでいたという。とはいえ、彼の家族がワイン・ビジネスに携わっていたわけではない。そのチャンスが舞い込んだのは、彼がマリア・アレッサンドラ・ゾルツィと結婚したときからである。マリアの父は1952年、この地所を取得していたのだ。1982年、モンテプルチャーノ・ワインが最悪の状態だった時期に、彼らはこの地に移住してきた。そして1987年、「ファットリア・ディ・パラッツォ・ヴェッキオ」という名前を掲げ、1988年には

パラッツォ・ヴェッキオでは「ワインには介入しない。その葡萄の品質を活かす」という信念を貫き、葡萄本来の表現を大切にしている。

家屋敷と醸造所の改修を完了したのである(醸造所は2007年、より近代的に再改築された)。彼らの初めてのヴィーノ・ノビレは1990年ヴィンテージであった。

　それ以来、彼らは植栽密度3000本／haだった5haの葡萄畑を、現在では28haまで拡大した。最新の葡萄畑には、主にサンジョヴェーゼの認可済クローン(果粒が大きいプルニョーロ・ジェンティーレに対し、彼らは小さな果粒、小さくて密集しない果房を好んでいる)が、植栽密度約5000本／haで植えられている。

　2003年から、コンサルタント・エノロゴにアンドレア・マッツォーニ(伝統主義者であり、「葡萄によけいな介入はしない」という信念の持ち主)を迎えている。その彼によれば、さらに重要なことに、ここのマセレーションは比較的短め(ノルマーレのヴィーノ・ノビレの場合は最長で2週間)に抑えているとのこと。これは、彼が「長いマセレーションこそ、モンテプルチャーノの悪名高きタン

ニンの渋さを生み出す理由の1つだ」と考えているからだ(他の要因としては、この土地の土壌が非常に粘土質であること、多産であることがあげられる)。熟成はフランス産オークのボッティ(27〜31hℓ)で2年間実施され、さらにボトル熟成が実施される(ただし、メルローを用いたロッソ・デッラバーテ・キアリーニ・IGTだけはバリックが用いられる)。その他の面でも、彼らは「ワインには介入しない。なるべくその葡萄本来の表現を大切にする」という信念を貫いているのだ。

極上のワイン

Vino Nobile di Montepulciano
ヴィーノ・ノビレ・ディ・モンテプルチャーノ
85%のサンジョヴェーゼにカナイオーロとマンモロをブレンドしたワインで、ここの主力商品。芳醇でリッチなアロマに、プラムやプルーンの味わい、さらにこのジャンルでは驚くほどソフトなタンニンが特徴的。程よい酸味、ほのかなバルサムとタールの香り。非常に複雑で、ブルネッロと比べると非常に求めやすい価格。

Vino Nobile di Montepulciano Riserva
ヴィーノ・ノビレ・ディ・モンテプルチャーノ・リゼルヴァ
よりよい出来の年に、厳選された葡萄からつくられる1品。上記よりもさらに12カ月長くボッティで熟成される。ノルマーレよりしっかりした構造だが、果実の凝縮感もまたアップしている。寿命は中長期的。

Vino Nobile di Montepulciano Terrarossa
ヴィーノ・ノビレ・ディ・モンテプルチャーノ・テッラロッサ
鉄分豊富な"赤土"(畑の名称もこれに由来)が特徴の、1951年からある古い畑「ヴィーニャ・デル・ボスコ」から生まれるクリュ・ワイン。トップイヤーにしかつくられず、リリース前に18カ月ボトル熟成される。

Rosso dell' Abate Chiarini IGT
ロッソ・デッラバーテ・キアリーニ・IGT
かなり特徴のある、サンジョヴェーゼ(70%)とメルロー(30%)のブレンドワイン。

パラッツォ・ヴェッキオ(Palazzo Vecchio)
総面積:85ha
葡萄作付面積:28ha
平均生産量:50,000〜60,000ボトル
住　所:Via Terrarossa 5,53040 Valiano di Montepulciano, Siena
電話:+39 05 78 72 41 70
URL:www.vinonobile.it

MONTEPULCIANO

Salcheto サルケート

サルケートは典型的なワイナリーとはやや異なるタイプだ。ここは1984年、チェチリアとファブリッツィオ・ピッチンによって購入され、一般的な農場として操業を開始した。主力商品はヤギとそのチーズだった。だが「トスカーナを代表するワイン地域にある」という事実は、やはり見逃せなかった。当時、モンテプルチャーノ・ワインは低迷期であったとはいえ、1987年、ピッチン家はこの土地の葡萄からワインをつくることの重要性に目覚めたのだ。

彼らはトスカーナ南部で最も影響力を誇るコンサルタント、パオロ・ヴァガッジーニを迎え、1990年代はじめに最初のヴィーノ・ノビレを発売する。だが、まだ困難な時代であったため、さらなるサポートが必要だった。そこで1997年、彼らは1994年にミケーレ・マネッリとチームを組むことを決意。ミケーレはさっそくヤギの飼育小屋を醸造所に改築し、それから数年間、3人でワインづくりに専念することになる。

ヴィーノ・ノビレ・サルコ・エヴォリューションは芳醇なタンニンとふんだんな甘い果実味が楽しめる。言葉には表現しにくい理想——力強さと気品の融合——を達成したワインだ。

2003年、理由は定かではないが(そう思っているのは私だけではないと思う)、ピッチン家はバジリカータ州へ移住。このワイナリーはマネッリが受け継ぐことになった。とはいえ、ワイン界のバックグラウンドも資金もなかった彼には援助が必要だった。そこで、自分の所有分3分の1を確保したまま、投資家を募った。マネッリは「いつか、そう遠くない将来、南アフリカに新たな販路が開けそうだ」と語っている。

ミケーレ・マネッリは典型的なワイン生産者とはやや異なるタイプだ。だが、彼は自分のワインのレベルを上げることに情熱を燃やしている。現に、その目的達成の手段として「サルコ・エヴォリューション」というプロジェクト(単なるワインの名前ではない)を設置したのだ。「エヴォリューション(進化)と銘打ったのは」と彼は説明する。「それが私たちの仕事にインスピレーションを与え、鼓舞してくれる概念だからなんだ。葡萄畑のバランスの進化(1990年代はじめにマッサル選抜による植え替えが行われた区画もあれば、今、樹齢30年以上の樹が植え替え中の区画もある)、ボトル熟成という概念の進化(4年だったところを、ボトルで3年)、さらにワインづくりに伴う個人的、文化的進化——それが私たちの原動力となっている」端的に言えば、それは、このワイナリーの芸術的なオリジナル・ラベルに現れている概念のことなのだろう。ラベルに使われた、写真家パオロ・ペレグリンによる3枚の写真は、私たちが生きるこの時代の様々な政治的・社会的不安を如実に表している。なお、このプログラムに関する展覧会の収益金は全額、国境なき医師団に寄付されている。

極上のワイン

Vino Nobile di Montepulciano Salco Evolution
ヴィーノ・ノビレ・ディ・モンテプルチャーノ・サルコ・エヴォリューション
リゼルヴァとは銘打っていないものの、これがサルケートのプライドをかけたワインであることは明らかだ。サンジョヴェーゼ100%を大きなボッティとフランス産バリックで2年間熟成させた1品。芳醇なタンニンとふんだんな甘い果実味が楽しめる。言葉には表現しにくい理想——力強さと気品の融合——を達成したワイン。

Vino Nobile di Montepulciano
ヴィーノ・ノビレ・ディ・モンテプルチャーノ
こちらもサンジョヴェーゼ100%で、様々なオークで2年間熟成したワイン。より活気のある、いきいきとした味わいだが、サルコ・エヴォリューションよりも典型的なヴィーノ・ノビレに近い。若いうちはタンニンがやや渋いが、純粋な果実味がすばらしい。

Rosso di Montepulciano
ロッソ・ディ・モンテプルチャーノ
サンジョヴェーゼに少量のカナイオーロとメルローをブレンドし、ステンレス鋼で熟成した1品。鮮やかで、フレッシュで、非常に飲みやすい。

サルケート(Salcheto)
葡萄作付面積：15ha (モンテプルチャーノ)、10ha(コッリ・セネージ)
平均生産量：130,000ボトル
住所：Via di Villa Bianca 15, 53045 Montepulciano, Siena
電話：+39 05 78 79 90 31
URL：www.salcheto.it

サン・ジミニャーノ

　車でアウトストラーダをフィレンツェからシエナ方向に向かっていると、その途中に右側に見えてくる、サン・ジミニャーノの塔に目を奪われずにはいられない。その驚異的な眺め（あるいは「おかしな眺め」ととらえる人もいるかもしれない）は、ある意味、ローワー・マンハッタンのそれと似ている。その光景は尋常ではないのに、地球上のあらゆる国からその眺め見たさに観光客が訪れ、下から見上げたり、登ったり、写真を撮ったりするのだ。中世時代後期に、ここには70以上もの有力貴族が住み、自らの勢力を誇るために、競うようにしてこれらの塔を建てたのだという。クジャクのように気取った建物がずらりと並ぶ町。ここなら、ドナルド・トランプが雲まで届くような塔を建ててもおかしくないかもしれない……。

カメレオンのようなヴェルナッチャ

　それなら、この町のワインも種々雑多あるのではないか、と考えてしまうかもしれないが、実際はそうではない。この町を代表するワインは「ヴェルナッチャ」で統一されている。だが、ここで1つ覚えておいてほしいのは、このワインは同名の別のワインとはまったく関係ないということだ。たとえば、サルディニア島でつくられる、フロールの香りがするシェリー酒のようなワインとも、マルケ州でつくられる香り高い赤ワインとも違う。トスカーナのヴェルナッチャは辛口の白ワインで、カメレオンのような個性を持つ。というのも、「これが定番」というスタイルがまったく認識できないワインだからだ。生産者によって、すっきりとしたミネラル分豊富なワインになることもあれば、肉厚でどっしりとしたワイン、オーク樽のアロマが高いワイン、またやや酸化した味わいがするものさえある。このようなヴェルナッチャの多彩なバリエーションこそ、マルケ州のヴェルディッキオのそれに似ているのではないか、という意見の者もいる。だが本質的に、ヴェルディッキオは常にヴェルディッキオであり、その差は収穫や醸造の技術によって生まれるものだ。それに対し、ヴェルナッチャは完全に別のものに変形してしまっているように思える。おそらく、それはヴェルディッキオの生産者たちが厳しい法律のもと、他の葡萄（主にシャルドネだが、ソーヴィニョン、ヴェルメンティーノもある）の使用を制限されているのに対し、ヴェルナッチャの生産者たちがより自由なワインづくりをしている事実と関係があるのだろう。

赤の台頭

　おそらく「ヴェルナッチャは偉大なワインだ」と世間から認められなかったからであろう。サン・ジミニャーノではここ20年で、高品質の赤ワインづくりを目ざす生産者が増えてきた。彼らに、かつての「赤ワインなら品質はどうでもいい」という態度はまったく見られない。それは、白ワインの価格があまり変わらないのに対し、トップの赤ワインの価格が跳ね上がっている事実によるものと思われる。良質な赤ワインづくりの伝統を持たない彼らは、土着種に国際種をブレンドすることや100%国際種のワインをつくることにためらいがないという強みがある。その結果、この地域から非常に革新的で興味深い赤ワインが出現しているのだ。

　1996年、サン・ジミニャーノという、サンジョヴェーゼ、カベルネ・ソーヴィニョン、メルロー、シラー、ピノ・ネーロ等の様々な葡萄から赤ワインを造ることのできるDOC（ヴェルナッチャ・ディ・サン・ジミニャーノとは異なるものとして）が制定された。だが彼らがいかに頑張っても、「サン・ジミニャーノ＝白ワイン」のイメージを覆すことはできないであろう。つまるところ、この町の人々は赤であれ白であれ、自分たちが良質のワイン（ヴェルナッチャは1966年3月にDOCを取得）をつくっていること、またヴェルナッチャがイタリアでDOCGを獲得した数少ない白ワインの1つであること、さらにこの町の景観が世界中の旅行者を魅了していることを誇りにし、その驚くべき塔のことを本当に愛しているのだ。

右と次頁：塔の町としてあまりに有名なサン・ジミニャーノ。だが、そのせいで、この地域のワインは過大評価されたり、過小評価されたりしてしまう

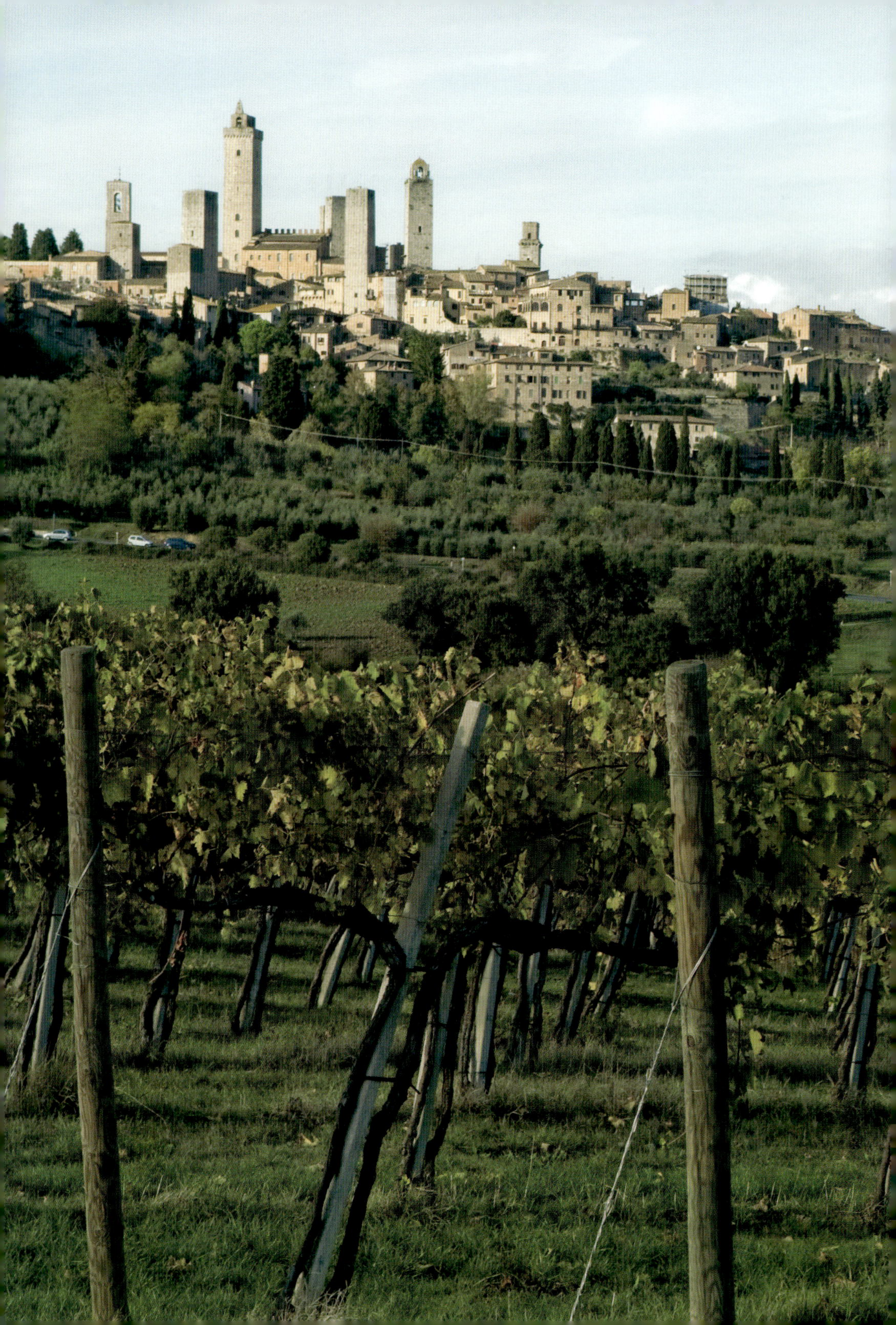

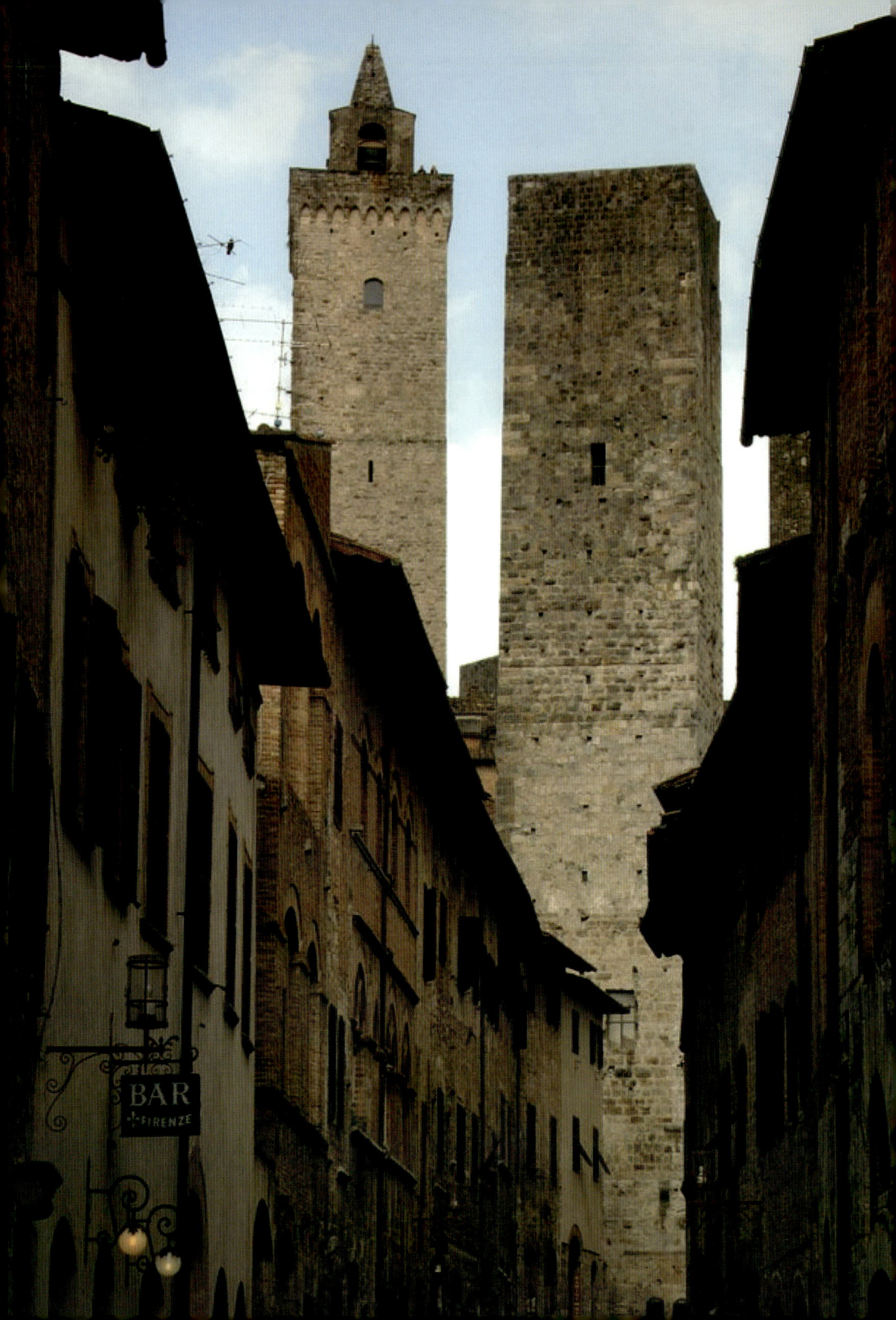
BAR
FIRENZE

Falchini（Casale） ファルキーニ（カザーレ）

歴史の象徴として、ファルキーニ家は2つの文献に登場している。まずは17世紀の文献の中で「コムーネ（特にそのリーダーであるメディチ家）に貢献したフィレンツェの旧家」と記されている。さらに、1720年には彼らの祖先ドメニコが「高貴な白および赤ワイン」をつくるための葡萄樹の剪定法にまつわる論文を披露しているのだ。

1964年（ヴェルナッチャ・ディ・サン・ジミニャーノがイタリア初のDOCを獲得する2年前）、現当主リッカルド・ファルキーニは、この有名な塔の町の郊外にカザーレの畑を購入した。そして1976年、彼は現代トスカーナ・ワインの第一人者であるジャコモ・タキスと出会い、3つのアドバイス（赤ワインへの白葡萄のブレンドをやめること、古い栗樽の使用を止めること、温度調節可能なステンレス発酵槽を導入すること）を受ける。商業で身をたててきたファルキーニ一族にとって、ワインづくりは専門外だった。そこで彼らはこの師匠の言葉に忠実に従い（タキスのおかげで、ファルキーニはサン・ジミニャーノの他のワイナリーより8年も早く温度調節の技術を取り入れることになった）、この2人は永続的な友人関係を築き上げてきたのである（現在ここのコンサルタントはもはやタキスではなく、弟子のエリザベッタ・バルビエーリが務めているが、2人の友情関係は変わっていない）。

もう1つ、このピエモンテ州出身のワインの達人がファルキーニに送ったアドバイスは、国際種（カベルネ・ソーヴィニョン、シャルドネ、メルロー）をブレンド・ワインの"改善"のために少量栽培することだった。今日、アメリカ系イタリア人の息子マイケルとクリストファーを従えながら、当主を務めるリッカルド・ファルキーニは、トスカーナ原産種と国際種のブレンド・ワインについてこう主張する。「音楽にたとえて言うなら、単一品種のワインは単調音（モノトーン）だ。一方、音が2つか3つ重なると、メロディーが生まれるんだよ」とはいえ、彼は最近のクローンのすばらしさをこう認めている。「タキスが示したように、1970年～80年代にかけて、トスカーナ・ワインにはブレンドが必要不可欠だった。だが、今日のクローンはその必要性を未然に防ぐほど改善されている」

極上のワイン

ここの3つの畑（カザーレ、コロンバイア、サヴァマイア）から、故郷の町の名前を冠した、実に様々な辛口の白ワインが生み出されている。また伝統的手法にのっとったスパークリング・ワイン「ファルキーニ・ブリュット」（事実上、トスカーナの他の生産者たちがこのスタイルをあきらめてしまったことを考慮すれば悪くない出来だ）、卓越した味わいが楽しめるヴィン・サント、それに成功を収めている数々の赤ワインである。

私はこれまでも様々な出版物で、ヴェルナッチャ・ディ・サン・ジミニャーノがイタリアのトップ・ワインの中で高評価であることに納得がいかないと主張してきた（これは私だけの意見ではないと思う）。だが、そんな私もファルキーニの辛口の白ワインには好印象を持っている。最初に取得したカザーレの畑から生まれた、オークを用いていない**Vernaccia di San Gimignano Vigna a Solatio**（ヴェルナッチャ・ディ・サン・ジミニャーノ・ヴィーニャ・ア・ソラティオ）（最初のリリースが1965年。ファルキーニのブレンド観にもかかわらず、100%単一品種ワイン）は葡萄本来の新鮮さとフレーバー、さらにたっぷりとしたミネラル分も感じられる、早飲みに適した1品だ（アルコール度数は12%弱）。より芳醇で、より複雑な**Vernaccia di San Gimignano Ab Vinea Doni**（ヴェルナッチャ・ディ・サン・ジミニャーノ・アブ・ヴィネア・ドーニ）は5%のシャルドネ（「ムスキオ」と呼ばれることもある）をブレンドしたもので、塩分・ミネラル分がたっぷり感じられ、クリーミーな舌触りで非常においしく、オーク樽香はほとんど感じられない。これは香りというよりも、木樽による熟成の効果であろう[2006年★]。

赤ワインの**Parteaio IGT**（パレタイオ・IGT）（カザーレの畑の名前）は、95%のサンジョヴェーゼに5%のメルローをブレンドしたワイン。フランス産品種の甘いベリーのアロマが程よく感じられるが、口に含むと、サンジョヴェーゼの圧倒的な存在感がハッキリ感じられ、ふんだんなサワーチェリーの味わいと共に、しっかりした酸味・タンニンの構造が楽しめる。**Campora IGT**（カンポラ・IGT）（95%のカベルネ・ソーヴィニョンと5%のメルロー）は、タキスの影響が前面に打ち出された、このジャンルでは特別なワイン。年ものなら、失望させられることはないだろう。1999年まで垂直試飲をしたが、ワインのエレガンスとバランスはそのままで、時を経てさらに複雑になり、改善されている印象だった。まさに巨匠の手腕を感じさせられた。

甘口ワインでは、まさに突出した出来の**Vin Santo Podere Casale I**（ヴィンサント・ポデーレ・カザーレⅠ）が忘れられない。一口飲んだら、あなたも絶対にそうなるだろう[2002年★]。

ファルキーニ（Falchini: Azienda Agricola Casale）
総面積：60ha
葡萄作付面積：35ha
平均生産量：280,000ボトル
住所：Via di Casale 40, Localita Casale, 53037 San Gimignano, Siena
電話：+39 05 77 94 13 05
URL：www.falchini.com

SAN GIMIGNANO

Montenidoli モンテニードリ

DOC以前の時代、若きエリザベッタ・ファジュオーリは、生まれ故郷のヴェネト州からシエナへ芸術を学びに来ていた。そしてなぜか、サン・ジミニャーノを見下ろす斜面にある葡萄畑を所有することになったのだ。当時、そこは快適さとは無縁の土地だった。電気も水道も電話もなく、あるのはただ1軒の家と、小さくて「何でもかんでも植えられて」荒廃した葡萄畑だけだった。しかも、9人の子供(彼女自身の子もいれば、そうでない子もいる)を従えた彼女には、父が所有するヴァルポリチェッラの葡萄畑で仕事を見ていた以外、農業や葡萄栽培の経験もまったくなかった。それでも彼女は並々ならぬ勇気と決断力の持ち主で、しかもこのとき、ある種の不思議な使命感も感じていた。彼女にとって、その土地は「力づくで抑えつける」ためのものではなく、「この大地とそこに住む生き物たちのために仕え、共に作業をしたい」と強く願うものだった。そこで、彼女は最初からバイオダイナミック農法を取り入れた。この葡萄畑の歴史について、彼女は次のように記している。

「地質学上の"第四紀"、リグリア海に覆われたとき、この地の最初の居住者は軟体動物と甲殻類であり、彼らは貴重な堆積物を遺してくれた。やがてエトルリア人が葡萄樹を持ってやってきた。それからコインを持ったローマ人がオリーブの樹に最適な土壌を見つけた。やがてテンプル騎士団がワイン醸造の技術を高めていった。こうして世代を超えて、農業の伝統が受け継がれていった。だが、この土地は過去の世紀の戦争と産業のせいで、打ち捨てられてしまう。私たちがここへやってきたのは1965年。古い葡萄樹とオリーブ樹が苦しみに覆われていた。私たちはひざまずき、このすばらしい大地を縛りつけていた時の鎖を緩めてあげた。以来、多くのすばらしい人々がこのモンテニードリの丘を登り、貴重なメッセージを残してくれている。毎日、毎シーズンが、丘の上の小さな巣、モンテニードリに恵みを与えてくれるのだ」(「ニード」は「巣」の意味)

彼女は言う。「葡萄樹が私の子供たちで、私は彼らの召使いなの。子供たちに話すように、彼らに話しかけなければならないわ。現代のワインメーカーは、自分たちがすべての答えを握っていると考えているけれど、自分は正しいと思った瞬間ほど、間違っているものなのよ」

極上のワイン

エリザベッタ・ファジュオーリのワインに不可欠な要素は魂である。そして魂を言葉で描写することは不可能だ。感じて、味わって、つながってはじめて、その魂を理解することができる。だから、私は彼女のワインを言葉で説明したくない。ただ1つだけ、それらはかなり「特異なワイン」だと言っておこう。ここではその名前と関連情報を少しずつ紹介しておこう。興味を持ったら、ぜひ試してほしい。

白ワイン
Vernaccia di San Gimignano Tradizionale
ヴェルナッチャ・ディ・サン・ジミニャーノ・トラディジョナーレ (100%ヴェルナッチャ。果皮をワインにつけたままのマセレーション。オーク使用無し) **Vernaccia di San Gimignano Fiore** (ヴェルナッチャ・ディ・サン・ジミニャーノ・フィオーレ) (100%ヴェルナッチャ。フリーランジュースを用いて、ステンレス発酵槽のみ使用) **Vernaccia di San Gimignano Carato** (ヴェルナッチャ・ディ・サン・ジミニャーノ・カラート) (100%ヴェルナッチャ。フリーランマストを用いて、バリックで12カ月間熟成) **Il Templare Toscana IGT** (イル・テンプラーレ・トスカーナ・IGT) (70%ヴェルナッチャ、20%トレッビアーノ、10%マルヴァジーア・ビアンカ。バリックで12カ月間熟成)

赤ワイン
Chianti Colli Senesi Il Garrulo
キアンティ・コッリ・セネージ・イル・ガッルーロ (75%サンジョヴェーゼ、20%カナイオーロ、5%白葡萄という典型的なリカーゾリ・キアンティのブレンド) **Chianti Colli Senesi Montenidoli** (キアンティ・コッリ・セネージ・モンテニードリ) (70%サンジョヴェーゼ、30%カナイオーロ。バリックで12カ月間熟成) **Sono Montenidoli Toscana IGT** (ソノ・モンテニードリ・トスカーナ・IGT) (100%サンジョヴェーゼ。バリックで18カ月間熟成) [1999年★]

ロゼ
Canaiuolo Toscana IGT
カナイウオーロ・トスカーナ・IGT (100%カナイオーロ。オーク使用無し)

モンテニードリ(Montenidoli)
総面積:200ha
葡萄作付面積:22ha
平均生産量:100,000ボトル
住所:Localita Montenidoli 28, 53037 San Gimignano, Siena
電話:+39 05 77 94 15 65
URL:www.montenidoli.com

SAN GIMIGNANO

Panizzi パニッツィ

ジョヴァンニ・パニッツィはロンバルディア出身だが、トスカーナの心を持っているように思える。1970年代後半、彼はサン・ジミニャーノ近くのサンタ・マルゲリータに小さな地所を買った。そしてそれから15年間、仕事の拠点であるミラノと第2の家であるトスカーナを往復しつづけたのだ。その間に、彼は葡萄栽培とワインづくりの何たるかを学び、粘土質の大地に醸造所を建てた(現在、もっと近代化された醸造所がそのそばに建てられている)。サン・ミケーレ醸造学校のサルヴァトーレ・マウレ教授に助けられながら、彼はついに1989年、最初のワイン(1万本のヴェルナッチャ・ディ・サン・ジミニャーノ)をつくりだす。最初は4haだけだった畑は30haまで拡大され、2008年にはジョヴァンニ自身が株主となり、ソシエタ・アグリコーラ・パニッツィという新しい会社を設立。ファットリア・ディ・ラルニアーノからサン・ジミニャーノ地域にある18haの畑を購入したため、現在では48haまで畑が拡大されている。さらにモンタルチーノに7ha、モンテクッコのセッジャーノに8haの畑も所有している。

これらは典型的な個性のワインではなく、非常に興味深い、例外的な個性のワインだと私は思う。サン・ジミニャーノに限って言えば、これは必ずしも悪いことではない。

現在、ジョヴァンニ・パニッツィは品質保護協会の会長を務めている。彼のつくるワイン同様、生産者仲間の間では彼に対する好き嫌いがハッキリと分かれているようだ。どうやら、彼は相手から「好きか嫌いか」の両極端の感情しか引き起こさないタイプらしい。私自身は1回きりの短い対面ゆえ、嫌悪の判断はつかなかった。だがこれだけは言える。私は彼のワインが好きなだけでなく、彼自身を知るよりもずっと前から、彼のワインを知っていた。それらは典型的な個性のワインではなく、非常に興味深い、例外的な個性のワインであるからだ。サン・ジミニャーノに限って言えば、これは必ずしも悪いことではないのである。

重要なのは、パニッツィがヴェルナッチャに関して、サン・ミケーレ醸造学校と長い間協調関係を築いていることだ。その結果、マッサル選抜による素材を含む植樹や植え替えプログラムが異例のペースで実施されてきた。特にクローンに関して言えば、フランスの有名苗木家ギョームによって繁殖され、他の栽培家たちも入手可能になっている。ジョヴァンニはこのことを表立って批判してはいないが、「それがパニッツィのクローンだと告知されればありがたい」と語っている。しかし、そういう告知はいっさいされていないのが現状だ。

極上のワイン

ベーシックな**Vernaccia di San Gimignano**(ヴェルナッチャ・ディ・サン・ジミニャーノ)は驚くほど新鮮でいきいきとしている。まだ若いパイナップルやリンゴの味わいで、あと味も長くコクもある。ランクが2つ上の**Vernaccia di San Gimignano Vigna Santa Margherita**(ヴェルナッチャ・ディ・サン・ジミニャーノ・サンタ・マルゲリータ)は35年前の葡萄畑から生まれた単一畑ワイン。前者同様、100%ヴェルナッチャだが、より深みと複雑さが楽しめる[2007年★]。

その他の2つのDOCGワイン(白)のうち、より興味深いのが**Evoè**(エヴォエ)(グラヴネルに似た味わい。オーク樽発酵、果皮を3カ月マセレーション、良質の澱と共に10カ月置き、フィルタリングは行わない。「バッカス神を讃える叫び」の意味)。このワインは白というよりはむしろ、赤ワインの精神でつくられている。「かつて白ワインがそうであったように」とジョヴァンニは語る。「一種の賭けみたいなものだ。その人のワインの好き嫌いで評価がハッキリ決まってしまうワインなのだから。でも努力が報われて、完売したんだよ」たしかに、魅力的な味わいだった。酸化熟成香があり、オーキーで、肉厚でタンニンも濃い。だが程よい酸味と熟れた果実味、複雑さ、そして並々ならぬ個性が感じられる。明らかに試してみる価値があり、継続して飲み続ける価値もある1品。

赤ワインで注目すべきは、**Chianti Colli Senesi Riserva Vertunno**(キアンティ・コッリ・セネージ・リゼルヴァ・ヴェルトゥンノ)。100%サンジョヴェーゼで、非常にすっきりと明るく、程よい酸味とタンニンが、ほとんどジャムのような果実味をしっかり支え、あと味も甘過ぎない。

アツィエンダ・アグリコーラ・パニッツィ・ジョヴァンニ
(Azienda Agricola Panizzi Giovanni)
総面積:67ha 葡萄作付面積:48ha
平均生産量:300,000ボトル
住所:Localita Santa Margherita 34, 53037 San Gimignano, Siena
電話:+39 05 77 94 15 76
URL:www.panizzi.it

13　最上のつくり手と彼らのワイン

ウンブリア

ポー川の南にあるウンブリアは、イタリアで唯一、海に流れ出る水路を持たない地域だ。その北部と西部はトスカーナ州、南部と西部はラツィオ州、また西部は山脈越しにマルケ州に隣接している。長年にわたり、ウンブリアの政治・経済面を支配してきたのはラツィオだったが、文化面でウンブリアに大きな影響を与えて来たのはトスカーナだった。それゆえ、この地域の葡萄やワインにはトスカーナの影響が色濃く残っている。

だがウンブリアにも独自の特色・特徴があるはずだ。その証拠に、第2千年紀において最も影響を残したクリスチャン、アッシジの聖フランシスはウンブリア生まれであった。しかも、この地域には州都ペルージャは言うまでもなく、オルヴィエート、トーディ、スポレートなどの芸術と文化に満ちたすばらしい町がたくさんある。それにワインに関して言えば、ここはイタリアを代表するユニークな葡萄（赤はサグランティーノ、白はグレケット）を得意とする地域なのである。

オルヴィエート：「あいまいなイメージ」から「絶品」へ

ここでも便宜上、ワイン生産地域を3つに分けて紹介したい。いや、むしろ「2つの限定的地域と1つの一般的地域」と言った方がわかりやすいかもしれない。前者は「オルヴィエート」と「モンテファルコ」である。オルヴィエートはグレケットとプロカニコ（「トレッビアーノ」のウンブリア流の言い方）をベースとしたブレンドワインが基本だが、他にもドルペッジョ（カナイオーロ・ビアンコ）、ヴェルデッロ、マルヴァジーア・ビアンカなどが含まれることもあれば、ときにはシャルドネやリースリングが含まれる場合もある。この土地の土壌はヴーヴレで有名なロワール渓谷地方のように凝灰岩が特徴で、白ワインづくりにはまさに理想的と言える。実際、ここの白ワインはしっかりした酸味と、花・果実・ミネラル分などの様々な味わいが感じられるのだ。だが悲しいかな、オルヴィエートのワインのイメージは安物ワインのせいで、ずっと低下したままだった。（特にプロカニコ）。だが他の地域もそうであるように、ワインに関して言えば、この地域にも同じ法則──「複雑でバランスのよいワインをつくりたければ、多少のコスト増には目をつぶってでも収穫高を抑え、葡萄畑で時間をかけて努力しなければならない」──が当てはまることは言うまでもない。最近ではそのことに気づき、辛口であれ、半辛口であれ、甘口であれ、ワインの品質向上に努めている生産者たちが急増している。特に貴腐ワインは絶品である。

モンテファルコとトルジャーノ

もう1つ、より限定的な地域がモンテファルコだ。非常にこぢんまりとした地域ではあるが、ここは他の地域にはない独自の品種「サグランティーノ」を栽培している。DNA鑑定によれば、サグランティーノは主だった品種のどれとも関係性が見られず、世界で最も多量のタンニンを含む品種である。このような特徴を聞いて「さぞ飲みにくいのでは」と考えた人もいるだろう。それは当たらずとも遠からずだ。だが、モンテファルコの生産者たちはクローンやワイン醸造、葡萄栽培の改良に積極的に取り組み、非常に頑張っている。現に、ここのワインはほんの30年前の素っ気ないスタイルから脱却し、伝統的な甘くレチョートのような陰干しタイプとは明らかに異なる"辛口のテーブルワイン"というスタイルを確立しつつある。

サグランティーノはまたブレンドワインでも強力な効果をあげている。実際、モンテファルコで最も生産されているのは、ロッソ（サンジョヴェーゼを主に、少量のサグランティーノを混ぜたもの。少量のメルローを混ぜる場合もある）なのだ。ここでおなじみのワイン・スタイル──サンジョヴェーゼ──の登場である。その中でも、最近有名になったのがトルジャーノ・リゼルヴァだ。モンテファルコ・サグランティーノと共に、これはウンブリアの2つのDOCGのうちの1つとして認められたワインである。だがトスカーナ同様、ウンブリアのサンジョヴェーゼもまた様々な名称で至るところに存在する。有名な地元出身のエノロゴ、リッカルド・コタレッラは、ウンブリアのサンジョヴェーゼをベースにしたワインを"中世時代"から"現代世界"へ引き上げた功労者と言えるだろう。

280

ウンブリア

- ■ 主要生産者
- 赤ワイン生産地域
- 白ワイン生産地域
- 地域境界線
- 県境界線
- A1 主要道路
- 鉄道

① トルジャーノの
   ワイン地域
② サグランティーノ・
   ディ・モンテファルコ
   のワイン地域
③ オルヴィエートの
   ワイン地域

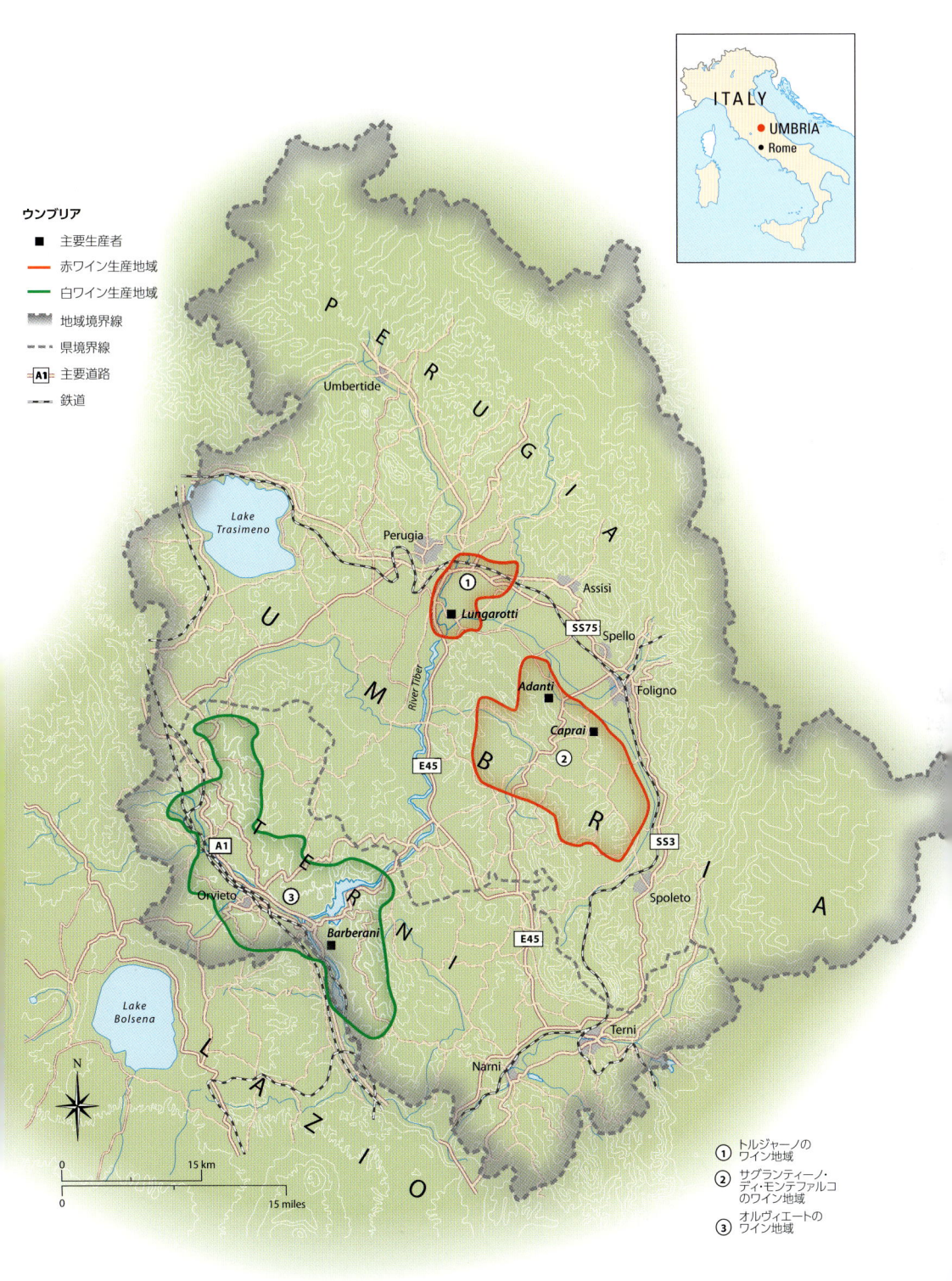

281

UMBRIA | MONTEFALCO

Arnaldo Caprai　アルナルド・カプライ

アルナルド・カプライとは、現当主マルコ・カプライの父親の名前である。テキスタイル業を営んでいたアルナルドは1971年にこの地所を買い、70～80年代を通じて趣味の一貫としてこのワイナリーを維持していた。それがどうだろう。いまや、このワイナリーは「サグランティーノ・ディ・モンテファルコのリーダー」という謳い文句で宣伝されているのだ。だが、その謳い文句に相違はない。そうなったのは、ひとえに現当主マルコ——イタリア・ワイン界屈指の、ダイナミックな起業家の1人——のおかげだろう。1988年、マルコはワイン業界に登場するや否や、葡萄畑を3haから15haにまで拡大した。1989年には、ミラノ大学研究施設のレオナルド・ヴァレンティ教授に協力を求め、現在でもその良好な関係を維持している(しかも、この協力関係はすばらしい実験結果を生み出すことになった)。さらに1990年には、トスカーナで最も尊敬されているエノロゴの1人、アッティリオ・パーリを招聘。

「サグランティーノ・ディ・モンテファルコのリーダー」とは、まさにマルコ・カプライ(イタリア・ワイン界屈指の、ダイナミックな起業家の1人)のことである。

そのときを境に、マルコはより多くの時間と資金を費やし、醸造所に最新技術とテクノロジーを導入するようになる。ただし、彼は常に伝統に対する敬意を忘れたことはない。

だが、カプライの努力で最も注目すべきは、ミラノ大学と協同で、サグランティーノの性質を詳しく研究したことであろう。その結果、前述の「世界で最も多量のタンニンを含む」という、この葡萄の特性が明らかになったのだ。

今日、カプライは総作付面積130haのうち、30haを調査に当て、少なくとも20haをクローン研究のために活用している。そこではサグランティーノの300種類にも及ぶクローンが栽培され、増殖されているのだ。これらのクローンのうち、すでに3種類が認可され、種苗管理センターによって一般使用が認められている。

さらに1998年以来、カプライでは種子から育てたサグランティーノのバイオタイプの比較研究を実施しているうえ、1997年からは特にサグランティーノのポリフェノール含有量に注目した調査も行っている。またサグランティーノほど熱心ではないが、グレケットやトレッビアーノ・スポレティーノに関する研究や、その他のイタリア品種とそれ以外の品種(たとえばネーグロ・アマーロ、ピノ・ノワール、テンプラニーリョ)との相性にまつわる研究も実施している。そういった調査が、このワイナリーの葡萄栽培の面で様々に活かされていることは言うまでもない。また栽培面に関する調査(植栽密度、台木の相性、よりよい仕立て方法、畝間の種の蒔き方など)も熱心に続けられている。

極上のワイン

Sagrantino di Montefalco 25 Anni
サグランティーノ・ディ・モンテファルコ・25アンニ

最高の葡萄とワインの厳選による、このワイナリーの代表作。事実上の"リゼルヴァ"であるサグランティーノ・ディ・モンテファルコ・25アンニは、このワイナリーの創設(1971年) 25周年を記念し、1996年に初リリースされた(1993年ヴィンテージ)。バリックで2年強熟成された2005年★は非常にスケールの大きなワイン。どっしりとしてはいるが、熟れたタンニン、激しさ、スパイシーさ、ほとんどフルーツポンチのような甘い香りが一気に押し寄せる。ポートワインのような果実味だが、ダークチョコレートとコーヒー豆が混ざったような、辛口のあと味。肉厚だが、エレガンスも感じられる。現代イタリアが生み出した、最も驚くべき創作ワインの1つ。

Collepiano　コッレピアーノ
サグランティーノ・ディ・モンテファルコにある他の葡萄畑の名前を冠したワイン。25アンニとほぼ同様のつくり方で、品質レベルもほぼ同じだが、バリック熟成の期間がやや短い。新樽はほとんど用いないため、飲みやすさの面で言えば、コッレピアーノに軍配があがる。どっしりした感じはあるが(2005年)、口に含むと果実味が爆発し、コーヒーとスパイスが混ざったような長いあと味が楽しめる。

Montefalco Rosso Riserva
モンテファルコ・ロッソ・リゼルヴァ

上記2つより飲みやすく、舌触りのよい1品。70%のサンジョヴェーゼに、15%のサグランティーノと15%のメルローをブレンドしたものをバリックで20カ月熟成。押しつけがましい味がまったくしない。2006年はフルーティーかつスパイシーなアロマ、モレッロチェリー

右：このワイナリーの創業者の息子、マルコ・カプライ。彼はここのワインのみならず、この地域の注目度を高めた

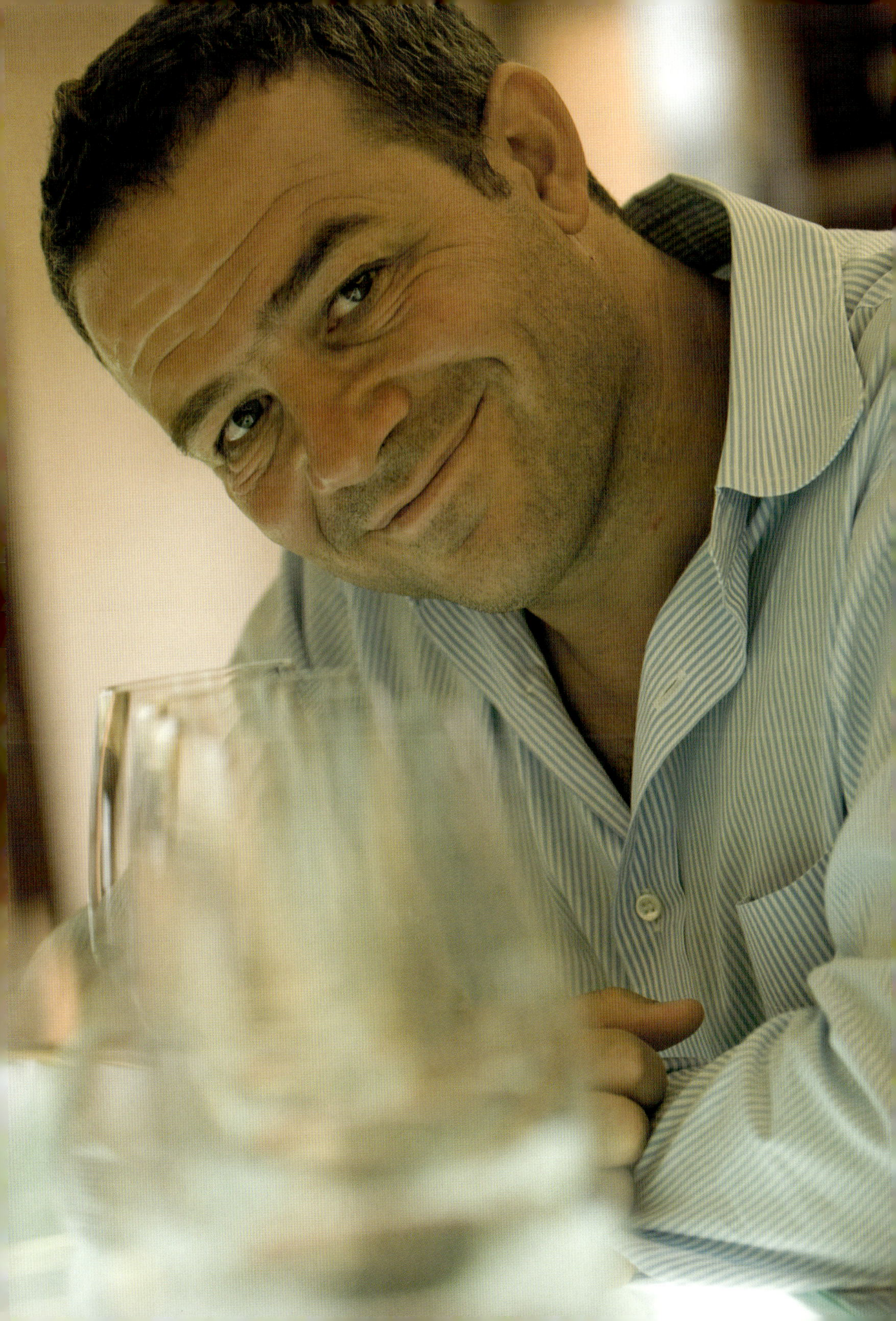

とモカ、リキュールの香りがあとに続き、しっかりとしてはいるが熟れたタンニンの波が押し寄せる。モンテファルコの力強さにサンジョヴェーゼの繊細さが加わった1品。

Sagrantino di Montefalco Passito
サグランティーノ・ディ・モンテファルコ・パッシート
圧倒的な凝縮感と恐ろしいほどのタンニンが感じられるが、干し葡萄の甘さがバランスの決め手となり、非常に長く、ほとんどドライなあと味が残る。料理のお伴にできるほどやさしいワインではない。おそらく、熟したペコリーノ・チーズが最もよく合うだろう。

上：アルナルド・カプライでは、葡萄畑の4分の1を葡萄栽培の最新調査に当てている

アルナルド・カプライ (Arnaldo Caprai)
総面積：150ha
葡萄作付面積：130ha
平均生産量：700,000ボトル
住所：Localita Torre di Montefalco, 06036 Montefalco, Perugia
電話：+39 07 42 37 88 02
URL：www.arnoldocaprai.it

UMBRIA | MONTEFALCO

Lungarotti ルンガロッティ

ジョルジョ・ルンガロッティは、イタリアのワインメーカーの中で誰よりも早く、「量より質」ということを真剣に考えた人物である。1962年、彼はペルージャの丘陵地にある巨大な農場を改築し、ワインとオリーブを栽培するための現代的な施設に作り替えた。さらに同年、彼はのちに有名となる「ルベスコ・トルジャーノ」（ルベスコは「赤くなる」という意味のラテン語）をはじめてつくった。このサンジョヴェーゼとカナイオーロのブレンドワイン（当時、白葡萄も含まれていたことは間違いない）は、1964年に市場に出回ることになる。これはまだDOC法が制定される前のことだ。さらに、傑出した1964年というヴィンテージに、彼はヴィーニャ・モンティッキオという最高の畑から、代表作「ルベスコ・トルジャーノ・リゼルヴァ」を生み出す。これはトップイヤーにしかつくられず、イタリアの高品質ワインの中でもトップクラスにあげられる1品だ。

伝統は大切にしつつ、常に最新情報に気を配り、改善を心がけ、新しい要素がつけ加えられている。間違いなく、ルンガロッティはウンブリアのワイン界で第1等の地位に返り咲きつつある。

さらにもう1つ、このワイナリーの名声を押し上げたのが"イタリア中央部初のスーパーワイン"と言われる「サン・ジョルジョ」だ（カベルネ、サンジョヴェーゼ、カナイオーロのブレンドで、1977年が初ヴィンテージ）。だがそれから1980年代半ばまで、このワイナリーがペースダウンしたせいなのか、それとも他のワイナリーが激しく追い上げたからなのか、ルンガロッティの威光は徐々に薄れ始める。

ところが1999年、ジョルジョ・ルンガロッティが亡くなると、理由は定かではないが、このワイナリーの名前は再び輝き始める。ジョルジョは典型的な"古風な考え方"の男性だったため、以前は「家長の意見が絶対」という操業形態だったのだが、それが一転して、女性がトップを務める組織に生まれ変わった。まず、夫ジョルジョに先立たれた未亡人マリア・グラツィアが「ルンガロッティ財団」の長となった（この財団は、1978年に創設された有名なワイン博物館、2000年創設のオリーブ・オイル博物館、さらに1978年創設の5つ星ホテルのレ・トレ・ヴァゼッレの管理をしている）。さらに、葡萄栽培者としての資格を持つキアラ（ジョルジョの娘）が管理責任者を、またエノロゴの資格を持つテレーザ・セヴェリーニ（ジョルジオの継娘）がマーケティングと広報宣伝の長を務めている。ただし、このワイナリーが女性だけで運営されているわけではない。2000年、葡萄畑の管理マネジャーとしてアッティイリオ・ペルサが、専属のワインメーカーとしてヴィンチェンツォ・ペペが招聘され、また畑・醸造両面でのコンサルタントとしてボルドーのドゥニ・デュブルデュー（キアラの元先生。白ワインの世界的権威として有名）が定期的にこのワイナリーを訪れている。

今日、ルンガロッティは失われたポジションを回復しつつある。醸造所は近代化され、畑の大部分が植え替えられた。伝統は大切にしつつ、常に最新情報に気を配り、改善を心がけ、新しい要素がつけ加えられている状態だ。特に、1999年にトゥッリータ（ウンブリアを代表するワイン産地モンテファルコにある）に購入した20haの畑から生み出される、キアラのワインはすばらしい。間違いなく、ルンガロッティはウンブリアのワイン界で第1等の地位に返り咲きつつある。

極上のワイン

Rubesco Torgiano Riserva DOCG Vigna Monticchio
ルベスコ・トルジャーノ・リゼルヴァ・DOCG・ヴィーニャ・モンティッキオ

これはいまだに、ルンガロッティの領地に対する愛情と敬意を一番よく表現しているワインと言えよう。高度300mの巨大な単一畑から厳選されたサンジョヴェーゼ（70％）にカナイオーロ（30％）をブレンドした1品。かなり短めのバリック熟成（1年間）と長いボトル熟成（以前は10年間だったが、現在では4年間に）を経てリリースされる。アルコール度数13.5％であるが、力強さというよりはむしろ、繊細さと優美の方が印象的な1品。そのジュニア版の**Rubesco Torgiano DOC［V］**（ルベスコ・トルジャーノ・DOC）［V］は、2005年に代表されるような目を見張るほどの新鮮さ、活発さ、して何よりも飲みやすさが特徴のワインである。

ルベスコ・トルジャーノ・リゼルヴァとルベスコ・トルジャーノは同じ

LUNGAROTTI

la vendemm
allegoria del m... di Perugia
Nicola e Giovanni Pisano

葡萄のブレンドでつくられている。違いは、後者にはモンティッキオだけでなく、その他のルンガロッティの畑の葡萄も使用されていることだ。またワインづくりのプロセスも、「クラッシコ」(彼らは「ノルマーレ」という言葉を使わないようにしている)の方がより短くなっていることは言うまでもない。さらに、熟成は大きなボッティ(55hℓ：今日ではすべてフランス産オーク。かつてはスラヴォニア産も使用していたが、現在は使用していない)で実施されている。今回、私たちはリゼルヴァを中心とした垂直試飲を1969年まで行った(同様に、クラッシコも1968年まで垂直試飲を実施。テレサは自分のプライベート・セラーから1962年のクラッシコ・ボトルを持ってきてくれた)。古いヴィンテージのものから新しいものへ試飲した結果が以下である。

1970年：よいヴィンテージのワインで、アルコール度数12%。熟成のため、半ば深みのある色に変わっているが、ドライフルーツ(プルーン、イチジク)やミント、ユーカリのいきいきしたアロマが健在。いきいきした酸味となめらかなタンニン、甘いイチジクの果実味が特徴。やや退廃的な印象はするが、まだ非常にしっかりしている。
1977年：グレート・ヴィンテージの特徴が如実に現われたワイン。色合いはやや深く、いきいきとした、ほぼ新鮮そのもののミントとユーカリのアロマが感じられる。しっかりした酸味だが、なめらかなタンニン、イチジクやプラムの果実味でバランスがよく、すばらしく長いあと味。まだ非常に優れた状態にある1品。
1978年：タバコとメントールのアロマ。しっかりした酸味と、タンニンの存在感がやや強く感じられる。77年よりも果実味が甘くない。あと味に再び刻みタバコの味が感じられる。テレサいわく「はじめて使用済のバリックをいくつか用いた年」とのこと。
1982年：1992年に初リリースされた1品。薬品、ハーブ、皮革のアロマに、メントールとタバコの香りがやや混ざっている。口に含むと、非常に熟れた果実味がし、酸味としっかりしたタンニンの程よいバランスが感じられる。中程度の凝縮感だが、果実味と構造の改善があと数年つづきそうだ。
1985年：最初はかなり閉じた印象だが、あとからぞくっとするほどのマッシュルーム、トリュフ、オニオン、ガーリック、花々、そしてもちろんサワーチェリーのアロマが襲ってくる。口に含むと、甘いイチジクの果実味が楽しめ、それをしっかりとした、熟れたタンニンが支えている。
1988年：以前のものよりも色が深く、アロマ・味わい共に果実の新鮮さが感じられる一方、スタイルがやや古く感じられる。酸味がきつく、タンニンの重合度も十分ではない。
1990年：ラベル表示のとおり、2000年に初リリース。以前のワインよりも色が非常に深い。メンソールとタバコのアロマに、やや肉厚の、ハーブの香りも感じられる。しっかりしたタンニンと酸味の構造に支えられているが、甘い果実味が支配的で、凝縮感たっぷりのエレガントな1品。この種類の中でも一番よい部類に入る。
1992年：グレート・イヤーではなかったことがワインに反映されている。色はよいが、人工的なアロマで、エレガンスに欠ける。
1997年★：2003年にリリース。深いが、まだ若々しい色合いで、香気の進化も少ない。抑えられたアロマで、口に含んでしばらくするとほんのりと味わいが広がるが、まだ控えめな印象。1998年と

左：一族のワイナリーの評判を回復した、テレサ・セヴェリーニと異母妹キアラ・ルンガロッティ

1999年はつくられなかったため、ジョルジオの最後のリゼルヴァとなった。
2000年：深くて若々しく、奥深い色合い。過去からの脱皮を感じさせる。デュブルデューとランディの手による初の1品。新鮮なアロマにややタバコの香り(木樽ではなく、テロワールに由来するものと思われる)が感じられる。"ポスト・パーカー"を感じさせる凝縮感で現代的だが、同時にサンジョヴェーゼの厳格さと堅さも感じられる。あと5年ほど必要だろう。おそらく「リリース前に10年熟成」という初期のポリシーに従ったであろう1品。
2001年：前者同様、深い色合い。最初は閉じた印象だが、ダークベリー・フルーツ類のアロマがやや感じられる。2000年より甘い分、果実の厳格さはないが、口に含むとタバコとスパイスの味わいが感じられる。サンジョヴェーゼのトップワインの見本のような1品。あと数年すれば、「よい年のボルドーのクリュ・クラッセ」のように真価を認められるようになるだろう。

San Giorgio Umbria Rosso
サン・ジョルジョ・ウンブリア・ロッソ

カベルネ・ソーヴィニョン50%とサンジョヴェーゼ40%(モンティッキオの畑から)、カナイオーロ10%という今日的なブレンドのワイン。かなり濃厚なカシス、コーヒー、ミント・チョコレートのアロマの中に、サンジョヴェーゼのサワーチェリーの香りが鮮やかに感じられる。リゼルヴァのように長期熟成型につくられている(リゼルヴァがこれより長寿かどうかはやや疑問だ)。

Montefalco Rosso　モンテファルコ・ロッソ

サンジョヴェーゼ、サグランティーノ、メルローのブレンドワイン。甘草と肉厚な抽出物のフレーバーが、うまく抽出されたタンニンに支えられている。最後にぐっと引きつけられる印象で、あと味も長い。サンジョヴェーゼは他の2つの力強いパートナーの対処に苦心しているが、ワインの程よいバランスは保たれ、熟れた果実味がずっと感じられる1品。

Sagrantino di Montefalco
サグランティーノ・ディ・モンテファルコ

予想通り、がっしりとした力強いワインで、しっかりしたタンニンと非常に辛口のあと味が特徴。明らかに、時間が必要である。

ルンガロッティ (Lungarotti)
総面積：400ha
葡萄作付面積：290ha
平均生産量：2,700,000ボトル
住所：Via Mario Angeloni 16, 06089 Torgiano, Perugia
電話：+39 07 59 88 661
URL：www.lungarotti.it

UMBRIA | MONTEFALCO

Adanti アダンティ

「私にはどうすべきかを決めるための科学的知識はない。ただ自分がそう感じるから、行動を起こしている。そういった直感は、畑に対する愛情があればはたらくものだと思う。今の人たちはより科学的な、正確な知識を大事にするが、感情が足りない。何であっても、いかにバランスをとるかを考えることは基本だ。むやみに畑の収穫量を低く抑えればいいってものじゃない。そんなことをすれば、過剰生産していたときと同じようなアンバランスが生じてしまうことになる」

これはアダンティの前醸造責任者アルヴァーロ・パリーニの言葉だ。このアダンティというワイナリーの歴史は、1970年、ドメニコ・アダンティ（現当主の父親）が、モンテファルコ近くのアルクァータ・ベヴァーニャの地所を購入したときから始まった。その当主同様、ここのワインメーカーも、アルヴァーロからその息子ダニエ

アダンティのワインは、アルヴァーロがほぼ30年前につくりあげた味と何ら変わってはいない。「最良の果房しか収穫せず、それらをスラヴォニア産オークのボッティで時間をかけて熟成する」というやり方でつくられている

ル・パリーニに引き継がれている。元々仕立て屋だったアルヴァーロは、長年のパリ生活の末に故郷ウンブリアに戻った。彼はワインづくりのトレーニングをまったく受けていなかったにもかかわらず、よいワインができる時期とそうでない時期を直感的に判断できる、卓越した味覚の持ち主だった。だからこそ1980年代、当時の当主ドメニコは彼に仕事を依頼したのだ。

今日も、アダンティのワインは、アルヴァーロがほぼ30年前につくりあげた味と何ら変わってはいない。。具体的には「最良の果房しか収穫せず、それらをスラヴォニア産オークのボッティで時間をかけて熟成し、その他の点に関してはボトリング時の試飲によって決める」というやり方だ。もちろん、改良の手は加えられている。実際、2007年には熟成庫を新しくし、2008年に

はコンサルタント・エノロゴのマウリツィオ・カステッリから技術面での指導を受けるようにした。だが、これらはすべて、新しいワインづくりのための"急激な改革"というよりはむしろ、既存のワインの改善のために言ってよい。

極上のワイン

Montefalco Rosso DOC [V]
モンテファルコ・ロッソ・DOC [V]
サンジョヴェーゼ70%にサグランティーノ15%、バルベーラ5%、メルロー5%、カベルネ5%をブレンドしたワイン。最初につくられたのが1979年で、ジューシーで情熱的な味わいに、少量の甘草とクミンのアロマが感じられる。しっかりしたボディで、数年間は熟成するであろう。長くて甘いあと味が楽しめ、ほとんどジャムのような果実味が、しっかりした、だが熟れたタンニンによって支えられている。

Sagrantino di Montefalco DOCG
サグランティーノ・ディ・モンテファルコ・DOCG
世界で最もタンニンを含む葡萄からつくられた、深い色合いのワイン。ボッティで2年間、さらにボトルで2年間熟成される。凝縮感がすごく、予想どおり肉厚だが、熟れた果実味がそれを見事にカバーしている。芳醇だが辛口の2004年はその対比が楽しめ、十分な個性、力強さの一方で洗練さも兼ね備えたワイン。

Sagrantino di Montefalco Passito DOCG
サグランティーノ・ディ・モンテファルコ・パッシート・DOCG
1975年に最初につくられたこのワインの葡萄は、圧搾前に2カ月間干される。その結果、肉厚で甘いが、大量のタンニンによって鋭く辛いあと味が楽しめる。薬っぽい個性も感じられるが、飲まずにはいられない。力強く、長寿で、バランスのとれた1品[2003年★]。

Rosso dell'Umbria Arquata IGT
ロッソ・デル・ウンブリア・アルクァータ・IGT
カベルネ・ソーヴィニヨン（50%）とメルロー（40%）にバルベーラをブレンドしたワイン。それでもなお「フランス的」というよりは、ずっと「イタリア的」だ。

アダンティ（Adanti）
総面積：40ha
葡萄作付面積：30ha
平均生産量：160,000ボトル
住所：06031 Arquarta di Bevagna, Perugia
電話：+39 07 42 36 02 95
URL：www.cantineadanti.com

UMBRIA | ORVIETO

Barberani　バルベラーニ

家族で運営をしているワイナリーである。父ルイージ(最高経営責任者)、母マリア(オルヴィエートの広場の反対側にあるバルベラーニのショップと、ラーゴ・ディ・コルバーラ付近の葡萄畑でのアグリツーリズモを担当)、息子たちであるベルナルド(2000年からセールス担当)、ニコロ(2005年からワインづくり担当)という構成である。さらに、このワイナリーには大切な"第5番目の人物"、コンサルタント・エノロゴのマウリツィオ・カステッリもいる。

このワイナリーの歴史は1961年までさかのぼる。この年、ルイージの父であるヴィットーリオが、自らのワインをイタリア国内外へ流通させることに決定。1971年、そのワインビジネスにルイージも参画することになる。大柄で、温厚な人柄のせいか、ルイージがオルヴィエートの通りを歩いていると、人々は皆、彼にあいさつをし、彼もまた皆に微笑んで、手を振るのだ。

彼らの葡萄はすべて、自分たち自身の畑で栽培されたものだ。ていねいに手入れされた畑では、明らかに有機栽培が行われている(ワインのラベルには明記されてはいない)。オルヴィエートの基準(2〜3種類のブレンドが義務づけられている)を満たすために、彼らは様々な品種を栽培している。バルベラーニのノルマーレは5種類、さらにクリュに相当するカスタニョーロは6種類の品種が用いられている。すなわち、グレケット50％に、プロカニコ(トレッビアーノのこと)、シャルドネ、ヴェルメンティーノ、ヴェルデッロ、リースリングだ。

極上のワイン

Orvieto Classico Secco [V]
オルヴィエート・クラッシコ・セッコ

幅広いシリーズの基本とも言うべき、ベーシックなオルヴィエート。新鮮でフルーティーで、オルヴィエート・レーベルの中でもより興味深い、オーラを感じさせる1品。

Orvieto Amabile
オルヴィエート・アマービレ

オルヴィエートの昔ながらのスタイル──フレーバーが強い、中甘口──が楽しめるワイン。

Orvieto Classico Superiore Castagnolo
オルヴィエート・クラッシコ・スペリオーレ・カスタニョーロ

さらに上のクラスだが、ありがたいことにオークは使われていない。上記の2品よりも複雑で、非常にコクがあるが、きびきびとした味わい。

単一品種の**Grechetto dell'Umbria**（グレケット・デッルンブリア）の方が、より洗練された**Villa Monticelli Bianco**（ヴィラ・モンティチェッリ・ビアンコ）より好みだという人もいるかもしれない、ちなみに、後者は2005年ヴィンテージから60％グレケットと40％トレッビアーノのブレンドとなったワイン。醸造はバリックではなく、ボッティ（20hℓ）で実施されているが、まだ「オーク樽の影響が強い」という印象が拭えない人もいるかもしれない。

ヴィラ・モンティチェッリのレーベルでは、**Polvento**（ポルヴェント）という赤ワイン（サンジョヴェーゼ50％、カベルネ・ソーヴィニョンとメルローが25％ずつ）もある。複雑さと微妙なニュアンスの極みに到達したワイン。2009年『ガンベロロッソ』トレ・ビッキエーリを獲得し、「赤ワインの生産者として真摯に取り組みたい」というバルベラーニの心意気が認められた。

だが、このワイナリーを代表するのは貴腐ワイン**Calcaia★**（オルヴィエート・クラッシコ・スペリオーレ・カルカイア★）にほかならない。官能的な貴腐菌の個性が秀逸で、世界の甘口ワインの中でも最高の部類に入る1品。

バルベラーニ（Barberani）
総総面積：110ha
葡萄作付面積：55ha
平均生産量：350,000ボトル
住所：Localita Cerreto, 05023 Baschi, Terni
電話：+39 07 63 34 18 20
URL：www.barberani.it

14　最上のつくり手と彼らのワイン

ロマーニャ

　ロマーニャはエミリア・ロマーニャ州の東半分に当たる地域だ。この地域は行政上ではエミリアと関連があるが、葡萄品種やワイン醸造面に関して言えば、まったく関連性がない。ボローニャの西部地域を占めるエミリアでは発泡性ワイン(ランブルスコ、バルベーラ、ボナルダ、ピノ・ネーロ、シャルドネなど)が有名である。ロマーニャでは、環境により優しく、温暖化を引き起こすCO_2(炭酸ガス)はほとんど使用されない。中央イタリアの他の地域でも多く作られているサンジョヴェーゼとトレッビアーノがメインである。

最高品質を目指す人々が結集

　だがワインに関して言えば、ロマーニャは戦後、あまりよくないイメージを払拭できずにいた。その理由の1つは、安価な大容量ワインを販売するイタリア最大規模の生産者の拠点のいくつかがこの土地にあったことだ。さらに、品質を重視する生産者たちが、それらの"巨人たち"の商品と自分のワインのイメージを切り離す方法を見つけられなかったこともあげられる。その種の巨大企業はエミリア街道の北方に広がる平地に多く存在し、1ヘクタール当たり何百キンタルもの収穫量をあげていた。一方、品質を重視する生産者たちは皆、アペニン山脈の丘陵地帯(高速道路の南側)に位置していたのだ。現に、ワインに「スペリオーレ」という形容詞句がつくのは、高速道路の南側地域で生まれたワインだけなのである。だが「サンジョヴェーゼ・ディ・ロマーニャ」というワインの名前は、すでに大きなダメージを受けてしまっていた(巨人たちは今でもこの名前のワインをつくりつづけている)。この状況を考慮すれば、カステルッチョをはじめとしたトップの生産者たちが、最高のワインにDOCをつけないようにし、最も安価なワインだけに「サンジョヴェーゼ・ディ・ロマーニャ」という名前をつけているのも当然と言えよう。

　ここ数年の間で、この状況を打開しようという試みが「コンヴィート・ディ・ロマーニャ」(品質重視の生産者によって結成された協会)によって実施されてきた。本書で取り上げたサン・パトリニャーノとゼルビーナの他にも、メンバーにはトレ・モンティ、フェッルッチ、カロンガ、ドレイ・ドナ、サン・ヴァレンティノなどが含まれている。この品質保護協会の目的は、ロマーニャ・ワインの品質へのこだわりを世間に周知徹底させることだ。具体的には、ゼルビーナがアルベレッロのようなコストのかかる方法でワインづくりをしていること、また絶滅危惧種やほぼ無名の品種を活用してワインづくりを行っていることなどがあげられる。「ほぼ無名の品種」の例としては、ラ・バルサミナ(カロンガ)、ビアンキーノ・ファエンティーノ(フェッルッチ)、ウヴァ・ロンガネージ(ドレイ・ドナ)テッラーノ(トレ・モンティ)、アンチェッロッタ(ゼルビーナ)などがあげられる。だが率直に言って、巨人たちのDOCワインの呪縛が強すぎて、彼らは厳しい戦いを強いられているのが現状だ。

抜群の葡萄

　サンジョヴェーゼは、ロマーニャの優れたワイン(しかも、事実上トップクラスの赤ワイン)のほとんどに用いられ、輝かしい歴史を築いてきた。前述の「コンヴィート・

左:この記念の飾り版に見られるように、ゼルビーナの高品質なワインは早くから求められていた

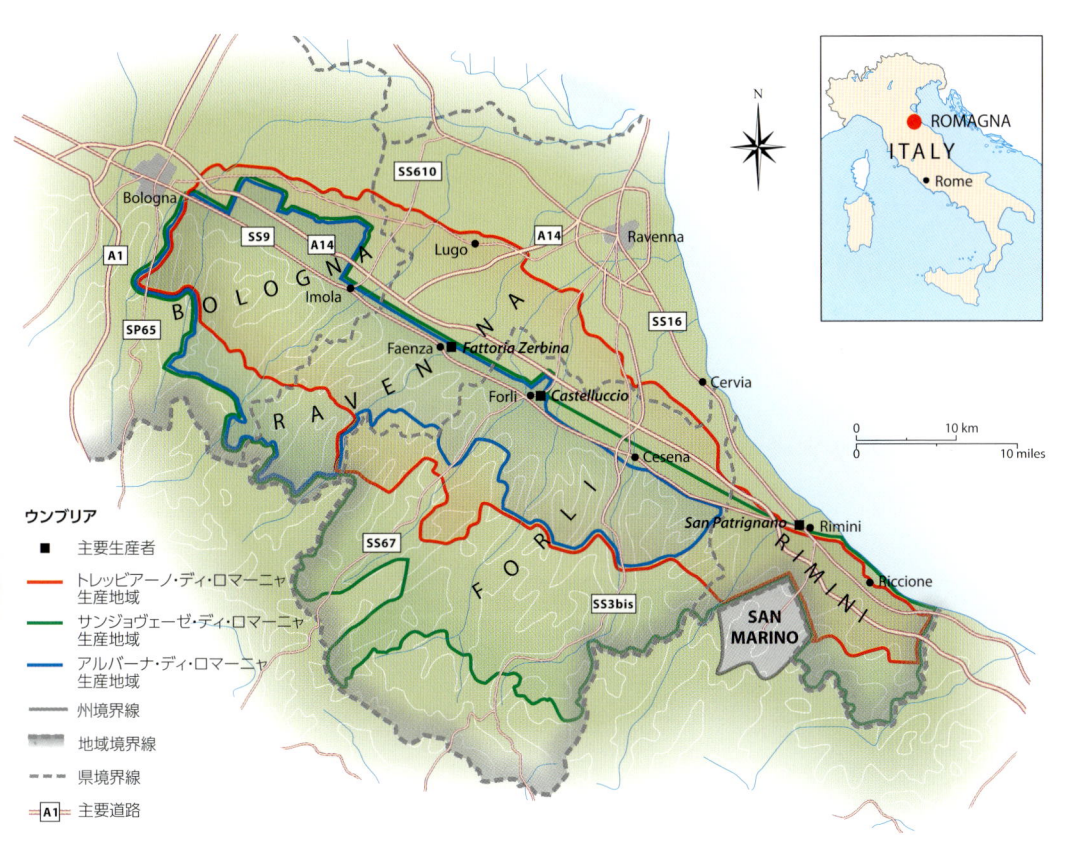

ディ・ロマーニャ」の資料によれば、サンジョヴェーゼは1700年からこの地で"栽培"されていたという(おそらく「1700年からこの地で"知られていた"」という記述の方が正しいだろう)。実際、サンジョヴェーゼ(少なくとも果粒が小さい品種)は、この土地に起源を発している可能性があるのだ。

ボローニャ大学は、1960年代はじめにサンジョヴェーゼのクローンに関する調査を実施した(事実上、イタリア初の調査である)。そして20年後、彼らは「RL Bosche」と「R24」という低収量の、果房が小ぶりで密集していない、ウィルスフリーの2種類のクローン開発に成功する。特に後者は、近年の畑の植え替えに(この地方だけでなく、イタリア中央部全体において)不可欠な存在であることが証明されている。ちなみに、それまでのクローンの主役であった「R10」("質より量"という悪名高いクローン)もロマーニャのものである(R=ロマーニャ)。

もう1つ、ロマーニャの質の高い葡萄と言えばアルバーナだ。これはDOCGとして認められた、初の白葡萄品種である(1987年4月)。アルバーナの辛口ワインがなぜそんな高評価を受けるのか定かではない。だがこのアルバーナが(さらに関心が低い)トレッビアーノ同様、非常に良質の甘口ワインを生み出すことは事実である。

ROMAGNA

San Patrignano　サン・パトリニャーノ

　本書に登場するのは、専業ワイナリーであるところがほとんどだ。中にはオリーブオイルや馬の調教、あるいはアグリツーリズモを実施しているところもある。またもっと別の企業形態（保険会社や製造業など）の一部として、運営されているところもある。そういう前提から見れば、サン・パトリニャーノは、主要な業務活動の一環として偶然ワインが脚光を浴びた、非常にユニークなワイナリーだ。そう、ここは薬物中毒患者の厚生施設なのである。

　サン・パトリニャーノ施設は1978年、資産家ヴィンチェンツォ・ムッチョーリによって設立された。もし彼が英国人だったら、今頃は「ムッチョーリ卿」は無理でも少なくとも「サー・ヴィンチェンツォ」にはなれているはずだ（彼が亡くなったら、おそらくローマでは"神格化"されるだろう）。この施設の概念は「悪しき習慣から引き離すために、薬物中毒患者（ときには配偶者や子供たちも）を入所させ、時期がきたら、彼らが外の世界に戻ったときに役立つような職業訓練をする」というものだ（この施設のモットーは「私たちに助けを求めてくる者は皆、私たちの子供だ。分け隔てなく愛そう」である）。入所者1500人には、約50の異なる職業訓練プログラムが用意されている。料理に関する分野だけでも、チーズ、サラミ、オリーブオイル、ハチミツ、そしてもちろんワインづくりのコースがあるのだ。施設によれば、社会復帰者のうち、70％がこのサン・パトリニャーノで学んだ分野の仕事に就いているとのこと。またイタリア全土で考えると、この施設による犯罪防止効果は100億ユーロに相当するという。実際、ここは実に印象深い場所である。私も長年ワイン・ジャーナリストとして働いているが、そのキャリアの中でも、ここの何百人というメンバーがいっせいにランチを楽しんでいる光景は壮観で忘れられない。

　私は、ここのワインを「主要な業務活動の一環として偶然脚光を浴びた」と記したが、厳密に言ってもこの表現は正しい。というのも、1996年、自社ワインが数々の表彰と賛辞を浴びたのをきっかけに、サン・

右：施設の1500人のメンバーのうち、数人がワインづくりの技術を教え込まれる

薬物中毒患者の厚生施設であるサン・パトリニャーノは、主要な業務活動の一環として偶然ワインが脚光を浴びた、非常にユニークなワイナリーだ。今では、ロマーニャの高品質ワイン界で重要な役割を果たすようになっている。

パトリニャーノはロマーニャの高品質ワイン界で重要な役割を果たすようになったからだ。そのいきおいは今日も止まらず、この施設の収入源となり、健全な運営を可能にしている（ここは個人の寄付によって成り立っている。政治家や政党からの寄付には頼っていない）。1997年からは、イタリアを代表する有名コンサルタント・エノロゴ、リッカルド・コタレッラの助けを借り、彼の指導のもと、10年に及ぶ植樹および植え替えプログラムが実施され（マッサル選抜されたものとクローンを併用）、今日ではアドリア海に面した町リミニから5kmほど内陸に入ったロマーニャの斜面（高度200m）に、100haもの葡萄畑が広がっている。

極上のワイン

Avi Sangiovese di Romagna Superiore Riserva
アヴィ・サンジョヴェーゼ・ディ・ロマーニャ・スペリオーレ・リゼルヴァ

サン・パトリニャーノの創始者、ヴィンチェンツォ・ムッチョーリに捧げられたワイン。100%サンジョヴェーゼで、果皮を3週間マセレーションし、トノーで12カ月熟成した。典型的なサンジョヴェーゼの酸味、熟れたソフトな、だが歯ごたえのあるタンニン、さらに鮮やかなモレッロチェリーの果実味が楽しめる、非常にいきいきした1品。

Montepirolo Colli di Rimini DOC
モンテピローロ・コッリ・ディ・リミニ・DOC

信じられないほど説得力のある、ボルドー種のブレンドワイン（2種のカベルネとメルロー）。バリックで12カ月熟成され、アヴィと同じように18カ月ボトル熟成され、フィルタリングは行わない。濃厚で凝縮感があり、熟れたタンニンがふんだんに感じられ、コーヒーとダーク・チョコレートのあと味。肉厚の圧倒的な果実味で、長期熟成型。2004年★を試飲し、私はこう記した。「コタレッラの特色が出た、非常によくできたワイン」

Noi Colli di Rimini DOC
ノイ・コッリ・ディ・リミニ・DOC

もう1つのブレンドワインで、こちらはサンジョヴェーゼ、カベルネ・ソーヴィニョン、メルローという組み合わせ。上記の2つのトップワインのレベルには及ばないが、長期熟成が期待できるしっかりした構造である。ただし、若いうちはかなり飲みにくい。「ノイ」という名称（「私たちの」という意味）には、この施設のワインづくりに携わる人々全員の「情熱、責任、そしてプライド」がこめられている。

この施設のワインの大半を占めるのは、**アウレンテ・ロッソ**というIGT・サンジョヴェーゼ・デル・ルビコーネ（150,000ボトル）。飲みやすいが、それ以上特筆すべき点はない。

上：モンテピローロの熟成に用いられているバリック。施設のメンバーたちが、このカラフルなセラーの内装を考えている

サン・パトリニャーノ(San Patrignano)
総面積：250ha
葡萄作付面積：105ha
平均生産量：500,000ボトル
住所：Via San Patrignano 53, 47852 Ospedeletto di Rimini, Rimini
電話：+39 05 41 36 21 11
URL：www.sanpatrignano.org

Fattoria Zerbina ファットリア・ゼルビーナ

ヴィンチェンツォ・ジェミニアーニは1966年——バーゲン価格でイタリア中央部のワイン地所を購入できた、まさに黄金期——に小さな町ファエンツァにある、このアペニン山脈の北側丘陵地帯に位置する農場を購入した。ファットリア・ゼルビーナの初期のワインは、不景気なときには歓迎される「質より量」タイプであった。だが1987年、ヴィンチェンツォの孫娘クリスティーナ（有資格者のアグロノモ）が引き継いでから、このワイナリーは一躍、ロマーニャの高品質ワインをリードする存在に躍り出たのだ。

クリスティーナは早くから「良質のワインは葡萄畑でつくられる」という事実を理解していた。また彼女はもう1つ、今では誰もが理解しているが、当時は誰も思いもしなかったことをちゃんと理解できていた。それは「ロマーニャ高品質ワインの未来はこの地の主要な品種、サンジョヴェーゼとアルバーナにかかっている」という点である。当時（現在もまだ見られる傾向だが）、サンジョヴェーゼ・ディ・ロマーニャは全般的に「単なる大量消費ワイン」として、やや下に見られる傾向があったのだ。畑の品質向上のため、彼女はコンサルタント・アグロノモのレミジョ・ボルディーニ博士を招聘。現在もタッグを組んでいるこの2人は、この地域のサンジョヴェーゼの悪しき評判を回復すべく、逆転のシナリオを用意したのだ。

1990年、彼らは突然ヴィーニャ・ポッツォの畑にアルベレッロ仕立てを採用する。このギリシャで生まれた仕立て法はイタリア南部では割と知られているが、当時のイタリア北部ではほとんど知られていなかった（ただし、クリスティーナによれば、かつてはロマーニャで一般的な仕立て法だったという）。今日、彼らのすべての畑がアルベレッロ仕立てを取り入れ、植栽密度は11000本／haまでアップしている。葡萄樹1本当たりの収量は1kg以下に抑え、粒と粒の間に隙間が多く、果粒は小ぶりで果皮が厚い。

ちょうど同じ頃、クリスティーナはクローン選抜の実験を開始し、現在も継続中である。この実験には、トスカーナのもの、ロマーニャのもの、さらにマッサル選抜による彼女自身の畑のものも含まれている。現在、クリスティーナは前述の"ゾナツィオーネ"（zonazione：どこにどの葡萄を植えるのが最適か決めるために行う、畑の土壌およびその他の特徴の分析）に夢中だ。これは異なる畑同士だけでなく、同じ畑の区分内の比較・検討（葡萄樹に潜在するアルコール度、酸性度、pHから成熟度や樹勢のレベルを測定）も含まれる。クローンや台木の活用だけでなく、収穫のタイミングにも大きな影響を及ぼすシステムのため、単一畑が対象となり、発酵も数段階に分けて行われることになる。

醸造所に関して言えば、クリスティーナはこの10年以上、コンサルタントを雇ってはいない。彼女は「シンプルなやり方が一番」という考えの持ち主なのだ。現に、ここの醸造所にはコンセントレーターもマイクロオキシジェネーターもない。しかも、彼らはサラッソ（タンクから葡萄液を引き抜くこと）さえ行おうとしない。マセレーションはワインによって10〜21日間続けられ、より高級な赤ワインにはマロラクティック発酵およびバリックでの熟成が実施される（新樽は30％以下）。

今回、ピエトラモーラの垂直試飲を1985年まで実施したとき、ここのワインだけでなく、今日のイタリア中央部のワイン全体にまつわる興味深い事実に気づかされた。アルコール度数が12.5％から15％以上に上がっているのだ。クリスティーナによれば、理由の1つは「気候変動」だという。他に考えられる理由として、彼女は「アルベレッロ仕立てへの変更」をあげた。そう、この仕立てにより、果実の成熟と凝縮感がより高まったのだ。だが彼女によれば、一番の理由は「糖分よりもフェノール類の成熟を見計らって摘み取る方針にしたこと」だという。

極上のワイン

クリスティーナは品質レベルの異なる3種類のサンジョヴェーゼ・ワインをつくっている。そのすべてが、サンジョヴェーゼ・ディ・ロマーニャ・スペリオーレ・DOCだ。**Ceregio（セレジョ）**は新鮮さ、フルーティーさが特徴の、早飲みタイプのワインである。

Torre di Ceperano トッレ・ディ・チェペラーノ
2番目に紹介するのは、セレジョより複雑なワイン「トッレ・ディ・チェペラーノ」だ。トップイヤーではない年に、厳選されたサンジョヴェー

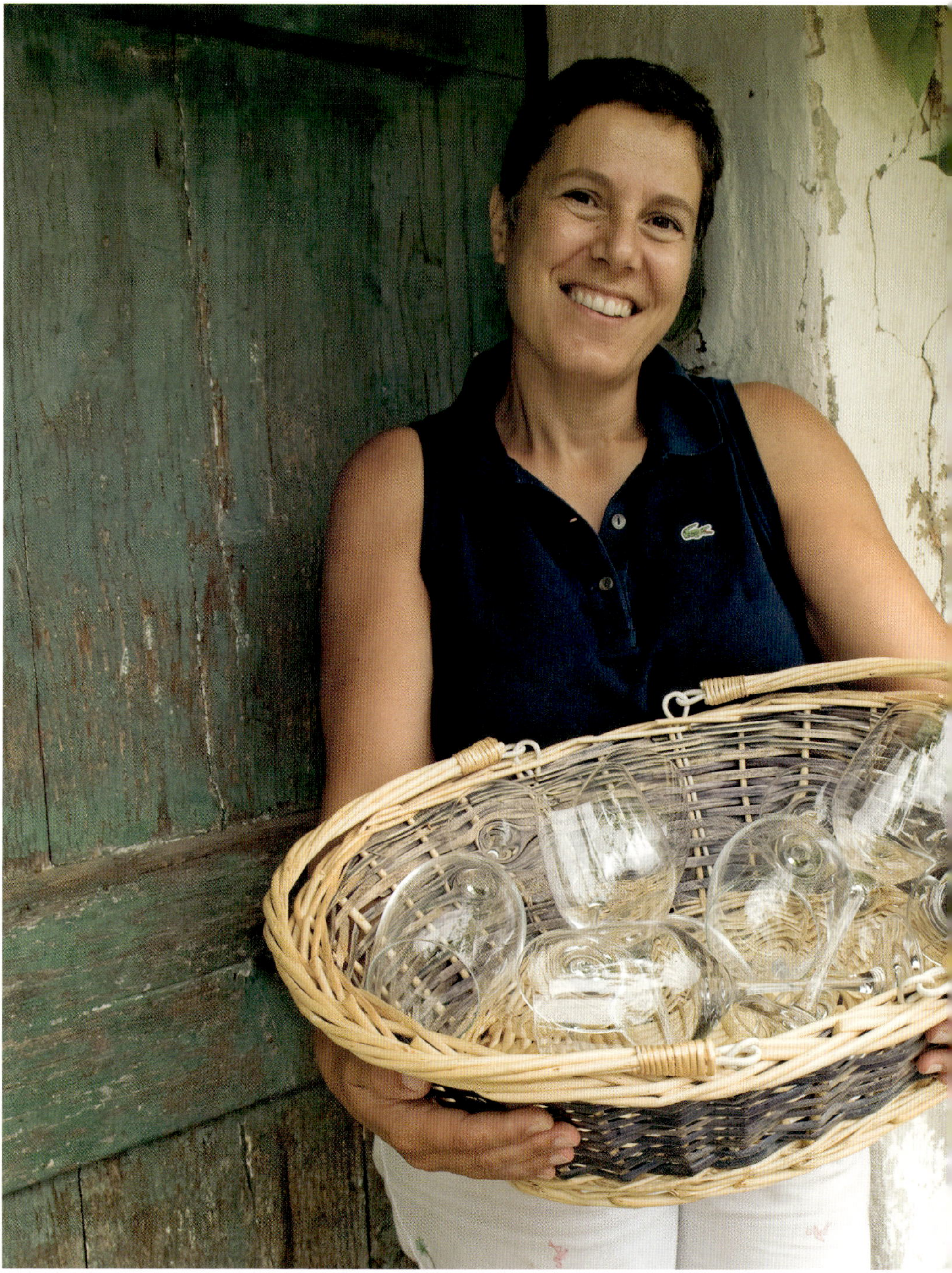

ゼ(他の品種も少量含む)で、中期的(長期ではない)な熟成型としてつくられる1品だが、1993年まで垂直試飲をしてみて、かなり長期熟成型であることがわかった。中でも印象に残ったのは誘惑的で、魅力的な1999年[V]。

Pietramora Riserva　ピエトラモーラ・リゼルヴァ
トップイヤーにしかつくられないトップワイン。フランス産品種は含まれず、サンジョヴェーゼにアンチェッロッタ(土着種) 5%をブレンドしたこのワインは、クリスティーナにとって誇りであり、喜びでもある。元々は古い、北向きの畑のクリュ・ワインだったが、2000年からこのワイナリーの最良の葡萄とワインを厳選してつくられるようになった。深みがあり、ときにびっくりするほどの力強さを感じさせる1品。それでいて凝縮感もエレガンスも十分感じられる。1985年まで垂直試飲したが、初期のワインになるほど(オリジナルの1985年は特に)「トスカーナ同様、ロマーニャも『ヴァン・ド・ガルド(熟成しておいしくなるワイン)』が製造可能な土地だ」と強く感じさせられた。後期のワインのいくつかの酒質が示していたとおり、長寿の可能性がかなり改善されている。ただし、現在はアルコール度数が高くなったせいで、ややアンバランスになりつつある。おそらく、卓越した1997年★(チェリーリキュールとクリスマス・スパイスのアロマ。口に含むと、しっかりしているが甘い果実味。凝縮感もバランスも秀逸)のように13.5〜14％程度が適切であろう。非常に力強い2001年(私は「サンジョヴェーゼ依存型」と試飲メモに記載)に見られるような15.5％は、あまりに高すぎる。

Marzieno Ravenna Rosso IGT
マルツィエーノ・ラヴェンナ・ロッソ・IGT
地元の村の名前を冠したワイン(本当は「マルツェーノ」だが、クリスティーナは名称変更を許されなかった)。サンジョヴェーゼをメインに、厳選したカベルネ、メルロー、シラーをブレンドした1品。上記同様、凝縮感と深みのある果実味、高いアルコール度数が特徴だ。「伝統主義者」よりも「国際主義者」に好まれそうな味。

Scacco Matto　スカッコ・マット
トップの赤ワイン同様、クリスティーナが誇りを持っているデザートワイン。貴腐葡萄からつくられ、ヴィン・サントより軽くて酸化が少なく、ピーチ、アプリコット、花の香りが感じられる。アルバーナの穏やかな個性を最大限まで表現した1品。赤ワインに比べてさほど評価されていないのが、やや不公平に思える。

左:自分の家族のワイナリーだけでなく、この地域の評判も劇的に高めたクリスティーナ・ジェミニアーニ

ファットリア・ゼルビーナ(Fattoria Zerbina)
総面積:40ha　葡萄作付面積:35ha
平均生産量:220,000ボトル
住所:Via Vicchio 11, 48018 Marzeno, Faenza, Ravenna
電話:+39 05 46 40 022
URL:www.zerbina.com

ROMAGNA

Castelluccio カステッルッチョ

　トスカーナとは反対側の、アペニン山脈の急斜面に広がるこのワイナリーの光景を見ると、なぜか既視感(デジャヴュ)に襲われてしまう。それはキアンティ・クラッシコのポッジョ・スカレッティのように、この地所(あるいは、少なくともその70%)が有名コンサルタント・エノロゴのヴィットリオ・フィオーレ(トスカーナで名を成した北部人)の一家の所有によるものだからであろう。現在は、フィオーレの4人の息子のうち、次男クラウディオが、妻ヴェルスカの手助けを得ながらこのワイナリーを運営している。
　クラウディオはここの歴史をこう披露してくれた。「カステッルッチョは1970年代、ワインを愛していた映画監督ジャンマッテオ・バルディによって創設された。最初のヴィンテージのワインがリリースされたのは1980年代のことだった」クラウディオによれば、バルディはこの地域において品質を最重要視したワインづくりを実施した、最初の生産者だった。また、彼はこの地域で初めて、クリュごとにワインづくりを行うという概念を実現した

カステルッチョはこの地域で品質を重視した最初の生産者であり、クリュごとのワインづくりを初めて実現した生産者でもある。

生産者でもあった。こうして、様々な「ロンコ」(「丘」に相当するロマーニャの名称。トスカーナの「ポッジョ」と同じようなもの)という名称がついたワインが生み出されることになった。当時は3つの「ロンコ」ワインがあった。そのうちの2つはサンジョヴェーゼ100%ワインで、もう1つはソーヴィニョン100%ワインである。後者のワイン「ロンコ・デル・レ」は大人気となり、1本の卸価格が75000リラにまで跳ね上がった。その当時、ロマーニャ・ワインの大半が数ペニーだったことを考えれば、これは破格の高値と言えよう。クラウディオはこう続ける。「1970年代後半、バルディは私の父にコンサルタントになってほしいと言ってきた。そこで父はこのワイナリーの一員になったが、1990年、何らかの事情で不仲になり、ここを離れてしまった。でも1999年、この会社は父に再びコンサルタントになるよう依頼し、しかも株の所有権まで認めてくれた。だから私の家族は今、この会社の70%の株を保有しているんだ」
　「2000年、父は私と妻ヴェルスカにこのワイナリー経営を引き継ぎ、ここの畑がかつて得た栄光を取り戻すためのチャンスを与えてくれた。私はそのチャンスに飛びついたんだ。というのも、かつて父に連れられて、様々な地域を旅したときの思い出を鮮やかに覚えていたからさ。いろいろ試飲するうちに、卓越したワインの何たるかを知ることができた。それにリヴィオ・フェッルーガ(フリウリ)やカステッロ・ディ・メレート(トスカーナ)でよい経験をさせてもらっていたから、きっとワイナリーをうまく経営できるっていう自信があったんだ」
　ワインづくりに関して、トスカーナとロマーニャはどのように違うのだろう? この点に関して、クラウディオは様々な観点から意見を聞かせてくれた。醸造に関して言えば、ヴィットリオ・フィオーレの出現以降、両者に大差はなくなったという。唯一の大きな違いは土壌、もっと言えばテロワールだそうだ。ロマーニャの土壌の大半は粘土質で、ワインにミネラル分や新鮮さ、構造を与える。一方、トスカーナの土壌はフレーク状の片岩で(例:ポッジョ・スカレッティ)、ワインに力強さというよりはむしろエレガンスを与えるのだ。
　ワインづくりに関して言えば、クラウディオはある種の改良を加えつつも、基本的には父の主義に従っている。収穫は20kgのボックスで行われ、異なる畑の果実はきっちりと分けて保管される。また色素やタンニンを抽出したい場合はデレスタージュを実施する(5〜7日間のマセレーション期間のうち、約4回実施)。もちろん、温度調整も行っており、通常は28〜30℃を心がけている。マロラクティック発酵はアルコール発酵のすぐあとに行われ、重要なことに、木樽で実施されている。バレルはバリックよりも大きいサイズ(225ℓではなく350ℓ)を使用し、新樽を50%以下に抑えることでオークのアロマの影響を最小限に抑えたり(ロンコ・デル・ジネストレの場合)、あるいは、使用済のバレルを少なくとも1度しか使用しないようにしたり(ロンコ・デイ・チリエージの場合)する努力を重ねている。ワインはバレルで12〜14カ月熟成されたあと、ボトルで1年間熟成され、リリースのとき

を待つ。

極上のワイン

Ronco dei Ciliegi and Ronco delle Ginestre
ロンコ・デイ・チリエージとロンコ・デッレ・ジネストレ

今日、クラウディオ・フィオーレは1980年代初めにあった「3つのクリュ」と同じ3種類をつくっている。そのうち、2つはサンジョヴェーゼ100%であり、**ロンコ・デイ・チリエージ**は粘土質よりも石灰質が強い土壌で育てられているせいか、エレガントでコクがある。今回私は、そのチリエージと**ロンコ・デッレ・ジネストレ**を5本ずつ試飲した(前者は1983年まで、後者は1982年まで)。一般的に、チリエージは紅茶葉とハーブのアロマが特徴的で、少量のチェリーの香りがし、古いワインになるほど皮革のアロマも感じられた。2001年がおいしかったが、2002年もまた同じくらいすばらしい味である。ジネストレはほとんど薬のように感じられるほどミネラル分が強く、ややタールの香りも感じられ、前者よりもさらに凝縮感、ふんだんな果実味が特徴だ。ただし、前者よりも明らかにオーキーだったのが残念である。それ以外は、しっかりした骨格の2001年、よりスムースな2000年、そしてこちらも驚異的な味わいの2002年がすばらしい。

Ronco dei Ciliegi
ロンコ・デイ・チリエージ

1983年:色に衰えが感じられるものの、悪くない出来。いまだ新鮮で、紅茶葉とハーブのおだやかなアロマが感じられる。凝縮感に欠けるが、口に含むと、明らかにサンジョヴェーゼの個性(皮革、ハーブ、紅茶葉、ドライチェリー)が楽しめる。スムースなタンニンと良質でしっかりとした酸味が特徴的。力強さというよりは繊細さが際立つよい出来ではあるが、やや期待はずれだった。
1990年:中心がガーネット色で、縁がオレンジ色。すっきりした典型的なアロマ(紅茶葉とハーブ)だが、よく意識しないと嗅ぎ取れない。1983年よりも凝縮感があり、よりしっかりとした構造。まだ十分飲めるが、それほど興奮させる要素はないヴィンテージ。
2000年:かなり深みのある、明るくて若々しい色合い。チェリーとベリーのアロマで、口に含むと、ふんだんな果実味が広がる。熟れたタンニン、程よい酸味、かなり長い余韻。ジャムっぽくも強烈でもない、程よい果実の個性がふわっと広がる。オーキーではない。目を見張る特徴はないが、バランスのよい1品。
2001年★:きめの細かなルビー色。新鮮なチェリーのアロマ。今のところ、口に含むと、しっかりした構造と大地の味わいに圧倒される。時間が必要な、すばらしいワイン。現在は閉じた印象だが、将来的に洗練されたエレガンスなボトルになること間違いなし。
2002年:従来は10000〜15000本のところ、4000本しかつくられなかったヴィンテージ。深くて若々しい色合い。魅力的なチェリー・シロップとベリーのアロマ。しっかりした酸味ときめの細かなタンニン、程よい凝縮感、衰えは一つも感じられない。この試飲では最高のワイン。時間が必要だが、このヴィンテージにしては例外的に秀逸なワインとなるだろう。

Ronco delle Ginestre
ロンコ・デッレ・ジネストレ

1982年:軽いが熟成を感じさせる色合い。ハーブとほとんど薬のようなミネラルのアロマが特徴的。タンニンと酸味のしっかりした骨格。チェリフルーツとドライ・ハーブのすばらしい味わい。エレガントでバランスがとれ、あと味は甘い果実味とミネラルが楽しめる。
1990年:中程度の深みで、まだ若々しい色合い。ミネラルとイーストを感じるアロマ。酸味が程よく抑えられ、いきいきとしていて、1982年より凝縮感は高いが、複雑さは劣る。優れたヴィンテージだけに、やや失望させられた1品。
2000年:ほとんど不透明な色合い。オーク樽香が支配的で、果実の香りを抑えていて、その影響がワイン全体に及んでいる。個性やテロワールよりもむしろ、ワイン・ガイドや得点システムを考慮してつくられた印象。芳醇で凝縮感はたっぷりだが、サンジョヴェーゼの個性に欠けている。おそらく時間が必要であろう……。
2001年:ほとんど不透明な、深くて若々しい色合い。オーク樽の影響が感じられるが、果実の香りがそれを上回っている。肉厚で凝縮感のある1品。タンニン、酸味、チェリーとプラムの果実味などすべてがふんだんに感じられる。引き締まってタイトであり、時間が必要な印象ではあるが、非常に良質なワインになることは確実。ややマッシフ・サントラル山地のワインをほうふつとさせる。
2002年:おそらく最もきめ細かく深い色合い。こちらもオーク樽香が支配的だが、口に含むと、果実の凝縮感が印象的(プラムとダークチェリー)。同年のロンコ・デイ・チリエージと同じく、このヴィンテージにしては驚くほどよい出来である。

Sauvignon Blanc Ronco del Re
ソーヴィニョン・ブラン・ロンコ・デル・レ

上記のワインに比べて頻繁に試飲しているわけではなく、確実な印象がつかみにくい1品。イタリア中央部のワインとしては優秀かもしれないが、イタリア北部のワインとして優秀かどうかは疑問。明らかに、ロワールのソーヴィニョン・ブランの方が一枚上手である。

Massicone マッシコーネ

比較的最近ラインナップに加わった、カベルネ・ソーヴィニヨンとサンジョヴェーゼのブレンドワイン。かなり芳醇でバランスがとれているが、葡萄の真正さを考えれば、2つのロンコの方が好ましい。

カステッルッチョ (Castelluccio)
総面積:50ha
葡萄作付面積:12ha
平均生産量:90,000ボトル
住所:Via Tramonto 15, 47015 Modigliana, Forli-Cesena
電話:+39 05 46 94 24 86
URL:www.ronchidicastelluccio.it

15　最上のつくり手と彼らのワイン

マルケ

中世時代から1860年に統一される(イタリア王国に統合)までの数世紀の間、マルケ州はローマ教皇の支配下にある、小さな自治区の集まりであった。このことからもわかるとおり、この地域のワインや生活スタイルには統一感が欠けている。実際、ロマーニャに隣接して影響を受けてきた上半分の地域と、アブルッツォ(よくモリーゼやプーリアと共に"南"と一括りにされてしまう)に接する下半分の地域の間では対抗意識や反目が生まれている。この端的な例が、1990年代の変更前の、自動車のナンバープレートに見られた。アンコーナの人々は中央部の居住者だが(自身では北部だと考えているが)、ANという正しい表示の代わりにMC(マチェラータの表示)をつけて"Morte Certa!"(確実な死)と叫んで嘲笑していた。

マルケ州はドラマチックな風景——緩やかに起伏する丘陵、穏やかな海岸部、さらに南部には冠雪をいただいたアペニン山脈——が広がる地域だ。海から山頂までの距離はさほど離れていないため、同じ場所からこれら3つの光景が一度に見える。それはもう壮観で、感動的としか言いようがない。ずっと小さな自治区の集まりだっただけに、この州の中心産業は農業で、20世紀に入るまで工業はほとんど発展していなかった。それゆえ、20世紀の工業化の波で、地元の建造物に悪影響が及ぶこともなかったのだ。とはいえ、彼らの農業スタイルはあくまで自給自足のためだった。起伏のある、石の多い土地は葡萄やオリーブのような作物に適しているが、工業用地には不向きの土地だったのだ。

ヴェルディッキオ：品質と多様性

イタリア中央部のワインの中で、マルケは「ヴェルディッキオ」(葡萄もワインもこの名称)づくりで最も重要な貢献を果たしている。ヴェルディッキオにまつわるとんでもないワイン法——1ヘクタール当たり、あまりに多量の葡萄の収穫が許されている(ほぼ100hℓ/ha。これは質のよい生産者のそれの2倍に相当する)——があるにもかかわらず、ヴェルディッキオは過去20年、明らかにイタリアを代表する土着種として君臨し、良質な白ワインを生み出しつづけてきた。実際、この地には2種類のDOCGワインがある。そのうちの1つ、「ヴェルディッキオ・デイ・カステッリ・ディ・イエージ」は、もう1つの「ヴェルデッキオ・ディ・マテリカ」よりも広範囲な地域をカバーしている。質・量共に、重要なのは前者であると言えよう。このワインの生産地域に当たる、アンコーナ(主要な漁港町)の内陸部には、ずっと昔に侵略者を迎え撃つために建てられた要塞都市が広がっている。よく「イエージ」という名前は「イエス・キリスト」を意味すると誤解されがちだが、これは先史時代、この町が"エイシス(Aesis)"と呼ばれており、その名称が現在の町イエージ、さらにエジーノ川両方の地名の由来になったといわれている。より内陸部の、山々に近いマテリカではミネラル分豊富な、非常に肉厚なワインがつくられている。

ヴェルディッキオの一番の強みは、その多様性にあると言えよう。またライバルであるシャルドネとの大きな違いは、すばらしいシャルドネが世界の多くのワイン地域で生まれるのに対し、優れたヴェルディッキオがここでしか生まれない点である(唯一の例外はルガーナでつくられる「トレッビアーノ・ディ・ルガーナ」)。とにかく、マルケ州のヴェルディッキオの多様性はすばらしい。スパークリングでもスティルでも、樽を使っても使わなくても、辛口でも甘口でも、軽やかでフレッシュでも、豊かで肉厚でも、早飲み型でも長寿型でも、いかようにも対応できる。法律で許可された異常な収量で造られても受容できるものである。そして傑出したものとなりうるポテンシャルをも秘めている。

アンコーナ：コーネロとロッソ・ピチェーノ

この地域の北部から中央部にかけての、ロマーニャに最も近い部分では、やはりサンジョヴェーゼが主な黒葡萄である。だがそのワインはあまり注目されておらず、アンコーナに入った途端、モンテプルチャーノの葡萄が主になり、より高い品質のワインを生み出すことになる。町の背後にそびえる丘陵地から生まれる赤ワイン、コーネロ(DOCG)やロッソ・コーネロ(DOC法定収量がより高い)には最低85%以上が義務づけられ、またそれ以外のワインも100%のものが多い。さ

300

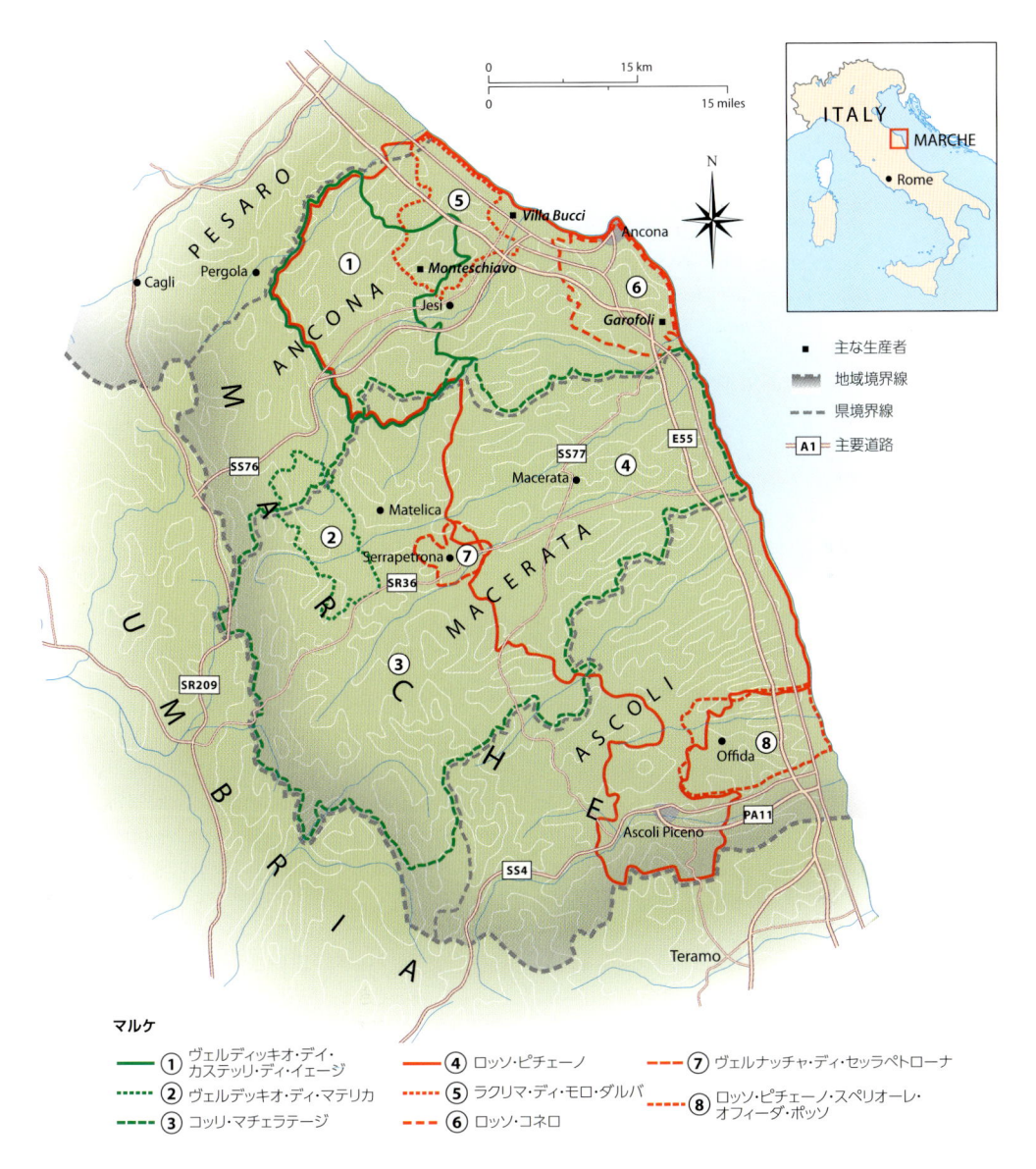

マルケ

- ① ヴェルディッキオ・デイ・カステッリ・ディ・イェージ
- ② ヴェルデッキオ・ディ・マテリカ
- ③ コッリ・マチェラテージ
- ④ ロッソ・ピチェーノ
- ⑤ ラクリマ・ディ・モロ・ダルバ
- ⑥ ロッソ・コネロ
- ⑦ ヴェルナッチャ・ディ・セッラペトローナ
- ⑧ ロッソ・ピチェーノ・スペリオーレ・オフィーダ・ポッソ

らに、この地域の南部から生まれるロッソ・ピチェーノと、最南部から生まれるロッソ・ピチェーノ・スペリオーレは、マルケ州の赤ワインの中でも重要な位置を占めている（どちらもモンテプルチャーノとサンジョヴェーゼのブレンド）。モンテプルチャーノは増加傾向にあり、サンジョヴェーゼは減少している。またアブルッツォでは、言うまでもなくモンテプルチャーノの独壇場となり、サンジョヴェーゼは姿を消すことになる。

その他のワインの中で、最も注目すべきはラクリマ・ディ・モッロ・ダルバであろう。これはアンコーナのモッロ・ダルバというコムーネおよびその周辺でしか栽培されない黒葡萄から生まれる、非常に個性の強い、新鮮でアロマティックなワインだ。

MARCHE

Bucci　ブッチ

マルケに「高品質ワイン」という概念が取り入れられたのは、トスカーナよりもかなり遅れてのことである。だが、ここで紹介するブッチはどこよりも早く──1980年代初頭から──その概念に取り組んできた。現当主アンペリオ・ブッチはミラノでファイナンシャル・アドバイザーとしてのキャリアを着実に積んでいたが、その間も一族の所有する農場の成功をほぼ確信していた。18世紀にこの地に居を構えて以来、ブッチ一族は精力的に農業に取り組み、特に葡萄栽培に熱意を注いできた。彼らの自慢は、マルケの他のワイナリーに比べて畑が非常に古いこと（平均樹齢約25年）、そしてスタッフが非常に若いこと（平均年齢22歳！）なのだ。

ブッチのワインを味わえば「これこそテロワールの産物だ」と感銘を受けるだろう。そして彼らの言動全てがその感銘を確信させるものである。彼らはオーガニックの認証を受けていて、既に10年程実践している。彼らは慎重にマッサル選抜を行いながら（植え替えにはすべて自社畑の葡萄樹を用いている）、厳しい剪定を実施。法律で認められているヴェルディッキオの収量は140キンタル／haだが、彼らはその半分の70キンタル／haを維持している。また彼らは葡萄樹が健康であり、土中の貴重な水分や複雑なミネラル成分を吸収するためにその根を深く張ることが出来るような環境づくりに力を入れている。土壌構成は葡萄樹の繁栄の要素であると彼らは主張する。粘土質は水分保持とpHに大切な働きをする要素となる。石灰質は植物の生化学的プロセスを調整し、白ワインの骨格を担う酸の安定を助けている。彼らが目指しているのは「ハッキリと見分けがつく、独自のスタイル」のワイン──市場に迎合するのではなく、むしろ市場がその個性を必要とするようなワイン──なのだ。

彼らのこのワインづくりの哲学を端的に表現しているのが、コンサルタント・エノロゴにジョルジオ・グライ（アルト・アディジェ州ボルザーノ出身の名醸造家）を選んだ点である。グライはイタリア随一の鋭い、特異な味覚を持つ人物として有名だ。彼が、区画や樹齢によって、別々に醸造されたキュヴェを組み合わせて最終ブレンドをする。このワイナリーでは、7つの異なる葡萄畑（樹齢は5〜45年、高度は160〜360mと幅広い）から赤と白が2種類ずつ生み出される。それらはすべて、古いオークのボッティ（40〜75hℓ）で熟成される。

極上のワイン

Villa Bucci Verdicchio dei Castelli di Jesi Classico Riserva
ヴィッラ・ブッチ・ヴェルディッキオ・デイ・カステッリ・ディ・イエージ・クラッシコ・リゼルヴァ
リリース前に2年間熟成されるリゼルヴァで、ここのトップワイン。最古の畑から、最良の年にしかつくられない。クリーミーな舌触りとミネラル分、いくらかの塩分、さらに非常に熟れたアップルや洋梨の果実味とが融合した1品。非常に上質な白のブルゴーニュをほうふつとさせ、同様に長期熟成が期待できる。[2006年★]

Bucci Verdicchio dei Castelli di Jesi Classico
ブッチ・ヴェルディッキオ・デイ・カステッリ・ディ・イエージ・クラッシコ
様々な葡萄畑からのブレンドワイン。グライのブレンドの目的は、常に矛盾のないブッチのスタイル（極めて個性的で明るく、最初から最後までしっかりした酸味が楽しめるスタイル）を生み出し続けることである。さわやかで、しっかりとした、非常に長い余韻。中期的な熟成に向いているタイプ。

Tenuta Pongelli Rosso Piceno
テヌータ・ポンジェッリ・ロッソ・ピチェーノ
モンテプルチャーノとサンジョヴェーゼを50％ずつブレンドしたワイン。力強い赤ワインが高得点をとる今の時代では、軽くてきりりとしたこのワインの重要性が低くなっているように思える。少し冷やすと、魚料理と一緒に飲んでも新鮮さが感じられる。

Villa Bucci Rosso Piceno
ヴィラ・ブッチ・ロッソ・ピチェーノ
モンテプルチャーノ70％とサンジョヴェーゼ30％のブレンドワイン。ポンジェッリより奥深く、芳醇な味わいだが、力強さよりもむしろエレガンスが強調された1品。

右：芸術にも深く傾倒しているが、それよりもさらにワインづくりを重視しているアンペリオ・ブッチ

ブッチ（Bucci）
総面積：400ha
葡萄作付面積：31ha
平均生産量：140,000ボトル
住所：Via Cona, 30, 60010 Ostra Vetere, Ancona
電話：+39 07 19 64 17 9
URL：www.villabucci.com

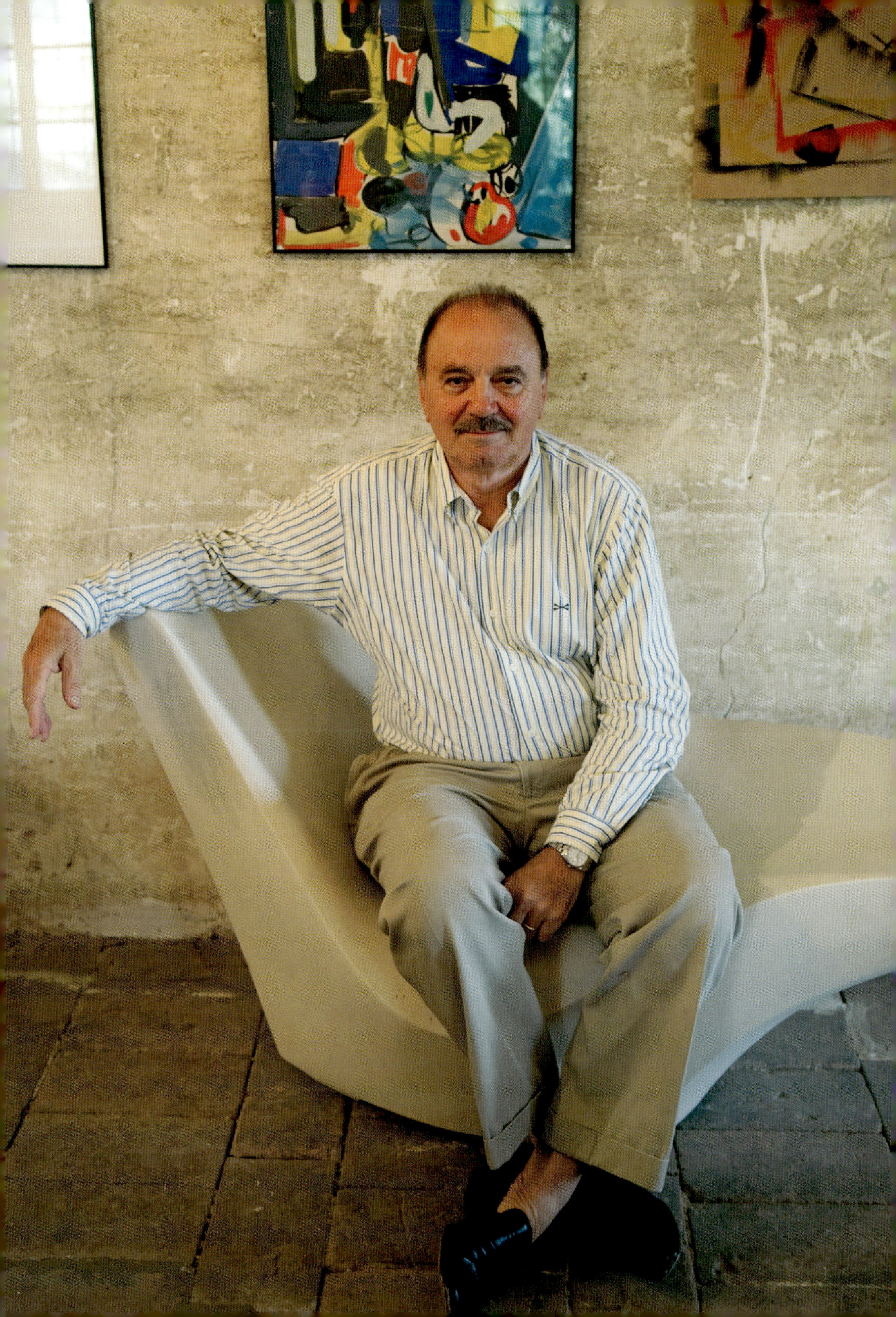

MARCHE

Garofoli ガロフォリ

このワイナリーが現在の社名になったのは1901年、ジョアッキーノ・ガロフォリによってである。だが、その歴史ははるか昔にさかのぼる。すでに1871年から、ジョアッキーノの父アントニオが典型的なマルケのワインの生産・販売を手がけていたのだ。戦後はジョアッキーノの息子フランコとダンテが、1970年代に入ると、フランコの息子カルロとジャンフランコがこのワイナリーを所有することになる。そして最近、彼らの子孫3人（ベアトリーチェ、カテリーナ、ジャンルカ）もまた新たに経営に参画することになった。つまり、ここは5代に渡る同族会社なのだ。

彼らのワインは常に（私が1980年代に初めてここを訪れて以来ずっと）マルケ・ワインの指標であり、それでいてやや定番とは異なる個性を発揮し続けている。「イタリア中央部で一番早く」とは言わないまでも、ガロフォリは確かに「マルケで一番早く」トップワインづくり

ガロフォリの強みは、伝統にできる限り従いつつも、修正が必要なタイミングをきっちり見わけられる点である。

にステンレスタンクの技術とバリック熟成を取り入れたワイナリーだ。ただし、テクノロジーに頼りすぎないよう常に手綱を引き締める賢明さも持ち合わせている。しかも、ここの醸造所は床に落ちたものでも食べられるくらい清潔なのだ。

古きよき時代、多くの商人同様、ガロフォリ家もまた「葡萄を買い付けてそれをワインにする」という形態をとっていた。現在でもその形態はまだ一部続いていて、その種の葡萄はあまり重要でないワインに用いられている。ただし、トップワインには、時間をかけて徐々に取得した自社畑の葡萄が用いられている。また葡萄品種に関して言えば、彼らはマルケが誇るヴェルディッキオとモンテプルチャーノにずっとこだわり続けている。ガロフォリは、マルケの中でも安易に"国際主義"に走ろうとしない、非常に貴重なワイナリーなのだ。

極上のワイン

Verdicchio dei Castelli di Jesi Classico Riserva Serra Fiorese
ヴェルディッキオ・デイ・カステッリ・ディ・イエージ・クラッシコ・リゼルヴァ・セラ・フィオレーゼ
1984年ヴィンテージにはじめてつくられた、今も続く「オーク樽熟成のヴェルディッキオ」の1番目のワイン。そのテクニックの習得にしばらくかかったが、今日では木やスモークのアロマを気にせず、小ぶりなオークによる柔らかな効果が十分楽しめる。

Verdicchio dei Castelli di Jesi Classico Superiore Podium
ヴェルディッキオ・デイ・カステッリ・ディ・イエージ・クラッシコ・スペリオーレ・ポディウム
しっかりした酸味のフレッシュさと非常に熟れたヴェルディッキオの果実味の程よいバランスが楽しめる、中期熟成型の1品。良質の澱と共に9カ月熟成されることで、セッラ・フィオレーゼ同様、特筆すべき複雑さが与えられている。おそらく、国際主義者よりも伝統主義者に好まれそうな1品で、魅力的な進化の仕方をしている。[2008年★]

Brut Riserva Metodo Classico
ブリュット・リゼルヴァ・メートド・クラッシコ
1977年に初リリースされた、ヴェルディッキオ100%のスパークリングワイン。48カ月澱と共に熟成という伝統的手法でつくられている。ガロフォリが非常に重視しているワインで、実際、洗練されたスタイルが楽しめる。ただし、フランスの同種のワインよりも大胆なスタイルで、それゆえ繊細さに欠ける。

Conero Riserva Grosso Agontano
コーネロ・リゼルヴァ・グロッソ・アゴンターノ
モンテプルチャーノ100%のワインで、バリックで12〜18カ月熟成される。本来備わっている力強さがオーク樽熟成によって丸みを帯び、よく管理されている。洗練されているが芳醇で、本当の飲み頃になるまで数年間ボトル熟成が必要だろう。

右：堅実な運営を続けてきた、この伝統的なワイナリーの4代目であるカルロ（左側）とジャンフランコ・ガロフォリ兄弟

ガロフォリ（Garofoli）
葡萄作付面積：50ha
平均生産量：2,000,000ボトル
住所：Via Arno9, 60025 Loreto, Ancona
電話：+39 07 17 82 01 62
URL：www.garofolivini.it

GAROFOLI
Di origine Catalana, la Casato Garofoli fu chiamata in Sicilia nel
1320 da Pietro II di Aragona – Fissatosi in Palermo e ammes-
sa in quel Senato si diramò a Catania, Trapani e Cosenza
e fu ascritta al Patriziato di quella città – Un altro ramo si
stabilì a Napoli e nel 1590 fu decorato del titolo da Filippo II
Questa famiglia fiorì anche a Bologna e nelle Marche con
distinta notorietà –
Tra gli attuali rappresentanti il
nella provincia di Ancona figura il
Garofoli –

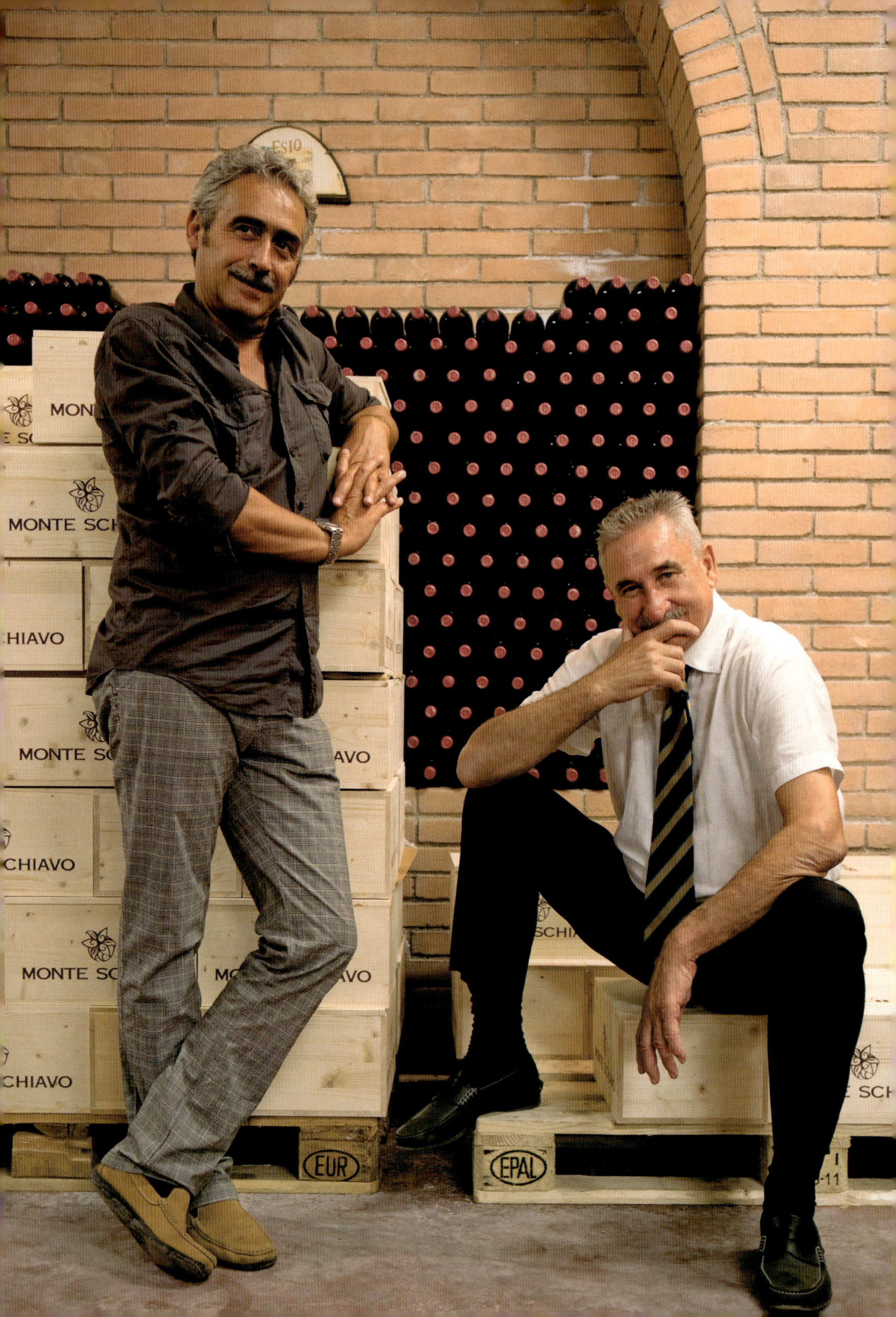
MONTE SC
CHIAVO
EUR
EPAL

MARCHE

Monte Schiavo モンテ・スキアーヴォ

モンテ・スキアーヴォはピエラリージ家所有のワイナリーだ。いや、むしろ「ピエラリージ家所有の数あるワイナリーのうちの1つだ」と言うべきかもしれない。アブルッツォ、プーリア、シチリア島のワイナリー他にも、この一族は4つ星ホテルや空港、化粧品会社まで持っている。また所有している大手オリーブオイル製造会社は、実に80％以上の世界シェアを握っているのだ。そう聞いて「それなら葡萄栽培とワインづくりなど、きっと片手間にしかやっていないのだろう」と思った人もいるかもしれない。だが、このヴェルディッキオ・デイ・カステッリ・ディ・イエージ地域の中心に創設された彼らのワイナリーは「高品質の葡萄を栽培し、良心的な価格で卸す」という、マルケの優良ワイナリーの中心的存在となっている。しかも、ここのコンサルタント・エノロゴは最高の才能の持ち主、ピエール・ルイージ・ロレンゼッティなのだ。

ピエラリージ"帝国"の起源は19世紀後半までさかのぼるが、葡萄畑の取得は比較的最近（経済危機に見舞われていた1960年代）で、当主ジャンニーノ・ピエラリージ（創始者アデオダートの直系の子孫）によって始められた。1993年までには、モンテ・スキアーヴォは一種の協同組合のような形態になっていたが、ピエラリージ家はそのすべてを所有していたわけではなかった。だが1994年、ついに彼らはこのワイナリーを100％所有、それ以降、ロレンゼッティと最高経営責任者のルイージ・カルゼッタが高級市場向けの商品開発に乗り出したのである。

つい最近、最先端の醸造所が完成し、モンテ・スキアーヴォは今日、マルケのあらゆる種類の赤・白ワインを手がけている。だが、主力商品はやはりヴェルディッキオであろう。他の生産者も対抗しようとしてはいるが、この葡萄の多様性を十二分に表現する能力に関して、このワイナリーの右に出る者はない。

極上のワイン

飾り気のないルヴィアーノから単一畑ワインのコステ・デル・モリーノまで、フィルタリングをしないナティーヴォからスプマンテまで、さらにオーク樽熟成したイル・バンド・ディ・サン・セッティモ、甘口パッシート・ワインのアル・ケなど、モンテ・スキアーヴォの100％ヴェルディッキオ・ワインはすべて、その非常に特殊で異なる個性でテイスターたちを驚かせてきた。だが、このワイナリーで最も重要なのは、最初にあげた2つである。

Pallio di San Floriano Verdicchio dei Castelli di Jesi Classico Superiore [V]
パッリオ・ディ・サン・フロリアーノ・ヴェルディッキオ・ディ・カステッリ・ディ・イエージ・クラッシコ・スペリオーレ [V]

このワインの葡萄（中世の祭りから名づけられた）は、より軽いスタイルのワイン用よりも10〜14日遅く収穫される。また果汁には圧搾後、スキン・コンタクトが6時間実施される。その結果、控えめな華やかさがしっかりとした良質の酸味（マロラクティック発酵なし）に支えられ、幾重もの複雑なアロマが楽しめる辛口ワインができあがるのだ。

Le Giuncare Verdicchio dei Castelli di Jesi Classico Riserva ★
レ・ジュンカーレ・ヴェルディッキオ・デイ・カステッリ・ディ・イエージ・クラッシコ・リゼルヴァ ★

葡萄畑近くの泉の名前から名づけられた単一畑ワイン。遅い時期に収穫され、そのうち25％はトノーでバトナージュを実施、残りはコールド・マセレーションを15時間行い、マロラクティック発酵をしている。リゼルヴァとして「熟成2年間」が義務づけられ、良質の澱と共に14カ月間熟成される。複雑な魅力を持つ、中期的な熟成型ワイン。初ヴィンテージは1998年だが、まだまだ力強い。

Adeodato Rosso Conero アデオダート・ロッソ・コーネロ
ピエラリージ"帝国"の創設者の名前から名づけられた、このワイナリーのプライドが一番感じられる赤ワイン。モンテプルチャーノ100％からつくられ、非常に深い色合いと凝縮されたブラックベリーのアロマが特徴的。口に含むと、ダークで閉じた印象の程よい味わいが広がり、コーヒーとチョコレートのあと味が楽しめる。よいヴィンテージのものは20年の熟成が可能だが、若いときはやや硬い印象が否めない。

Lacrima di Morro d'Alba ラクリマ・ディ・モッロ・ダルバ
自社畑に起源を持つ赤ワイン。短い（5日間）果皮のマセレーション後、ステンレスタンクで熟成される。低量のタンニン、ほとんどマスカットのような花の香りが特徴で、少し冷やして飲むと良いだろう。

左：ヴェルディッキオの分野で無敵の状態を確立した、モンテ・スキアーヴォのピエール・ルイージ・ロレンゼッティ（左）とルイージ・カルゼッタ

モンテ・スキアーヴォ（Monte Schiavo/La Vite）
総面積：350ha
葡萄作付面積：115ha
平均生産量：1,600,000ボトル
住所：Via Vivaio, Localita Moteschiavo, 60030 Miolati Spontini, Ancona
電話：+39 07 31 70 03 85
URL：www.monteschiavo.it

ヴィンテージ：2008〜1990

フランス同様、イタリアにおいても、ヴィンテージは品質・量のどちらにとっても重要だ。よくフランス地域（特にボルドー）のヴィンテージ・チャートの知識に従って、イタリア・ワインのヴィンテージを判断しようとする人がいるが、これは感心しない。たとえば2005年のボルドーは"当たり年"だが、トスカーナでは"標準的な年"でしかないのだ。またイタリア国内でも、同じことが言える。たとえばトスカーナとピエモンテ、あるいはアブルッツォとシチリア島を混同して考えてしまうのは感心しない。この種の混同を避けるための手段はただ1つ、年ごとに地域別のよしあしをチェックするやり方だ。

大気候という観点から見れば、イタリア中央部はかなり似たようなタイプであると言ってよいだろう。ただし、この前提は「アペニン山脈の南から西にあるトスカーナとウンブリア」、「山脈の反対側にあるトスカーナとマルケ」という区分けで当てはまると考えた方がいい。

では、それぞれのヴィンテージを5つ星形式で表してみよう。最後に1つ灰色の星がついているのは「星半分」という意味である。

2008年 ★★★★
晩春から初夏にかけてひどい雨天が続き、うどん粉病とぬかるみという大問題が発生したが、6月後半からはカラリとした暑さとにわか雨に切り替わった。ただし、時おり嵐にも見舞われ、モンタルチーノ南部のように壊滅的なヒョウの被害に遭ったところもある。最終的には、いきいきとした出来のバランスのよい1年となった。

2007年 ★★★★
イタリアワイン醸造専門技術者協会は2007年を「異種混合の年」と表現した。夏は記録的な猛暑が続き、2003年（葡萄の大半が太陽熱に焦げてしまった）の再来ではないかという不安が広がった。だが9月になると気温が安定し、特に夜間は涼しくなったため、ようやく安心できるようになった。結果的に、これもまたいきいきとした出来のバランスのよい1年となった。

2006年 ★★★★
8月は異例の冷夏だったが、9〜10月に温暖で湿気のない日が続き、質量共によい出来の葡萄に恵まれた。キアンティ、ヴィーノ・ノビレ、ブルネッロはすべて1級の個性が出せた年。白ワインにとっても恵みが多く、特にヴェルディッキオ・リゼルヴァ（2009年リリース）は秀逸。

2005年 ★★★
早摘みの生産者に利があった年。夏の天候は良好で、葡萄が程よく引き締まったが、9月の雨で多くの生産者たちが収穫を伸ばし、結局10月のしつこい雨降りで打撃（葡萄の腐敗、低濃度化）を受けてしまうことになった。内陸部よりも海岸部の方が良好。ちなみに、メルローはグレート・ヴィンテージだった。

2004年 ★★★★★
年間を通じて穏やかだった年。気温も雨量も適切であったため、糖分が順調に蓄積され、バランスのとれた構成の果実ができた。収穫期の天候もほぼ理想的であったため、早飲みタイプ・熟成タイプの両方共バランスのとれたものができあがった。

2003年 ★★★
ヨーロッパ全土が記録的な猛暑と干ばつに襲われ、葡萄の果粒がしなびてしまった年。ワインは凝縮されてはいたが、アルコールと酸味のバランスが悪く、ほとんどの場合、何らかの加工処理がなされ、繊細さというよりも力強さが勝る出来となった。一方、気温の低い地域（モンテプルチャーノ、ルフィナ、クラッシコ高地）では、トスカーナ最良のワインができた。白ワインは総じて低調だった。

2002年 ★★
1992年ほどではないが、冷たくて気まぐれな大雨にたたられた年。モンタルチーノとクラッシコの多くの生産者が、トップワインの生産を見送った。市場に出たトップワインも、カベルネの個性が強くなった。激しい雨のせいで、トップワインが総崩れし、トップではないワイン（ロッソ・ディ・モンタルチーノやリゼルヴァタイプではないキアンティなど）にとってはよかった1年。

2001年 ★★★★★
「ミレニアム・ワイン」にまつわる大騒ぎのせいで、2001年ヴィンテージの優秀さはなかなか気づかれない傾向にある。だが若いときはさほど魅力的ではなかった

右：サンジョヴェーゼ・ワインの大半は熟成には不向きだが、セルヴァピアーナのキアンティ・ルフィナは、トスカーナ・ワインの中でも最も長熟型である

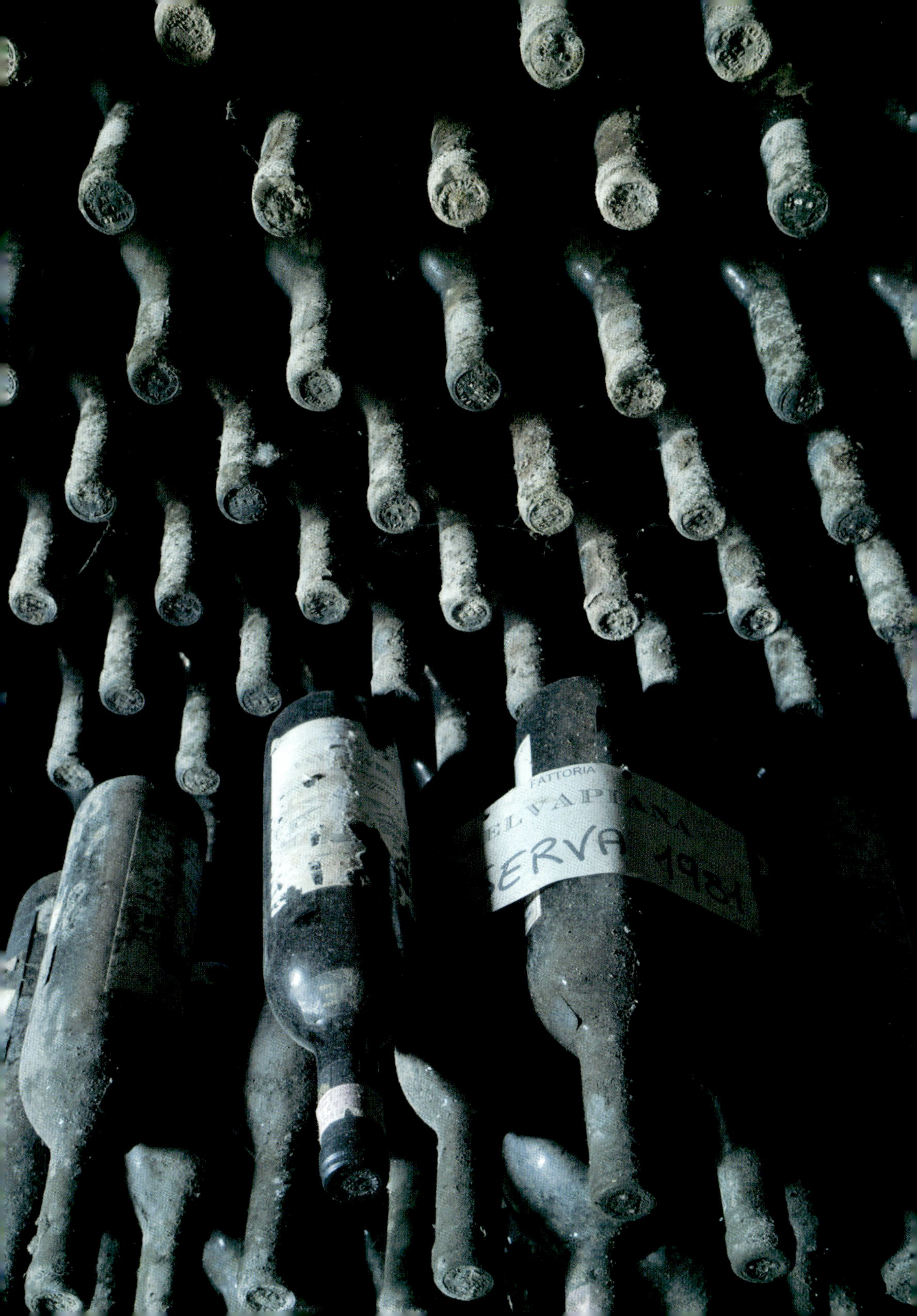
FATTORIA

が、これらのワインは歳月と共にすばらしい味わいを発揮しつつあり、特にトップワインの大いなる魅力が開花しつつある。

2000年 ★★★
　暑く乾燥した年だったが、キャノピー・マネジメントが特別苦手な栽培者でない限り、2003年のようにワインに何らかの加工処理をするまでには至らなかった。ワインは素直でしなやかであり、熟れた果実味がふんだんに楽しめるが、おそらく長寿ではないだろう。

1999年 ★★★★
　上等なヴィンテージ。いくつかのトップワインは最高の輝きを見せ始めている。長期熟成型。

1998年 ★★★
　9月までは非常に順調に思えたが、収穫期に雨にたたられ、結果が台無しになってしまった年。飲み頃を過ぎ、品質が下がりかけている。

1997年 ★★★★★
　『ワイン・アドヴォケイド』『ワイン・スペクター』両誌に"グレート・ヴィンテージ"と称賛された年。たしかに肉厚でジューシーだが、表面的な魅力の可能性が強い。とはいえ、投資しがいのあるヴィンテージだ。

1996年 ★★★
　さしたる特徴のない年で、大半は飲み頃を過ぎている。ただし、この一般的定義を第1級のワインに当てはめるのは避けた方がよい。たとえばこの年は、ピエモンテの熟成型にとってはトップ・ヴィンテージだった。

1995年 ★★★★
　1994年とは正反対の年。9月半ばまでは低温で雨の多い天気が続いたが、それ以降は一転して穏やかな小春日和が続き、収穫期を待った勇気ある生産者に恵みがもたらされた。

1994年 ★★☆
　収穫期に雨にたたられ、期待されていた葡萄の出来が損なわれてしまった年。よいワインもあるが、それらでさえ、今が飲み頃であろう。

1993年 ★★★
　「優れた」ワインもあるが、ほとんどがその基準に当てはまらなかった年。

1992年 ★
　ここ数年では最悪のヴィンテージ。9月中に続いた土砂降りのせいで、どの畑でも葡萄の腐敗が蔓延した。

1991年 ★★★
　飲み頃が期待できる、よいワインができた年。今が飲み頃のものがほとんどである。

1990年 ★★★★★
　「今世紀を代表するヴィンテージ」と言われていたが、パワーダウンせずにそのことを実証できた例があまりに少ない。これが植え替えブームの前だったことを考えると、今のクローンが昔のものに比べて、より高い持久力を持っていることを願うしかない。

　これ以前で秀逸なワインができたヴィンテージは1988、1985、1975、1971、1964、1955、1947、1945年。

ワインの寿命
　前述のとおり、モンタルチーノのフランコ・ビオンディ・サンティは、サンジョヴェーゼから驚異的な熟成パワーを持つワインを生み出している（ただし、その実力を証明できるのは、ビオンディ・サンティに現存する1891年の数本のボトルだけだ。そのあとに続くのは1925年、1945年のワインになる）。またセルヴァピアーナの1947年のキアンティ・ルフィナは、ボトルによっては驚異的なできばえであったのに対し、キアンティ・クラッシコのバディア・ア・コルティブオーノやカルミニャーノのカペッツァーナの古いボトルは「おいしい」というよりはむしろ、期待外れの印象が強かった。古城の地下蔵で眠り続ける、表面がカビに覆われた古いボトルもまだたくさんある。だが全般的に見て、そういう類いのボトルが手元にあるなら、それらを飲むのではなくむしろ、売ってしまった方がよいだろう。1990年ヴィンテージに関するコメントで示したとおり、一般的に、1960〜70年代にかけて植えられたサンジョヴェーゼのバイオタイプは長寿型につくられていない。そう考えると、現在のクローンからつくられたワイン（2030年あたりからリリース）の出来に期待するほかないのだ。1つだけ確かなことがある。複雑で力強いワインを生み

ワインを味わう

上：ルンガロッティのルベスコを含め、最高のワインであっても、必ずしも「古いほどよい」とは限らない。飲み頃の見きわめが必要

出す葡萄ほど、長い寿命を保つ可能性が高い。現在の実例で言えば、サンジョヴェーゼよりも、カベルネ・ソーヴィニョンやメルロー、ピノ・ノワール、ネッビオーロの方がはるかに寿命が長いワインをつくり出している。

　サンジョヴェーゼは、中期的な寿命のワインづくりに向いている。私の経験から言えば、最も一般的な寿命は15〜20年で、その後は衰えてくる印象だ。ただし、私が試飲したワインは古いクローンからつくられたもの、または一番よくてもマッサル選抜されたものであることを注記しておきたい。

　他のイタリア中央部の品種の中で、最も寿命が長いと思われるのがウンブリアのサグランティーノである。だがこの場合も、その事実を証明するには現存する証拠が少なすぎるため、あと数十年は待つ必要があるだろう（その頃、あなたも私も健康で惚けていないことを祈るのみだ）。「寿命」という観点から言えば、アブルッツォのヴァレンティーニのように魂を込めて造られたモンテプルチャーノ種のワインも、少なくともサンジョヴェーゼ100％のワインと同じくらい（あるいはそれ以上）の長期熟成が期待できる。だが遺憾ながら、数十年に渡り若々しさを維持できるのは、フランス原産の品種たちであろう。たとえばサッシカイアの年代物のボトルなどは魅力たっぷりである。

　白ワインに関して言えば、ヴェルディッキオが長寿ワインを生み出す筆頭候補と言えよう。とはいえ、それでも15年程度である。トスカーナとウンブリアのシャルドネの中にも、同程度の寿命が期待できるものもある。たとえば、チェルヴァロ・デッラ・サーラやデ・マルキ・コッルツィオーネなどはその代表例と言えよう。

311

17　ワインと料理

新たな展望

　イタリア人のワインのとらえ方は、アングロサクソン人のそれとは大きく異なる。ワインはあくまで食事の一部であり、アルコール類ではない。彼らにとってアルコール類とはビール、またはビタースイートな味わいのアペリティフ——イタリア中央部ではヴィン・サント——のことなのだ。このことを考慮すれば、イタリアワインにアングロ人が「重要だ」と考える要素が欠け、「あまり重要でない」要素が特徴となっているのも合点がいくだろう。サンジョヴェーゼを主体にしたワインは、一般的に円熟味、新鮮味、口当たりの柔らかさに欠け、酸味やタンニン、風味がより強い傾向にある。その鍵は食べ物にあるのだ。

　まえがきにも書いたとおり、トスカーナの典型的な食事（その日の主要な食事を意味する単語だが、「昼食」という意味でも使われる）は3つのパートから成り立つ。1番目のアンティパスト（前菜）では、フェットゥンタ（トスカーナ風ガーリックトースト。パン自体は無塩）をエキストラ・ヴァージン・オリーブオイルでいただくことが多い。あるいは、ブルスケッタ（トーストの上に細かく刻んだトマトとバジル、鶏レバーのパテ、オリーブ・ペーストなどを載せたもの）やアッフェッタート・ミスト（サラミ盛り合わせ）、カルパッチョ・スタイルの肉類、各種チーズ、魚介類のマリネ、温野菜、生野菜など、様々な料理が出される。

　この時点で「もう満腹だ」と思う人もいるかもしれない。だが思い出してほしい。あなたは今、イタリアにいる。朝食はコーヒーとブリオッシュだけ。そのうえ、毎朝ほこりっぽい醸造所やカビ臭いセラーを訪れている。だからもう腹ぺこなのだ。しかも、厳密に言えば、前菜は"食事"ではない。プリモ・ピアット（1番目のお皿）が出された時点ではじめて、本当の意味での食事が始まることになる。通常、ここで出されるのは非常に豪華なメニューだ。女主人とけんかでもしない限り、手の込んだ料理が出てくるだろう。通常、プリモではパスタかリゾット、あるいはズッパが出される。ここぞ、トスカーナ（またはイタリア中央部）料理の極意の見せ所と言ってよい。これらの料理には肉が含まれないことが多く、肉料理までの"一休み"といった感が強い。クラシック音楽でアレグロ（早く）からプレスト（きわめて早く）へ移る前の、アダージョ（遅く）のような役割だ。

　次に出されるのがセカンド・ピアット（2番目のお皿）で、ロースト肉かグリルされた肉料理がそのまま出されることが多い。付け合わせとして、野菜類（家庭菜園で栽培したもの）やポテト（エキストラ・ヴァージン・オイルで揚げたものかローストしたものに、少量のローズマリーを振りかけたもの）が添えられてくる。この時点で、満腹になったあなたはごろんと横になり、昼寝を楽しみたくなっているはずだ。だがコースの締めくくりとして出されるチーズ、デザート、それにヴィン・サントに浸して食べるカントゥッチ、さらにチョコレートが添えられたコーヒーを堪能した方がよい（グラッパも忘れてはいけない）。

　さて、再び「食事におけるワインのとらえ方」という話題に戻ろう。とはいえ、これは料理本ではないし、私はコックではないので、そのテーマを専門的に解説する気はさらさらない。だが適切な選び方さえすれば、トスカーナ・ワインはどのような食事（繊細な味のものでも、強烈な味のものでも）とも相性がよいはずである。それは、料理の一部としてワインをとらえるトスカーナならではの伝統のおかげにほかならない。ワインだけを飲むと、タンニンも酸味も厳しすぎるように思えるが、トマトやガーリック、オリーブオイルなどと合わせるとおいしさが増し、香り、味、舌触りが格段によくなるのだ。これはトスカーナ料理だけでなく、他のタイプの料理のほとんどに言えることである。

　たしかに、イタリア中央部のワインは個性が強すぎるかもしれない。だがその味わいに慣れ、料理を圧倒するのではなく、むしろ引き立てる"力"に気づけば、アメリカやイギリス、オーストラリアなどで一般的な、アルコール度数の高い、フルーツ・ジュースのように飲みやすいスタイルの、ビール感覚のワインにはもう戻れないはずである。「そんな大げさな」と思ったあなたは、ぜひ今度、食事どきのワインをイタリアのものに変えてみてほしい。きっと、あなたの中でまったく新たな展望が開けるだろう。

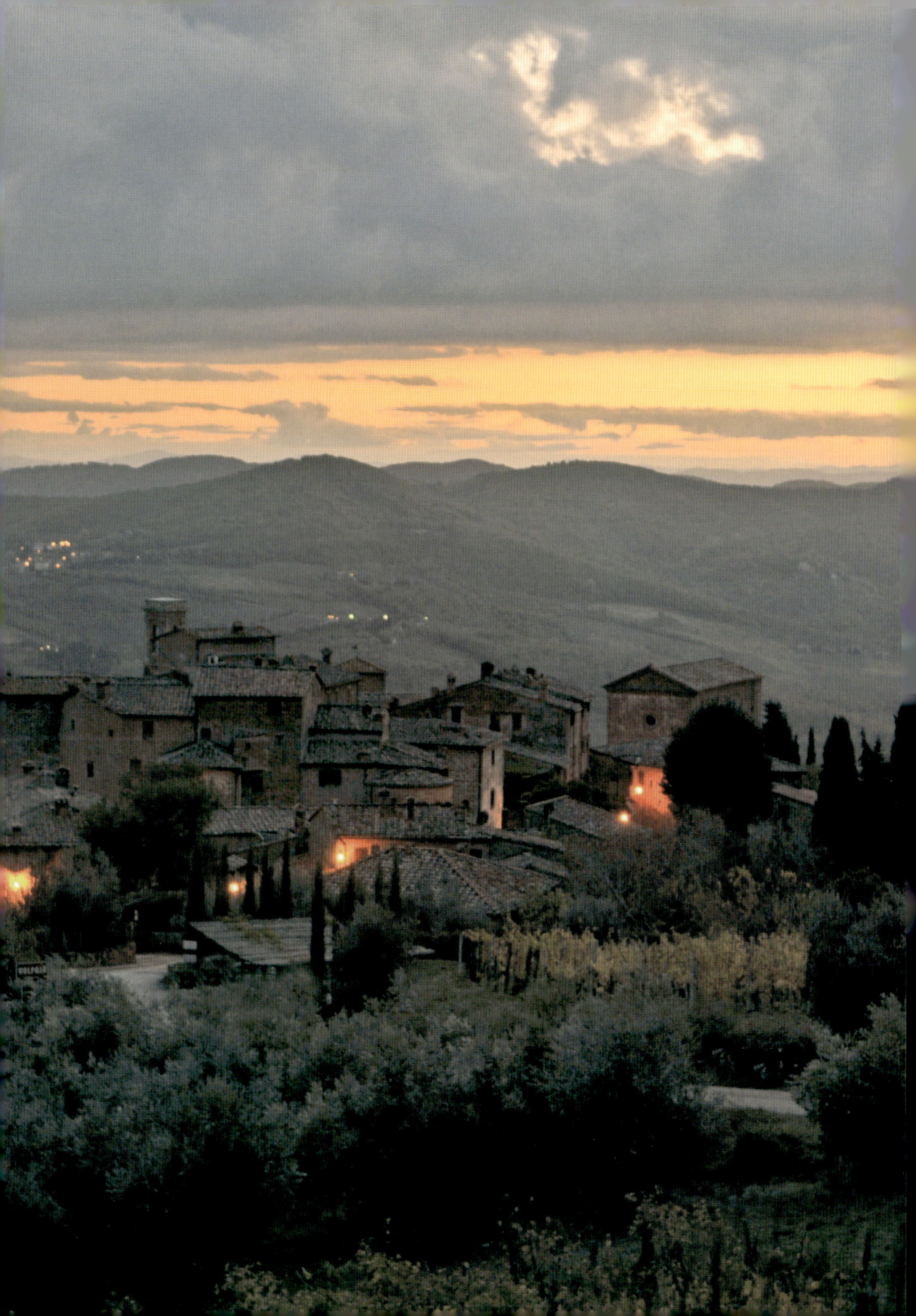

18 上位10選×10一覧表

極上ワイン100選

それぞれのカテゴリで登場する生産者名、ワイン名はすべて50音順である。
私が「そのカテゴリの中で最も優れている」と思うものには★をつけてある。

市場のリーダー　トップ10
- アンティノーリ★
- ガロフォリ
- サイアグリコーラ
- テヌータ・サン・グイド
- バンフィ
- フォロナーリ
- フレスコバルディ
- ブローリオ
- ルッフィーノ
- ルンガロッティ

傑出した生産者　トップ10
- イゾーレ・エ・オレーナ
- イル・ポッジョーネ
- カステッロ・ディ・アマ
- カプライ
- カペッツァーナ
- クエルチャベッラ
- ソルデラ（カーゼ・バッセ）
- バディア・ア・コルティブオーノ
- ビオンディ・サンティ（テヌータ・グレッポ）
- フォントディ★

人気急上昇中の生産者　トップ10
- カーザ・ソーラ
- カイアロッサ★
- カステッロ・ディ・ポテンティーノ
- カミリアーノ
- ギッツァーノ
- セスティ（カステッロ・ディ・アルジャーノ）
- ピアン・デッロリーノ
- ポッジョピアーノ
- ラ・マッサ
- レ・ポタッツィーネ

偉大なサンジョヴェーゼ・ワイン　トップ10
（ブルネッロは除く）
- イル・カルボナイオーネ（ポッジョ・スカレッティ）
- イル・ポッジョ（モンサント：カナイオーロとコロリーノを含む）
- チェッパレッロ（イゾーレ・エ・オレーナ）
- ノーチョ・デイ・ボスカレッリ（ボスカレッリ）
- ピエトラモーラ（ゼルビーナ）
- ブチェルキアーレ（セルヴァピアーナ）
- フラッチャネッロ（フォントディ）
- ペルカルロ（サン・ジュースト・ア・レンテンナーノ）
- ランチャ・キアンティ・クラッシコ・リゼルヴァ（フェルシナ）
- レ・ペルゴール・トルテ（モンテヴェルティーネ）★

偉大なブルネッロ・ワイン　トップ10
- イル・ポッジョーネのリゼルヴァ
- サリクッティのピアッジョーネ
- サルヴィオーニのラ・チェルバイオーラ
- セスティ（カステッロ・ディ・アルジャーノ）のフェノメナ
- ソルデラのカーゼ・バッセ★
- パルムッチのポッジョ・ディ・ソット
- ビオンディ・サンティのリゼルヴァ
- ブルネッリのジャンニ
- マストロヤンニのスキエーナ・ダジーノ
- リジーニのウゴライア

国際種の赤ワイン　トップ10
- アッヴォルトーレ（モリス・ファームス）
- イル・パレート（フォロナーリ）
- カマルティーナ（クエルチャベッラ）
- サッシカイア（テヌータ・サン・グイド）★
- シエピ（カステッロ・ディ・フォンテルートリ）
- ソライア（アンティノーリ）
- パレオ・ロッソ（レ・マッキオーレ）
- マッセート（オルネライア）
- ルピカイア（カステッロ・デル・テッリッチョ）
- レディ・ガッフィ（トゥア・リータ）

興味深く個性的なワイン　トップ10
- 25 アンニ・サグランティーノ・ディ・モンテファルコ（カプライ）★
- エヴォエ（パニッツィ）
- カベルロ（イル・カルナシャーレ）
- サグランティーノ・ディ・モンテファルコ・パッシート（アダンティ）
- サン・ロレンツォ（サッソトンド）
- スオーロ（ヴィラ・ディ・アルジャーノ）
- ピローポ（カステッロ・ディ・ポテンティーノ）

プニテッロ(サン・フェリーチェ)
ペルゴライア(カイアロッサ)
ラクリマ・ディ・モッロ・ダルバ(モンテ・スキアーヴォ)

秀逸な辛口白ワイン　トップ10

カイアロッサ・ビアンコ(カイアロッサ)
カスタニョーロ・オルヴィエート・クラッシコ・スペリオーレ(バルベラーニ)
ジアンカレ・ヴェルディッキオ・デイ・カステッリ・ディ・イエージ(モンテ・スキアーヴォ)
シャルドネ・コレッツィオーネ・デ・マルキ(イゾーレ・エ・オレーナ)
チェルヴァロ・デッラ・サーラ(アンティノーリ)
バタール(クエルチャベッラ)★
ヴィラ・ブッチ・ヴェルディッキオ・デイ・カステッリ・ディ・イエージ・クラッシコ・リゼルヴァ（ブッチ)
ヴェルナッチャ・ディ・サン・ジミニャーノ・S・マルゲリータ(パンツィーニ)
ヴェルナッチャ・ディ・サン・ジミニャーノ・アブヴィネア・ドーニ(ファルキーニ)
レデンツィオーネ・ヴェルメンティーノ・モンテルーフォリ(サイアグリコーラ)

偉大な甘口ワイン　トップ10

オッキオ・ディ・ペルニーチェ・ヴィン・サント(アヴィニョネージ)
カルカイア・ムッファ・ノビーレ(バルベラーニ)
スカッコ・マット(ゼルビーナ)
スカラブレード(モリス・ファームス)
ヴィン・サント(アヴィニョネージ)
ヴィン・サント(イゾーレ・エ・オレーナ)
ヴィン・サント(ガリガ・エ・ヴェトリーチェ)
ヴィン・サント(ロッカ・ディ・モンテグロッシ)
ヴィン・サント・ジュスト(サン・ギュスト・ア・レンタニャーノ)★
レチナイオ・ヴィン・サント・ディ・サントルペ(サンジェルヴァジオ)

本当のお値打ち品　トップ10

キアンティ・クラッシコ(ポッジョピアーノ)
キアンティ・クラッシコ(ロッカ・ディ・モンテグロッシ)
キアンティ・クラッシコ・リゼルヴァ・ポッジョ・ロッソ(サン・フェリーチェ)
キアンティ・ルフィナ(ガリガ・エ・ヴェトリーチェ)
チリエジョーロ(サッソトンド)★
バルコ・レアーレ・ディ・カルミニャーノ(カペッツァーナ)
ヴィーノ・ノビレ・ディ・モンテプルチャーノ(ファットリア・デル・チェッロ)
ヴェルディッキオ・デイ・カステッリ・ディ・イエージ・クラッシコ・スペリオーレ・パリオ(モンテ・スキアーヴォ)
ポデルッチョ　(カミリアーノ)
ロッソ・ディ・モンタルチーノ(イル・ポッジョーネ)

用語解説

アウトストラーダ　高速道路
アグリツーリズモ　宿泊施設付きの農業体験施設
アツィエンダ／アツィエンデ　ワイン葡萄園
アッサッジャトーレ　テイスター
アッサンブラージュ／アッセンブラッジョ　いくつかの異なるワインをブレンドすること
アッパッシメント　ヴィン・サントやその他のパッシート・ワイン用に葡萄を乾燥させること
アッボッカート／アマービレ　薄甘口／中甘口
アルバレーゼ　アルカリ性の石灰岩土壌
アルベレッロ　整枝法の1つ。葡萄樹を独立させる、または杭で強化する仕立て法。
アンナータ　ヴィンテージ
イン・ピュレッツァ　純粋な、完全な
インヴェッキアメント　熟成
エスカ／マル・デレスカ　エスカ病。複数の糸状菌が原因で、葡萄樹を枯らす病気
エノロゴ　醸造家
オペラ・ダルテ　芸術品
オルト／オルトラーノ　家庭菜園の、菜園から獲れた
カーザ・コローニカ　伝統的な石造りの農場
カステッロ　城
ガッロ・ネーロ　「黒い雄鶏」。キアンティ・クラッシコ生産者組合のシンボル
カラテッリ　ヴィン・サント用の非常に小さな樽
ガレストロ　フレーク状で片岩の土壌
カンティーナ／カンティーネ　セラー
キアーナ　トスカーナ原産の食用牛肉
キアンティジャーニ　キアンティ地域の(住人)
キンタル　100kg
クラッシコ　その地域オリジナルの、歴史の中心を成す
クリオマセレーション　醗酵前のモストを浸漬し、低温で保存すること
クリュ　イタリアワインに関して言えば「特選の」
クレタ・セネーゼ　シエナ県の大部分に見られる石灰質の土壌
ゴヴェルノ　乾燥させた葡萄の絞った果汁を、できたばかりのワインに加えて再発酵させるやり方(トスカーナで昔はやったスタイル)
コムーネ　いくつかの小村落から成る共同体

コルトゥーラ・プロミスキュア　混作
コンソルツィオ　品質保証協会
サラッソ　凝縮感を高めるため、又はロゼを造るために、タンクから一部のモストや果汁を抜き取る方法。
スーパー・タスカン　ワイン法に縛られない最上位のワイン
スーペルストラーダ　主な高速道路
スタージュ　フランス語 剪定期間
ストラーダ・レジオナーレ　州の道路
スフーゾ　大容量、はかり売りの
スプマンテ　発泡性の
スペリオーレ　特別なワイン(一般的に、葡萄の糖度が高いもの)を意味する公的な呼称。
ゾナッツィオーネ　土壌およびその他の土地構成成分の分析。畑のどの区分に、どの葡萄樹を植えるかの決定に役立つ
ティーノ／ティーニ　木樽。一般的に円錐形で、発酵に用いられる
ディシプリナーレ　政府が定めたワインの生産規定
ティトラーレ　所有者
ティピチタ　個性、そのタイプ特有の
テッレーノ　土地、土壌
テヌータ／テヌーテ　所有農園
デレスタージュ　発酵中に、ワインを別タンクに移し変え、元のタンクに戻すことで、果皮や種を空気に触れさせる方法。
トノー　容量5hℓのオーク樽。一般的に、フランス産オーク製。
トラクトゥール・アンジャンビュール／マッキナ・スカヴァッランテ　畝間をまたぐよう設計されたトラクター
トレ・ビッキエーリ　『ガンベロ・ロッソ』誌の最高の評価
ノルマーレ　リゼルヴァ(特別)ではないワインを意味する、非公式な呼び方
パッシート　甘口ワインのために吊るしたり、干されたりした乾燥葡萄。乾燥葡萄からつくられたワイン
バトナージュ　樽やタンク内で酵母とワインを触れさせたまま、時折かき回す作業のこと
パラッツォ　巨大で人目を引く邸宅
バリック／バリカイア　225ℓ入りの容器。フランス産オークが多いが、それだけではない／バリック貯蔵庫
バンド　1716年、トスカーナ大公コジモ3世によって制定された、現在でいう原産地呼称

ファットリア　葡萄園
フィアスコ　枝網細工のフラスコ瓶
フォーリ・ゾーナ　地区外
フスト　樽
フラツィオーネ　独立集落
フリザンテ　微発砲
ヴィーニャ／ヴィニェート　葡萄畑
ヴィテ　葡萄樹(「人生」を意味するvitaと混同しやすいので要注意)
ウヴァッジョ　混醸(ワインだけでなく、葡萄畑にも使う)
ヴェッキオ　古い(もはや正式な呼称ではない)
プロミスキュオス　混合の
ベース　そのワイナリーのベーシックなワイン
ボッテ／ボッティ　容量7〜100hℓの巨大な樽
ボッティッリエ　ワイン・スチュワード
ポデーレ　葡萄園
ポリツィアーノ／ポリツィアーニ　モンテプルチャーノの
ボルゴ　小村落
マードレ　ヴィン・サントに関して言えば、樽に残った酵母と澱のこと。次につくるときの発酵を促すために用いられる。
マエストロ　達人
マッキア　仏ローヌにあるような、トスカーナの灌木地帯
マッサル・セレクション　マッサル選抜。畑からよい葡萄樹を選び、穂木として台木に繋ぐ方法
マルキジャーノ、マルキジャーニ　マルケの
マロラクティック　アルコール発酵後、乳酸菌によってリンゴ酸をまろやかな酸味の乳酸に置き換える発酵法。
リゼルヴァ　特別なワインにだけ許された、公的な呼称。一般的に、熟成期間が長い
リナシメント　ルネッサンス
リベロ・プロフェッショニスタ　フリーのコンサルタント
リモンタッジョ　醗酵容器の下部から果汁を抜き、ポンプで容器の上部へ押し上げ、果帽の上から振りかける方法
ロンコ／ロンキ　ロマーニャでは丘のこと

索引　☆印は、見出しワイン銘柄名

ア
- ☆アヴィニョネージ　262-4
- ☆アダンティ　288
  - アダンティ、ドメニコ　288
  - アップルッツェージ、ヴィンチェンツォ　249
- ☆アマ、カステッロ・ディ　106-7
- ☆アルジャーノ、ヴィラ　222-5
  - アンティノーリ、ピエロ　138-9
  - アンティノーリ、フランチェスコ・ジュンティーニ　146-7
  - アンティノーリ、マルケージ　138-41
  - アントニーニ、アルベルト　35-6,41,83,84,86
- ☆イ・バルツィーニ　76
  - イェルヘルスマ、エリック　182
- ☆イゾーレ・エ・オレーナ　72-5
  - イリー、フランチェスコ　241
  - インチーザ・デッラ・ロケッタ、ニコロ　168-9,222
  - ウンブリア　280-9
  - エルバッハ、ヤン　242,247

カ
- ☆カーザ・ソーラ　77
  - カーゼ・バッセ(ソルデラ)　219
- ☆カイアロッサ　182-3
  - カステッリ、マウリツィオ　93,95,229,241,254,268,289
- ☆カステルッチョ　298-9
  - カステリオーニ、セバスチャーノ　116-18
  - カッキアーノ、カステッロ・ディ　108
  - カッテラン、ロレンツォ&モニカ　83
- ☆カプライ、アルナルド　282-4
  - カプライ、マルコ　282-3
- ☆カペッツァーナ、テヌータ・ディ　158-60
  - カミリアーノ　206-9
- ☆ガリガ・エ・ヴェトリーチェ　150-2
  - カルゼッタ、ルイージ　306-7
- ☆カルナシャーレ、イル　157
  - ガルビアティ、ステファノ　184
  - カルリ、アルベルト&カテリーナ　238
  - カルレッティ、フェデリコ　268-9
  - カロ、アントニオ　7,8,38
- ☆ガロフォリ　304-5
  - ガロフォリ、カルロ&ジャンフランコ　304-5
  - ガンバロ、ジュゼッペ&マッテオ　77
  - ガンベッリ、ジュリオ　48,76,82,108,130,219,221,238,240,245
  - カンポルミ、エウジェニオ　176,178
  - キアンティ・クラッシコ　58-133
- ☆ギッツァーノ、テヌータ・ディ　162
  - クインタレッリ、ジュゼッペ　236
  - グェッリーニ、ロベルト　239
- ☆クエルチャベッラ、アグリコーラ　117-18
  - グラーチェ、フランク　113-15
  - グラーティー、グアルベルト　150-2
  - グライ、ジョルジョ　302
  - グレッポ・テヌータ　202-4
  - グローデル、ジャンカルロ&パオラ　244
  - グロリエ、イヴ　248
  - ゲッツィ・グアルティエロ　206-7
  - コーダ・ヌンツィアンテ、チェザーレ&マリオ　156
  - コタレッラ、リッカルド　126,194,294
  - コッレ、イル　238
  - コッレルンゴ　83
- ☆コル・ドルチャ　229-30
  - ゴレッリ、ジュゼッペ&ジリオラ　246
  - コロニョーレ　156
  - コンティーニ・ボナコッシ、ウーゴ&リサ　158-9
- ☆コントゥッチ　265-7
  - コントゥッチ、アラマンノ　265-7

サ
- ☆サッシカイア　168-70
- ☆サッソトンド　197
- ☆サッタ、ミケーレ　184-5
- ☆サリクッティ、ポデーレ　247
- ☆サルヴィオーニ(ラ・チェルバイオーラ)　232-4
  - サルヴィオーニ、ジュリオ　232-4
  - サルヴィネッリ、カルロ　90
- ☆サルケート　273
- ☆サン・グイド、テヌータ(サッシカイア)　168-70
  - サン・ジミニャーノ　274-9
- ☆サン・ジュースト・ア・レンテンナーノ　102-5
- ☆サン・パトリニャーノ　292-4
- ☆サン・フェリーチェ　90-2
- ☆サンジェルヴァジオ　163
  - サンティ、グイド・デ　117
  - ジェッペッティ、エリザベッタ　194-5
  - ジェノー、ドミニク　182-3
  - ジェミニアーニ、クリスティーナ　295-7
  - シエンツァ、アッティリオ　153,226,230,245
  - ジョヴァニーニ、アンドレア　156
  - シリング、ペーター　157
  - スティアンティ、ジョヴァネッラ　126-7
  - ステファニーニ、マルコ　190
  - ストゥッキ、エマヌエラ　94-5
  - スベルナドーリ、マルコ　272
  - スマート、リチャード　41
  - セヴェラーニ、テレーザ　285-6
- ☆セスティ(カステッロ・ディ・アルジャーノ)　214-17
- ☆セルヴァピアーナ、ファットリア　146-8
- ☆ゼルビーナ、ファットリア　295-7
  - ソヴァリ、フェルナンド　243
  - ソダーノ、グイド　259
  - ソマー、クリスチャン、ル　194
- ☆ソルデラ(カーゼ・バッセ)　219-21
  - ソルデラ、ジャンフランコ　218-19,236

タ
- タキス、ジャコモ　48,84,170-1,194,222,277
  - ダットーマ、ルカ　133,163,178,179
  - ダッフリット、ニコロ　144,271
  - ダレッサンドロ、デールズ　117
  - タレンティ、ピエルルイジ　210-11,247
- ☆チェッロ、ファットリア・デル　258-61
- ☆チェルバイオーナ　236
  - チオッチョリ、ステファノ　108,158,179
  - チプレッソ、ロベルト　237
- ☆チャッチ・ピッコロミーニ　237
  - チンツァノ、フランチェスコ・マローネ　229-31
- ☆デイ　271
  - ディサント、ヴィンセンツォ　76
  - ディニ、ステファノ　133
- ☆テヌリッチョ、カステッロ・デル　172-5
  - デュブルデュー、ドゥニ　285
- ☆トゥア・リータ　179-80
  - トスカーナの海岸地方　164-97
  - トラッポリーニ、パオロ　262-3
  - トンマジーニ、ルカ　163

ハ
- パーリ、アッティリオ　102,133,184,196,197,232,249,282
  - ハーリ、パブロ　229
  - ハインツ、アクセル　145
  - パオレッティ、アンドレア　182,196,249
  - パオレッティ、フィリッポ　240
  - パチェンティ、ジャンカルロ　248
- ☆パチェンティ、シロ　248
  - パッソーニ、ジョヴァンニ　172
  - バッチ、マルコ　84-6
  - パッランティ、マルコ　106-7
- ☆バディア・ア・コルティブォーノ　95-7
- ☆パニッツィ　279
  - パニッツィ、ジョヴァンニ　279
- ☆パラッツォ、ヴェッキオ　272
  - パリーニ、アルヴァロ&ダニエーレ　288
  - バルトリ家　133
  - バルビエーリ、エリザベッタ　277
- ☆バルベラーニ　289
  - パルムッチ、ピエロ　245
  - パレンティーニ、アドルフォ　196
  - バンディネッリ・ロベルト　32,90,109,248

☆バンフィ、カステッロ 226-8
　ビアジ、ラッファエッロ 108
☆ビアン・デッロリーノ 242
　ビアンキ、ファブリツィオ 68-70
　ビアンキーニ、ジュゼッペ 237
☆ピエリ、アゴスティーナ 243
☆ビオンディ・サンティ（テヌータ・グレッポ）202-4
　ビオンディ・サンティ、フランコ 186,188,202-3
　ビオンディ・サンティ・ヤコポ 186-8,202
　ビスティ、ヴィルジリオ 179
　ピッチン、セシリア＆ファブリッツィオ 273
☆ビッビアーノ 82
　ピティリアーノ 164,167
　ビンドッチ、ファブリツィオ 210-11
　ファジュオーリ、エリザベッタ 278
　ファルヴァ、エットレ＆アルベルト 262
☆ファルキーニ（カザーレ） 277
　ファルキーニ、リッカルド 277
　ヴァガッジーニ、パオロ 235,237,239,244,247,273
☆ヴァルジャーノ、テヌータ・ディ 161
☆ヴァルディカーヴァ 249
　ヴァレンティノ、レオナルド 282
　ヴァンティミリア、エドアルド 197
　フィオーレ、ヴィットリオ 119-20,157,298
　フィオーレ、クラウディオ 298
　フィレンツェ西部 135,158-63
　フィレンツェ東部 135,138-57
　ヴィンチェン・ディア、ハンス 222-3
　フェッラーリ、パオラ、ルカ、ニコロ・デ 254-5
　フェッリーニ、カルロ 125,161,172,174-5,268
☆フェルシナ、ファットリア・ディ 87-9
　ヴェネロージ、ペッショリーニ、ジネーヴラ 162
　フォロナーリ、アドルフォ 155
　フォロナーリ、アンブロージョ＆ジョヴァンニ 122-3
☆フォロナーリ、テヌータ 122-4
☆フォンテルートリ、カステッロ・ディ 78-81
☆フォンテディ 110-12
☆ヴォルパイア、カステッロ・ディ 126-9
☆ブッチ 302-3
　ブッチ、アンペリオ 302-3
☆プピッレ、ファットリア・レ 194-5
　葡萄栽培 36-43
　フラスコッラ、ステファノ 179
　フラッジーニ、ロベルト・ダ 258-9
☆フリーニ 239
　フリーニ、マリア・フローラ 239

☆ブルネッリ（レ・キウーゼ・ディ・ソット） 235
　ブルネッリ、ジャンニ 235
　フレゴーニ、マリオ 36,41,45
☆フレスコバルディ、マルケージ、デ 142-5
　フレスコバルディ家 142-3
☆ブローリオ、カステッロ・ディ 98-101
　ベッラチーニ、レオナルド 90,92
　ベニーニ、カルラ 197
　ペペ、ヴィンチェンツォ 285
　ペルサ、アッティリオ 285
　ベルナベイ、フランコ 87,110,113,240
　ベルニーニ、ラウラ 235
　ホートン、シャーロット 190-3
　ボゴーニ、マウリツィオ 153
☆ボスカレッリ、ポデーリ 254-7
　ポタッツィーネ、レ 246
☆ボッシ、カステッロ・ディ 84-6
　ポッジアリ、ドメニコ 87
☆ポッジョ・アンティコ 244
☆ポッジョ・スカレッティ 119-21
☆ポッジョ・ディ・ソット 245
☆ポッジョーネ、イル 210-13
☆ポッジョピアーノ、ファットリア 133
☆ポテンティーノ、カステッロ・ディ 190-3
　ポバイツァー、カロリーン 242
☆ポリッツィアーノ 268-70
　ボルディーニ、レミジオ 157,295
☆ボンチエ、レ 93

マ
　マウレ、サルヴァトーレ 279
　マケッティ、アンドレア 241
　マスカレッロ、バルトロ 236
☆マストロヤンニ 241
　マセッティ、フェデリコ 146-7
☆マッキオーレ、レ 176-8
☆マッサ、ファットリア・ラ 125
　マッツィ、フィリップ 78
　マッツォーニ、アンドレア 76,272
　マッツォコリン、ジョゼッペ 87-8
　マッロッケージ・マルツィ、トンマーゾ＆フェデリコ 82
　マネッティ、ジョヴァンニ 110-11
　マネッティ、セルジオ 45,48,130,133
　マネッティ、マルティーノ 130-1
　マネッリ、ミケーレ 273
　マリアーニ家 226
　マルキ、パオロ・デ 72-4
　マルケ 300-7
　マルティーニ・ディ・チガラ家 102-4
　マレンマ南部 164-7,186-97
　マレンマ北部 164,168-85
　マローネ、ジョルジョ 77

　メルリ、チンツィア 178
　メルリ、マッシーモ 176-7,178
　メントレ、マリア・グアリーニ 109
　モッタ、ジャンパオロ 125
　モナチ、フランチェスコ 243
☆モリーノ・ディ・グラーチェ、イル 113-14
☆モリス・ファームス 196
　モリナーリ、ディエゴ 236
　モルガンティ、エンツォ 45,90,91,93
　モルガンティ、ジョヴァンナ 93
☆モンサント、カステッロ・ディ 68-70
　モンタルチーノ 198-249
☆モンテ・スキアーヴォ 307
☆モンテヴェルティーネ 130-2
☆モンテニードリ 278
　モンテプルチャーノ 250-73
☆モンテポ、カステッロ・ディ 186-9

ヤ
　ランディ、ロレンツォ 206,258-9

ラ
　リカーゾリ、フランチェスコ 98-9
　リカーゾリ・フィリドルフィ、ジョヴァンニ 108
　リカーゾリ・フィリドルフィ、マルコ 109
☆リジーニ 240
　リジーニ、エリナ 240
☆ルッフィーノ 153-5
☆ルンガロッティ 285-7
　ルンガロッティ、キアラ 285-6
　レアンツァ、フランチェスコ 247
　レゴーリ、ロレンツォ 126
☆ローザ、セバスティアーノ 222
☆ロゴスキー、ベッティーナ 157
☆ロッカ・ディ・モンテグロッシ 109
　ロッシ・ディ・メデラーナ・エ・セラフィーニ、ジャン・アンニバーレ 172-3
　ロマーニャ 290-9
　ロレンゼッティ、ピエール・ルイージ 306-7

ワ
　ワインづくり 44-53

Photographic Credits

All photography by Jon Wyand, with the following exceptions:
Page 6: Ambrogio Lorenzetti, *Allegory of Good Government*, Palazzo Pubblico, Siena;
Alinari / The Bridgeman Art Library
Page 8: Giovanni da Sangiovanni, *Lorenzo the Magnificent de' Medici*, Palazzo Pitti, Florence;
The Art Archive / Alfredo Dagli Orti
Page 10: Titian, *Pope Paul III*, Museo di Capodimonte, Naples; The Art Archive / Alfredo Dagli Orti
Page 11: Anonymous, *Grand Duke Cosimo III de' Medici*; Palazzo Medici-Riccardi, Florence;
Wikimedia Commons
Page 24: Sangiovese; P Viala & V Vermorel, *Traité Général de Viticulture: Ampélographie*,
with illustrations by A Kreyder & J Troncy (Masson, Paris; 1901–10); The Art Archive / Alfredo Dagli Orti
Page 27: Canaiolo Nero; P Viala & V Vermorel, *Traité Général de Viticulture: Ampélographie*,
with illustrations by A Kreyder & J Troncy (Masson, Paris; 1901–10); The Art Archive / Alfredo Dagli Orti
Page 31: Vermentino; P Viala & V Vermorel, *Traité Général de Viticulture: Ampélographie*,
with illustrations by A Kreyder & J Troncy (Masson, Paris; 1901–10); The Art Archive / Alfredo Dagli Orti
Page 167: Tuscan Coast; Tenuta Ornellaia
Page 188: Castello di Montepò; Jacopo Biondi Santi FIBS Srl
Page 276: San Gimignano; Alaskan Dude; www.flickr.com; http://creativecommons.org/licenses/by/3.0/

Original title: The Finest Wines of Tuscany and Central Italy: A Regional and Village Guide to the Best Wines and Their Producers

Copyright © 2009 Fine Wine Editions Ltd.

Fine Wine Editions
Conceived, edited, and designed by Fine Wine Editions
226 City Road
London EC1V 2TT, UK

All rights reserved. No part of this book may be reproduced or transmitted
in any form or by any means, electronic or mechanical, including
photocopying, recording, or by any information storage-and-retrieval system,
without written permission from the copyright holder.

Fine Wine Editions
Publisher Sara Morley
General Editor Neil Beckett
Editor Stuart George
Subeditor David Tombesi-Walton
Editorial Assistant Vicky Jordan
Designer Kenneth Carroll

Layout Rod Teasdale
Map Editor Eugenio Signoroni
Maps Red Lion
Indexer Ann Marangos
Production Nikki Ingram
All cover photography Jon Wyand

著 者：
ニコラス・ベルフレージ (Nicolas Belfrage MW)

1970年はじめからトレーダー、ライターとしてイタリア・ワインに携わるスペシャリスト。1980年にマスター・オブ・ワインの称号を取得。著書に『Barolo to Valpolicella: The Wines of Northern Italy』『Brunello to Zibibbo: Tuscany, Central and Southern Italy』。

写 真：
ジョン・ワイアンド (Jon Wyand)

30年以上もワイン専門に写真を撮り続けているプロの写真家。ブルゴーニュの写真で一躍有名になり、その後主要ワイン地域を撮り続けている。『The World of Fine Wine』誌に多数掲載。

監修者：
水口 晃 (みずぐち あきら)

リストランテ・ラ・ブラーチェ オーナー兼シェフソムリエ。第4回イタリアワイン技能コンテスト優勝。Vinitaly Japan、IWSS等セミナー講師として各地で講義、イタリアワインの普及に努める。

翻訳者：
佐藤志緒 (さとう しお)

成蹊大学文学部英米文学科卒業。訳書に『NHシリーズ Dr.バッチのフラワー療法』『あなたのクリスタルコード』（いずれも産調出版）ほか。

THE FINEST WINES OF
TUSCANY AND CENTRAL ITALY

FINE WINEシリーズ
トスカーナ

発　　　行　2010年11月1日
発　行　者　平野　陽三
発　行　元　ガイアブックス
　　　　　　〒169-0074 東京都新宿区北新宿3-14-8
　　　　　　TEL.03 (3366) 1411　FAX.03 (3366) 3503
　　　　　　http://www.gaiajapan.co.jp
発　売　元　産調出版株式会社

Copyright SUNCHOH SHUPPAN INC. JAPAN2010
ISBN978-4-88282-751-1 C0077

落丁本・乱丁本はお取り替えいたします。
本書を許可なく複製することは、かたくお断わりします。

Printed and bound in China